21世纪高职高专"工作过程导向"新理念教材

高等职业教育规划教材编委会专家审定

计算机应用基础实用教程

（第2版）

主　编　熊　林
副主编　戴　月

北京邮电大学出版社
·北京·

内容简介

本教程是一本集Windows、Office和Internet基本使用为一体的计算机应用案例教程，也是一本以实际工作过程为导向的实用型计算机基础教程。其特点是通过18个具体实用案例的训练，帮助读者学习和掌握计算机应用的基础性技术。特别是对办公系列软件Office的案例学习，可以使读者快捷有效地掌握常用办公文档的编辑方法和技巧。案例内容丰富，针对性强。Windows部分主要训练读者文档的创建和管理方法，以及网络办公环境中资源的共享方法。Office部分重点训练对Word、Excel和PowerPoint 3个主要办公软件的基本应用，包括制作个人简历、Word表格设计、创建文摘周刊、毕业论文排版、会议公函及证件设计、学习成绩表格设计、学生成绩统计分析、商品销售数据管理、市场调查图表设计、Office知识讲座、九寨沟旅游介绍、SmartArt图的设计和Office综合应用等18个实用案例，全面涵盖了Office最为常用的基本编辑技能，也基本反映了Office常用文档的编辑方法。Internet部分主要是介绍了基于Internet各种服务(如WWW、E-mail、即时通信等)的基本应用。

本教程为配合全国计算机信息高新技术考试，增设了相应章节作为考试的介绍与辅导。本教程可以作为高职高专院校各专业的计算机应用基础课程的培训教程，也可以作为从事计算机应用的工作人员的参考书。

本教程的所有Office案例的文档和教学使用的电子教案均可在出版社网站中下载。

图书在版编目(CIP)数据

计算机应用基础实用教程/熊林主编. --2版. --北京:北京邮电大学出版社,2010.9

ISBN 978-7-5635-2420-4

Ⅰ.①计… Ⅱ.①熊… Ⅲ.①电子计算机—高等学校—教材 Ⅳ.①TP3

中国版本图书馆CIP数据核字(2010)第177261号

书　　名：计算机应用基础实用教程(第2版)

主　　编：熊　林

责任编辑：刘　炀

出版发行：北京邮电大学出版社

社　　址：北京市海淀区西土城路10号(邮编:100876)

发 行 部：电话:010-62282185　传真:010-62283578

E-mail：publish@bupt.edu.cn

经　　销：各地新华书店

印　　刷：北京忠信诚胶印厂

开　　本：787 mm×1 092 mm　1/16

印　　张：19.75

字　　数：489千字

版　　次：2009年1月第1版　2010年9月第2版　2010年9月第1次印刷

ISBN 978-7-5635-2420-4　　定　价:35.00元

· 如有印装质量问题，请与北京邮电大学出版社发行部联系 ·

前　言

本教程自 2009 年 1 月出版以来，经过一年多的教学应用，得到了学习者的充分肯定，普遍反映教程编写方式新颖，案例题材实用。在一定的任务情境中学习 Office 软件的基本操作，是一种非常有效的学习方法。

基于案例的教学是近年来备受推崇的教学方式。从实际需求出发，将对 Office 的各个常用知识点的学习有机地融入教学案例之中，既学习了如何利用 Office 软件来完成日常文档的编辑方法，也对未来即将面临的各种办公文档的文体和格式，以及日常数据管理方法有了更为清晰的认识。

为了进一步提高教程的质量，在总结成功经验的基础上，我们对教程的重点章节进行了较大幅度的修订。新版教程更加注重案例设计的合理性，注意编辑技巧的实用性，同时，也兼顾了不同学习需求的层次性。另外，为配合全国计算机信息高新技术考试，新版教程还增设了相应章节做为考试的介绍与辅导。

本教程的成功编写，是一个团队多年不懈努力和精心合作的结果。所有的参编人员均有多年计算机应用基础教学经验，这也是本教程敢于创新、独具特色的基础。

本教程第 2 版共有 8 章。第 1 章由沈卫文编写，第 2 章由黄庆编写，第 3 章由曾怡编写，第 4 章由陈爱华编写，第 5 章由王征义编写，第 6 章由熊林编写，第 7 章由杨海澜编写，第 8 章由王征义编写，附录由熊林编写。全书由熊林任主编，戴月任副主编，并负责总体修订方案设计。修订部分的定稿由熊林和杨海澜共同完成。

本教程在内容体系和编写方法上的突破，顺应了当前教育理念的发展要求，更符合人的认知规律，因此，对学习者的帮助是明显的。当然，案例的编写总是难以满足来自各方面的不同需求，也会因编者自身的专业水平而带来不可避免的局限，因此，本教程的不足之外，恳请广大读者给予批评指正，我们不胜感谢。

编　者

目　录

第 1 章　Windows 基本应用 ………… 1

1.1　案例 1——文件管理 ………… 2
1.1.1　案例介绍 ………… 2
1.1.2　知识要点 ………… 2
1.1.3　案例实施 ………… 2
1.1.4　技术解析 ………… 8
1.1.5　实训指导 ………… 10
1.1.6　课后思考 ………… 11
1.2　案例 2——合理应用环境配置 ………… 11
1.2.1　案例介绍 ………… 11
1.2.2　知识要点 ………… 11
1.2.3　案例实施 ………… 12
1.2.4　技术解析 ………… 20
1.2.5　实训指导 ………… 21
1.2.6　课后思考 ………… 21

第 2 章　Word 的基本应用 ………… 22

2.1　案例 1——制作个人简历 ………… 23
2.1.1　案例介绍 ………… 23
2.1.2　知识要点 ………… 23
2.1.3　案例实施 ………… 23
2.1.4　技术解析 ………… 36
2.1.5　实训指导 ………… 38
2.1.6　课后思考 ………… 38
2.2　案例 2——Word 表格设计 ………… 39
2.2.1　案例介绍 ………… 39
2.2.2　知识要点 ………… 39
2.2.3　案例实施 ………… 39
2.2.4　技术解析 ………… 45
2.2.5　实训指导 ………… 47
2.2.6　课后思考 ………… 48

2.3 案例3——创编文摘周刊 …… 48
2.3.1 案例介绍 …… 48
2.3.2 知识要点 …… 48
2.3.3 案例实施 …… 49
2.3.4 技术解析 …… 62
2.3.5 实训指导 …… 65
2.3.6 课后思考 …… 65

第3章 Word高级应用 …… 66

3.1 案例1——毕业论文排版 …… 67
3.1.1 案例介绍 …… 67
3.1.2 知识要点 …… 67
3.1.3 项目实施 …… 67
3.1.4 技术解析 …… 79
3.1.5 实训指导 …… 80
3.1.6 课后思考 …… 81
3.2 案例2——会议邀请函及证件设计 …… 81
3.2.1 案例介绍 …… 81
3.2.2 知识要点 …… 81
3.2.3 项目实施 …… 82
3.2.4 技术解析 …… 94
3.2.5 实训指导 …… 95
3.2.6 课后思考 …… 96

第4章 Excel的基本应用 …… 97

4.1 案例1——学生成绩表格设计 …… 98
4.1.1 案例介绍 …… 98
4.1.2 知识要点 …… 98
4.1.3 案例实施 …… 98
4.1.4 技术解析 …… 116
4.1.5 实训指导 …… 118
4.1.6 课后思考 …… 119
4.2 案例2——学生成绩统计分析 …… 119
4.2.1 案例介绍 …… 119
4.2.2 知识要点 …… 119
4.2.3 案例实施 …… 119
4.2.4 技术解析 …… 134

4.2.5 实训指导 …… 136
4.2.6 课后思考 …… 138
4.3 案例 3——商品销售数据管理 …… 138
4.3.1 案例介绍 …… 138
4.3.2 知识要点 …… 138
4.3.3 案例实施 …… 138
4.3.4 技术解析 …… 150
4.3.5 实训指导 …… 151
4.3.6 课后思考 …… 152
4.4 案例 4——市场调查图表设计 …… 152
4.4.1 案例介绍 …… 152
4.4.2 知识要点 …… 153
4.4.3 案例实施 …… 153
4.4.4 技术解析 …… 163
4.4.5 实训指导 …… 167
4.4.6 课后思考 …… 168

第 5 章 PowerPoint 基本应用 …… 169

5.1 案例 1——Office 知识讲座 …… 170
5.1.1 案例介绍 …… 170
5.1.2 知识要点 …… 170
5.1.3 案例实施 …… 170
5.1.4 技术解析 …… 178
5.1.5 实训指导 …… 179
5.1.6 课后思考 …… 180
5.2 案例 2——神奇的九寨 …… 180
5.2.1 案例介绍 …… 180
5.2.2 知识要点 …… 180
5.2.3 案例实施 …… 180
5.2.4 技术解析 …… 184
5.2.5 实训指导 …… 186
5.2.6 课后思考 …… 187
5.3 案例 3——SmartArt 图形 …… 187
5.3.1 案例介绍 …… 187
5.3.2 知识要点 …… 187
5.3.3 案例实施 …… 187
5.3.4 技术解析 …… 192

5.3.5 实训指导 …… 192
5.3.6 课后思考 …… 193

第6章 Office综合应用 …… 194

6.1 案例1——中国互联网络发展状况统计报告 …… 195
6.1.1 案例介绍 …… 195
6.1.2 知识要点 …… 195
6.1.3 案例实施 …… 195
6.1.4 技术解析 …… 213
6.1.5 实训指导 …… 215
6.1.6 课后思考 …… 216
6.2 案例2——职工信息分析 …… 216
6.2.1 案例介绍 …… 216
6.2.2 知识要点 …… 216
6.2.3 案例实施 …… 216
6.2.4 技术解析 …… 227
6.2.5 实训指导 …… 228
6.2.6 课后思考 …… 229

第7章 Internet基本应用 …… 230

7.1 案例1——WWW应用 …… 231
7.1.1 案例介绍 …… 231
7.1.2 知识要点 …… 231
7.1.3 案例实施 …… 231
7.1.4 技术解析 …… 240
7.1.5 实训指导 …… 242
7.1.6 课后思考 …… 244
7.2 案例2——使用邮件 …… 244
7.2.1 案例介绍 …… 244
7.2.2 知识要点 …… 245
7.2.3 案例实施 …… 245
7.2.4 技术解析 …… 251
7.2.5 实训指导 …… 252
7.2.6 课后思考 …… 253

第8章 全国计算机信息高新技术考试 …… 254

8.1 全国计算机信息高新技术考试简介 …… 254

8.1.1 考试性质 …… 254
8.1.2 考试特点 …… 254
8.1.3 考试等级 …… 255
8.1.4 合格证书(操作员级,国家职业资格四级) …… 255
8.1.5 考试模块 …… 256
8.1.6 考试大纲 …… 256
8.1.7 考试方式 …… 258
8.1.8 考试系统 …… 258
8.1.9 相关网站 …… 259
8.2 办公软件应用模块考试实务 …… 259
8.2.1 考试环境简介(介绍模拟练习环境) …… 259
8.2.2 第一单元考试分析 …… 260
8.2.3 第二单元考试分析 …… 262
8.2.4 第三单元考试分析 …… 263
8.2.5 第四单元考试分析 …… 264
8.2.6 第五单元考试分析 …… 265
8.2.7 第六单元考试分析 …… 266
8.2.8 第七单元考试分析 …… 266
8.2.9 第八单元考试分析 …… 268

附录 A 计算机概述 …… 271

A.1 计算机的发展阶段 …… 271
A.2 计算机的分类 …… 272
A.3 微型计算机的发展阶段 …… 273

附录 B 微型计算机系统的组成 …… 274

B.1 微型计算机系统的基本组成 …… 274
B.2 微型计算机的硬件系统 …… 274
B.2.1 微型计算机的硬件设备 …… 274
B.2.2 微型计算机的主要技术指标 …… 276
B.3 计算机软件系统 …… 276
B.3.1 计算机软件系统的概述 …… 276
B.3.2 系统软件 …… 277
B.3.3 应用软件 …… 278

附录 C Office 编辑技巧 …… 279

C.1 Word 基本编辑技巧 …… 279

C.1.1 如何快速找到上次修改的位置 …… 279
C.1.2 如何选取文本 …… 279
C.1.3 如何快速改变 Word 文档的行距 …… 280
C.1.4 如何将字体的尺寸无限放大 …… 280
C.1.5 如何控制每页的行数和字数 …… 280
C.1.6 筛选出文档中的英文字符 …… 280
C.1.7 如何修改拼写错误 …… 281
C.1.8 如何去除页眉中的横线 …… 281
C.1.9 如何使封面、目录和正文有不同的页码格式 …… 281
C.2 Word 文件的格式与版式 …… 281
C.2.1 如何在文档中插入一条分隔线 …… 281
C.2.2 如何快速阅读长文档 …… 282
C.3 Word 表格编辑 …… 282
C.3.1 如何删除整个表格 …… 282
C.3.2 如何快速将表格一分为二 …… 282
C.3.3 如何让表格的表头在下一页中自动出现 …… 282
C.3.4 如何去除表格后面的那张空白页 …… 283
C.4 Word 图文混排 …… 283
C.4.1 如何单独保存 Word 文档中的图片 …… 283
C.4.2 如何改变 Word 的页面颜色 …… 283
C.5 Excel 数据输入技巧 …… 283
C.5.1 如何在工作表中快速跳转单元格 …… 283
C.5.2 如何正确显示百分数 …… 283
C.5.3 如何在单元格中输入 10 位以上的数字 …… 284
C.5.4 如何自动填充数值 …… 284
C.5.5 如何输入分数 …… 284
C.5.6 如何输入以“0”为开头的数据 …… 284
C.5.7 如何在连续单元格中自动输入等比数据序列 …… 285
C.6 Excel 工作表及单元格的美化 …… 285
C.6.1 如何在多个工作簿之间快速切换 …… 285
C.6.2 如何在 Excel 中获得最适合的列宽 …… 285
C.6.3 如何快速修改工作表的名称 …… 285
C.6.4 如何快速去掉工作表中的网格线 …… 285
C.6.5 如何合并单元格 …… 286
C.6.6 如何利用颜色给工作表分类 …… 286
C.6.7 如何锁定工作表的标题栏 …… 286
C.6.8 如何快速隐藏行或列 …… 286

C. 6. 9　如何在 Excel 中实现文本换行 …… 287
C. 6. 10　如何将数据进行行列转置 …… 287
C. 6. 11　如何将若干个数值变成负数 …… 287
C. 6. 12　如何计算两个日期之差 …… 287
C. 6. 13　如何快速计算一个人的年龄 …… 288

附录 D　Office 快捷键 …… 289

D. 1　Microsoft Office 基础 …… 289
D. 2　Microsoft Office Word 快速参考 …… 290
D. 3　Excel 快捷键和功能键 …… 294
D. 4　PowerPoint 中的常规任务 …… 299

参考文献 …… 303

第1章 Windows基本应用

学习目标

本章以"文件管理"和"合理应用环境配置"两个案例为主线，主要介绍了Windows操作系统的基本应用技能，主要包括Windows操作系统的入门使用、个人文件（文件夹）的基本操作、Windows操作系统应用环境的合理配置等技能，从而完成学习Windows操作系统下的基本应用。

实用案例

文件管理

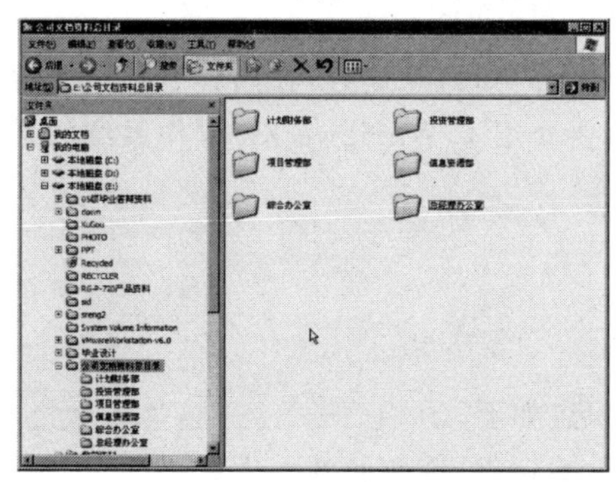

合理应用环境配置

1.1 案例1——文件管理

1.1.1 案例介绍

张萍是一家投资公司的总经理助理，总经理办公室新购置了一台计算机，总经理希望张萍能将公司的文件数据电子化存放在计算机里，实现文件数据的查阅以及统计分析工作。为便于管理，张萍需要在计算机中为每个部门建立独立的文件夹来存放数据，制定文件数据的管理制度，并对各文件夹中的文件编制摘要索引便于总经理查阅。该投资公司的组织结构如图1-1所示。

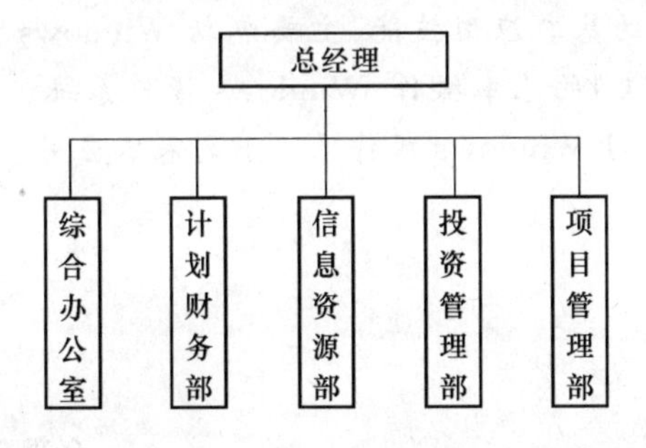

图1-1　某投资顾问有限公司组织结构图

本案例是为一个计算机初学者所设计的计算机入门知识点集合，在内容上主要体现对文件数据在计算机中的存储形式进行管理，同时简要介绍了Windows XP操作系统的基本使用方法。

1.1.2 知识要点

本案例涉及Windows XP基本应用的主要知识点如下。

- Windows XP入门——主要包括桌面、窗口、对话框、菜单的基本认知。
- 资源管理器的使用——主要包括资源管理器的基本使用等。
- 文件及文件夹的管理——主要包括文件及文件夹的创建、更名、属性、复制、移动、删除等。
- 磁盘的管理——主要包括磁盘的格式化、磁盘文件系统、逻辑盘标识符等。

1.1.3 案例实施

1. 选择合适的数据存放地点

步骤1：右击“我的电脑”选择“资源管理器”，打开“资源管理器”窗口，如图1-2所示。

步骤2：右击“资源管理器”窗口左侧的磁盘分区图标，选择“属性”，查看每个磁盘分区的空余空间，选择其中一个作为数据存储专用分区，如图 1-3 所示。

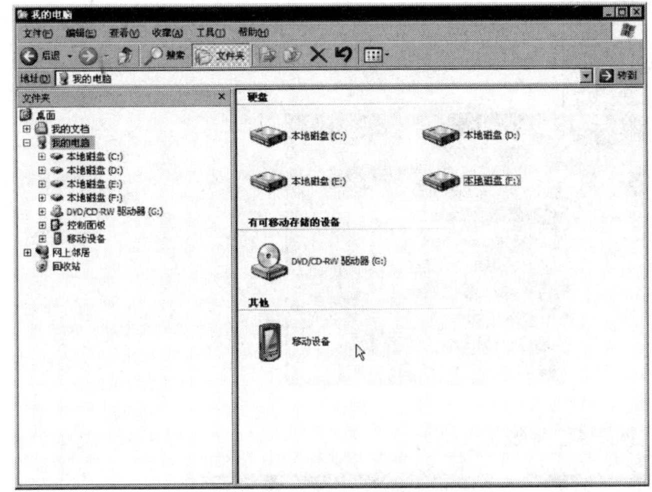

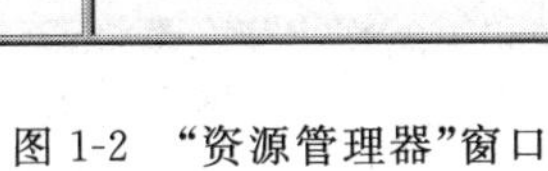

图 1-2　“资源管理器”窗口

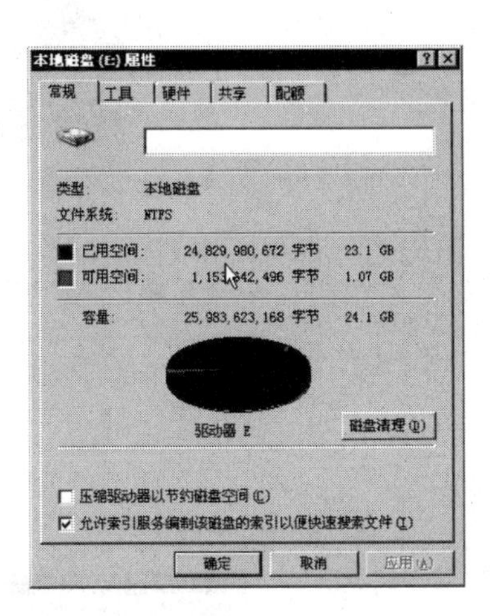

图 1-3　“磁盘属性”窗口

建议：计算机内各个磁盘分区一般应该明确规定各自的用途。对于 4 个磁盘分区而言，通常情况下操作系统默认安装在 C:盘，D:盘被用于安装应用软件，E:盘作为资料存储盘，F:盘可用做临时盘。

步骤 3：右击各磁盘分区，选择“重命名”，按 Ctrl＋空格组合键切换中英文输入法状态，然后再按左侧键盘的 Ctrl＋Shift 组合键选择合适的输入法。依次将各磁盘分区改名为“系统盘(C:)”、“应用程序盘(D:)”、“文件资料盘(E:)”、“临时盘(F:)”。

小贴士：也可以在步骤 2 查看磁盘分区属性窗口(图 1-3)时，在窗口上部的对话框中输入新的磁盘分区名实现修改。

2. 为每个部门建立文件存放目录

步骤 1：单击“资源管理器”左侧的“本地磁盘(E:)”或双击右侧窗口的“本地磁盘(E:)”图标，打开 E:盘。

步骤 2：右击右侧空白区域，选择“新建”→“文件夹”，如图 1-4 所示，创建一个新的文件夹，并将文件夹的名称修改为“公司文档资料总目录”，按 Enter 键或单击窗口其他空白处确认修改。

步骤 3：双击打开上一步中创建的文件夹，在空白处为公司每个部门创建一个单独的文件夹，如图 1-5 所示。

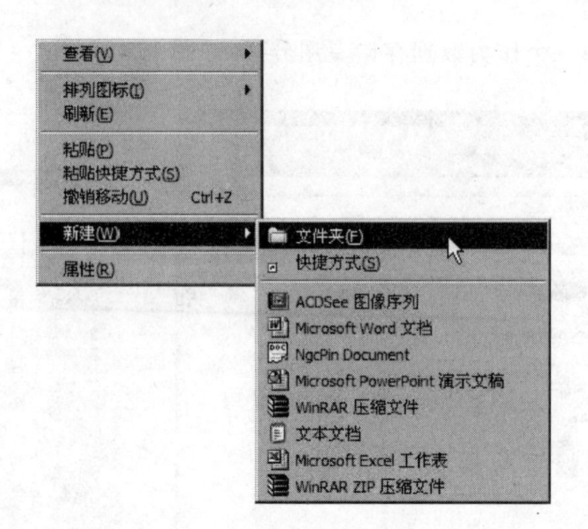

图 1-4　新建文件夹

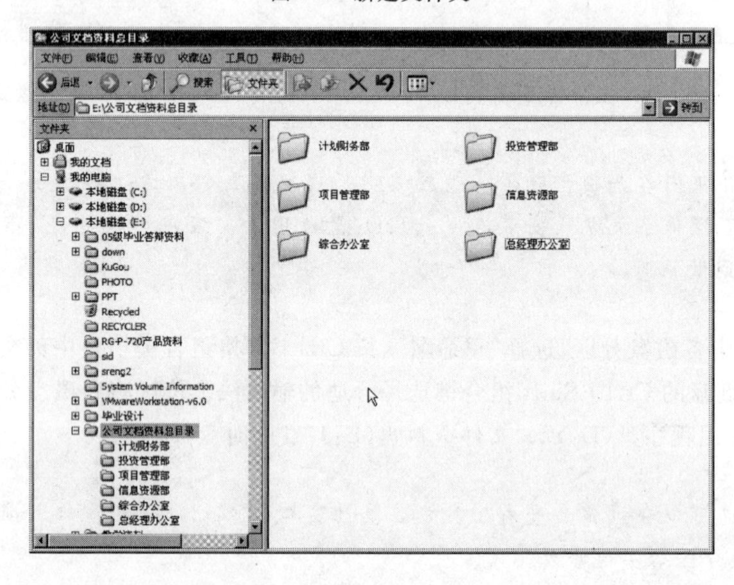

图 1-5　公司各部门资料存储文件夹

3. 创建“公司文档命名规定”文件

步骤 1：在图 1-5 右侧窗口单击鼠标右键，在快捷菜单中选择“新建”，然后选择“Microsoft Word 文档”，并将该文件名改为“公司文档命名规定”。

注意：如果在屏幕上出现文件名是“新建 Microsoft Word 文件.docx”的话，改名的时候注意保持后面的“.doc”不变。

步骤 2：双击“公司文档命名规定”文件图标，自动启动 Word 程序，进入 Word 文字处理程序的工作窗口。

步骤 3：将公司文档命名规定录入到文件中。数据录入完成后，按 Ctrl＋S 组合键保存并退出。

建议：在整个计算机应用基础的学习过程中，尽量多采取键盘组合快捷键进行操作，这样能大大提高应用操作及文件处理的速度。

本节技术解析中，将提供常见的键盘组合功能及公司文件命名规定的建议。

4. 分发“公司文档命名规定”文件

步骤1：鼠标右击“公司文档命名规定”文件，选择“属性”，将该文件属性设置为“只读”，并单击“确定”按钮退出，如图1-6所示。

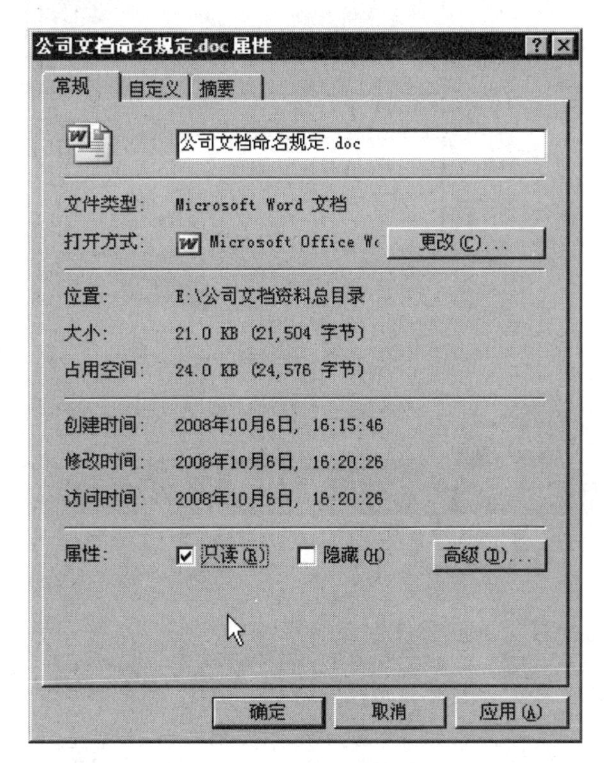

图1-6　设置文件属性

步骤2：单击选中该文件，按下键盘组合键Ctrl＋C或者右击文档后选择“复制”。

步骤3：单击资源管理器左侧窗口中某部门文件夹，然后在右侧窗口的空白处右击，选择“粘贴”，将“公司文档命名规定”文档复制到每个部门的文件夹中。也可以使用组合键Ctrl＋V或者使用鼠标右键拖曳的方式完成复制-粘贴工作。

提示：设置文件属性为只读的目的是为了防止文档内容被意外修改。

5. 编制文件摘要

步骤1：双击打开“计划财务部”文件夹，右击上一步中复制-粘贴过去的“公司文档命名规定”文件，选择“属性”。

步骤2：单击弹出窗口中的“摘要”，并修改其中的各字段内容，单击“确定”按钮退出，如

图 1-7 所示（如果摘要处颜色为不可编辑的灰色，需要先将该文件的只读属性取消，确定后再进行修改）。

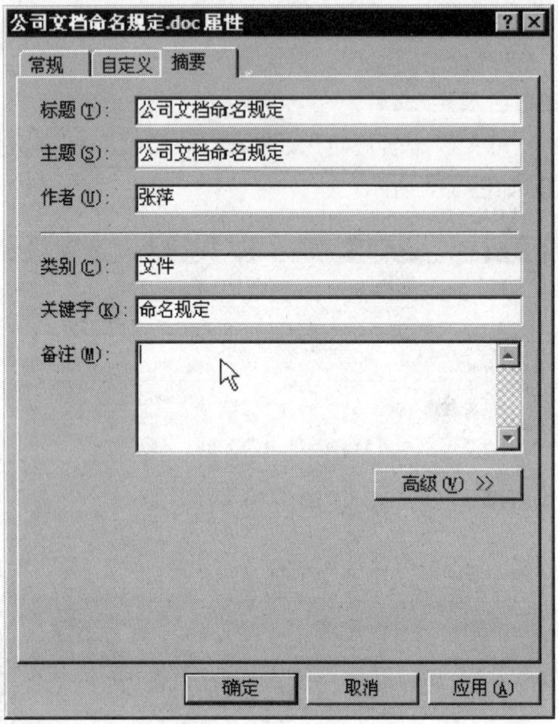

图 1-7　编制文档摘要

步骤 3：依次为每个目录下的文件创建摘要。

> **小贴士**：编制文档摘要的主要作用在于可以不用打开该文档即能对文档内容有大致的了解，避免直接打开文档进行检索，加快文件数据查找的速度。也可以通过 Office 程序中的“文件搜索”功能实现快速文件检索。一般来说，主题应该与文件内容相关。

6. 创建网络共享

步骤 1：右击“公司文档资料总目录”文件夹，选择“共享和安全”，如图 1-8 所示。

步骤 2：在“网络共享和安全”项目中将权限设置为“在网络上共享这个文件夹”，并单击“确认”按钮退出，如图 1-9 所示。

步骤 3：依次将各部门对应的文件夹共享，并在“网络共享和安全”项目中将权限设置为“允许网络用户更改我的文件”。

步骤 4：通知各部门文员，将各部门的数据按照规定存放到指定文件夹中。

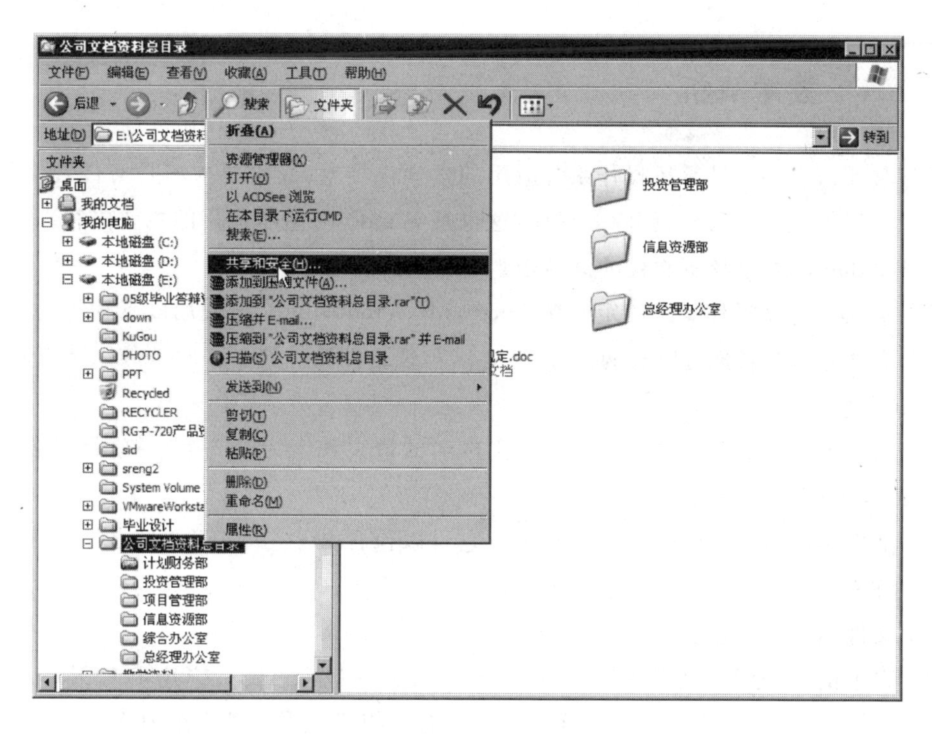

图 1-8　设置网络文件共享

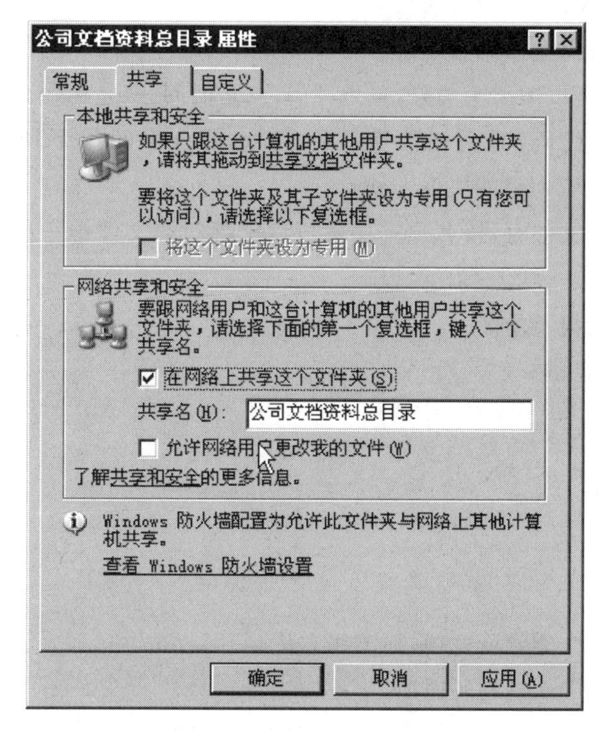

图 1-9　设置共享文件夹

1.1.4 技术解析

本案例所涉及的是计算机操作系统应用的常规性技术，其主要内容是文件及文件夹的创建、更名、属性、复制、移动、删除等操作，这也是 Windows 基本应用的主要内容。

1. Windows XP 系统下文件的命名规则

文件名必须遵循操作系统约定。在 Microsoft Windows 中，可使用以下约定。

(1) 文件或目录名称可以有两部分：文件名和任选性的扩展名。两部分以圆点隔开，如 myfile. new。

(2) 文件名可达 255 个字符。实际上文件名的最大长度为 216 个字符，目录名的最大长度为 206 个字符。

(3) 文件名必须以字母或数字符开头。它可以包含大小写字符（文件名不分大小写），但以下的字符除外：\ / ： * ? " <> | 。

(4) 文件名可以包含空格。

(5) 以下的字符组合将不能用在文件或目录上：CON、AUX、COM1、COM2、COM3、COM4、LPT1、LPT2、LPT3、PRN、NUL。也不能用以上名称＋"."作为文件名的开头部分，如"CON. ABC. TXT"是不允许的。

2. 比较理想的公司文件命名规则

(1) 文件名要包含以下三个部分：一是部门；二是时间；三是标题。

(2) 部门可以用代码，时间用数字就行了，三部分中间用下划线隔开，如综合办_20081006_关于 XX 投资项目的决议. docx。

(3) 这样，在浏览文件时，按名称排序就可以把部门的文件排一起，并且每个部门的文件又能按时间排序。

3. 常见键盘组合键及功能

(1) 常规键盘组合键

Ctrl＋C，复制。

Ctrl＋X，剪切。

Ctrl＋V，粘贴。

Ctrl＋Z，撤销。

Delete，删除。

Shift＋Delete，永久删除所选项，而不将它放到"回收站"中。

拖动某一项时按 Ctrl 复制所选项。

拖动某一项时按 Ctrl＋Shift 创建所选项目的组合键。

F2，重新命名所选项目。

Ctrl＋向右键，将插入点移动到下一个单词的起始处。

Ctrl＋向左键，将插入点移动到前一个单词的起始处。

Ctrl＋向下键，将插入点移动到下一段落的起始处。

Ctrl＋向上键，将插入点移动到前一段落的起始处。

Ctrl＋Shift＋任何箭头键，突出显示一块文本。

Shift＋任何箭头键，在窗口或桌面上选择多项，或者选中文档中的文本。

Ctrl＋A，选中全部内容。

F3，搜索文件或活页夹。

Alt＋Enter，查看所选项目的属性。

Alt＋F4，关闭当前项目或者退出当前程序。

Alt＋Enter，显示所选对象的属性。

Alt＋空格键，为当前窗口打开快捷菜单。

Ctrl＋F4，在允许同时打开多个文件的程序中关闭当前文件。

Alt＋Tab，在打开的项目之间切换。

Alt＋Esc，以项目打开的顺序循环切换。

F6，在窗口或桌面上循环切换屏幕元素。

F4，显示“我的电脑”和“Windows 资源管理器”中的“地址”栏列表。

Shift＋F10，显示所选项的快捷菜单。

Alt＋空格键，显示当前窗口的“系统”菜单。

Ctrl＋Esc，显示“开始”菜单。

Alt＋菜单名中带下划线的字母，显示相应的菜单。

F10，启动当前程序中的菜单条。

右箭头键，打开右边的下一菜单或者打开子菜单。

左箭头键，打开左边的下一菜单或者关闭子菜单。

F5，刷新当前窗口。

Backspace，在“我的电脑”或“Windows 资源管理器”中查看上一层活页夹。

Esc，取消当前任务。

将光盘插入到 CD-ROM 驱动器时按 Shift 键，阻止光盘自动播放。

(2) 自然键盘组合键

在“Microsoft 自然键盘”或包含 Windows 徽标键(以下简称 Win) 和“应用程序”键(简称 Key) 的其他兼容键盘中，可以使用以下组合键。

Win，显示或隐藏“开始”菜单。

Win＋Break，显示“系统属性”对话框。

Win＋D，显示桌面。

Win＋M，最小化所有窗口。

Win＋Shift＋M，还原最小化的窗口。

Win＋E，打开“我的电脑”。

Win＋F，搜索文件或活页夹。

Ctrl＋Win＋F，搜索计算机。

Win＋F1，显示 Windows 帮助。

Win＋L，如果连接到网络域，则锁定计算机，如果没有连接到网络域，则切换用户。

Win＋R，打开"运行"对话框。

Win＋U，打开"工具管理器"。

1.1.5 实训指导

1. 前期准备

- 初步了解计算机的基本知识，较熟练地掌握键盘鼠标的使用。
- 正确启动计算机，并进入桌面状态。

2. 具体要求

- 能正确地创建文件及文件夹，并能进行复制、粘贴、重命名、移动等基本操作。
- 能正确查看磁盘分区的属性并修改磁盘分区的名称。
- 能将文件夹共享，并设置不同的权限提供给网络中其他人访问。

3. 基本步骤

- 启动计算机，启动资源管理器。
- 查看各磁盘分区的使用状态，选择一个作为数据存储专用分区。
- 修改磁盘分区的名称，便于管理。
- 创建一个文件夹，并重命名为你的班级＋姓名。
- 在该文件夹中，再分别创建几个文件夹，分别命名为"Word 文件"、"Excel 文件"、"PPT 文件"、"其他文件"。
- 进入"Word 文件"文件夹中，新建一个 Word 文件，并重命名为"我的第一个 Word 文件"。
- 为该文件编制摘要。
- 分别使用键盘、鼠标、窗口菜单的方式将该文件复制、粘贴到桌面。
- 使用鼠标，将"Word 文件"文件夹中名为"我的第一个 Word 文件"的文件"剪切"并"粘贴"到桌面，体会"复制"与"剪切"的区别。
- 单击 Windows XP 的"开始"菜单，选择"搜索"菜单项，定制搜索条件，如图 1-10 所示。
- 熟悉各种常用快捷组合键的使用。

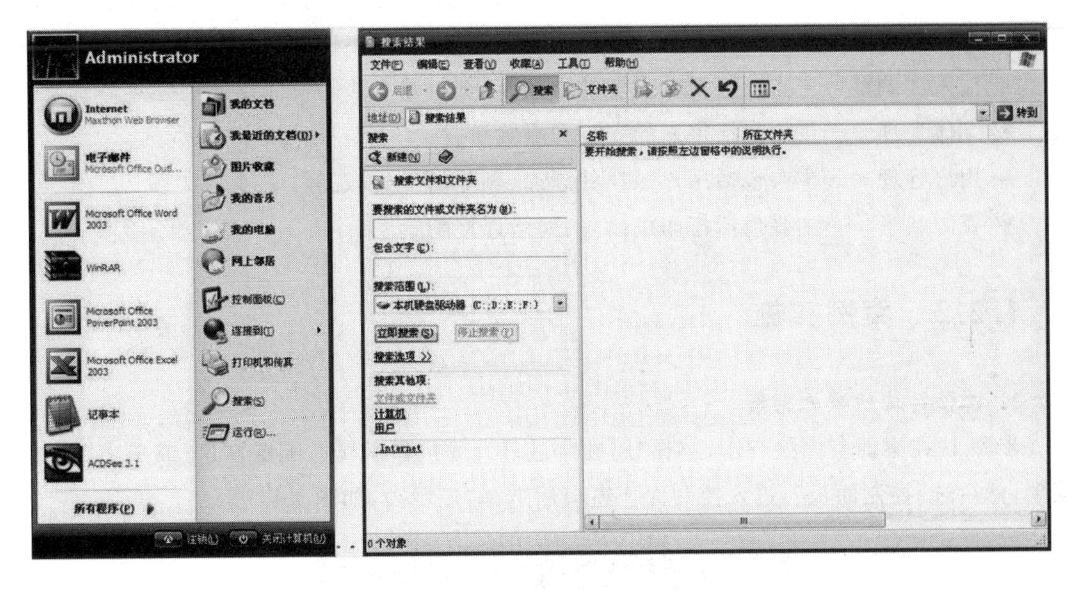

图 1-10　使用搜索功能

1.1.6　课后思考

- 磁盘分区属性中的文件系统有什么作用？
- 如果需要对不同部门的不同员工设置不同的访问权限，该如何处理？
- 办公室使用计算机进行文件资料处理时，文件夹的名称和存放地点一般应如何设计？

1.2　案例 2——合理应用环境配置

1.2.1　案例介绍

经过学习，张萍基本掌握了个人文件及活页夹的管理工作，她与其他部门的同事一起开始数据文件的录入工作。为了更好地使用网络办公，她需要将计算机的应用环境配置成适合自己实际工作的状态，并能与其他部门的同事协同办公，允许他们将电子化的文件数据存放到自己的计算机中或通过公司现有的 EPSON 1600K 打印机打印。

本案例是为一个掌握了初步计算机使用技能的初学者设计的一系列应用环境配置技能集合，在内容上主要体现了计算机操作系统控制面板中的常用功能的配置与使用，同时简要介绍了网络资源共享的方法。

1.2.2　知识要点

本案例涉及 Windows XP 操作系统配置的主要知识点如下。

- 桌面配置——主要包括显示器分辨率、背景、外观、屏幕保护程序等的基本认知。
- 输入法调整——主要包括输入法的添加及删除、输入法的快捷切换键配置等。
- 字体管理——主要包括字库的安装和删除等。
- 用户管理——主要包括用户账户的添加、删除、密码设置等。
- 资源共享——主要包括打印机设置、网络连接配置、文件夹共享安全设定等。

1.2.3 案例实施

1. 调整计算机桌面背景

步骤 1:在桌面空白处右击,选择“属性”,进入计算机显示属性配置窗口(或单击“开始”菜单,然后选“控制面板”,进入控制面板窗口后选择“显示”),如图 1-11 所示。

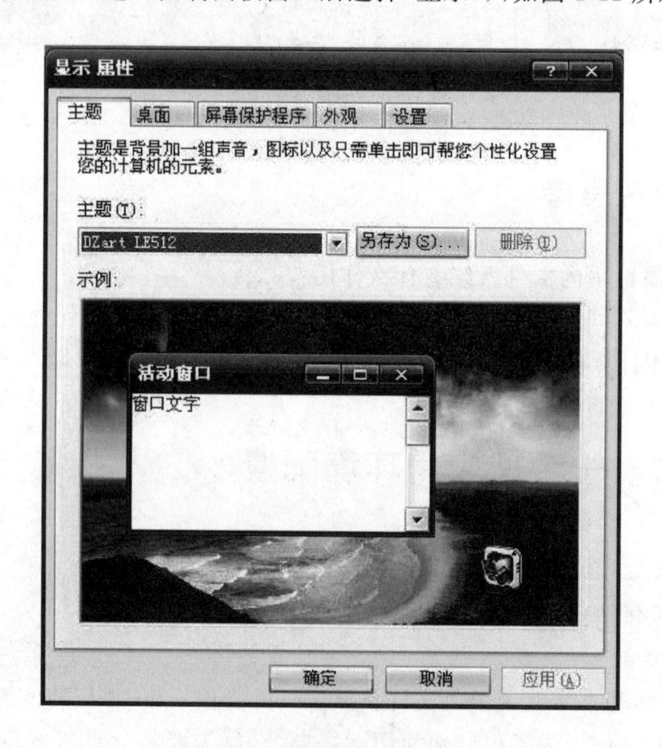

图 1-11　配置桌面显示属性

步骤 2:单击“主题”项目下拉菜单,选择“Windows 经典”,然后单击窗口下方的“应用”按钮。

步骤 3:单击窗口上方的“桌面”选项,在“背景”列表中选择任意一副图片,“位置”下拉列表中选择“拉伸”,然后单击“应用”按钮,如图 1-12 所示。

步骤 4:单击窗口上方的“屏幕保护程序”选项,出现屏幕保护设置窗口,如图 1-13 所示。在其中的“屏幕保护程序”下拉列表中选择一个,将等待时间设置为 5 分钟,单击右侧的“预览”按钮查看屏幕保护效果。

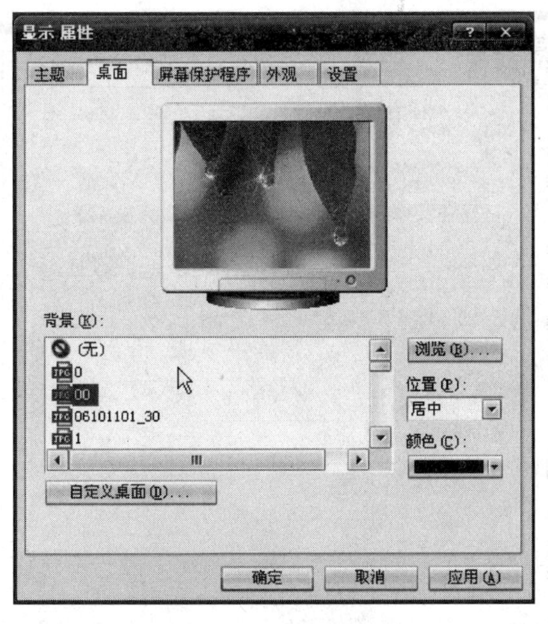

图 1-12　调整桌面背景

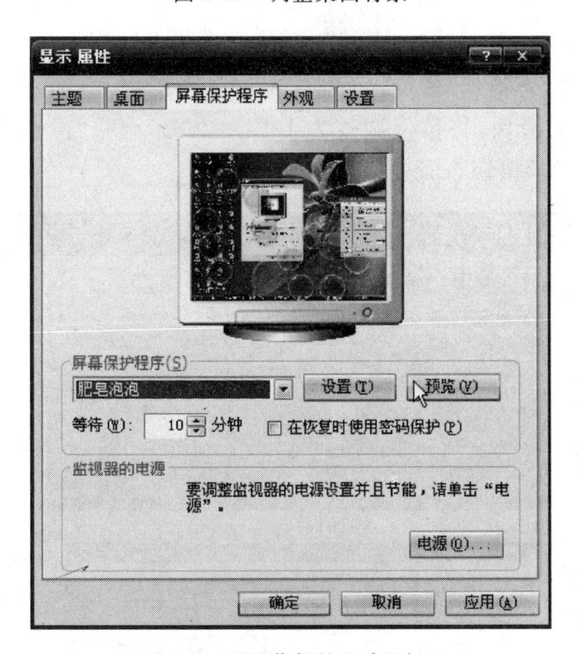

图 1-13　"屏幕保护程序"窗口

小贴士：屏幕保护程序的主要作用是保护屏幕，避免长时间静止的画面对 CRT 显示器造成损坏。对于液晶显示器而言，屏幕保护程序无任何保护作用，反而会加剧液晶显示器的损耗。因此，是否启用屏幕保护，需要依据显示器类型而定。

步骤 5：单击窗口下方的"电源"按钮，进入电源配置窗口，如图 1-14 所示。将其中的"电源使用方案"选择为"家用/办公桌"，然后单击窗口下方的"确定"按钮。

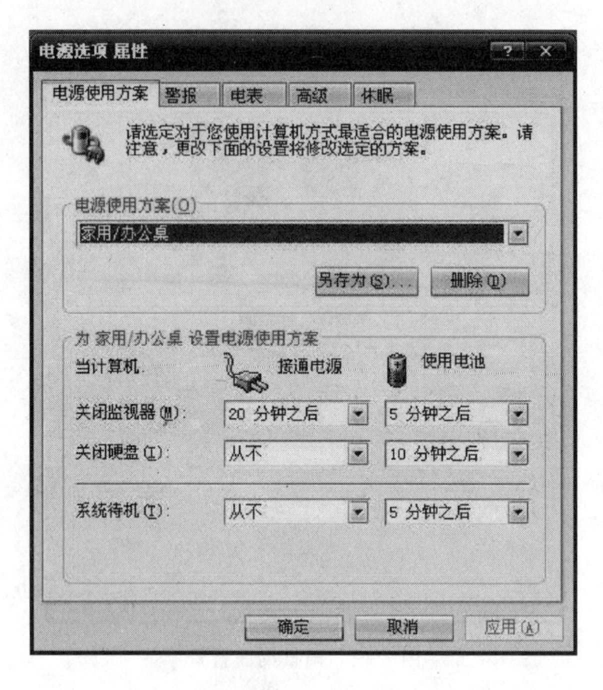

图 1-14 “电源选项属性”窗口

步骤6:单击“设置”选项卡,进入显示器配置窗口,如图1-15所示。使用鼠标拖动“屏幕分辨率(S)”选项下方的滑块,将数值调整为1024×768。调整“颜色质量(C)”为“最高(32位)”。单击下方的“应用”按钮查看效果。

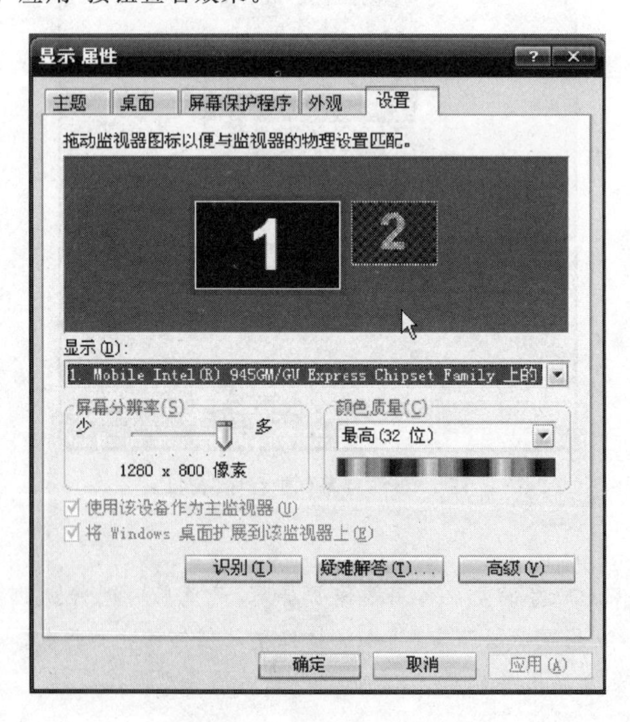

图 1-15 “显示属性”窗口

小贴士：屏幕显示的分辨率调整范围取决于计算机中的显卡和显示器。分辨率过高超过显示器能显示的最大范围时，屏幕会变黑，等待15 s或直接按Enter键系统会自动恢复正常显示分辨率。

2. 调整输入法

步骤1：单击"开始"菜单，选择"控制面板"，进入控制面板配置窗口，如图1-16所示。

图1-16 控制面板

步骤2：双击"区域和语言选项"，然后选择"语言"选项卡，再单击"文字服务和输入语言"选项中的"详细信息"，进入输入法配置窗口，如图1-17所示。

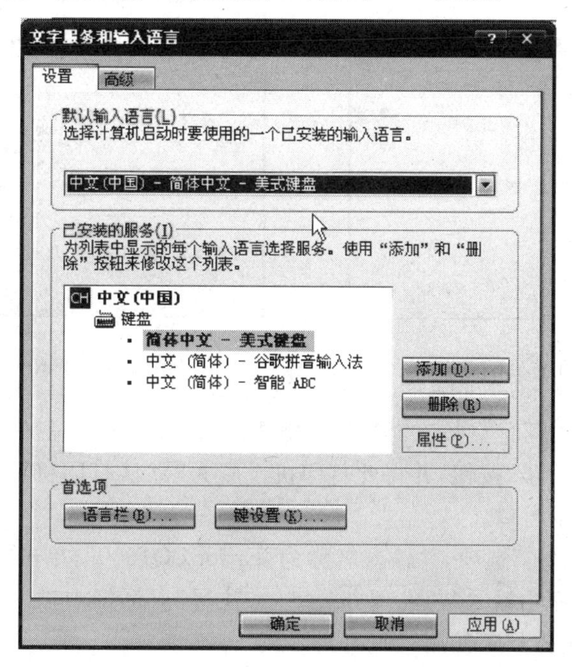

图1-17 输入法配置窗口

步骤 3：单击窗口右侧的“添加”按钮，在弹出对话框的“键盘布局/输入法”中，选择“王码五笔型输入法 86 版”，单击“确定”按钮返回。

步骤 4：单击“首选项”功能分组中的“键设置”按钮，进入输入法快捷组合键的配置窗口，如图 1-18 所示。

步骤 5：单击“王码五笔型输入法 86 版”，然后单击窗口下方的“更改按键顺序”按钮，进入组合键分配窗口，如图 1-19 所示。将 Ctrl+Shift+1 键分配给本输入法，单击“确定”按钮关闭窗口。

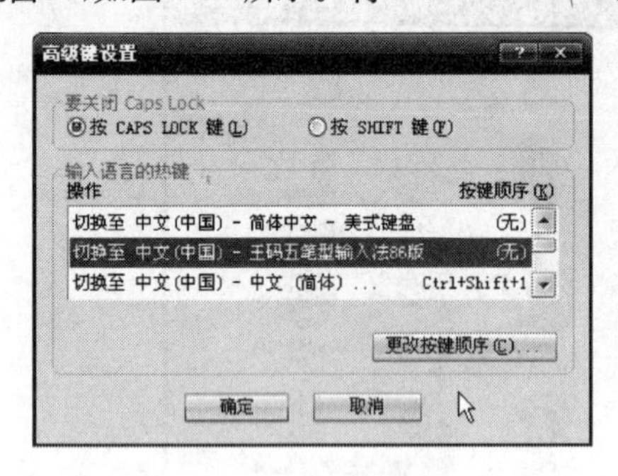

图 1-18　高级键设置

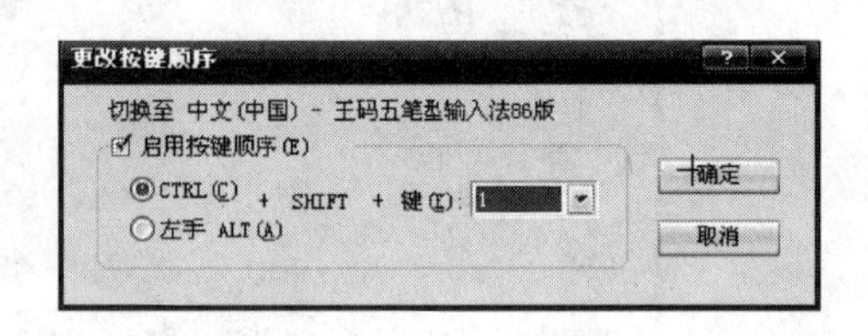

图 1-19　按键顺序调整窗口

3. 添加打印机并共享

步骤 1：双击“控制面板”窗口中的“打印机和传真”图标，进入打印机安装与配置窗口，如图 1-20 所示。

步骤 2：双击“添加打印机”图标，在弹出对话框中选择“下一步”，进入打印机安装自动检测步骤，继续选择“下一步”，直到出现如图 1-21 所示窗口。

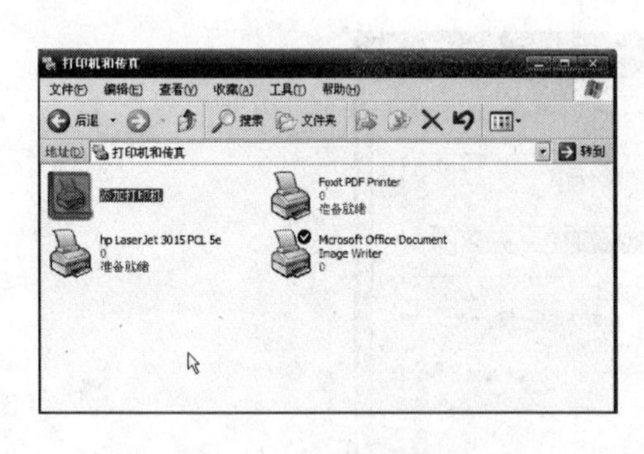

图 1-20　打印机和传真配置窗口

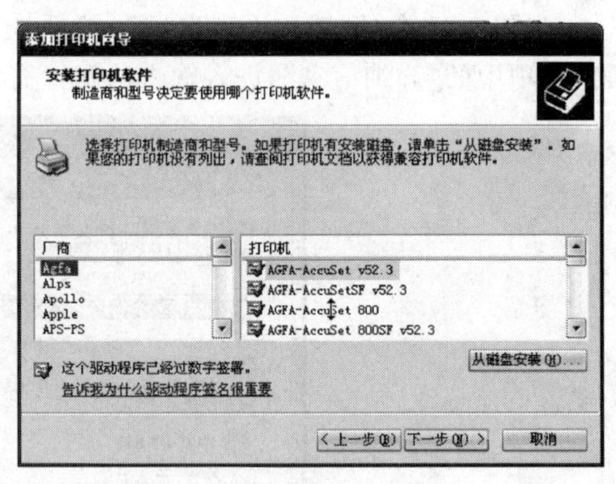

图 1-21　打印机型号选择窗口

步骤 3：拖动左侧“厂商”列表的滑动块，选择“Epson”，然后在右侧窗口中选择“Epson LQ-1600K”，单击“下一步”按钮，并将此打印机设置为“默认打印机”，继续单击“下一步”按钮，进入如图 1-22 所示窗口。

步骤 4：选中“共享名”选项，并输入名称为“EpsonLQ1600”，单击“下一步”按钮，在随后的窗口中“位置”对话框中输入“总经理办公室”，“注释”对话框中输入“Epson LQ 1600K 共享打印机，供本公司全体员工使用”。

步骤 5：选择不打印测试页，并单击随后的“完成”按钮结束打印机配置。

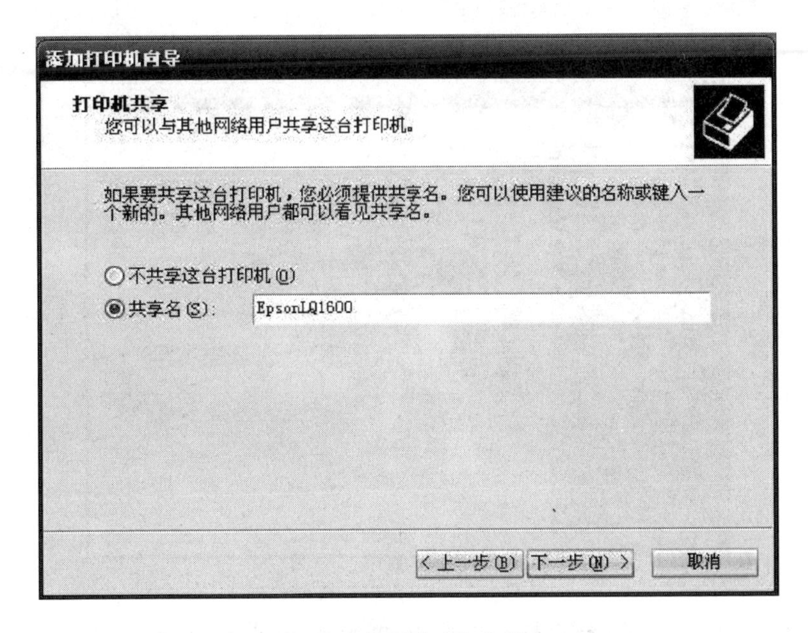

图 1-22　设置共享打印机名

4. 将文件夹分配给各部门

步骤 1：双击“控制面板”中的“用户账户”图标，进入用户账户管理窗口，如图 1-23 所示。

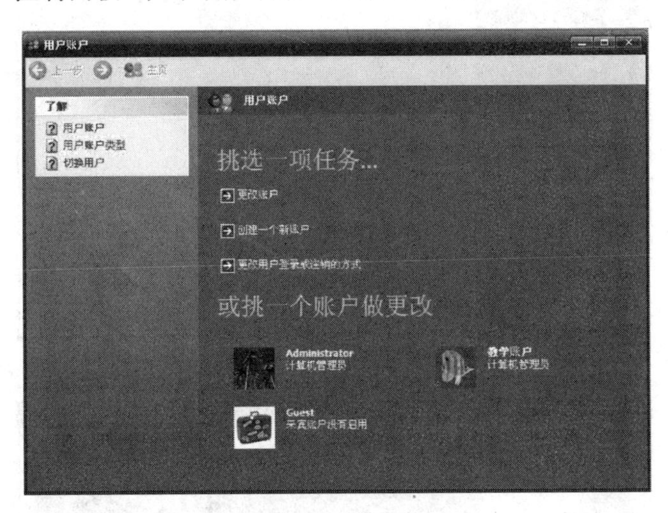

图 1-23　用户账户管理

步骤 2：单击“创建一个新账户”，为综合办公室部门创建网络访问账户，名称为ZHBGS，单击“下一步”按钮，在账户类型中设置成“受限”用户，然后单击“创建账户”按钮，如图 1-24 所示。

步骤 3：在“用户账户”窗口，单击上一步创建的“ZHBGS”账户图标，进入账户配置接口，如图 1-25 所示。

步骤 4：单击“创建密码”选项，然后输入密码及密码提示问题并确认创建密码。

步骤 5：单击窗口左上角的“上一步”按钮，返回账户管理主接口，重复第 2～第 4 步，分别为计划财务部、投资管理部、项目管理部、信息资源部、总经理室建立各自的访问账户名及

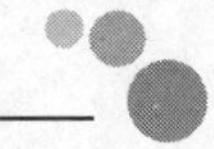

密码，如图 1-26 所示。

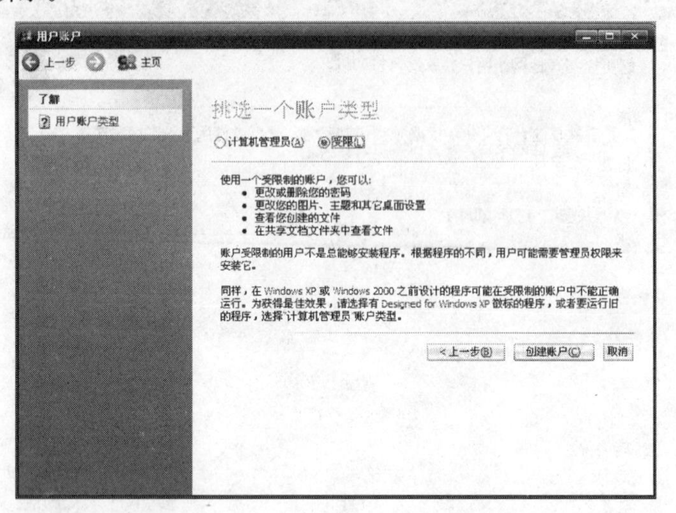

图 1-24　创建用户账户

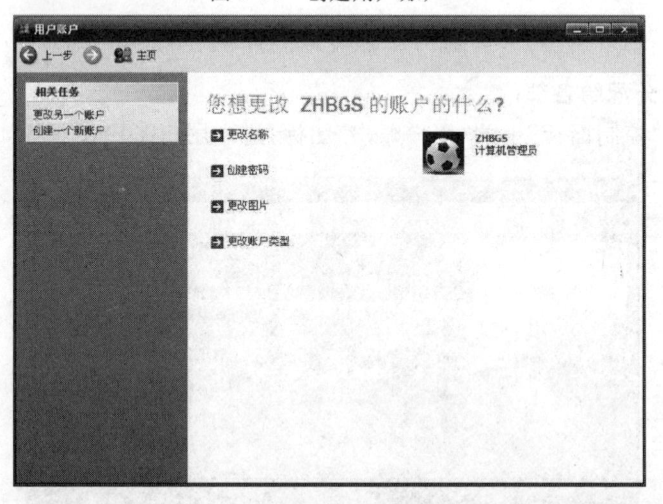

图 1-25　用户账户管理窗口

图 1-26　多用户账户窗口

步骤 6:打开资源管理器,双击文件资料盘(E:),进入上节所创建的"公司文挡资料总目录"文件夹中。

步骤 7:单击资源管理器窗口中的"工具"选项卡,然后选择"文件夹选项",然后选择"文件夹选项"窗口中的"查看"选项卡,如图 1-27 所示。

步骤 8:将"高级设置"列表中的"使用简单文件共享(推荐)"前的复选框取消选中状态,单击窗口下部的"确定"按钮退出并回到资源管理器窗口。

步骤 9:右击"计划财务部"文件夹图标,选择"共享和安全",在弹出的窗口中,选择"共享此文件夹",采用默认的共享名,并单击下面的"权限"按钮,如图 1-28 所示。

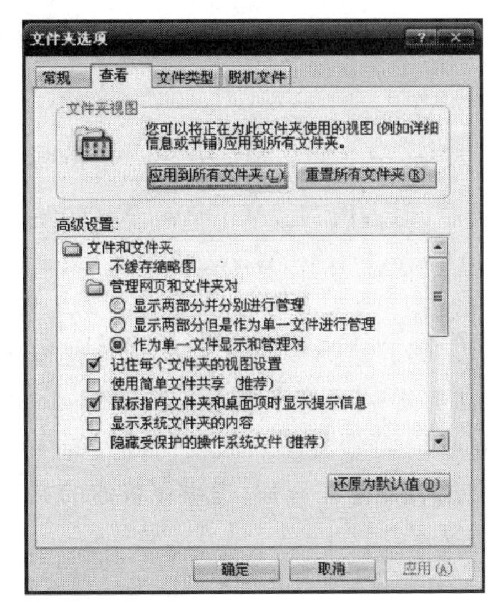

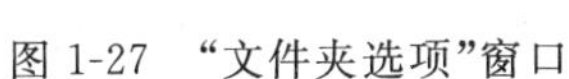
图 1-27　"文件夹选项"窗口

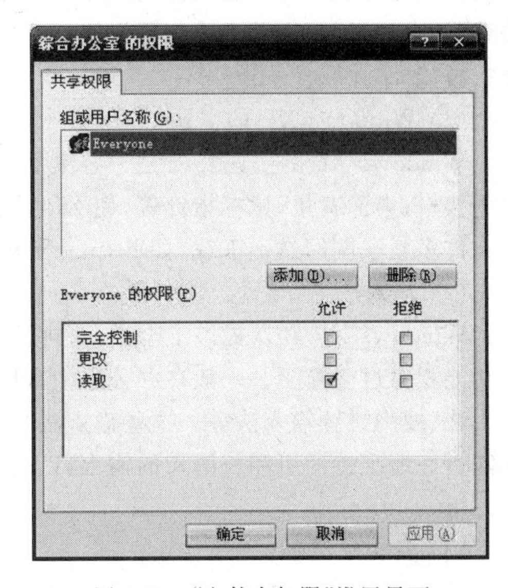

图 1-28　"文件夹权限"设置界面

步骤 10:单击窗口中的"删除"按钮,将该共享文件夹设置为任何人不可见,然后单击"添加"按钮,在对话框中输入"ZHBGS"并确认,然后将 ZHBGS 用户的权限设置为"完全控制",如图 1-29 所示。

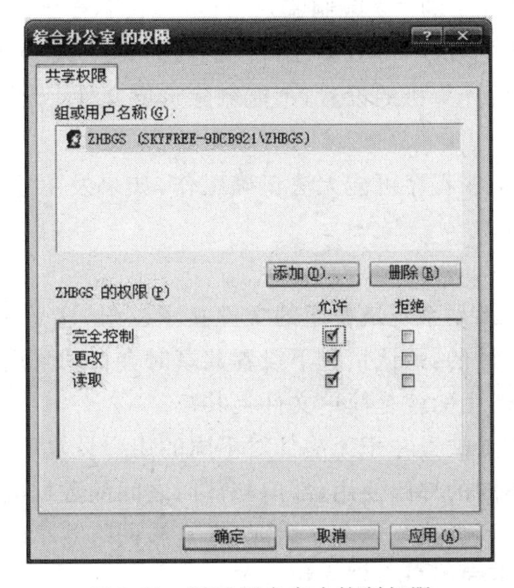

图 1-29　赋予用户完全控制权限

步骤 11:继续添加,将总经理的账户(ZJL)及张萍自己的账户对该文件夹共享的权限设置成读取。

步骤 12:类似第 9～第 11 步,分别将各文件夹设置共享并赋予不同的权限。

1.2.4 技术解析

本案例所涉及的是计算机操作系统应用环境的配置,主要介绍了如何更方便地配置计算机使之更有利于办公自动化的工作。其主要内容是桌面的调整、电源管理设定、打印机的安装与共享及活页夹共享的权限设定。这也是一个文员在办公室工作过程中需要掌握的计算机技能。

(1) Windows XP 的主题

Windows XP 的主题实质是一些桌面效果的集合,使用 Windows XP 主题可以改变窗口的接口、桌面背景、鼠标指针等,使 XP 看起来更华丽,但占内存。Windows XP 的主题可以在许多互联网网站上下载,如 http://www.xpzhuti.org、http://www.zhuti123.cn 等。

(2) 输入法

Windows XP 默认提供了全拼、双拼、智能拼音、王码五笔等多种输入法,但这些输入法的功能相对过于简陋。一般在办公室中常用的输入法有极品五笔字型输入法、Google 拼音输入法、搜狗拼音输入法等。这些输入法与 Windows XP 自带的输入法相比最大的优势在于能更好地支持词组和长语句的输入,以及能记忆使用者的输入习惯,提供更快速的文字录入环境。

(3) 安装硬设备

目前大多数的硬设备都具备“即插即用”技术,接口一般为常见的 USB。安装此类设备(如打印机、调制解调器等)时,一般应该先安装随设备提供的光盘内的设备驱动程序,然后再将该设备接通电源与计算机连接。

(4) 受限制账户

Windows XP 操作系统中的“受限制账户”自然是权利受到限制的账户,这类用户可以访问已经安装在计算机上的程序,可以更改自己的账户图片,还可以创建、更改或删除自己的密码,但无权更改大多数计算机的设置,不能删除重要文件,无法安装软件或硬件,也不能访问其他用户的文件。

使用受限制账户时,某些程序可能无法正确工作,如果发生这种情况,可将用户的账户类型更改为计算机管理员。

(5) 简单文件夹共享

简单文件夹共享就是满足系统最普通的文件共享权限,这是 Windows XP 操作系统为了方便用户实现共享而设计的,默认情况下设置共享时会自动采用此方式,如案例 1 实施中的“6. 创建网络共享”中,使用的就是简单文件夹共享。

简单文件夹共享的主要缺点在于无法针对不同的用户设置不同的权限。本章案列中计算机中的文件夹分别为不同的部门使用,部门与部门之间的数据应该相互独立和保密,只有本部门的管理者才能有权利创建与修改。因此,在实施网络共享时,在第 8 步首先取消简单文件共享,然后就可以对不同用户自定义权限了。

1.2.5 实训指导

- 将显示分辨率调整为 800×600，确定后再调整为 1 024×768，对比检查效果。
- 从 Google 网站 http://tools.google.com/pinyin/上下载 Google 的拼音输入法安装程序，并安装。
- 为 Google 输入法分配 Ctrl＋Shift＋2 功能组合键。
- 添加一个打印机，并将它共享。
- 添加一个受限账户 TEST，为此账户设置一个密码，然后单击“开始”菜单，选择“注销”→“切换用户”，使用刚建立的账户及密码登录，打开资源管理器，检查是否能够浏览其他用户的文件及安装程序。
- 切换到管理员账户，打开资源管理器，创建一个文件夹并共享，设置为只有 TEST 有权限访问。
- 通过网络访问方式(“网上邻居”→“整个网络”→“Microsoft Windows Network”)验证权限设定是否生效。
- 下载一种字体，并安装。
- 打开 Word 程序，调用 Google 输入法输入文字并使用刚才的字体。

1.2.6 课后思考

- Windows XP 系统与使用其他操作系统的计算机之间能够共享资源吗?
- 在计算机上为某个用户分配好文件共享访问权限后，如果该用户直接在该计算机上登录，这些共享权限是否继续发挥作用?
- 如果要严格限定某个用户(无论是网络访问还是本地访问)的权限，该如何设计文件夹权限?

第2章 Word的基本应用

学习目标

本章以“制作个人简历”、“Word 表格设计”和“创编文摘周刊”三个案例为主线，主要介绍了 Word 常用的文档编辑方法，主要包括字符、段落、表格、图片以及页面等文档元素的基本编辑技巧，从而完成学习 Word 环境下文档的基本编辑方法。

实用案例

制作个人简历

Word 表格设计

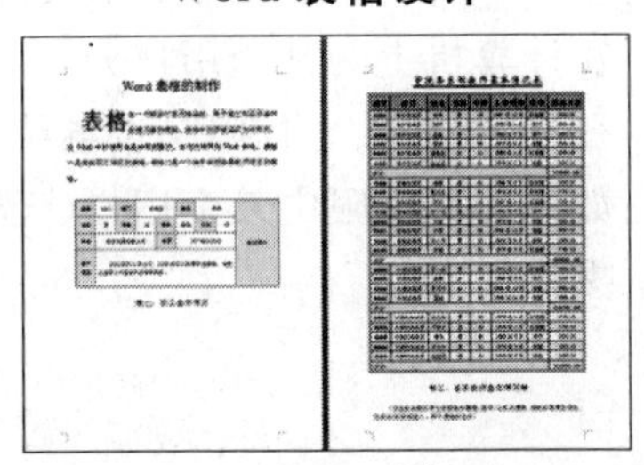

创编文摘周刊

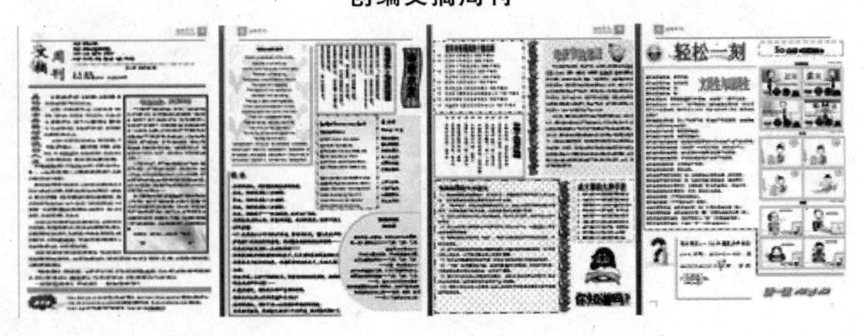

2.1　案例1——制作个人简历

2.1.1　案例介绍

个人简历是综合反映个人学习、工作和成长经历的概要性资料，也是对外宣传推销个人的典型文档。个人简历依据不同的需求目的有着较强的针对性，不同的应用场合，其内容的选用，编排的格式都有不同。

本案例是为一个即将走上工作岗位的毕业生而设计的个人简历，在内容上主要体现学生个人的学习经历、社会活动经历和专业实践经历。在格式编排上，采用了 Word 文档常用的编辑格式，也部分体现了文档的个性格式。

2.1.2　知识要点

本案例涉及 Word 的主要知识点如下。

- 文档操作——主要包括新建、保存、修改、更名和删除 Word 文档。
- 字符编辑——主要包括字符的格式、项目符号与编号、边框与底纹等。
- 段落格式——主要包括段落的格式、分栏等。
- 其他格式——主要包括图片、艺术字、自选图形、页面背景等。

2.1.3　案例实施

1. 创建 Word 文档

Word 文档的新建方法有多种，在 Windows 和在 Word 环境下的操作方法各有不同。

(1) 在 Windows 环境下，新建 Word 文档的方法如下。

单击“开始”菜单，选择“程序”项目中的对应项目，即可创建一个新的 Word 文档。如图 2-1 所示。

单击桌面上的 Word 快捷方式来创建新的 Word 文档。如图 2-2 所示。

图 2-1　菜单创建 Word 文档

图 2-2　快捷方式创建 Word 文档

(2) 在 Word 环境下，新建 Word 文档的方法如下。

单击窗口左上角的“Microsoft office 按钮”，选择“新建”命令。如图 2-3 所示。

说明：Microsoft Word 2007 中用 Microsoft office 按钮取代了文件菜单。单击“Microsoft Office 按钮”时，将看到与 Microsoft Office 早期版本相同的打开、保存和打印文件等基本命令。如图 2-4 所示。

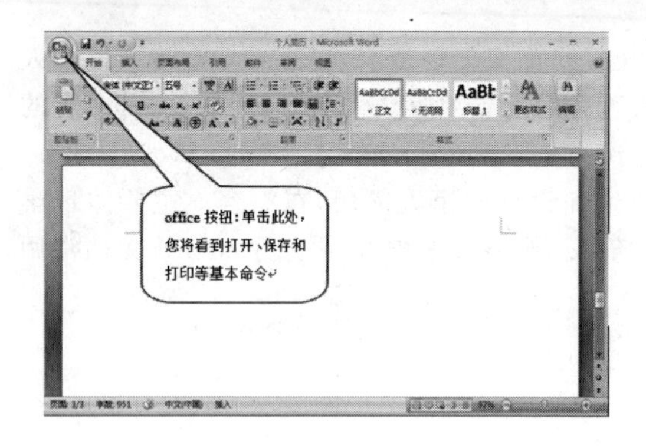

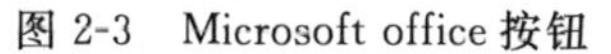
图 2-3　Microsoft office 按钮

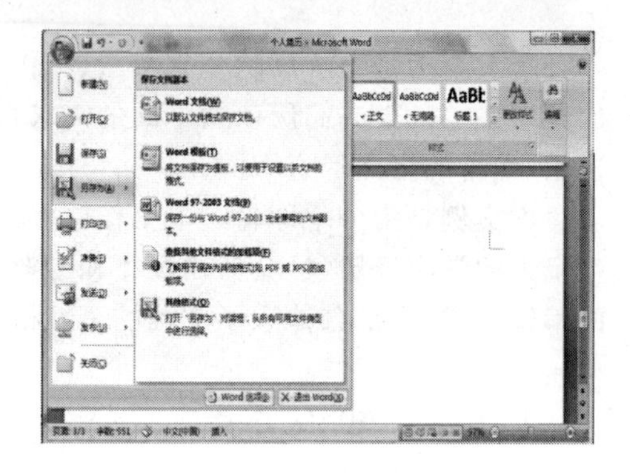

图 2-4　按钮下拉菜单中的命令

在 Word 环境下，还可以使用组合键 Ctrl＋N 来创建新的 Word 文档。

提示：新建 Word 文档的方法有多种，主要是要根据当前所处的环境来进行选择。一般而言，刚创建的 Word 只是一个临时性文档，无论是否对其进行过编辑，该文档都没有实质性地保存在磁盘上，因此，及时将文档保存到指定目录下是必须注意的问题。另外，通过鼠标右键的快捷菜单也能创建一个新的 Word 文档，而这种方式创建的 Word 文档却是在创建时就已经以默认文件名的方式保存在被创建的目录中。

新建的 Word 文档是一个可供图文编辑的空白文档，一旦创建，就可以输入文字或将已有的文字复制到文档中，以便开始编辑。

本案例虽然提供了所有的数据，可以将文字直接复制文档中去进行编辑，但还是建议将部分文字以键盘方式输入到文档中去，以增进初学的效果。

注意：将新建的 Word 文档命名“个人简历.docx”，并保存在个人工作目录中。文档名将会在打开该文档时显示在窗口的标题栏中间位置上。

2. 字符编辑

Word 窗口标题栏下方是 Word 的“功能区”。“功能区”是 Office 用户界面的一个按任务分组的编辑命令组件，它将使用频率最高的命令以按钮的方式呈现在眼前，如图 2-5 所示。它的基本特点如下。

(1) 选项卡是针对任务设计的。

(2) 在每个选项卡中，都是通过组将一个任务分解为多个子任务。

（3）每组中的命令按钮都可执行一项命令或显示一个命令菜单。

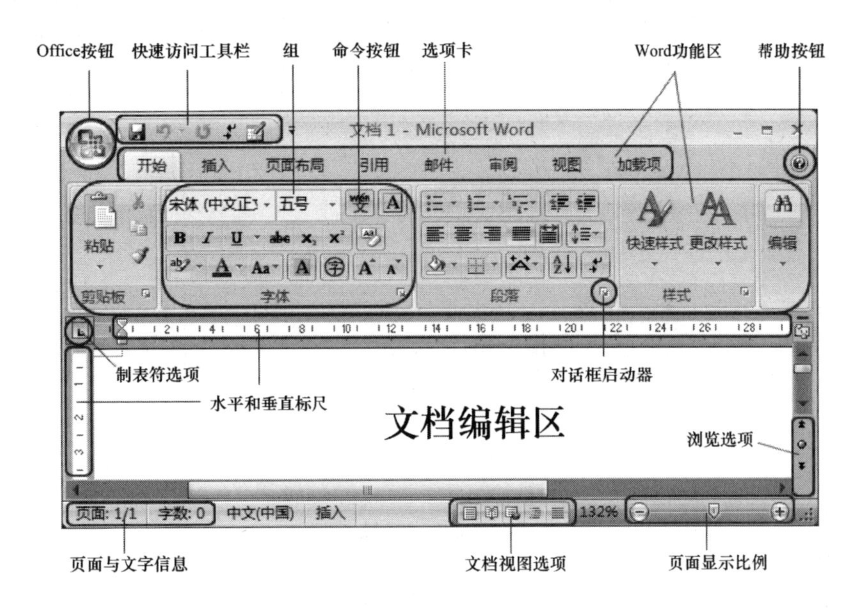

图 2-5　Word 基本界面及其功能区

文字数据一旦输入或复制完毕，就可以开始进行字符编辑了。所谓字符编辑是指将文字按特定的格式进行编排的操作方法，它包括设置字体、字形、字号、颜色、下划线型、字符间距和效果等多种设置。实现字符编辑的要借助“字体”功能组。“字体”任务功能组如图 2-6 所示；单击右下角小按钮可打开“字体”段话框。

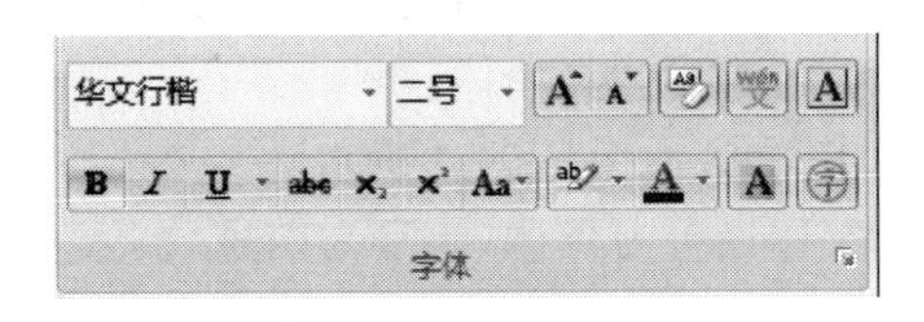

图 2-6　打开“字体”对话框

步骤 1：文档页面设置。选择“页面布局”选项卡的“页面设置”组，单击“分隔符”按钮，在打开的下拉列表中选择“分节符”中的“下一页”，即快速的产生新的一页。第 1 页将被作为简历的封面，简历的文字内容从第 2 页开始编辑。打开与本案例相关的文本文件，将其中的文本资料复制到文档第 2 页中。

步骤 2：设置简历中分项标题字体。利用 Ctrl 键＋鼠标选定的方式，分别将“基本情况”、“教育背景”、“企业实习”等多行格式相同的文字选中，将鼠标右键单击被选定的文字，打开快捷菜单，选取“字体”项目，在打开的“字体”对话框中，根据案例样文的要求，将所选文字的字体设置为：华文行楷，字形为加粗，字号为二号，颜色为深蓝，效果为阴影。效果如图 2-7 所示。

步骤 3：设置对应的文本字体。用鼠标将“教育背景”下的文本选中，在“开始”选项卡的“字体”功能组中，根据案例样文的要求将所选文字的字体设置为：仿宋_GB2312，字号为小四。

步骤 4：复制格式到其他地方。选中刚设置好的文本，然后在“开始”选项卡的“剪贴板”

组中，单击“格式刷”按钮。鼠标指针变为画笔图标。选择“企业实习”下面的文本，该文本的格式就被复制成“仿宋_GB2312”的字体和小四的字号了。用此方法可将“基本情况”、“企业实习”“专业背景”、“个人特点”和“求职意向”中文本都设置为：仿宋_GB2312，字号为小四。

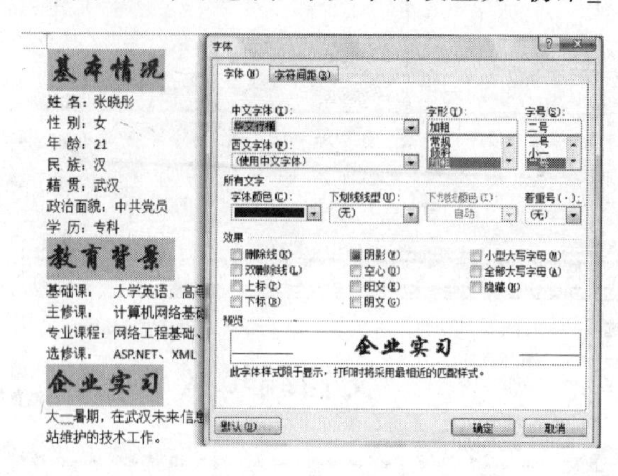

图 2-7　设置字体效果

注意：可以使用“开始”选项卡上的“格式刷”来复制文本格式和一些基本图形格式，如边框和填充。单击格式刷只能将格式复制一次。若需要更改文档中多个选定内容的格式，可双击格式刷。要停止设置格式，请按 Esc 或再次单击“格式刷”按钮。

步骤 5：根据案例样文的要求，依次完成以下修改：

将“基本情况”中“姓名：”、“性别：”、“年龄：”等文字的字体设置为：黑体；将其后“张晓彤”、“女”、“21”等文字的字体设置为：华文行魏；将“教育背景”中部分文字如“基础课：”、“主修课：”、“专业课程：”和“选修课：”设置为：黑体。

选中“专业背景”下的文字“专业水平”和“外语水平”，单击“字体”任务组中的“加粗”按钮，设置其字形为粗体，将其字体设置为黑体，字号为四号，字体颜色为深红色。将此格式用格式刷依次复制给“个人特点”中的文字“曾任职务”、“兴趣特长”、“个人荣誉”等。

建议：在 Word 字体的编辑过程中，为了提高工作效率，建议根据整个文档不同字体格式的情况，按编辑工作量大小来确定编辑的先后顺序。如本案例中正文部分的格式一致，且文字篇幅很大，就可以考虑将所有文本先按正文部分的格式编辑，然后再将其他部分进行小范围的更改。这种方式对长文档是很有效的。

当然，对于长文档还有更为有效的编辑方法，在学习完样式的使用方法后，将会更清晰地看到这一点。

3. 段落设置

完成字符的基本设置后，还需要对段落进行设置。所谓段落设置是指将段落按特定的格式进行编排的操作方法，它包括设置对齐方式、设置段落缩进、调整行距或段落间距、设置边框和底纹等多种设置。这些设置可以通过“段落”功能组来实现。“段落”任务功能组如图 2-8 所示。单击右下角小按钮可打开“段落”对话框。

步骤 1：右击鼠标，选中“基本情况”下的所在段落，在快捷菜单中选择“段落”项目，打开段落对话框，在“间距”下设置行距为“固定值”，设置值为18磅。如图2-9所示。

图2-8　“段落”任务功能组

步骤2：选中“企业实习”下的所有段落，设置其行距为固定值20磅，选择“缩进”下的“特殊格式”为“首行缩进”“2个字符”，如图2-10所示。在段落仍被选中的状态下，双击“格式刷”，复制该段落格式，然后对“专业背景”、“个人特点”和“求职意向”中的段落进行同样的设置。

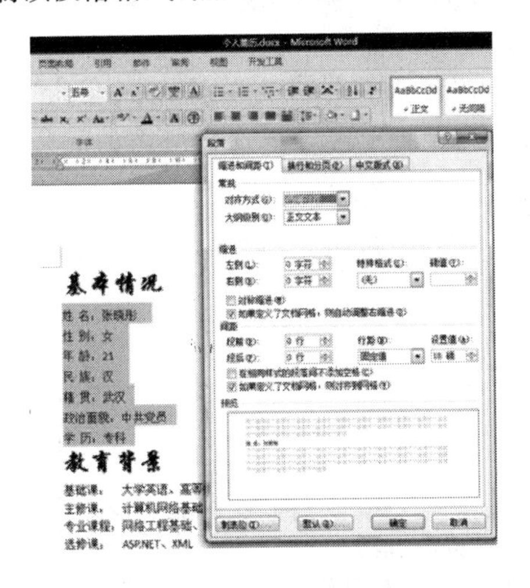

图2-9　设置行距效果图

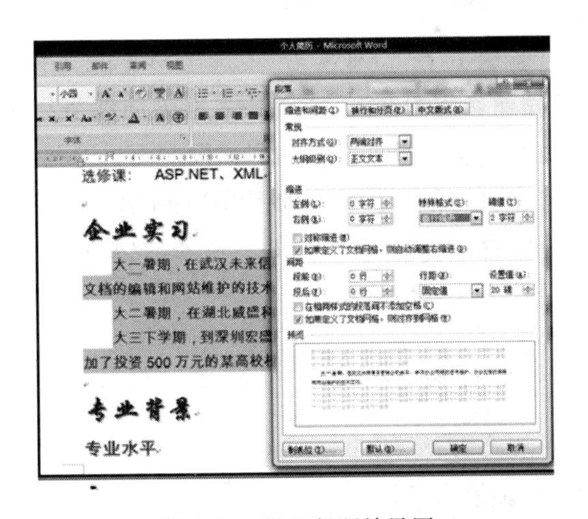

图2-10　设置行距效果图

步骤3：设置文本边框。选中“基本情况”4个字，在“段落”任务组中打开“设置边框”菜单，打开“边框和底纹”对话框。在“边框”选项卡的“设置”中选择“方框”、“样式”中选择虚线、“颜色”为“红色”、“宽度”为“1.5磅”，如图2-11所示。选择“底纹”选项卡，在“填充”框里选择“水绿色”，如图2-12所示。利用格式刷分别对“教育背景”、“企业实习”、“专业背景”等进行相同的设置。

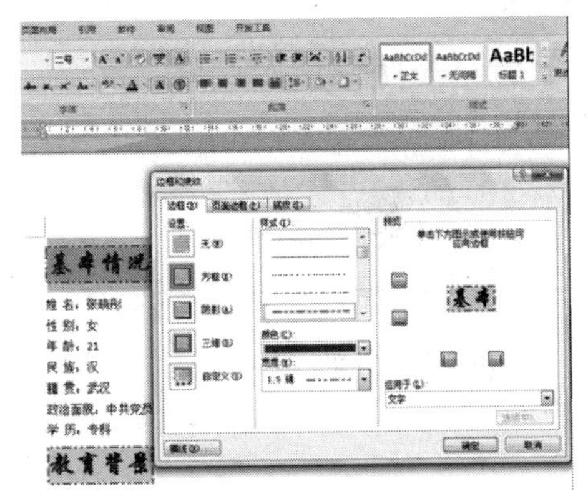

图2-11　设置边框

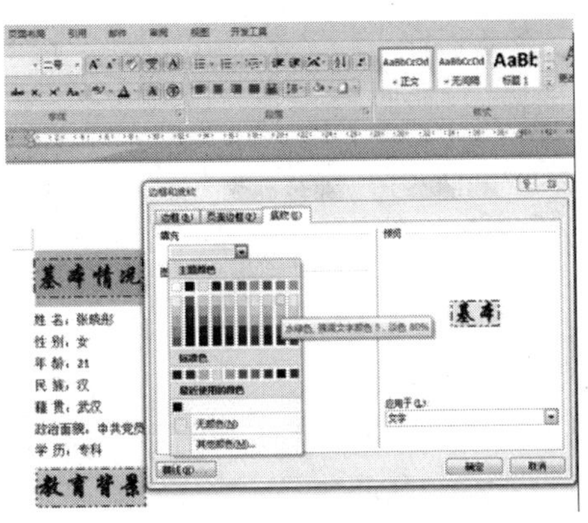

图2-12　设置底纹

注意：此步骤的操作虽然是在“段落”任务组中打开“设置边框”菜单，但操作的却是段落中的文本。操作时要注意边框与底纹对话框中的“应用于”选项。此处为“文字”。

4. 编号与项目符号

根据案例样文的要求，下面就要对“企业实习”、“专业背景”、“个人特点”中的文本添加编号和项目编号。

说明：Word 可以快速给现有文本行添加项目符号或编号，也可以在键入文本时自动创建列表。默认情况下，如果段落以星号或数字“1.”开始，Word 会认为用户在尝试开始项目符号或编号列表。如果不想将文本转换为列表，可以单击出现的“自动更正选项”按钮。

步骤 1：在“企业实习”中选中第 1 段文字。在“开始”选项卡上的“段落”组中，单击“编号”按钮旁边的箭头，可找到多种不同编号格式，如图 2-13 所示。单击选择所需的编号格式，此时，该编号就被添加到该段前面。同样，可以为第 2、3 段添加相应编号。每次添加时，编号会自动累加。效果如图 2-14 所示。选中三段文字，打开“段落”对话框，设置“左缩进”为 0 字符、“首行缩进”为 0.7 厘米，效果如图 2-15 所示。

最近使用过的编号格式
编号对齐方式: 左对齐
编号库
无
文档编号格式

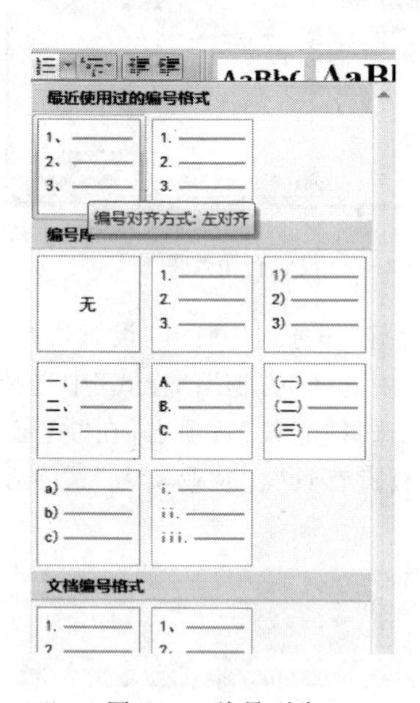

图 2-13　编号列表

企业实习
1、大一暑期，在武汉未来信息管理公司实习，学习办公网络的日常维护；办公文档的编辑和网站维护的技术工作。
2、大二暑期，在湖北威盛科技发展有限公司，学习数据库的维护与管理。
3、大三下学期，到深圳宏盛网络科技公司，实习网络工程招标与施工工作，参加了投资 500 万元的某高校校园网工程建设的全过程。

图 2-14　设置编号

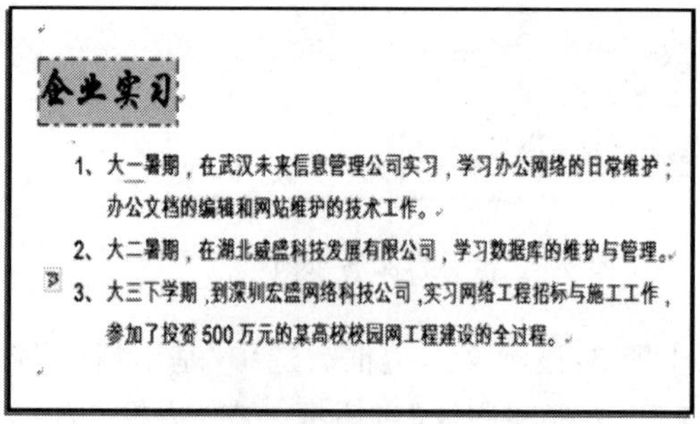

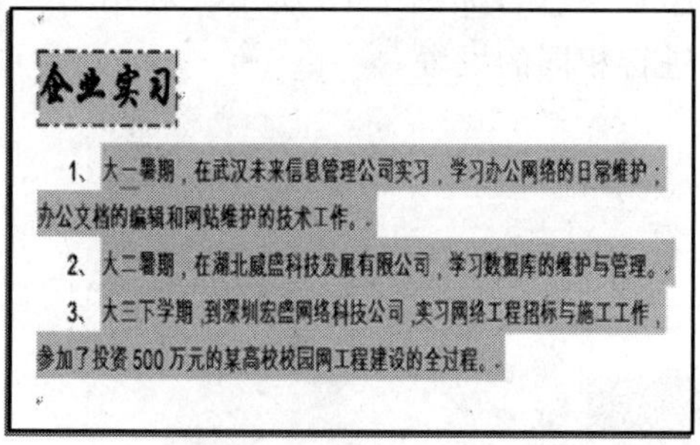

企业实习
1、大一暑期，在武汉未来信息管理公司实习，学习办公网络的日常维护；办公文档的编辑和网站维护的技术工作。
2、大二暑期，在湖北威盛科技发展有限公司，学习数据库的维护与管理。
3、大三下学期，到深圳宏盛网络科技公司，实习网络工程招标与施工工作，参加了投资 500 万元的某高校校园网工程建设的全过程。

图 2-15　调整后的效果

步骤2:接下来在指定位置添加“项目符号”。选中“专业背景”下“专业水平”4个字,在“开始”选项卡上的“段落”组中,单击“项目符号”按钮旁边的箭头,可找到多种不同项目符号格式,如图2-16所示。单击选择所需的项目符号,该符号就被添加到前面了。依照范例,在指定位置添加项目符号,如图2-17所示。

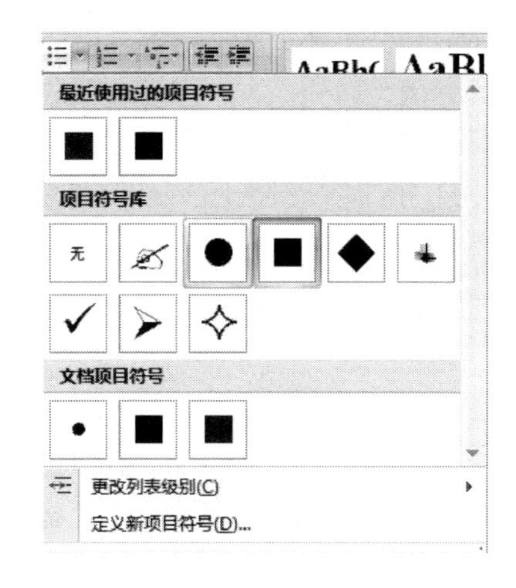

图2-16　项目符号列表

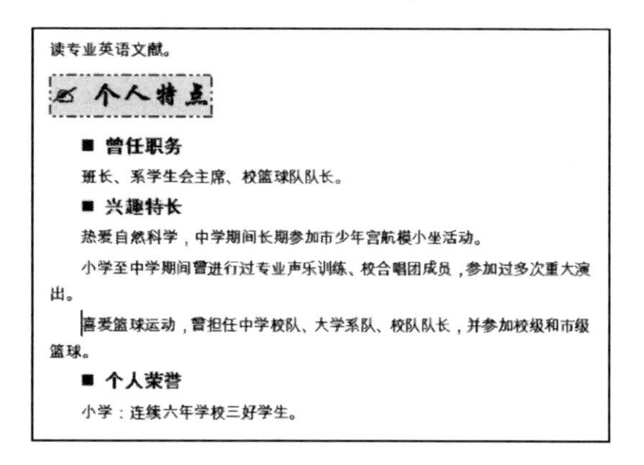

图2-17　添加项目符号效果图

如果在“项目符号列表”或“编号列表”中找不到所需的符号,可以单击列表下方的“定义新项目符号(编号格式)”,打开“定义新项目符号(编号格式)”对话框,如图2-18、图2-19所示。在打开的对话框中进一步查找和选择。例如,单击图2-18中的“符号”按钮,在打开的“符号”对话框中选择合适的符号并单击“确定”按钮,如图2-20所示,该符号就会出现在“项目符号列表”中了。

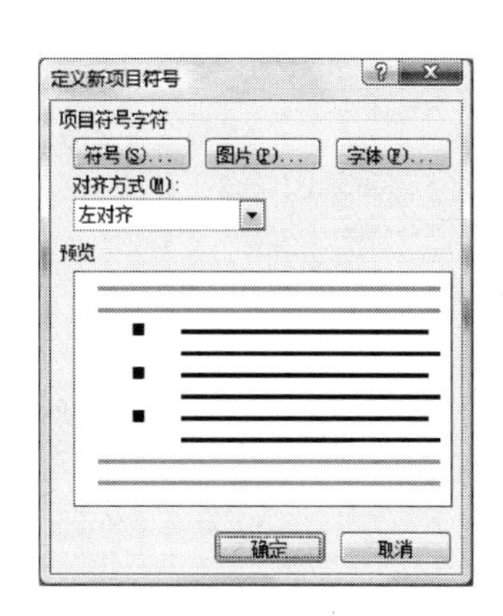

图2-18　定义新“项目符号”

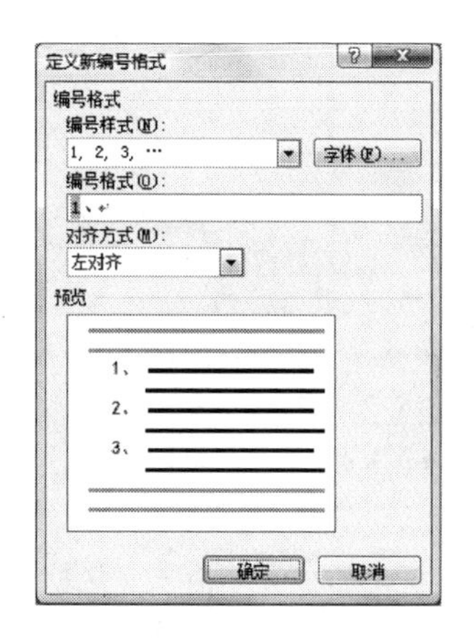

图2-19　定义新“编号格式”

5. 图形和符号

简历中除了文字以外,还可以添加图形和符号,使其更加生动。下面就依照范例,在简历中添加图形和符号。

步骤1:在简历第2页中插入并设置图形直线。在“插入”标签的“插图”任务组中,单击

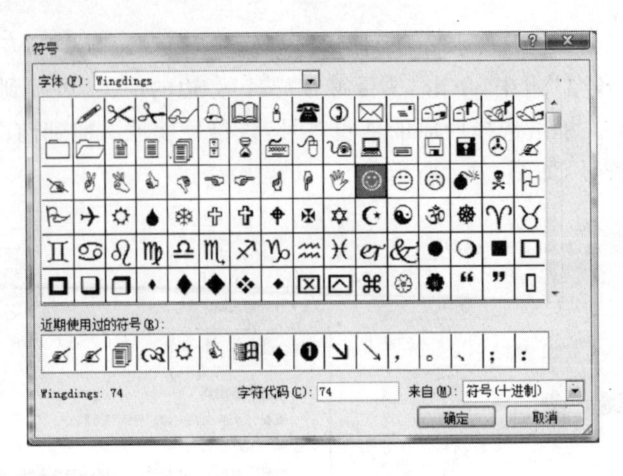

图 2-20　选择符号

“形状”按钮，在下拉列表中选择“线条”中的“直线”，鼠标变成十字型的绘图状态。在文档中平行拖动鼠标，绘制一条直线。功能区显示“绘图工具”的“格式”标签。在“大小”组中设置其“宽度”为 14.7 厘米。单击“形状样式”组的“形状轮廓”按钮，在下拉列表中选择“主题颜色”为“蓝色”、“粗细”为“3 磅”，如图 2-21 所示。选择下拉列表中的“图案”项，打开“带图案线条”对话框。在“图案”中选择“大棋盘”的样式，如图 2-22 所示。单击“确定”按钮。将鼠标移至直线上，当鼠标变成十字箭头的形状时，就可按下左键拖动鼠标，将直线拖到指定位置。选择该线条，单击“开始”标签中的“剪贴板”组的复制按钮，根据需要可多次单击“粘贴”按钮，复制多条相同的直线。最后，拖动直线到适当的位置。

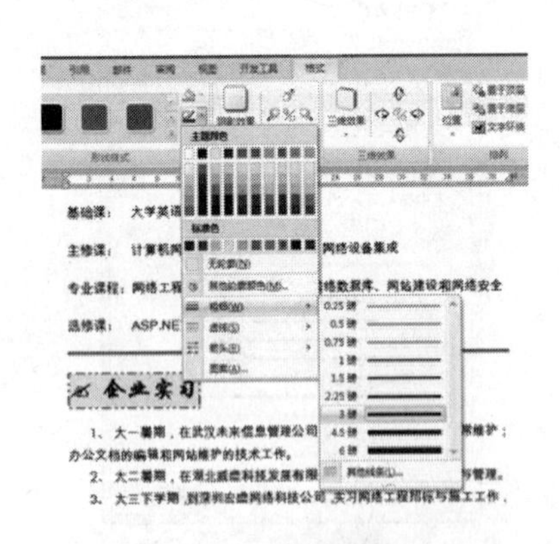

图 2-21　设置线条颜色和粗细

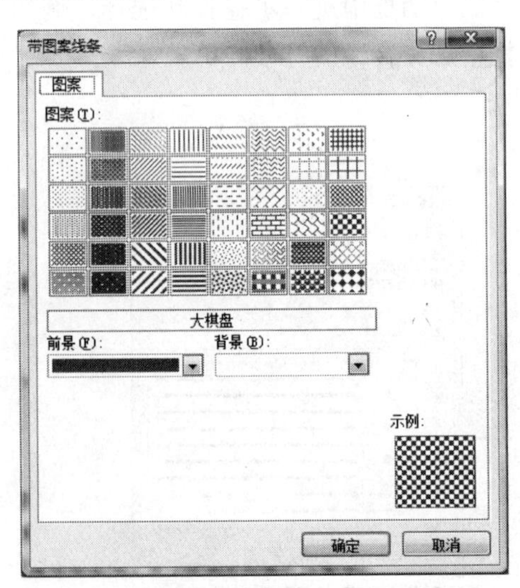

图 2-22　设置线条图案

步骤 2：将光标移至“基本情况”前，指定插入符号的位置。选择“插入”标签中的“符号”任务组，单击“符号”按钮，如图 2-23 所示，在下拉列表中单击所需的符号“✍”。如果该符号不在列表中，请单击“其他符号”。在“字体”框中，单击所需的字体“wingdings”，再单击要插入的符号“✍”，然后单击“插入”，该符号就被插入到指定位置了，如图 2-24 所示。依照范例，在需要该符号的地方做插入操作，效果如图 2-25 所示。

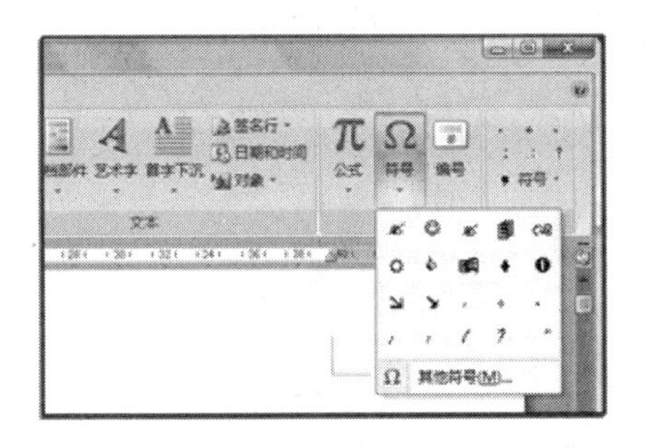

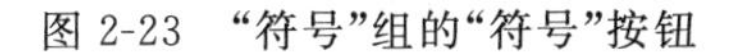

图 2-23　“符号”组的“符号”按钮

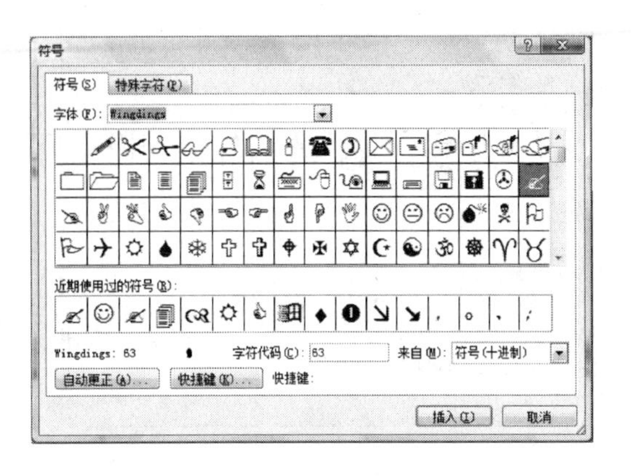

图 2-24　查找其他符号

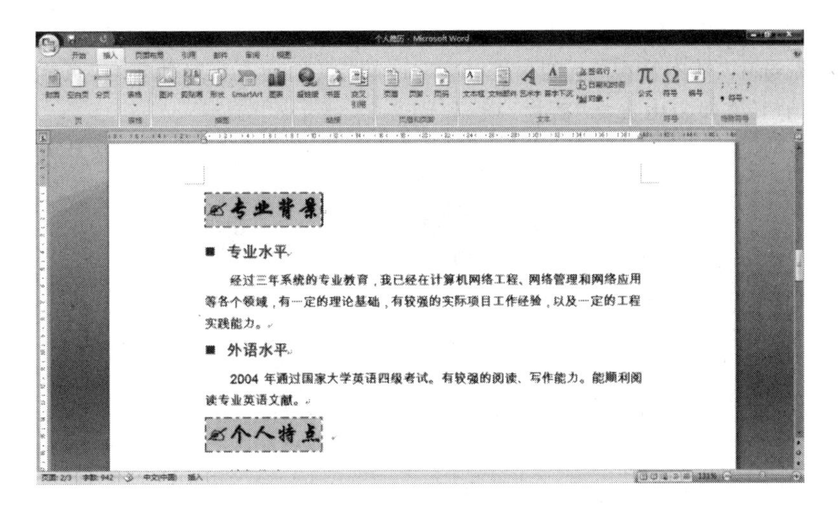

图 2-25　效果图

说明:使用“符号”对话框可以插入键盘上没有的符号(如 1/4 和©)或特殊字符(如长划线(—)或省略号(…)),还可以插入 Unicode 字符。可以插入的符号和字符的类型取决于选择的字体。例如,有些字体可能会包含分数(1/4)、国际字符(Ç,ë)和国际货币符号(£,¥)。

内置的 Symbol 字体包含箭头、项目符号和科学符号。可能还有其他符号字体,如 Wingdings,该字体包含装饰符号。

步骤 3:插入符号。将光标移到“个人特点”下“兴趣特长”的第 1 行文字前,确定插入符号的位置。选择“插入”标签中的“符号”任务组,单击“符号”按钮,在下拉列表中单击“其他符号”,打开“符号”对话框。选择“字体”为“普通文本”、“子集”为“其他字符”,如图 2-26 所示。单击符号“☆”,单击“插入”按钮。依照范例要求,在以下段落前添加该符号,效果如图 2-27 所示。

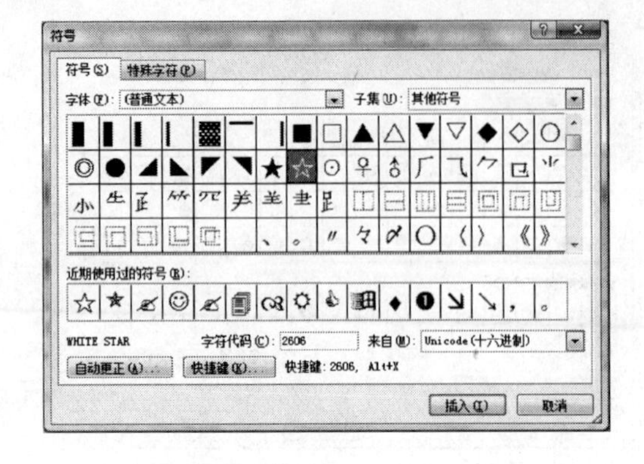

图 2-26 “符号”组的“符号”按钮

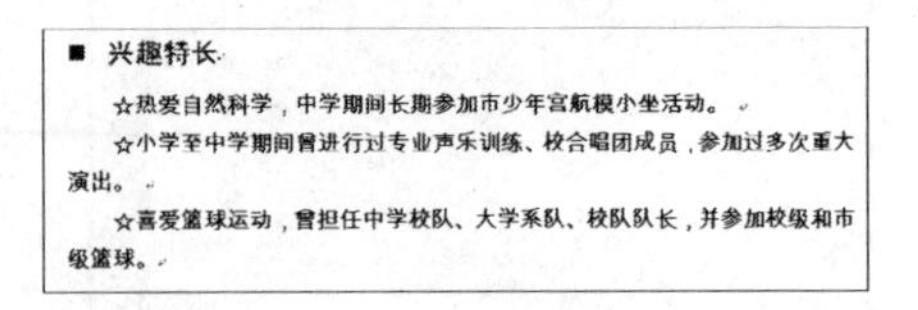

图 2-27 添加符号效果图

6. 分栏

步骤 1：先选中“基本情况”下的所有文本，选择“页面布局”选项卡的“页面设置”组，单击分栏按钮，在下拉列表中选择“两栏”项，如图 2-28 所示。

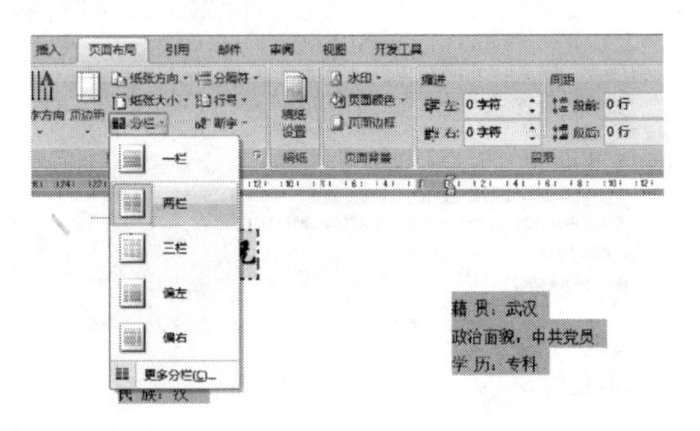

图 2-28 分栏效果图

步骤 2：修改页边距依照范例要求，需要在“基本情况”中显示照片。先将其中的两栏文本全部选中，单击“页面设置”组的“页边距”按钮，打开下拉列表，选择“自定义边距”项。在“页面设置”对话框中将“右”页边距更改为 7 厘米，最后单击“确定”按钮。如图 2-29、图 2-30 所示。这样，就可以在空出来的地方放上自己的照片了。效果如图 2-31 所示。

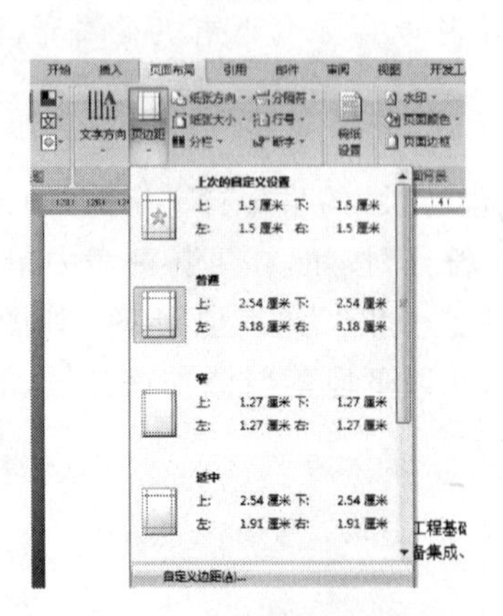

图 2-29 设置“页边距”

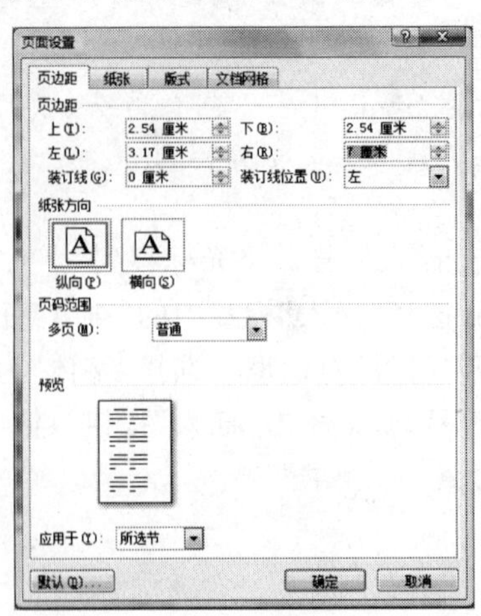

图 2-30 更改右边距值

基本情况

姓 名： 张晓彤　　**籍 贯：** 武汉
性 别： 女　　**政治面貌：** 中共党员
年 龄： 21　　**学 历：** 专科
民 族： 汉

教育背景

基础课： 大学英语、高等数学

图 2-31　添加照片的位置

7. 图片和艺术字

步骤 1：在封面中插入图片，设置大小和环绕方式。将光标移到简历封面的首行。选择"插入"标签中的"插图"任务组，单击"图片"按钮，如图 2-32 所示，在"插入图片"对话框中选择 "校徽校名.JPG"并"确定"，图片被插入到简历中。

步骤 2：在图片上单击鼠标右键，选择"大小"项。在打开的"大小"对话框中，设置"缩放比例"为高度 100%、宽度 100%，如图 2-33 所示。

图 2-32　"插图"任务组

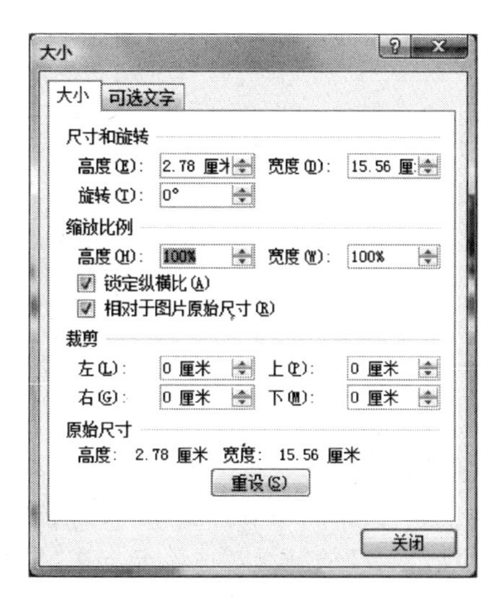

图 2-33　设置图片的大小

步骤 3：在出现的"图片工具"，"格式"选项卡中选择"排列"组。单击"位置"按钮，选择下拉列表中的"顶端居中，四周型文字环绕"。如图 2-34 所示。

步骤 4：在封面上插入艺术字。选择"插入"选项卡的"文本"组。单击"艺术字"，选择"艺术字样式 6"。在"编辑艺术字文字"对话框中输入文本为"个人简"、字体为"黑体"、字号为 54 号，最后单击"确定"按钮。如图 2-35 所示。在艺术字工具"格式"选项卡的"阴影效果"组中单击"阴影效果"，选择"阴影样式 1"。设置艺术字文字环绕方式为"浮于文字上方"。用同样的方法插入艺术字"历"字，设置字体为"微软雅黑"，阴影效果为"阴影样式 7"，环绕方式为"浮于文字上方"。参考案例，调整艺术字的大小和位置。如图 2-36 所示。

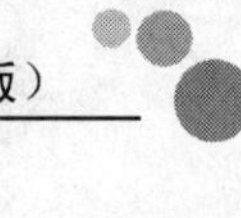

图 2-34　插入图片后的效果图

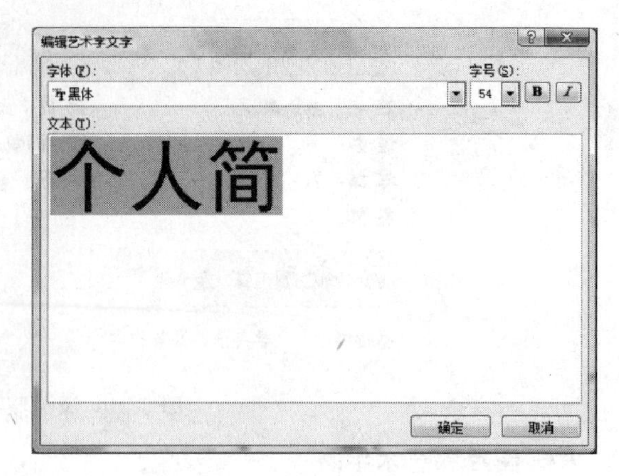

图 2-35　编辑艺术字

图 2-36　调整艺术字位置

8. 设置页面背景

页面背景是通过插入页眉命令来实现的。可以将图形和图片作为页面的背景。

在封面页的顶端页眉处双击鼠标，可以进入页眉页脚的编辑状态。此时窗口出现“页眉和页脚工具”的“设计”选项卡。在“导航”组中单击“下一节”按钮，这样光标将移到下一页。在“导航”组中单击“链接到前一条页眉”，取消该按钮的选中状态。这样我们开始为封面和正文页面设置不同的页面背景。

步骤 1：回到封面页面。在“插入”选项卡中的“插图”任务组中，单击“形状”按钮，在下拉列表中选择“基本形状”中的“矩形”，鼠标变成十字型的绘图状态。在文档中拖动鼠标，绘制一个矩形。功能区显示“绘图工具”的“格式”标签。在“大小”组中设置其“高度”为 11.8 厘米、“宽度”为 21.01 厘米。单击“形状样式”组的“形状轮廓”按钮，在下拉列表中选择“无轮廓”，如图 2-37 所示。单击“形状样式”组的“形状填充”按钮，在下拉列表中选择“渐变”及下级列表中的“其他渐变”，如图 2-38 所示。在打开的“填充效果”对话框中，设置颜色为双色，颜色 1 为蓝色、深色 25％，颜色 2 为白色；设置底纹样式为“水平”，如图 2-39 所示。将矩形移动到页面的顶端。效果如图 2-40 所示。

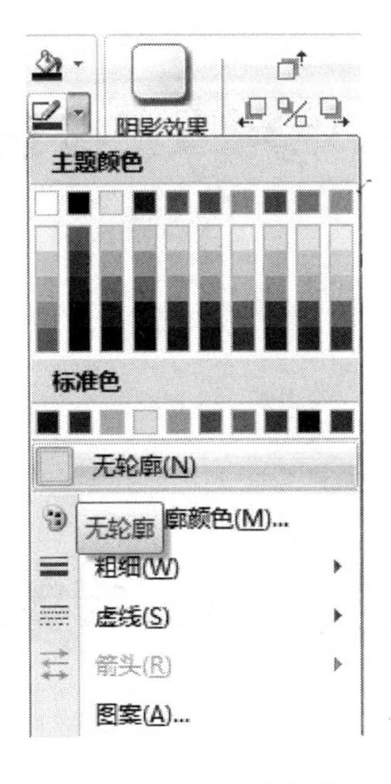

图 2-37　设置形状轮廓

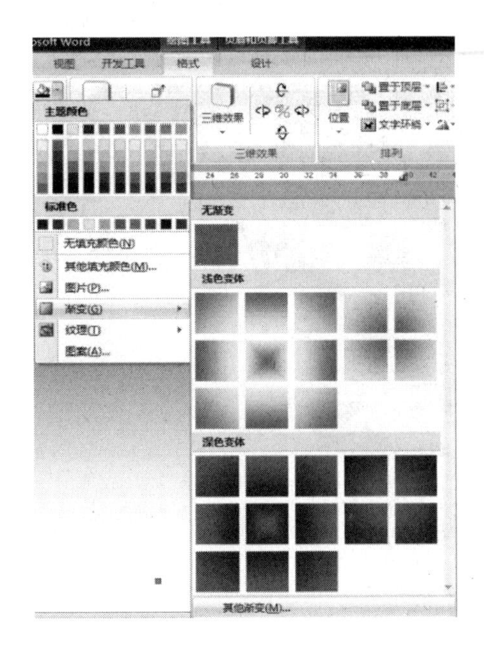
图 2-38　设置形状填充

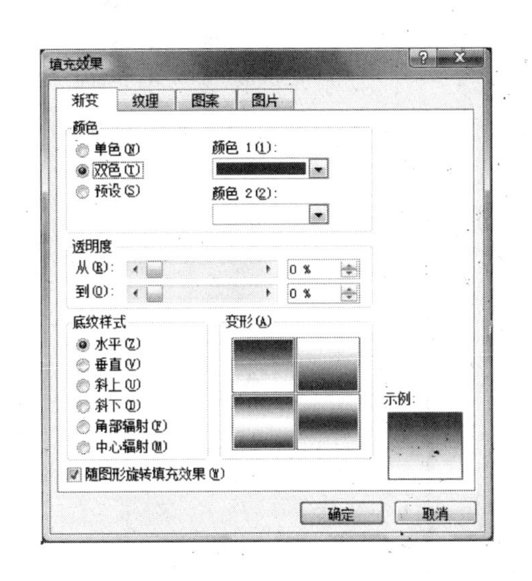

图 2-39　设置渐变效果

图 2-40　效果图

步骤 2:用同样的方法在"插入"选项卡中的"插图"任务组中,单击"形状"按钮,在下拉列表中选择"箭头总汇"中的"右箭头"。在绘图工具的"格式"选项卡中,单击"大小"组右下角的启动器打开"设置自选图形格式"对话框。在对话框中对其高度和宽度进行相应设置,调整其旋转角度为 320°。将箭头的"形状填充"设置为单色 "渐变"(蓝色)、"形状轮廓"设置为"无轮廓"。再插入另 2 个头,除了填充颜色(红色、绿色)和长度要做变化,其他设置不变。将 3 个箭头依次排放在艺术字的位子,如图 2-41 所示。

步骤 3:在"插入"选项卡中的"插图"任务组中,单击"图片"按钮。在"插入图片"对话框中找到图片"背景 1.jpg",将其插入。将其环绕方式设置为"浮于文字上方",长度设置为

21.1厘米，并将其放置与页面底端。效果如图2-42所示。

图2-41　艺术字效果图

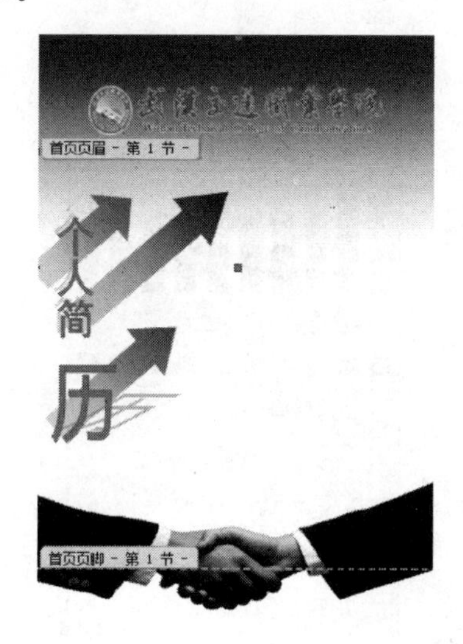

图2-42　图片效果图

步骤4：接下来设置正文页面的背景。在正文页面中，选择“插入”标签中的“插图”任务组，单击“图片”按钮。在“插入图片”对话框中找到图片“背景2.jpg”，将其插入。将其环绕方式设置为“浮于文字上方”。用鼠标拖动调整图片的大小，使其刚好能覆盖整个页面。设置好的页面背景效果如图2-43所示。在“设计”选项卡的“关闭”组中单击“关闭页眉和页脚”按钮，退出页眉编辑状态。

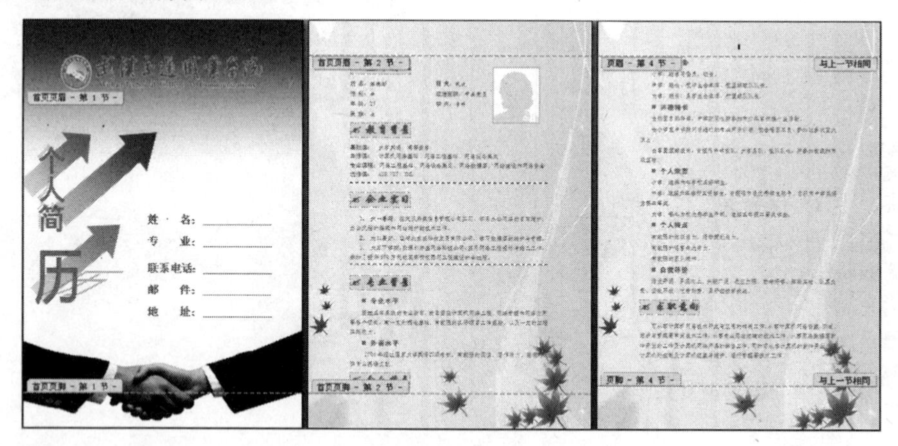

图2-43　页面背景效果图

2.1.4　技术解析

本案例所涉及的是文本编辑的常规性技术，其主要内容是文本的字体和段落编辑，这也是Word文本编辑的主要内容。

1. 字体的编辑

Word中对字体的编辑包括以下几点。

字体的编辑——文本的字体选择范围由 Windows 系统所提供的字库文件而定，对于特型字体，可通过添加相应的字库文件来得以实现。

字形的编辑——文本的字形编辑只能从常规、倾斜、加粗、加粗倾斜 4 种字形中选取。

字号的编辑——字号的选择实际上是选择文字的大小。Word 中的字号有两种表示方式：可以是磅或字号。在 Word 字号下拉菜单中，英文字号范围为 5 磅到 72 磅，而中文字号范围为八号到初号，但实际上，Word 字号是可以更大的，用户可以将指定的字号磅值直接输入在 Word 字号下拉菜单中并回车加以确认即可得到预期的效果。但在 Word 中，字号的实际有效最大值为 1638 磅。

2. 段落的设置

Word 环境下可以对段落进行行间距、段落间距、缩进方式、对齐方式等项设置。

(1) 调整行距或段落间距

行距是指段落之间各行文字之间的垂直距离。段落间距决定段落上方和下方的空间。默认情况下，各行之间是单倍行距，每个段落后的间距会略微大一些。Word 中提供了多种标准的行距供选择，打开"段落"对话框，在"缩进和间距"标签下的"间距"下拉列表中可以调整行距。下拉列表提供的选项有单倍行距、1.5 倍行距、双倍行距、最小值、固定值和多倍行距。只要做出相应的设置就可以得到你满意的效果。其含义如下。

单倍行距：此选项将行距设置为该行最大字体的高度加上一小段额外间距。额外间距的大小取决于所用的字体。

1.5 倍行距：此选项为单倍行距的 1.5 倍。

双倍行距：此选项为单倍行距的两倍。

最小值：此选项设置适应行上最大字体或图形所需的最小行距。

固定值：此选项设置固定行距。其固定值在旁边的"设置值"中设置，单位为"磅"。

多倍行距：此选项设置按指定的百分比增大或减小行距。例如，将行距设置为 1.2 就会在单倍行距的基础上增加 20%。

同样，在对话框中我们可以调整"段前"间距和"段后"间距的值。

(2) 调整缩进

缩进决定了段落到左右页边距的距离。在页边距内，可以增加或减少一个段落或一组段落的缩进。Word 中提供的缩进包括段落的左缩进和右缩进、首行缩进和悬挂缩进。

左缩进是指每一段除第 1 行以外距离左页边距的长度。右缩进是指每一段右边距离右页边距的长度，如图 2-44 所示。首行缩进是指每段第 1 行向右空出的距离或者字符个数，中文文档习惯上要向右空两个字符。悬挂缩进是一种段落格式，在这种段落格式中，段落的首行文本不加改变，而除首行以外的文本缩进一定的距离。首行缩进和悬挂缩进的最小值是 0，而段落左缩进和右缩进可以设置成负值也就是创建反向缩进(即凸出)，使段落超出左边的页边距。

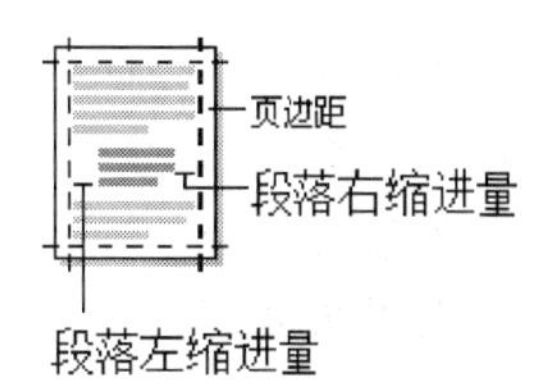

图 2-44　左缩进和右缩进

(3) 设置对齐方式

对齐方式包括左对齐、右对齐、居中、两端对齐和分散对齐。左对齐和右对齐分别是将文字左对齐或右对齐；居中是指将文字居中对齐；两端对齐是同时将文字左右两端对齐，并根据需要增加字间距。

3. 添加项目符号

项目符号是在一个段落前面添加的一个符号，项目符号一般被用于对同一类事物进行说明的同类项之中。用户既可以在输入时自动产生带项目的列表，也可以在输入文本之后再进行该项工作。

添加项目符号可以采取以下方法。

- 在新起一个段落后，可以把光标定位在新段落中，然后单击"开始"选项卡中"段落"组中的项目符号列表按钮☰，即可为本段添加项目符号，输入文字按下回车键后，下一段继续保持项目符号。如果不输入文字直接按下回车键，将取消项目符号。不输入任何文字，按下退格键也可以删除项目符号。
- 对于已经输入文本，可以选中这些段落，再单击"开始"选项卡中"段落"组中的"项目符号"按钮，可以为指定的段落添加项目符号。在默认情况下，单击"项目符号"按钮会添加一个黑色实心圆作为项目符号，如果单击项目符号☰右面的三角按钮，则可以打开一个列表，用户可以根据需要从中选择更多的项目符号。

2.1.5 实训指导

本案例是一个 Word 文档编辑的实例，对学习者掌握文档的基本编辑方法有一定帮助。

1. 实训目的

掌握如何新建、编辑和保存 Word 文档，能熟练地在文档中对文字的字体进行设置，熟练地对文档的段落格式进行设置，能为相关文档内容创建一级项目编号。

2. 实训准备

知识准备：

- Word 窗口的特征；
- Word 窗口的标签、功能区和按钮的功能。

资料准备：

- Microsoft Office 2007 环境(实训室准备)；
- 案例中所需的文字和图片(教师准备)。

3. 实训步骤

- 获得案例原始资料，并建立工作文件夹。
- 创建 Word 空白文档，将获得的原始文本复制到文档中。
- 根据案例样文的格式，对各部分的文字分别设置其字体格式。
- 根据案例样文的格式和要求，对各部分文字分别设置其段落格式。
- 创建各部分的项目符号和编号。设置分栏。
- 设置页面的背景，插入艺术字、图片和图形。

4. 实训要求

- 实训文档的结果与案例样文的格式基本一致。
- 实训文档如果课内无法完成需在课后继续完成。

2.1.6 课后思考

- 设置字体的方法有哪几种？
- 编排文档有什么技巧？

2.2　案例2——Word表格设计

2.2.1　案例介绍

Word除了可以用来编辑文本以外，还可以制作表格。在Word中，可以通过从一组预先设好格式的表格模板中选择，也可以通过选择需要的行数和列数来插入表格。可以将文本信息转换为表格，也可以反过来将表格转换成文本的格式。本案例中的两个表格将采用不同的方法来创建表格，表一将利用"插入表格"工具制作特殊形式的表格，表二则利用"文本转换成表格"工具将几组文本数据转换成表格形式。

2.2.2　知识要点

本案例涉及Word的主要知识点如下。

- 插入表格——介绍如何添加表格。
- 表格单元格的操作——主要包括单元格的合并、拆分。
- 表格中文字的排版——主要指表格中文本的对齐设置。
- 设置表格属性——主要包括表格边框和底纹的设置。
- 文本转换成表格——文本形式转换成表格形式。
- 使用表格样式——表样式的使用和新建。

2.2.3　案例实施

1. 制作表一

表一是一个"职工基本情况表"。下面制作"职工基本情况表"。

步骤1：新建Word文档，命名为"表格案例.docx"。单击"插入"选项卡中"表格"组的"表格"按钮。在下拉列表中的"插入表格"下方的单元格里移动鼠标选中4行9列。单击鼠标，如图2-45所示，就可以插入一个4行9列的表格。

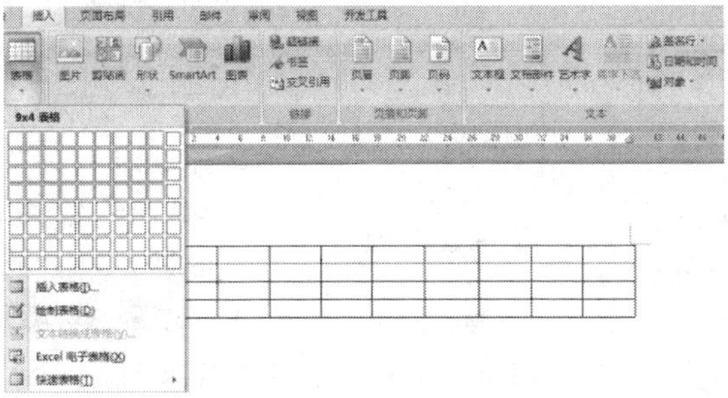

图2-45　插入表格

步骤 2：设置行高和列宽。用鼠标选中表格前 3 行。在“表格工具”的“布局”选项卡中选择“单元格大小”组，如图 2-46 所示。在该组的“表格行高度”输入框中输入 0.8 厘米。选中第 4 行，设置其行高为 2.5 厘米。选中表格的前 8 列，在“单元格大小”组的“表格列宽度”输入框中输入 1.4 厘米。设置最后一列的宽度为 3.24 厘米。调整好后的表格如图 2-47 所示。

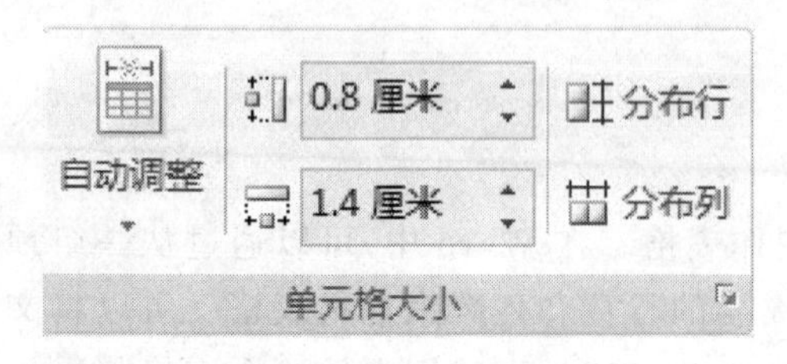

图 2-46 单元格大小组

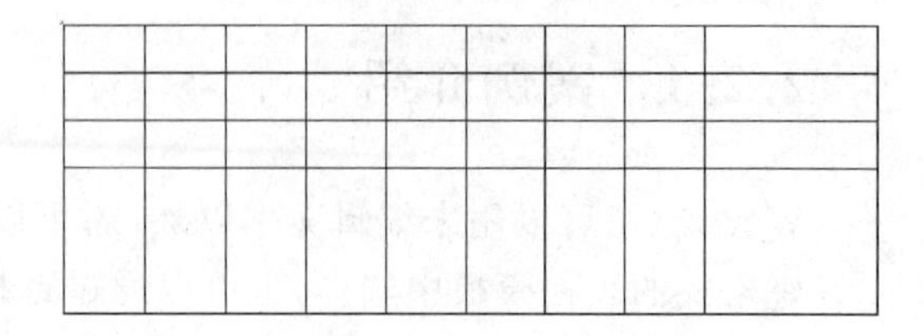

图 2-47 设置行高和列宽

步骤 3：依照案例对表格中的部分单元格进行合并。需要合并的单元格有第 1 行的第 4、第 5 单元格，第 7、第 8 单元格，第 3 行的第 2～第 4 单元格、第 6～第 8 单元格，第 4 行的第 2～8单元格，最后一列的 4 个单元格。选中需要合并的单元格后，在“表格工具”的“布局”选项卡中找到“单元格大小”组，单击上面的“合并单元格”按钮即可。合并后的效果如图 2-48 所示。

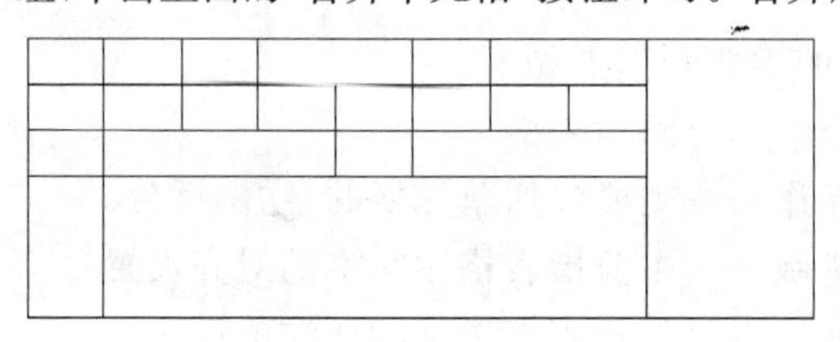

图 2-48 合并单元格

步骤 4：在表中添加文字。选中表格。设置字体为“宋体”、“五号”。在“表格工具”下的“布局”标签中，单击“对齐方式”组里的“水平居中”按钮。依照案例中表一，在每个单元格中输入对应文字。然后，修改以下文字：“编号”、“性别”、“单位”、“基本情况”、“部门”、“年龄”、“职务”、“电话”、“姓名”、“工龄”的字体为“楷体_GB2312”；修改第 4 行第 2 个单元格中文本的对齐方式为“中部两端对齐”，修改其段落格式为首行缩进 2 个字符。

步骤 5：设置底纹。选中第 1 列中的 4 个单元格。在“设计”标签的“表样式”组中单击“底纹”按钮，选择下拉列表中的主题颜色“紫色，淡色 80%”。所选单元格的背景变成此颜色。依照案例，对相关单元格的底纹进行同样的设置。

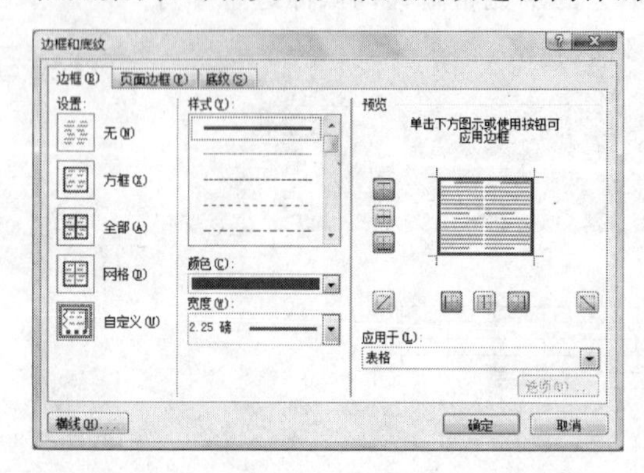

图 2-49 设置表格边框

步骤 6：设置边框。选中表格。在“设计”标签的“表样式”组中单击“边框”按钮，选择下拉列表中的“边框和底纹…”选项，打开“边框和底纹”对话框。如下图 2-49 所示，选择设置为“方框”，样式为“直线”，边框颜色为红色，宽度为 2.25 磅，单击“确定”按钮。

步骤 7：添加照片。在素材中找到图片文件“photo. jpg”。在图片文件上单击鼠标右键，打开快捷菜单后选择“复制”命令。将光标移至表格的“职工照片”单元格，再次单击鼠标右键，在打开的快捷菜单中选择“粘贴”命令，职工照片被放至该单元格中。最后的表格效果如图 2-50 所示。

编号	0201	部门	销售部	姓名	李东林		
性别	男	年龄	50	职务	经理	工龄	28
单位	武汉微星科技公司			电话	027-88212345		
基本情况	1982年加入本公司，2000年调入销售部任经理，主要负责本公司在省外的销售情况。						

图 2-50　表格效果图

说明：设置背景色时，“底纹”按钮的下拉列表中可能没有需要的颜色，单击“其他颜色”，打开“颜色”对话框。用户可以在“标准”标签中选择一个所需要的颜色，也可以在“自定义”标签中设定一种用户需要的颜色。如图 2-51、图 2-52 所示。

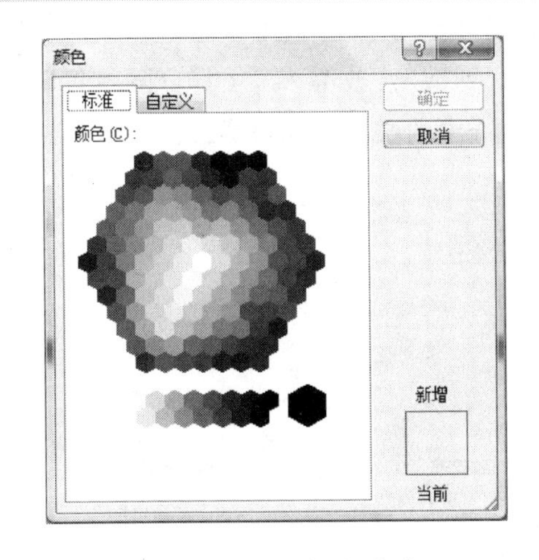

图 2-51　选择“标准”颜色

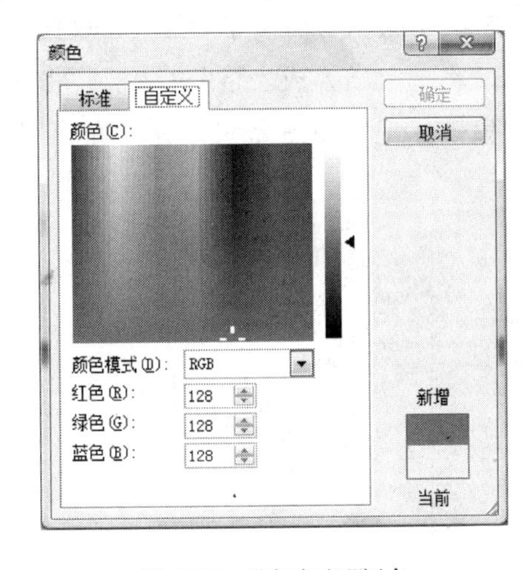

图 2-52　“自定义”颜色

2. 制作表二

表二是一个“各系教师基本情况表”。将“表格素材.txt”中的全部内容复制到 word 文档中。按以下步骤制作该表。

步骤 1：将前 10 行文本选中，这里有 9 条“副教授”教师的信息。选择“插入”选项卡，在“表格”组中单击“表格”按钮。在下拉列表中单击“文本转换成表格…”命令打开“将文字转换成表格”对话框。如图 2-53 所示，在对话框中自动已经设置了“行列数”以及“文字分隔位置”，不需做修改，直接单击“确定”按钮。所选的文本内容就被转换成表格了。为了和其他表格的数据位置保持一致，需将该表中的第 2 列移至最后 1 列。选中第 2 列，单击鼠标右键，选择“剪切”命令。将光标移至第 1 行最后 1 个单元格的外部，单击鼠标右键，选择“粘贴列”命令。

步骤 2：选中“讲师”教师的 6 行文本信息。观察发现，文本中各类数据是用逗号“，”隔开的。按步骤 1 的方法再次打开“将文字转换成表格”对话框。此时，“文本分隔位置”为默认的“逗号”。单击“确定”按钮，转换选中的文本为表格形式，如图 2-54 所示。选中“教授”教师的 8 行文本信息。文本中各类数据是用空格隔开的。打开“将文字转换成表格”对话框。此时，“文本分隔位置”为默认的“空格”。单击“确定”按钮，转换选中的文本为表格形式。

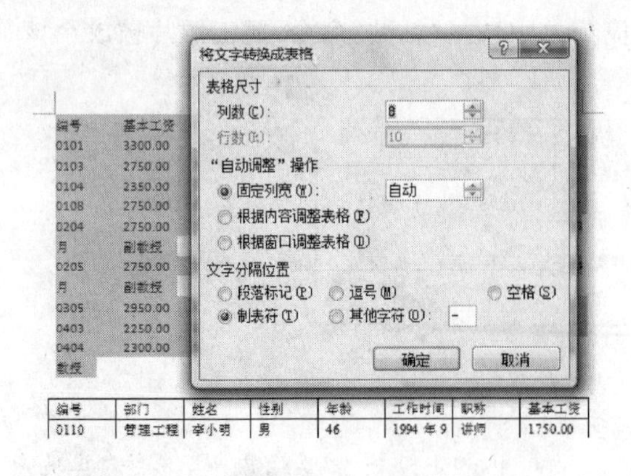

图 2-53　以制表符为分隔位置的转换

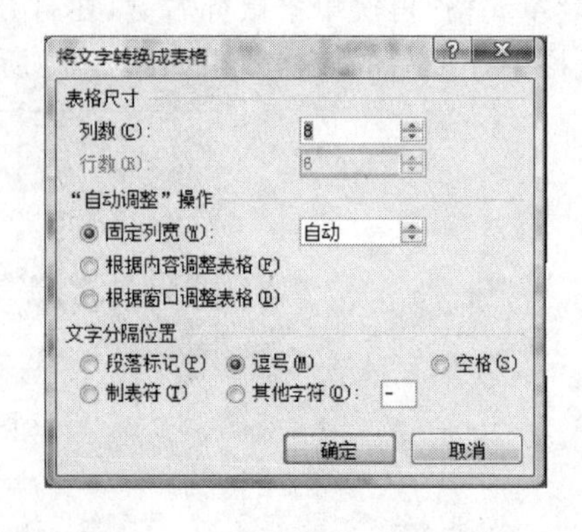

图 2-54　以逗号为分隔位置的转换

步骤 3:观察剩下的文本。这部分文本没有一致的分隔符,因此要先对其进行调整。用回车符将"编号"、"部门"、"姓名"等数据分隔开,如图 2-55 所示。选中调整好后的文本,然后打开"将文字转换成表格"对话框。将表格尺寸的"列数"修改为 8,"文本分隔位置"为默认的"段落标记",如图 2-56 所示。单击"确定",转换选中的文本为表格形式。

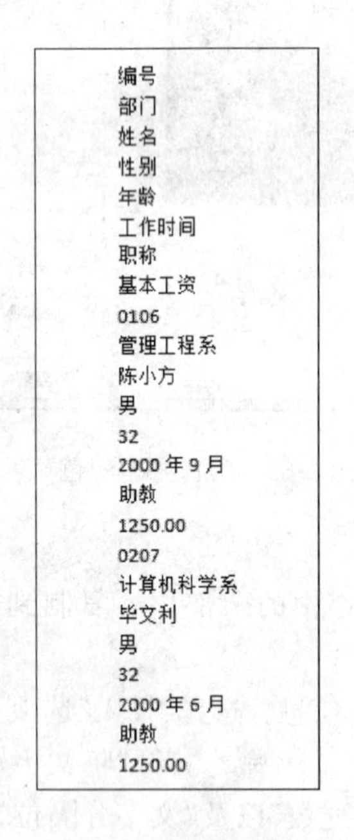

图 2-55　设置分隔符

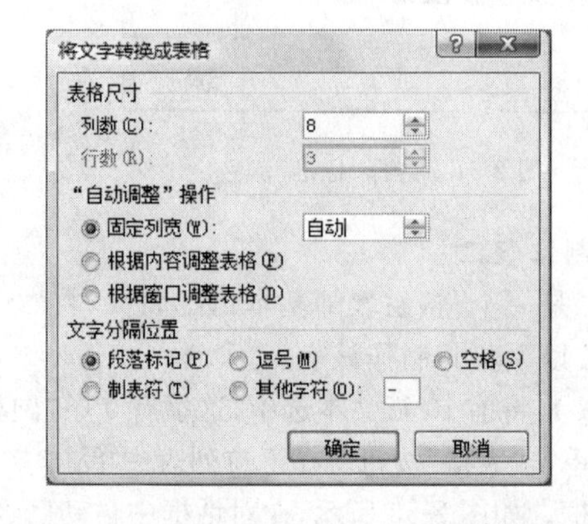

图 2-56　以段落为标记分隔位置的转换

步骤 4:将这 4 个独立的表格合为一体。用键盘调整前后两个表格之间的行数,使其之间只隔一行,如图 2-57 所示。将光标移到要合并的两个表格中行首,按下键盘上的"Delete"键,即可将这两个表格合为一个表格。用此方法将这 4 个独立的表格合为一个。

步骤 5:将表格中重复的表头行删除。选中需删除的行,单击鼠标右键,选择"删除行"命令。调整表格大小。将合并后的表格选中,在"表格工具"的"布局"选项卡中选择"单元格大小"组。单击"自动调整"按钮,在下拉列表中选择"根据内容自动调整表格"选项,如

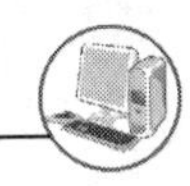

图 2-58所示。再次单击“自动调整”按钮，在下拉列表中选择“根据窗口自动调整表格”选项。如图 2-59 所示。

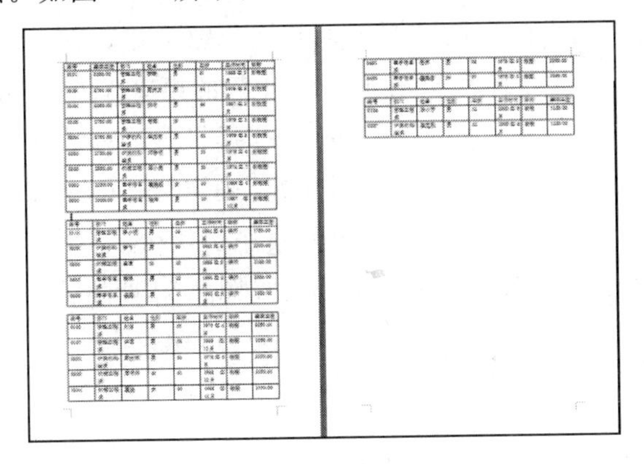

图 2-57　调整表格距离

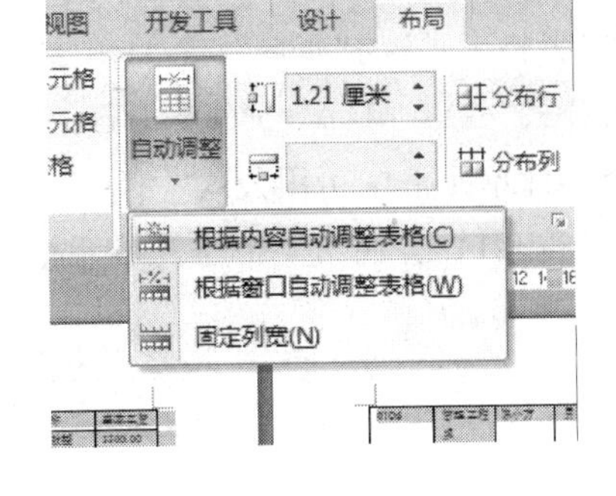

图 2-58　调整表格大小

编号	部门	姓名	性别	年龄	工作时间	职称	基本工资
0101	管理工程系	李扬	男	61	1968 年 2 月	副教授	3300.00
0103	管理工程系	夏天文	男	54	1978 年 6 月	副教授	2750.00
0104	管理工程系	薛玲	男	46	1987 年 2 月	副教授	2350.00
0108	管理工程系	石薇	女	51	1979 年 3 月	副教授	2750.00
0204	计算机科学系	赵元朝	男	52	1979 年 3 月	副教授	2750.00
0205	计算机科学系	邓春明	男	53	1979 年 4 月	副教授	2750.00
0305	机械工程系	雷小亮	男	53	1974 年 7 月	副教授	2950.00
0403	电子信息系	高焕明	女	44	1989 年 4 月	副教授	2250.00
0404	电子信息系	张伟	男	45	1987 年 12 月	副教授	2300.00
0110	管理工程系	李小明	男	46	1994 年 9 月	讲师	1750.00
0206	计算机科学系	李飞	男	50	1983 年 6 月	讲师	2300.00
0306	机械工程系	王建	女	45	1988 年 5 月	讲师	2100.00
0405	电子信息系	胡林	男	42	1990 年 4 月	讲师	2000.00
0408	电子信息系	卢宏	男	41	1992 年 5 月	讲师	1900.00
0102	管理工程系	刘波	男	55	1975 年 4 月	教授	3250.00
0107	管理工程系	许军	男	58	1968 年 12 月	教授	3550.00
0202	计算机科学系	罗大林	男	54	1976 年 5 月	教授	3200.00
0303	机械工程系	周明杰	女	61	1968 年 12 月	教授	3550.00
0304	机械工程系	聂玲	女	60	1968 年 12 月	教授	3550.00
0401	电子信息系	程源	男	56	1973 年 5 月	教授	3300.00
0402	电子信息系	朱恩清	女	51	1975 年 3 月	教授	3250.00
0106	管理工程系	陈小方	男	32	2000 年 9 月	助教	1250.00
0207	计算机科学系	毕文利	男	32	2000 年 6 月	助教	1250.00

图 2-59　调整表格大小

步骤 6：对表中记录排序。将表格选中，在“表格工具”的“布局”选项卡中选择“数据”组。单击“排序”按钮，打开“排序”对话框。在其中设置“主要关键字”为列 2、“次要关键字”为列 4。如图 2-60 所示，单击“确定”按钮完成设置。此时，表格中的数据依照不同的部门重新进行了排列。

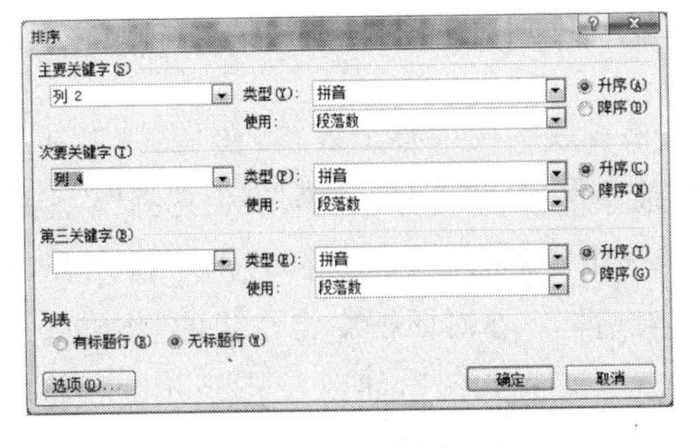

图 2-60　调整表格大小

步骤 7：对表中不同部门的教师工资进行合计。首先，要在 4 个部门的记录下分别插入一行。将光标移至第 7 行，单击鼠标右键，选择“插入”→“在下方插入行” 命令即可在该行下插入一行。用同样的方法插入其它行。将插入的行的前 7 个单元格分别合并，并在合并后的单元格中输入“小计”。如图 2-61 所示。将光标移至第 1 个小计行的第 2 个单元格。在“表格工具”的“布局”选项卡中选择“数据”组，单击“*f*x 公式”按钮，打开“公式”对话框，输入公式“＝SUM(ABOVE)”，编号格式为“0.00”，如图 2-62 所示，单击“确定”按钮。在第 2 个小计单元格中引用公式“＝SUM(h9:h16)”。在第 3 个小计单元格中引用公式“＝SUM(h18:h21)”。在第 4 个小计单元格中引用公式“＝SUM(h23:h27)”，如图 2-63 所示。

编号	部门	姓名	性别	年龄	工作时间	职称	基本工资
0404	电子信息系	张伟	男	45	1987 年 12 月	副教授	2300.00
0405	电子信息系	胡林	男	42	1990 年 4 月	讲师	2000.00
0408	电子信息系	卢亮	男	41	1992 年 5 月	讲师	1900.00
0401	电子信息系	杨源	男	56	1973 年 5 月	教授	3300.00
0403	电子信息系	燕婉妮	女	44	1989 年 4 月	副教授	2250.00
0402	电子信息系	孙思涵	女	51	1975 年 3 月	教授	3250.00
小计							
0101	管理工程系	李扬	男	61	1968 年 2 月	副教授	3300.00
0103	管理工程系	夏天文	男	54	1978 年 6 月	副教授	2750.00
0104	管理工程系	薛玲	男	46	1987 年 2 月	副教授	2350.00
0110	管理工程系	李小明	男	46	1994 年 9 月	讲师	1750.00
0102	管理工程系	刘波	男	55	1975 年 4 月	教授	3250.00
0107	管理工程系	许军	男	58	1968 年 12 月	教授	3550.00
0106	管理工程系	陈小方	男	32	2000 年 9 月	助教	1250.00
0108	管理工程系	邓薇	女	51	1979 年 3 月	副教授	2750.00
小计							
0305	机械工程系	雷小亮	男	53	1974 年 7 月	副教授	2950.00
0306	机械工程系	王茜	女	45	1988 年 5 月	讲师	2100.00
0303	机械工程系	周明杰	女	61	1968 年 12 月	教授	3550.00
0304	机械工程系	聂玲	女	60	1968 年 12 月	教授	3550.00
小计							
0204	计算机科学系	赵元朝	男	52	1979 年 3 月	副教授	2750.00
0205	计算机科学系	邓春明	男	53	1979 年 4 月	副教授	2750.00
0206	计算机科学系	李飞	男	50	1983 年 6 月	讲师	2300.00
0202	计算机科学系	罗大林	男	54	1976 年 5 月	教授	3200.00
0207	计算机科学系	吴文烈	男	32	2000 年 6 月	助教	1250.00
小计							

图 2-61　调整表格大小

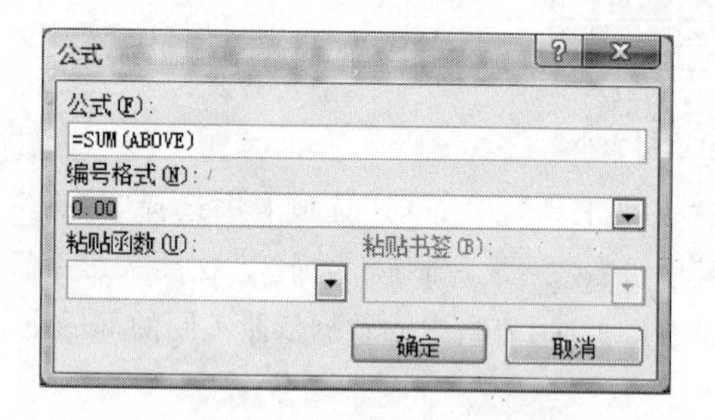

图 2-62　第一个小计行的公式

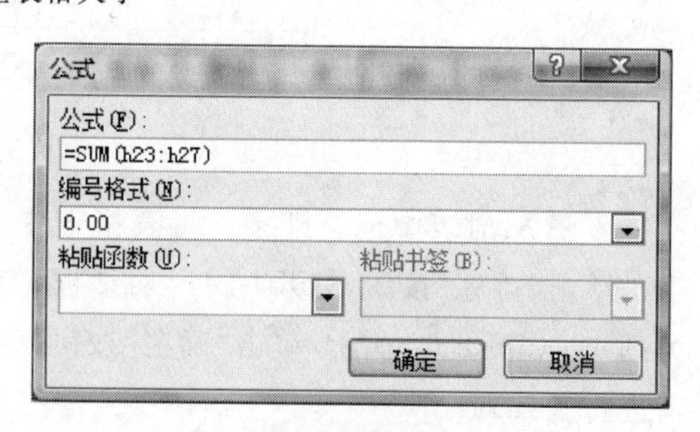

图 2-63　第四个小计行的公式

步骤 8：套用和修改表格样式。选中整个表格，在“表格工具”的“设计”选项卡中，选择“表样式”组。单击“其他”箭头▼，在样式的下拉列表中选择“彩色列表，强调文字颜色 4”，如图 2-64 所示。保持表格的选中状态，再次打开样式的下拉列表，在其中单击“修改表格样式”命令，打开“修改样式”对话框。在对话框中将格式的“将格式应用于”设为“标题行”，然后设置标题行填充色为“紫色，淡色 40%”，如图 2-65 所示。再将格式的“将格式应用于”设为“整个表格”，然后设置其外边框为“双实线”、0.75 磅，如图 2-66 所示。最后设置其内边框为“实线”、0.5 磅，如图 2-67 所示。单击“确定”按钮，完成表格样式的套用和修改操作。

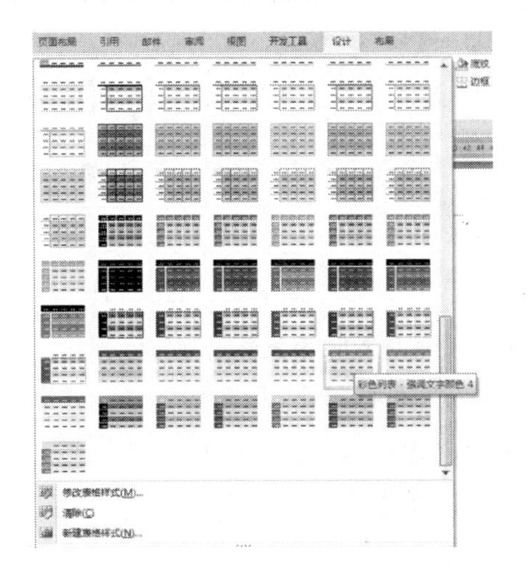

图 2-64　套用表格样式

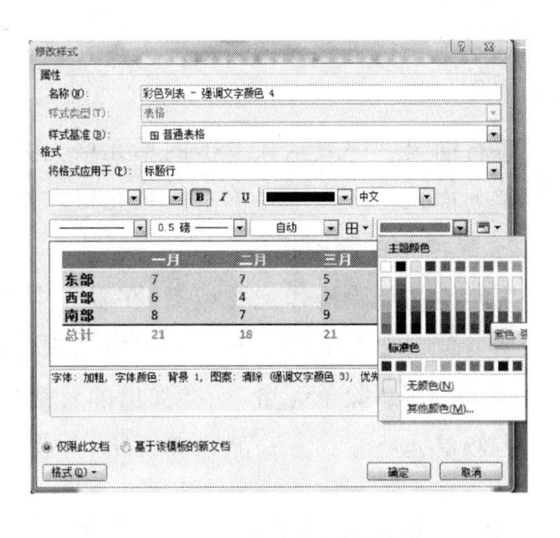

图 2-65　修改标题行样式

图 2-66　修改外边框样式

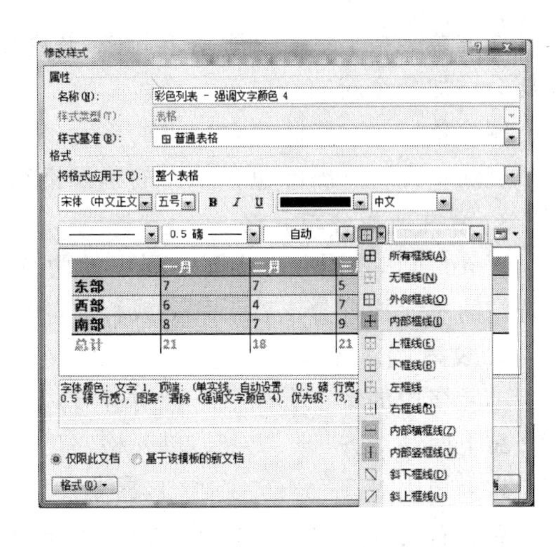

图 2-67　修改内边框样式

步骤 9：其他调整。将标题行行高设为 1 厘米，其余各行行高 0.7 厘米。将标题行文字字体设为：华文仿宋、小三、加粗、黑色。将小计的各行字体设置为：红色、斜体。将表格中除小计各行以外的单元格对齐方式设置为“水平居中”。

2.2.4　技术解析

1. 表格中的插入操作

表格中的插入操作主要包括：在某一行的上或下方插入一整行；在某一列的左或右边插入一整列；插入单元格。

活动单元格右移——插入单元格，并将该行中所有其他的单元格右移。

注意：Word 不会插入新列。这可能会导致该行的单元格比其他行的多。

活动单元格下移——表示插入单元格，并将现有单元格下移一行。表格底部会添加一新行。

整行插入——表示在单击的单元格上方插入一行。

整列插入——表示在单击的单元格左侧插入一列。

2. 表格中的删除操作

表格中的删除操作主要包括：在表格中删除一行、一列或删除单元格。

通过单击要删除的单元格的左边缘来选择该单元格。可以单击“行和列”组中的“删除”按钮，再单击“删除单元格”。在弹出的对话框中有如下几个选项。

右侧单元格左移——删除单元格，并将该行中所有其他的单元格左移。

注意：Word 不会插入新列。使用该选项可能会导致该行的单元格比其他行的少。

下方单元格上移——删除单元格，并将该列中剩余的现有单元格每个上移一行。该列底部会添加一个新的空白单元格。

删除整行——删除包含单击的单元格在内的整行。

删除整列——删除包含单击的单元格在内的整列。

3. 合并或拆分单元格

Word 可以将同一行或同一列中的两个或多个表格单元格合并为一个单元格，也可以将选定的单元格拆分成若干列数或行数的新的形式。

4. 文本的对齐

单元格中的文字有如下 9 种对齐方式。

靠上两端对齐——文字靠单元格左上角对齐；

靠上居中对齐——文字居中，靠单元格顶部；

靠上右对齐——文字靠单元格右上角对齐；

中部两端对齐——文字垂直居中，并靠单元格左侧；

水平居中——文字在单元格水平和垂直都居中；

中部右对齐——文字垂直居中，并靠单元格右侧；

靠下两端对齐——文字靠单元格左下角对齐；

靠下居中对齐——文字居中，靠单元格底部；

靠下右对齐——文字靠单元格右下角对齐。

5. 设置表格的边框和底纹

Word 可以为整个表格或表格的局部设置边框和底纹。表格的底纹是指将某种颜色作为背景，表格的边框是指设置边框的线条粗细、颜色和线形。

6. 改变表格的大小

创建表格时，Word 表格的列宽往往采用默认值，我们可以对其进行修改。根据不同的需要，有以下 4 种调整方法可供选择使用。

- 利用鼠标左键在分隔线上拖动。

- 利用鼠标左键在水平标尺上拖动。

将插入点置于表格中，水平标尺上会出现一些灰色方块，把鼠标指针移向它们，形状变为左右双箭头时，用鼠标左键对它们左右拖动即可改变相应列的列宽。

注意：用上述两种方法进行拖动的过程中如果同时按住 Alt 键，可以对表格的列宽进行精细微调，同时水平标尺上将显示出各列的列宽值。

- 平均分布各列或各行：在“布局”标签中的“单元格大小”组中，按钮“分布行”和按钮“分布列”，可以分别实现在所选行间平均分布高度和在所选列间平均分布宽度。
- 利用“表格属性”对话框：对于此对话框，在“表格”选项卡中可以指定表格的总宽度；在“列”选项卡中可以设定具体某列的宽度，在 “行”选项卡中可以设定具体某列的高度。

7. 套用和删除表格样式

创建表格后，可以使用“表格样式”来设置整个表格的格式。将指针停留在每个预先设置好格式的表格样式上，可以预览表格的外观。

- 在要设置格式的表格内单击。
- 在“表格工具”下，单击“设计”选项卡。
- 在“表格样式”组中，将指针停留在每个表格样式上，直至找到要使用的样式为止。
- 单击样式可将其应用到表格。
- 在“表格样式选项”组中，选中或清除每个表格元素旁边的复选框，以应用或删除选中的样式。

2.2.5　实训指导

本案例是一个在 Word 文档中制表的实例。

1. 实训目的

掌握如何在 Word 中插入和删除表格。熟悉插入和删除行、列、单元格的方法，熟悉调整行高和列宽的方法，熟悉设置表格边框和底纹的方法。

2. 实训准备

知识准备：

- 表格、单元格、行高和列宽的概念；
- 边框和底纹的多种形式；
- 单元格中文本的对齐形式。

资料准备：

- Microsoft Office 2007 环境(实训室准备)；
- 案例中所需的文字和数据(教师准备)。

3. 实训步骤

- 获得原始文本，并建立工作文件夹。创建 Word 空白文档。
- 创建表一中的基本情况表。

- 依照案例插入表格。
- 依照案例，调整表格的大小、行高和列宽，并对指定单元格进行合并。
- 在表中输入相关文字内容；设置文本的字体格式和段落格式。
- 设置表的边框和底纹。
- 创建表二中的各系教师基本情况表。
- 将文本分别转换为表格，调整各个表格，将其连接成一个表格。
- 依照案例，调整表格的大小、行高和列宽，删除和插入相应行列。
- 在相关单元格中插入函数，完成计算。最后设置表格样式。

4. 实训要求

- 实训表格的结果与案例中的表格格式基本一致。
- 实训文档如果课内无法完成需在课后继续完成。

2.2.6 课后思考

- 如何灵活使用 Word 自带的表格样式？
- 设计制作一个复杂的表格有什么技巧？

2.3 案例3——创编文摘周刊

2.3.1 案例介绍

报纸、杂志刊物是我们喜爱的读物。这些读物除了内容吸引人以外，还具有排版新颖，色彩丰富的特点。在排版上，报刊上的每篇文章都是独立占据相应版面，各个文章可以并列，也可以交错排放，不同的文章区域可以有不同的修饰效果。报刊上的元素也非常丰富，艺术字、图片、形状可以被放置其中修饰刊物。

本案例的综合性、实用性很强，学习本案例将掌握文本框的使用和修饰，图形图片的插入和修饰，一般数学公式的编辑等基本技能，对 Word 文档的修饰，文档内多个元素的整体布局将会有更进一步的认识和体会。

2.3.2 知识要点

本案例涉及 Word 的主要知识点如下。

- 插入文本框——主要包括文本框的插入、文本框格式的设置等。
- 插入图形——主要包括插入自选图形、设置自选图形格式。
- 插入图片——主要包括插入图片和设置图片格式。
- 公式编辑——主要是 Office 环境下公式编辑器的使用。
- 其他操作 ——主要包括多个对象的组合、排列等操作。

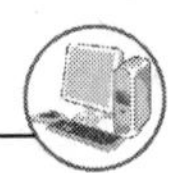

2.3.3　案例实施

1. 设计页面

新建 Word 文档,文档名为“文摘周刊. docx”。设计页面包括确定纸张大小和页边距,设置页眉页脚等操作。

步骤 1:本案例要对纸张的页边距进行设置。在“页面布局”标签中的“页面设置”任务组中单击“页边距”按钮,在下拉列表中选择“自定义边距”,打开“页面设置”对话框,如图2-68所示。把页边距“上、下、左、右”的值都设置为 1.5 厘米,如图 2-69 所示。继续单击选择“纸张”选项卡,在纸张大小中选择“A4”大小,如图 2-70 所示。这样页面就变成案例所需要的格式。

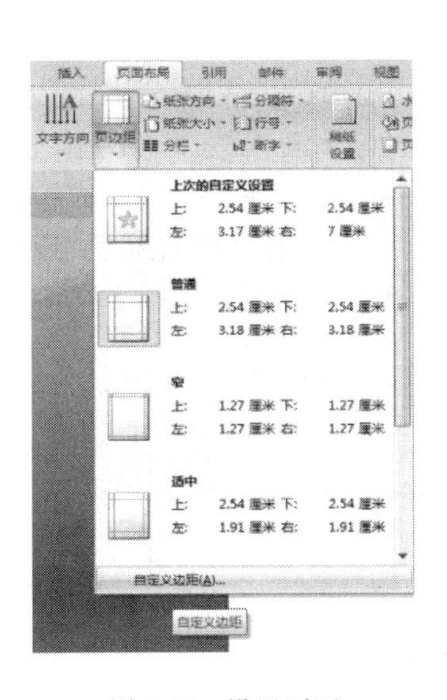

图 2-68　设置页面

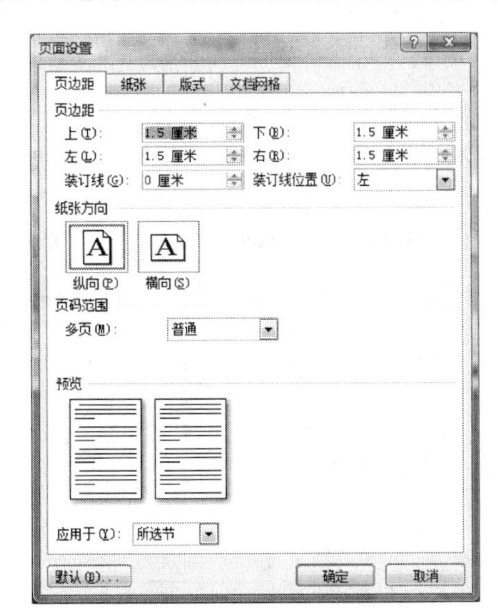

图 2-69　调整页边距的值

步骤 2:在“页面布局”标签中的“页面设置”任务组中单击“分隔符”按钮,在下拉列表中选择分页符中的“分页符”选项。再连续选择两次该命令,生成周刊的 4 个页面。

步骤 3:为页面插入页眉。将光标移至第 1 页,在“插入”选项卡的“页眉和页脚”任务组中单击“页眉”按钮。在内置的页眉样式中选择样式“拼版型(奇数页)”,窗口中出现“页眉和页脚工具”的“设计”选项卡。继续在“选项”任务组中将“奇偶页不同”选中,如图 2-71 所示。将光标移至第 2 页,在“页眉和页脚工具”的“设计”选项卡的“页眉和页脚”任务组中单击“页眉”按钮。在内置的页眉样式中选择样式“拼版型(偶数页)”。效果如图 2-72 所示。

图 2-70　调整纸张大小

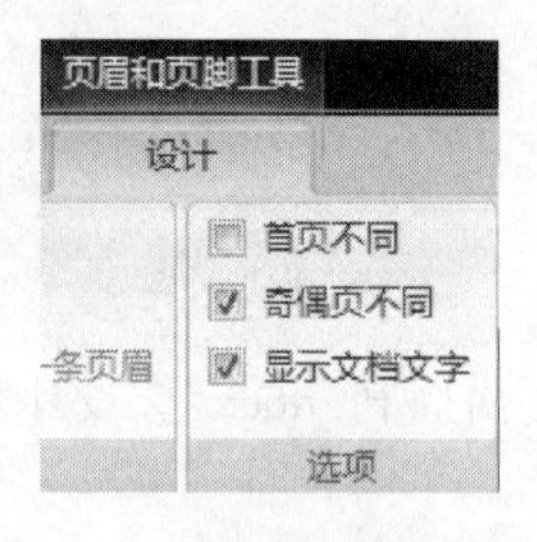

图 2-71　设置奇偶页不同

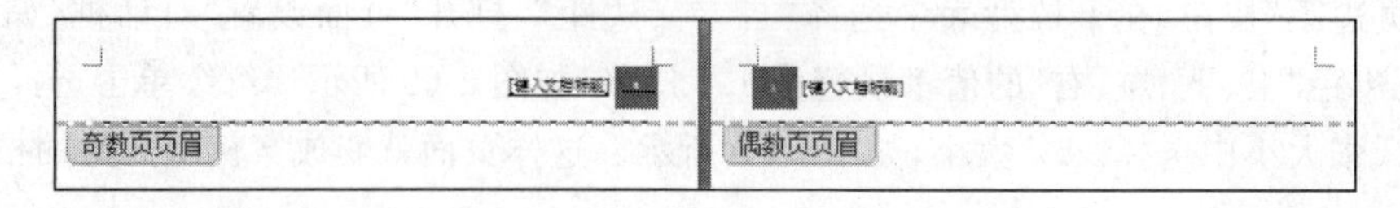

图 2-72　设置奇偶页不同

步骤 4：对页眉格式进行设置。在“设计”选项卡的“位置”任务组中将“页眉顶端距离”设为 0.2 厘米、“页脚底端距离”设为 1.8 厘米。分别在奇偶页中的“键入文档标题”单元格中输入“文摘周刊”4 个字，字体为“宋体、四号”，设置页码的字体设为“加粗、小三”，将“文摘周刊”单元格的列宽设为 2.4 厘米、页码单元格列宽设为 1 厘米。在“页眉和页脚工具”的“设计”选项卡中单击“关闭”组的“关闭页眉和页脚”按钮，退出页眉的编辑。页面效果如图 2-73 所示。

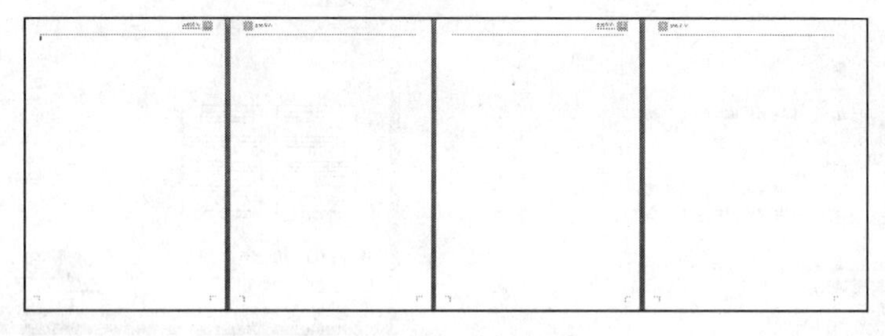

图 2-73　页眉效果图

2. 设计周刊的页面版面

周刊总共有 4 页。第 1 页采用表格来定位文本，第 2～第 4 页采用文本框来定位文本。文本框是一个对象，可以利用它将文本添加并放置到页面的任意位置。利用文本框会使文档的版面更加丰富多彩。页面中，不同的文本框可以有不同的设计，文本框的背景、边框、阴影效果、文本格式等会使得各个文本框及其内容各具特点。为了方便说明，特将页面中的文本框用 t1～t17 加以命名，如图 2-74 所示。下面开始制作周刊的页面版面。

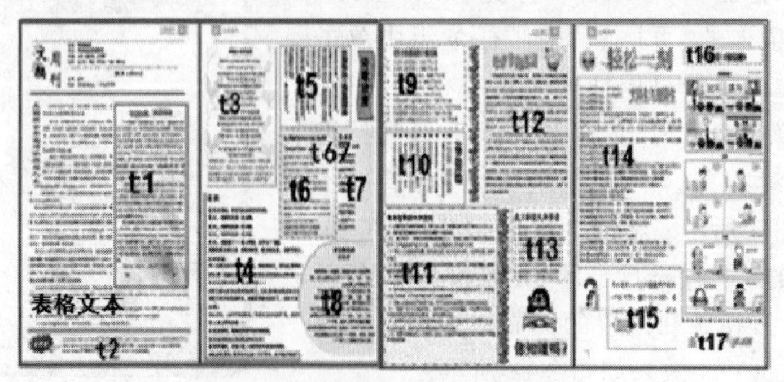

图 2-74　文本框的分布图

步骤 1：选择第一页。在“插入”标签中的“表格”任务组中单击“表格”按钮，在下拉列表中拖动鼠标插入一个 3 行 2 列的表格。这时，功能区出现表格工具的“设计”和“布局”选项卡。选中表格，单击鼠标右键，在快捷菜单中选择“表格属性”，打开“表格属性”对话框。在尺寸中“指定宽度”为 19.28 厘米、对齐方式为“居中”，单击“确定”，如图 2-75 所示。在表格工具的“布局”选项卡中，利用“单元格大小”组中的“表格行高度”输入框，将表格的第 1～3 行行高分别设置为 4.36 厘米、1 厘米、19.93 厘米。将表格第 2 行单元格合并，将第 3 行单元格合并。将表格第 1 行中间的列线用鼠标拖动，将其移至靠左边的位置。第 1 页的版面如图 2-76 所示。

图 2-75　表格属性对话框

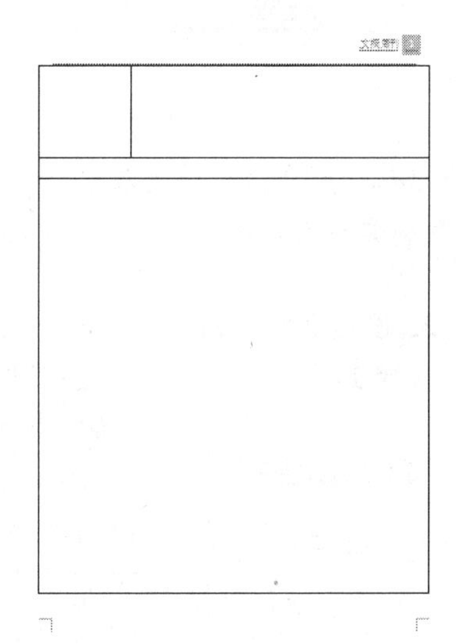

图 2-76　版面定位的表格

步骤 2：在页面中插图文本框。选择“插入”标签，在“文本”任务组中单击“文本框”按钮，在下拉列表中选择“内置”中的“简单文本框”，一个文本框就被插入到页面中了，如图2-77所示。

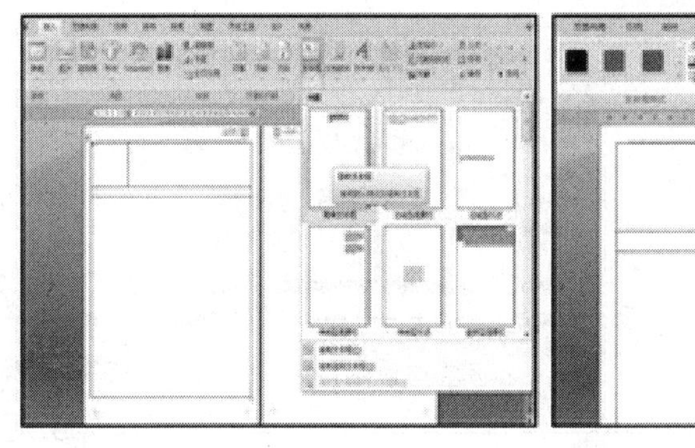

图 2-77　插入文本框

步骤 3：在文本框上单击右键，选择菜单中的“复制”命令；连续单击“开始”标签里“剪贴板”任务组的“粘贴”按钮，在第 1 个页面上复制出 1 个文本框，在第 2 个页面上复制出 7 个文本框，在第 3 个页面上复制出 5 个文本框，在第 4 个页面上复制出 4 个文本框。参照文本框的分布图“图 2-74”，用鼠标将这些复制出来的文本框分别拖到页面上的相应位置，如图 2-78 所示。

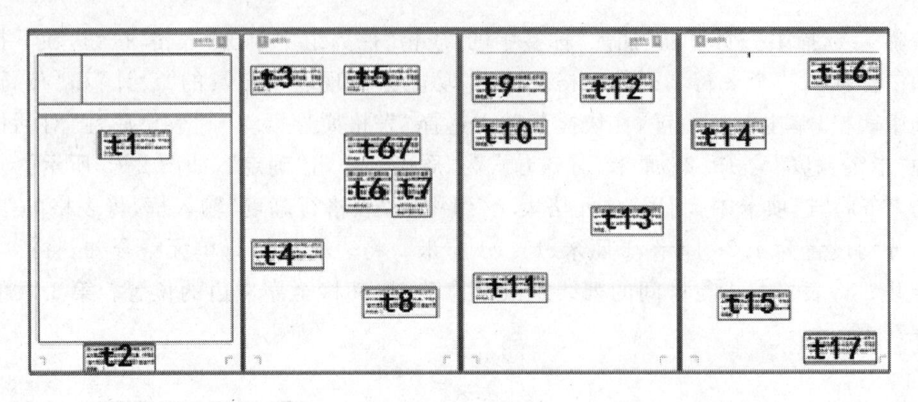

图 2-78　放置文本框效果图

提示：用鼠标指向文本框边框，当指针变成十字箭头时，可以移动该文本框对象。若要复制某个文本框，还可以在按下 Ctrl 键的同时拖动该文本框。

3. 设置文本框格式

步骤 1：选择 t1 文本框。在随即出现的“文本框工具”下的“格式”标签中找到“大小”任务组，将其高度和宽度分别设置为 16.33 厘米和 8.6 厘米，如图 2-79所示。找到“文本框样式”任务组，单击“形状轮廓”按钮，在下拉列表中选择“粗细”中的“其他线条”，如图 2-80 所示，打开“设置文本框格式”对话框；在其中设置线条颜色为“蓝色”，线型为“4.5 磅、双实线”，如图 2-81 所示。单击“形状填充”按钮，选择“图片”选项，如图 2-82 所示。打开“选择图片”对话框，找到图片“b1.gif”，单击“打开”按钮，图片被设置为文本框的填充图片。在“阴影效果”任务组中单击“阴影效果”按钮，选择“阴影样式 2”，如图 2-83 所示。将光标放到文本框中，设置文本字体为“宋体、小五”，设置段落“首行缩进 2 个字符”。对照案例，将该文本框放置到合适的地方。

图 2-79　设置大小

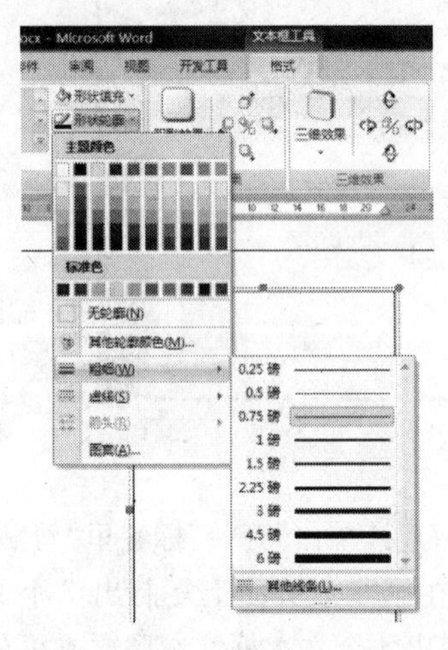

图 2-80　设置形状轮廓

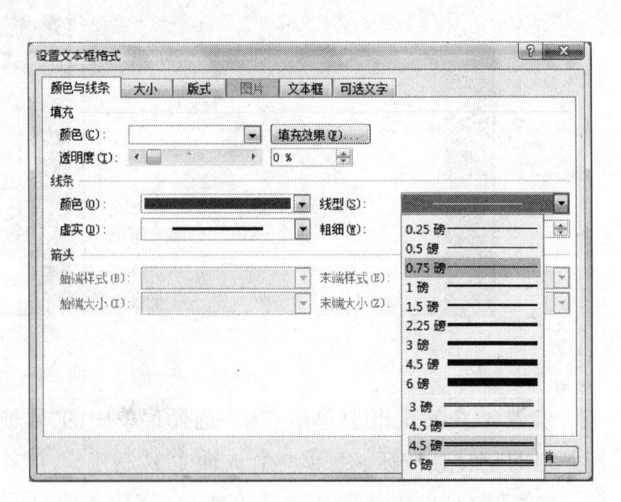

图 2-81　设置文本框线条

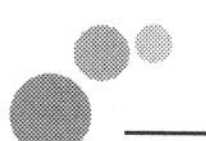

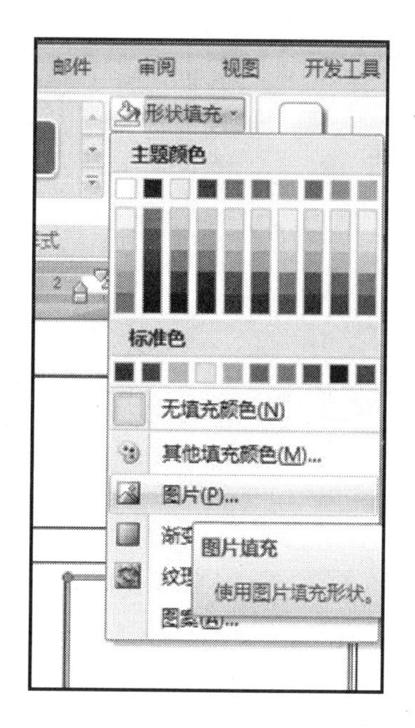

图 2-82 设置形状填充

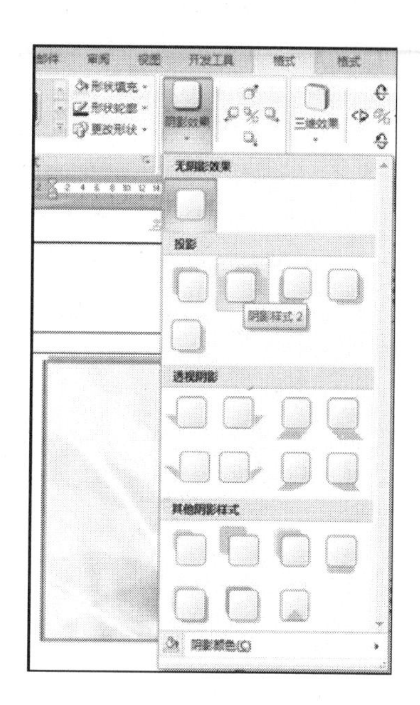

图 2-83 设置阴影效果

提示:调整文本框高度可以在"格式"标签的"大小"任务组中直接输入高度值,也可以利用鼠标拖动文本框边框改变其大小。文本框边框上有 8 个拖动点,移动鼠标到拖动点上,当指针变成↔时,拖动此指针可以调整"文本"窗格的大小。拖动圆形点,可同时改变高度和宽度;拖动水平边上的方形点可以改变高度;拖动垂直边上的方形点可以改变宽度。

步骤 2:选择 t3 文本框,设置其高度和宽度分别为 12.16 厘米和 8.45 厘米;找到"文本框样式"任务组,单击"形状轮廓"按钮,在下拉列表中选择"无轮廓";单击"形状填充"按钮,选择"图片"选项,在"选择图片"对话框中打开图片"b2.gif";在"阴影效果"任务组中单击"阴影效果"按钮,选择"阴影样式 4";设置文本框的字体为"黑体、六号",设置段落格式为"居中"。对照案例,将该文本框放置到合适的地方。

步骤 3:选择 t5 文本框,设置其高度和宽度分别为 7.06 厘米和 8.14 厘米;单击"形状轮廓"按钮,在下拉列表中选择"虚线"中的"其他线条",打开"设置文本框格式"对话框;在其中设置线条虚实为"方点",线型为"3 磅、双实线",如图 2-84 所示;设置文本框的字体为"方正姚体、四号",设置段落格式为"行距固定值 18 磅";在文本框工具"格式"选项卡的"文本"组中单击"文字方向"按钮,切换文字方向为竖排,如图 2-85 所示。对照案例,将该文本框放置到合适的地方。

步骤 4:选择 t67 文本框,设置其高度和宽度分别为 9.72 厘米和 11.04 厘米;将其"形状轮廓"设置为"无轮廓";单击"形状填充"按钮,选择"渐变"的"其他渐变"选项;在"填充效果"对话框的"渐变"标签中,设置颜色为"双色",颜色 1 为"橙色、强调文字颜色 6、淡色 80%",颜色 2 为"白色",设置"底纹样式"为"中心辐射"的第 2 种样式,如图 2-86 所示,单击"确定"按钮。

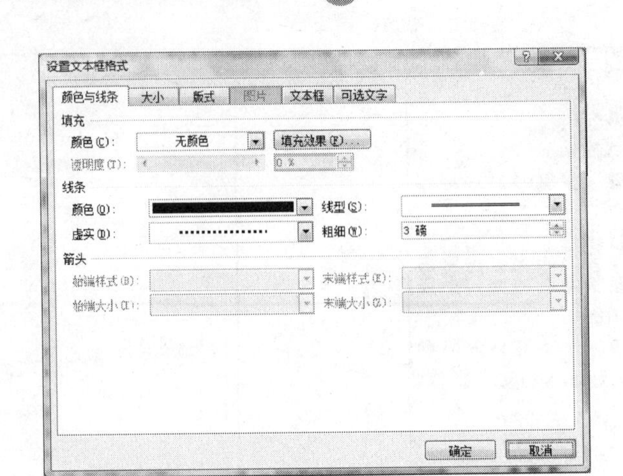

图 2-84　设置阴影效果

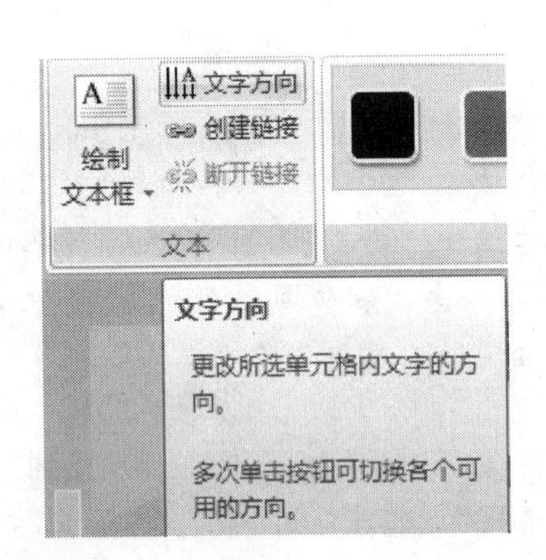

图 2-85　切换文字方向为竖排

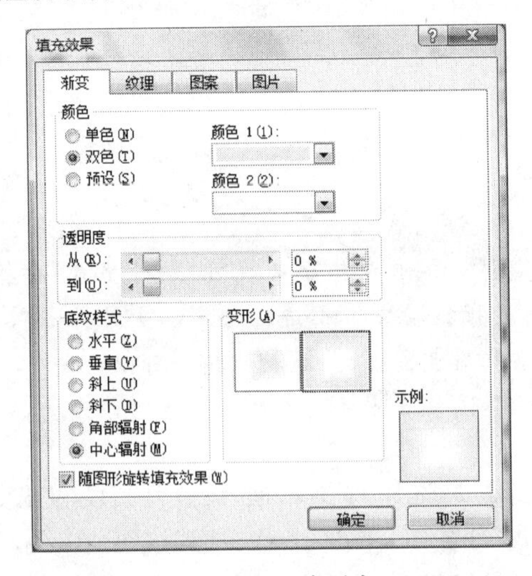

图 2-86　组合对象

步骤 5:将文本框 t6 和 t7 的高度、宽度分别设置为 9.45、6.33 厘米，9.45、4.38 厘米。将 t6 和 t7 的“形状填充”设置为“无填充”。选择 t6，设置其“形状轮廓”为“虚线”的 “划线-点”样式；设置“粗细”为“1.5 磅”；设置其“阴影效果”为“阴影样式 1”；设置文本框中的字体为“华文新魏、五号”。选择 t7，设置其“形状轮廓”为“无轮廓”；设置文本框中的字体为“华文中宋、五号”，段落行距为“固定值，18 磅”。将 t6 和 t7 水平对齐，单击 t6，在按下 Shift 键(或 Ctrl 键)的同时再单击 t7，同时选中两个文本框；选择“文本框工具”下“格式”标签里的“排列”任务组，单击“组合”按钮，在下拉列表中选择“组合”命令，如图 2-87 所示。这样，两个文本框被组合为一个对象整体。将组合后的 t6、t7 移至文本框 t67 中。

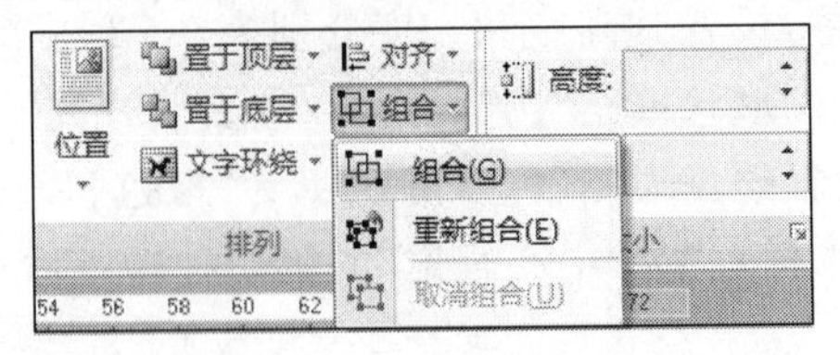

图 2-87　组合对象

提示："组合"可以将选中的两个或多个对象联结起来，看做一个对象来处理。若要取消组合对象，请在"格式"选项卡上的"排列"组中，单击按钮，然后单击"取消组合"。

在移动对象时，若要限制对象以使它仅沿水平或垂直方向移动，请在按住 Shift 键的同时拖动该对象。要小幅移动对象，可选中该对象后，按方向箭头键调整。

步骤 6：选择 t12 文本框，设置其高度和宽度分别为 13.89 厘米和 9.49 厘米；将其"形状轮廓"设置为"无轮廓"；单击"形状填充"按钮，选择"图案"选项，如图 2-88 所示；在打开的"填充效果"对话框的"图案"标签中，设置图案为第一个"5%"，前景为主题颜色"深蓝、文字 2、淡色 50%"，背景为主题颜色"橙色，强调文字颜色 6，淡色 80%"，如图 2-89 所示，单击"确定"；设置文本框中的字体为"宋体、小五"，段落为首行缩进 2 个字符、行距为"固定值，18 磅"。

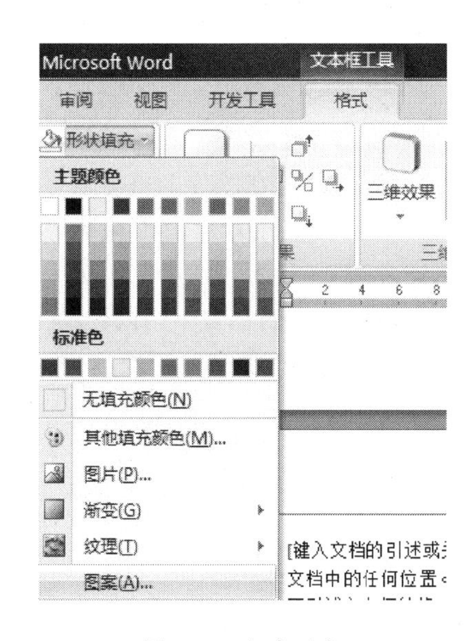

图 2-88 组合对象

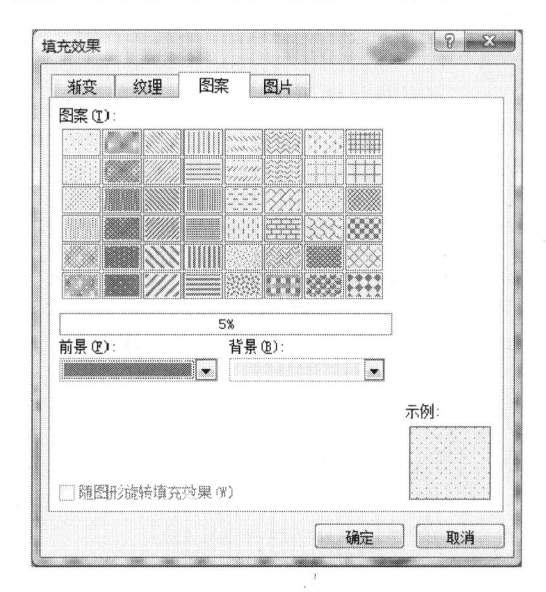

图 2-89 组合对象

步骤 7：参照表 2-1 和表 2-2，对剩下的文本框格式分别加以设置。

表 2-1 文本框的大小及文本格式

名称	高度、宽度/cm	文本格式	名称	高度、宽度/cm	文本格式
t2	2、17.2	宋体、小五	t11	13.48、12.65	黑体、五号、左对齐
t4	14.67、11.7	楷体、小四、加粗行距固定值 20 磅	t13	6.26、6.35	宋体、小五
t8	8.88、8.35	华文中宋、五号、右对齐	t14	16.4、11.77	宋体、五号
t9	7.24、9.16	方正姚体、五号	t15	6.22、7.88	宋体、四号
t10	6.41、9.16	文字竖排、新宋体、五号、1.25 多倍行距	t16	1.36、8.6	华文彩云、三号、居中

表 2-2　文本框的样式及阴影效果

名称	形状填充	形状轮廓	阴影	名称	形状填充	形状轮廓	阴影
t2	/	无轮廓	无	t11	图案草皮前景蓝色	虚线 0.75 磅长划线-点-点	样式 2
t4	/	无轮廓	样式 3	t13	/	虚线 2.25 磅长划线	无
t8	无填充	无轮廓	无	t14	/	无轮廓	样式 2
t9	/	虚线 0.75 磅划线-点	无	t15	/	无轮廓	样式 3
t10	/	虚线 2.25 磅方点	无	t16	/	图案：球体、背景红色	无

4. 添加形状和图片

步骤 1：在第 1 版页面中插入图片。选择“插入”标签中的“插图”组，单击“图片”按钮，打开“插入图片”对话框；在对话框中找到图片“line1.gif”，双击插入该图片。在图片上单击右键，单击菜单命令“文字环绕”，在下级菜单中选择“浮于文字上方”选项。在图片上右击鼠标，选择“大小”项，打开“大小”对话框。在对话框中设置图片“高度”为 0.29 厘米、“宽度”为 13.86 厘米，如图 2-90 所示。将该图片移至表格第 1 行的第 2 个单元格中合适的位置。用同样的方法在表格第 2 行中插入图片“line2.gif”. 设置其“高度”为 0.43 厘米、“宽度”为18.4厘米。

提示：插入图片后，会出现“图片工具”下的“格式”标签。在标签中的“排列”组里也可找到“文字环绕”项，并进行相应设置。在标签中的“大小”组里也可设置其高度和宽度。

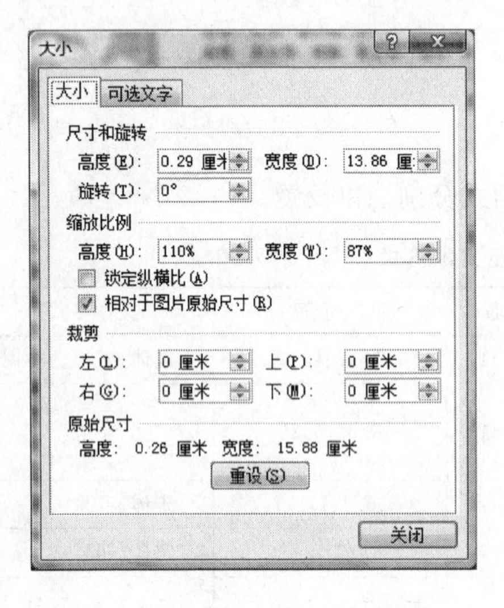

图 2-90　组合对象

步骤 2：在第 1 版页面中插入形状。在“插入”选项卡的“插图”组中，单击“形状”按钮，在下拉列表中选择“标注”中的“云型标注”；光标变成十字型，在页面上拖动光标，画出相应形状；在图形上单击鼠标右键，选择“设置自选图形格式…”，打开“设置自选图形格式”对话框；在“颜色与线条”标签中设置填充颜色为主题颜色“紫色”、线条颜色为“茶色”、虚实为“实线”、粗细为 1 磅，如图 2-91 所示；在“大小”标签中设置高度 1.72 厘米、宽度 3.05 厘米，如图 2-92 所示，单击“确定”；观察图形边框上左下方有个黄色菱形方块，用鼠标将其拖到图形右下方；在图形中输入“英语角”3 个字，设置字体为“华文新魏、小三、加粗、斜体、白色”，最后将该图形移至该页面的左下角处，如图 2-93 所示。

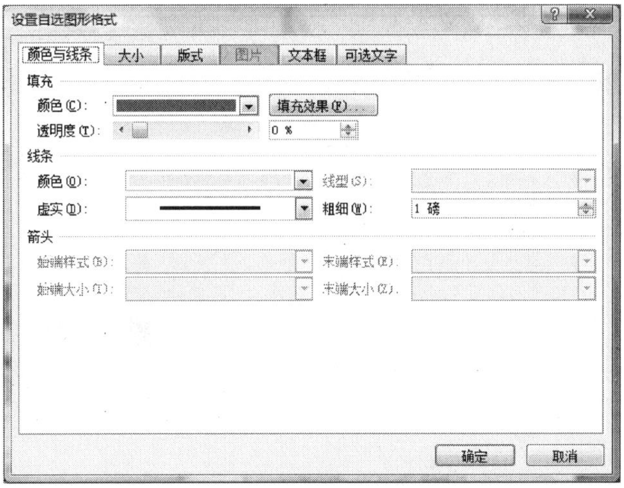

图 2-91　设置图形线条

图 2-92　设置图形大小

图 2-93　效果图

步骤 3:在第 2 版页面中插入形状。在“插入”选项卡的“插图”组中,单击“形状”按钮,在下拉列表中选择“星与旗帜”中的“波形”;光标变成十字型,在页面上拖动光标,画出相应形状;在图形上单击鼠标右键,选择“设置自选图形格式…”,打开“设置自选图形格式”对话框;在“大小”标签中设置高度 2 厘米、宽度 5.5 厘米、旋转 90°,单击“确定”;将图形移至页面右上方。单击“形状”按钮,在下拉列表中选择“流程图”中的“流程图:延期”;设置其高度 10 厘米、宽度 8.68 厘米;在“绘图工具”的“格式”选项卡中,单击“阴影效果”任务组的“阴影效果”按钮,设置图形的阴影效果为“阴影样式 16”;在“形状样式”组中单击“形状填充”,选择“渐变”中的“其他渐变”选项,打开“填充效果”对话框,设置颜色为“双色”、颜色 1 为“水绿色,淡色 80%”、颜色 2 为“橙色,淡色 80%”、底纹样式为“角部辐射”、变形为第二种,如图2-94所示,单击“确定”;设置图形的“形状轮廓”为“无轮廓”;将该图形移至文本框 t8 上方,在“绘图工具”单击

“排列”组中的按钮“置于底层”。效果如图 2-95 所示。

填充效果

渐变　纹理　图案　图片

颜色

单色(N)　双色(T)　预设(S)

颜色 1(1):　颜色 2(2):

透明度

从(R):　0 %

到(O):　0 %

底纹样式

水平(Z)　垂直(V)　斜上(U)　斜下(D)　角部辐射(F)　中心辐射(M)

变形(A)

示例:

随图形旋转填充效果(W)

确定　取消

图 2-94　设置图形大小

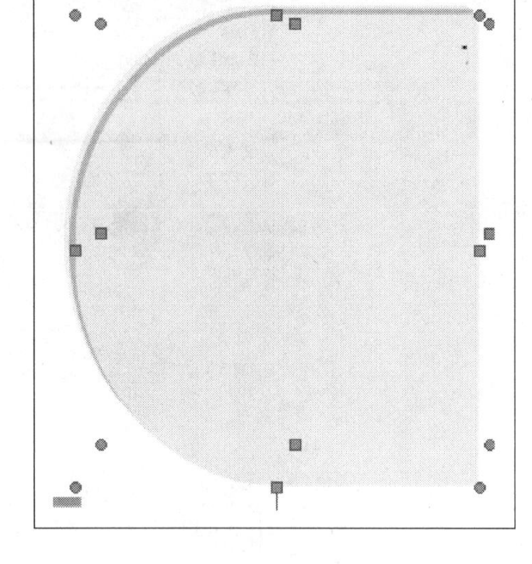

图 2-95　效果图

提示：图片是围绕中心被旋转的。旋转图片还可以通过图片顶端的“旋转手柄”。将鼠标移到“旋转手柄”上，鼠标形状变成弯曲箭头时（如图 2-80 所示），按照所需方向拖动即可进行旋转。要将旋转变化幅度限制为 15 度角，可在拖动旋转句柄的同时按住 Shift 键。要指定精确的旋转角度，可在“大小”对话框中输入图片旋转的度数。

步骤 4：在第 3、4 版页面中插入形状和图片。为方便说明，将第 3、4 版页面中的图片位置作以下命名，如图 2-96 所示。参照表 2-3 中的说明将图片文件插入对应位置，并对其格式进行设置。注意：以下所有图片的“文字环绕”均设置为“浮于文字上方”，插入图片“line3. gif”后将其旋转 90°。

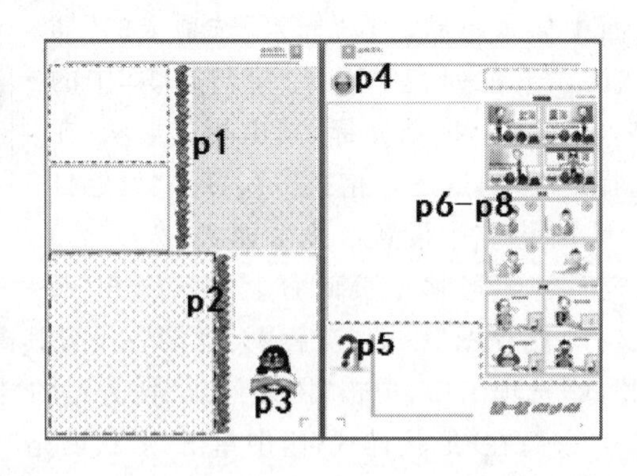

图 2-96　第 3、4 版页面中的图片

表 2-3 文本框的样式及阴影效果

图片位置	图片名称	高度、宽度/cm	图片位置	图片名称	高度、宽度/cm
P1	line3. gif	1.1、13.5	P4	笑脸. jpg	2.1、2.1
P2	line3. gif	1.1、13.5	P5	问号. jpg	3.3、3.3
P3	学习. jpg	4.1、4.1	P6～P8	so1. jpg～so3. jpg	7.2、8.8

5. 添加文本

将素材中的文本文件 t1. txt～t15. txt 依次打开，复制粘贴到如图 2-97 所示位置。将"周刊信息. txt"中的文本复制到如图所示的第 1 页的第 1 行单元格位置，设置前 4 行字体为"华文楷体、小五、加粗"，第 5 行字体设为"宋体、小四、居中"，最后两行设为"华文楷体、小五"。将"表格文本. txt"中的文本复制粘贴到如图所示的表格位置，设置前 4 行字体为"黑体、小五"、段落为"首行缩进 2 字符、行距为多倍行距、设置值为 1.15"。选择 t1 文本框，在文本框工具"格式"选项卡中单击"排列"组中的"文字环绕"按钮，在下拉列表中选择"紧密型环绕"。在 t16 文本框中输入"So 女郎《职场篇》"，设置字体为"华文彩云、三号、加粗"。在 t17 文本框中输入"试一试 shi yi shi"，设置字体为"华文彩云、一号、加粗、斜体"。

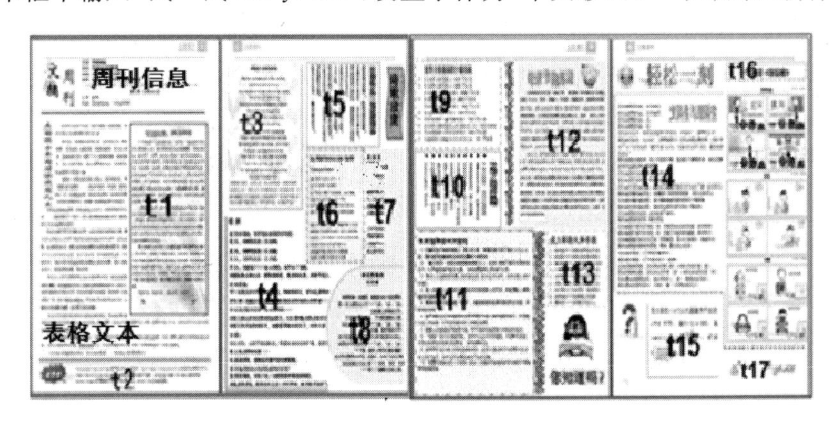

图 2-97 添加文本

6. 添加艺术字

步骤 1：将光标移至第 1 行第 1 个单元格中。选择"插入"选项卡的"文本"组。单击"艺术字"，选择"艺术字样式 6"，如图 2-98 所示。在"编辑艺术字文字"对话框中输入文本为"文摘"、字体为"华文新魏"，最后选择"确定"。窗口中出现"艺术字工具"的"格式"选项卡，如图 2-99 所示。在"阴影效果"组中单击"阴影效果"，选择"阴影样式 1"。在"排列"组中设置艺术字的文字环绕方式为"紧密型环绕"。在"大小"组中将其高度和宽度分别设为 1.64 厘米、2.94 厘米。

图 2-98 选择艺术字样式

用同样的方法插入艺术字"周刊"，设置字体为"华文新魏"，阴影效果为"阴影样式 18"，环绕方式为“浮于文字上方”。在“艺术字样式”组中，单击“形状填充”按钮，选择主题颜色：红色、深色 25%。单击“形状轮廓”按钮，选择“无轮廓”。将其高度和宽度分别设为 1.3 厘米、3.1 厘米。参考案例，调整艺术字的大小和位置。如图 2-100 所示。

图 2-99　艺术字“格式”选项卡

步骤 2：将表格文本中的标题“真的猛士要面对惨淡的人生”选中，选择“插入”选项卡中的“文本”组；单击“艺术字”按钮，在打开的下拉列表中选择“艺术字样式 6”；在打开的“编辑艺术字文字”对话框中选择字体为“华文新魏”，单击“确定”。在“格式”选项卡的“排列”组中设置艺术字“文字环绕”方式为“紧密型环绕”；在“阴影效果”组中设置阴影效果为“阴影样式 4”；在“大小”组中将其高度和宽度分别设为 1.1 厘米、7.5 厘米。

将文本框 t1 中的标题“希望向左，失望向右”选中，按上述步骤选择“艺术字样式 11”将其设置为艺术字。在“艺术字样式”组中单击“形状轮廓”按钮，设置艺术字轮廓颜色为主题颜色“红色，强调文字颜色 2，淡色 40%”，单击“更改形状”按钮，设置形状为“波形 2”，如图 2-101 所示；在“大小”组中将其高度和宽度分别设为 0.69 厘米、5.08 厘米。

图 2-100　艺术字效果

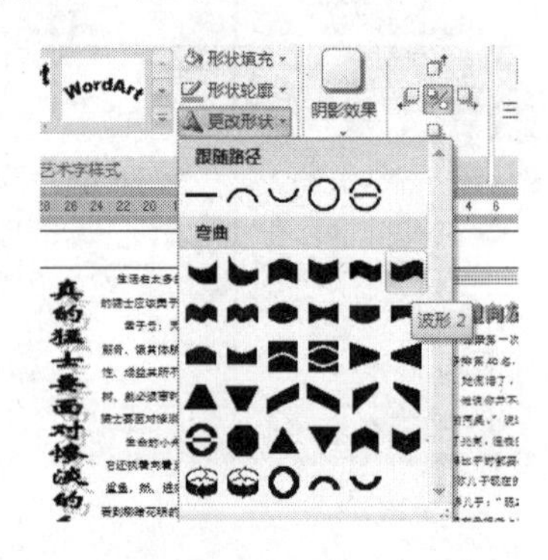

图 2-101　更改艺术字形状

步骤 3：在其他页面中插入艺术字。在文档的 4 版页面中，艺术字的分布如图 2-102 所示，分别用 w1～w12 加以命名。其他页面中的艺术字样式说明见表 2-4。

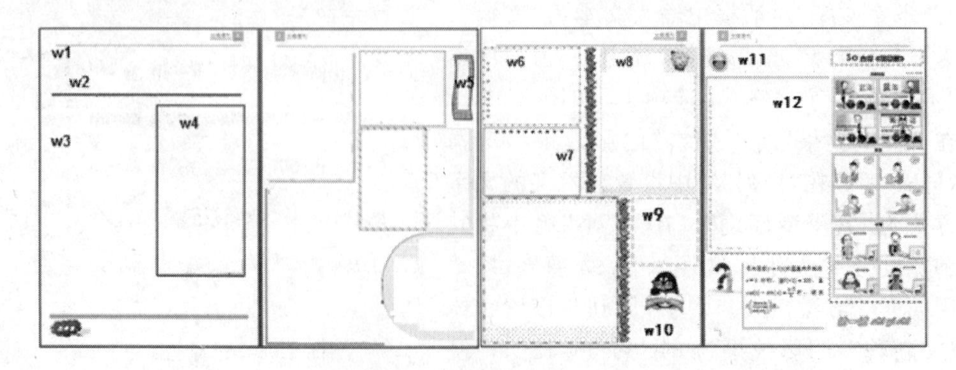

图 2-102　插入艺术字的位置

表 2-4　艺术字的样式及阴影效果

名称	艺术字样式	形状轮廓	阴影效果	高度、宽度	更改形状
W5	样式 6	/	无	1.11、4.55	
W6	样式 11	红色，强调文字颜色 2，深色 25%	阴影样式 5	0.79、4.97	正三角
W7	样式 12		阴影样式 5	0.79、3.65	
W8	样式 11		阴影样式 5	1.43、4.97	双波形 2
W9	样式 9	标准色：紫色	无	0.79、4.97	
W10	样式 9	标准色：深红	阴影样式 13	1.38、6.01	前近后远
W11	样式 16	紫色，强调文字颜色 4，深色 25%		1.86、7.23	
W12	样式 11	紫色，强调文字颜色 4，淡色 60%		1.43、5.08	腰鼓

7. 公式的插入

将光标移至文本框 t15，完成文本中的公式的插入。

步骤 1：在“插入”选项卡上的“符号”组中，单击“公式”按钮，窗口中出现“公式工具”的“设计”选项卡，如图 2-103 所示。

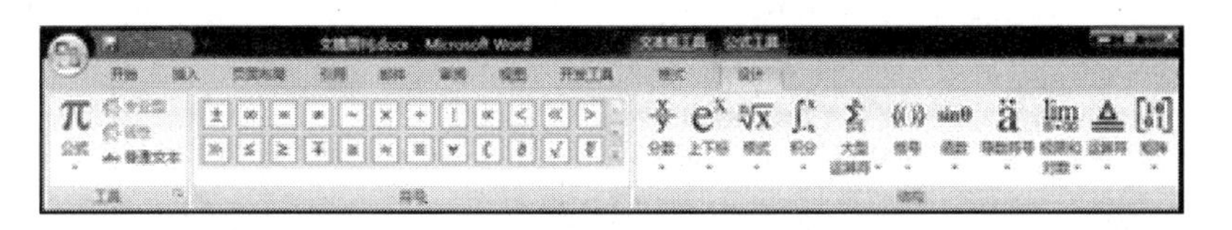

图 2-103　公式工具“设计”选项卡

步骤 2：插入公式在“结构”组中，单击“函数”按钮 sinθ 函数，在“三角函数”中选择“余弦函数”，公式结构 cos □ 被插入到文档中；在公式中的小虚框中输入字母 x，单击键盘输入一个减号“－”；用同样的方法插入正弦函数结构 sin □，在小虚框中输入字母 x；单击“符号”组中的等于号“＝”，插入等号；在“结构”组中，单击“分数”按钮，选择“分数(竖式)”，分数结构 $\frac{\square}{\square}$ 被插入到文档中，在分母中输入 5；选择分子的位置，在“结构”组中，单击“根式”按钮，选择“平方根”结构，如图 2-104 所示；最后将剩余的数字用键盘输入。

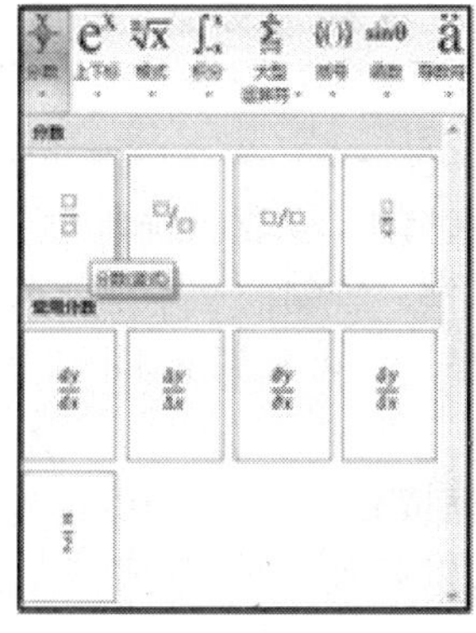
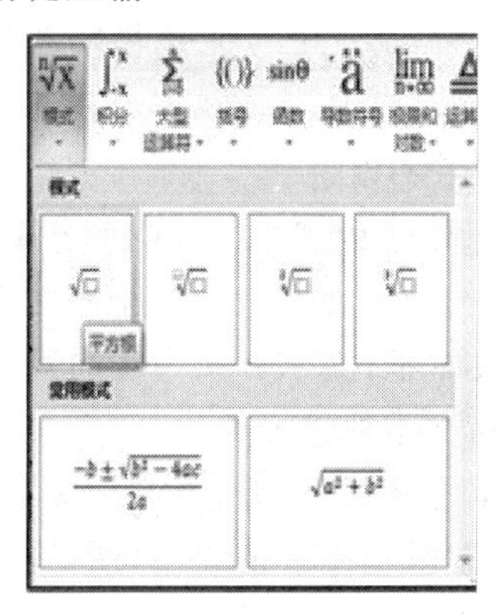

图 2-104　插入公式结构

步骤 3:参考步骤 2 中的方法将第 2 个数学公式 $f\left[\dfrac{15\sin 2x}{\cos\left(x+\dfrac{\pi}{4}\right)}\right]$ 插入文档中。

8. 其他

步骤 1:设置表格边框。选中第 1 页中的表格;在“表格工具”的“设计”选项卡中,单击“表样式”组的“边框”按钮;在下拉列表中选择“边框和底纹”选项,打开“边框和底纹”对话框;在“边框”标签下的“设置”中先单击“无”按钮,取消所有边框线,然后单击“自定义”按钮;选择“样式”为“三直线,中间粗”的线型、颜色为“紫色”、宽度“3.0 磅”,单击“预览”框中的表示表格下框线的按钮,如图 2-105 所示,单击“确定”按钮。

图 2-105 设置表边框

步骤 2:到此为止,该案例已经基本制作完成。最后可以参考样例,对部分文本框中的文本进行字体或段落的其他设置,如:着重号、项目符号的设置等。具体方法可以参考案例 2,这里不再累述。

2.3.4 技术解析

本案例所涉及的是文本编辑的综合性技术,主要是关于文本框的设置、图片的设置、艺术字的设置以及形状的绘制等内容。

1. 文本框的设置

Word 提供了内置的 30 多种文本框模板,主要是排版位置、颜色、大小有所区别,用户可根据需要选择一种。也可以绘制文本框。绘制的文本框有两种类型:横排(文字方向为横向)和竖排文本框(文字方向为竖向)。插入后可看到文本框工具栏已经弹出,输入所需要的内容,之后对文本框进行美化。

在“文本框样式”任务组,可对文本框填充颜色、外观颜色进行调整。还可单击下拉小箭头,弹出“设置自选图形格式”对话框,可以设置大小、版式等。在该组的下拉列表中是可选择的 Word 内置的文本框样式,有不同颜色、不同形式的轮廓和填充效果,鼠标移到某一项上去时,你可以预览到该样式的效果。如果没有您满意的样式,可以自行设置。

设置填充效果——是文本框背景的设置。文本框的背景可以是单纯的一种背景颜色，也可以是图片、渐变色、纹理或图案。案例中文本框头就是以图片作为填充。

渐变是指颜色和阴影逐渐变化的过程，通常从一种颜色向另一种颜色或从同一种颜色的一种深浅向另一种深浅逐渐变化。颜色的透明度可以通过移动"透明度"滑块，或者在滑块旁边的框中输入一个数字来调整。透明度百分比可以在 0%(完全不透明，默认设置)和100%(完全透明)之间变化。

纹理源于生活中的不同材质。例如：大理石、编织物、木头等。Word 提供了 24 种纹理。纹理也可以自行定义。

Word 提供了 48 种背景图案。例如：大棋盘、小棋盘、网格、球体等。图案的前景色和背景色可以分别进行设置。

设置轮廓效果——是文本框边框的设置。可以设置边框线的颜色、粗细和虚线线形。虚线有方形虚线、圆形虚线、长划线、短划线、划线点等类型。轮廓颜色和填充颜色是两回事，轮廓颜色是文本框边框的颜色。可以将文本框设为"无轮廓"。

设置阴影效果——是文本框阴影的设置。在"阴影效果"按钮下的列表中有 20 种阴影效果可以选择，而阴影的颜色也可以单独设置。

设置排列效果——设置文本框对齐方式和环绕方式。对齐方式有：左对齐、左右居中、右对齐、顶端对齐、上下居中、底端对齐。环绕方式有：四周型、紧密型、穿越型、上下型、衬于文字下方、浮于文字上方和嵌入型。

要将对象的边缘向左对齐，请单击"左对齐"。要将对象沿中心垂直对齐，请单击"左右居中"。要将对象的边缘向右对齐，请单击"右对齐"。要对齐对象的上边缘，请单击"顶端对齐"。要将对象沿中线水平对齐，请单击"上下居中"。要对齐对象的下边缘，请单击"底端对齐"。要左右居中对齐多个对象，请单击"横向分布"。要垂直上下居中对齐对象，请单击"纵向分布"。

2. 图片的设置

Word 中图片的设置主要包括插入图片、调整图片大小和设置图片位置等。

插入图片——所插入图片的左下角将定位于插入点。在"插入"标签上，单击"图片"按钮。通过浏览找到包含要插入的图片的文件夹，单击图片文件，然后单击"插入"。

调整图片大小——如有必要，可以单击插入的图片，然后通过拖动尺寸手柄来调整图片大小，调整图片大小还有以下两种方法。

- 单击鼠标右键，选择"设置图片格式…"选项，打开"设置图片格式"对话框。在其中可以设置宽度和高度。
- 直接在"图片工具"的"格式"标签的"大小"组中进行修改。

设置图片位置和环绕——在 Word 中插入或粘贴的图片环绕方式默认为"嵌入型"，在这种环绕方式下图片既不能旋转也不能拖动移位，插入图片经常还需要将版式调整为"四周型"再进行处理。环绕方式有：四周型、紧密型、穿越型、上下型、衬于文字下方、浮于文字上方和嵌入型。设置方法和文本框相同。

如有必要，可以对图片进行旋转。方法一：将鼠标移到图上的旋转柄上，然后按下左键，拖动鼠标即可。方法二：在"图片工具"的"格式"标签中，单击"排列"组的"旋转"按钮，在下拉列表中选择旋转的角度。

3. 形状的设置

Word 内置有 6 种类型近 140 个形状。分别是线条形状、基本形状(矩形、圆形等)、箭头形状、流程图形状、标注形状和星与旗帜。这些形状可以直接插入到页面中。其大小、轮廓颜色、填充的设置方法和文本框是相同的。

4. 艺术字的设置

所谓艺术字就是结合了文本和图形的特点，使文本具有图形的某些属性，如旋转、立体、弯曲等。插入艺术字的方法非常简单，在“插入”选项卡上的“文本”组中，单击“艺术字”，然后在下拉列表中单击所需的艺术字样式，弹出“编辑艺术字文字”对话框，在“文本”输入框中输入文字，然后单击“字体”下拉列表，选择合适的字体，单击“字号”下拉列表，设置字号的磅值。设置完毕，单击“确定”按钮，艺术字就会被插入文档中。

当插入艺术字之后，Word 会自动选定艺术字，同时在功能区中增加“艺术字工具/格式”选项卡，用户可以通过此功能区对艺术字进行设置。

编辑文字——如果用户对艺术字的内容或字体不太满意，可以随时对艺术字的内容进行编辑。有两种方法可以打开编辑窗口。

- 方法一：在“艺术字工具/格式”选项卡的“文字”组中单击“编辑文字”按钮。
- 方法二：右击艺术字，在快捷菜单中选择“编辑文字”命令。

以上任何一种方法都可打开“编辑艺术字文字”对话框，用户在其中即可重新设置艺术字的内容和字体。

设置艺术字的轮廓——对于 Word 来说，艺术字就是一种图形，与用户绘制的图形没有多大区别，因此也可以像设置图形的轮廓，为艺术字设置形状轮廓。具体操作如下：选定艺术字，在“艺术字工具/格式”选项卡的“艺术字样式”组中单击“形状轮廓”按钮，具体形状轮廓选项与为文本框设置轮廓选项基本相同。

设置艺术字的填充效果——选定艺术字，在“艺术字工具/格式”选项卡的“艺术字样式”组中单击 “形状填充”按钮，具体填充选项与为文本框设置填充选项基本相同。

设置艺术字的形状——如果默认的艺术字形状不能满足用户的需要，用户还有更多的选择。为艺术字设置形状的步骤如下：选中艺术字，在“艺术字工具/格式”选项卡的“艺术字样式”组中，单击“更改形状”按钮，打开形状列表，用户可以在其中选择合适的样式。Word 中提供了 40 种形状样式。

设置阴影和三维效果——与为图形设置效果类似，在“艺术字工具/格式”选项卡的“阴影效果”组中，也有“阴影效果”和“三维效果”两个按钮，用户通过这两个按钮即可为艺术字设置阴影和三维效果。具体操作方法可参考前面为文本框设置阴影和三维效果。

设置艺术字的大小和角度——与调整图片的大小类似，选定艺术字后，艺术字四周会用虚线显示出一个方框，用户把鼠标指向四个角以及四条边的中间位置时，即可拖动鼠标修改艺术字的大小。但是，Word 并没有为艺术字设置旋转手柄，因此无法直接用鼠标旋转艺术字。

在“艺术字工具/格式”选项卡的“排列”组中，单击“旋转”按钮，弹出下拉菜单，从中可以选择向左或向右 90°旋转艺术字，也可以垂直或水平镜像艺术字。在“大小”组中也可以直接设置艺术字的高度和宽度。

设置艺术字的字符间距——如果要调整艺术字的字符间距，可以在“艺术字工具/格式”

选项卡的“文字”组中单击“间距”按钮，在下拉菜单中设置字符间距。间距共有“很紧”、“紧密”、“常规”、“稀疏”、“很松”。

设置艺术字竖排——选中艺术字，在“艺术字工具/格式”选项卡的“文字”组中单击“艺术字竖排”按钮，即可得到艺术字竖排效果，当再次单击此按钮时，可以取消竖排设置。

2.3.5 实训指导

本案例是一个在 Word 中综合编辑文档、图片和图形的实例。

1. 实训目的

掌握如何在 Word 文档中插入和删除文本框，如何插入和删除图形和图片。能熟练对文本框、图片及图形进行设置和布局。

2. 实训准备

知识准备：

- 文本框的边框和底纹形式；
- 图片和图形的设置(旋转、阴影、透明度)；
- 对象的布局(对齐方式和环绕方式)。

资料准备：

- Microsoft Office 2007 环境(实训室准备)；
- 案例中所需的文字和图片(教师准备)。

3. 实训步骤

- 获得原始文本和图片，并建立工作文件夹。
- 创建 Word 空白文档，并设置页面的页边距。
- 依照案例，用插入分页符的方法生成多个页面；设置页面的页眉。
- 依照案例，在第 1 页中插入表格，在各个页面中插入文本框，并将文本框放置到页面的相应位置。
- 依照案例，对文本框进行样式、大小等格式的设置；对文本框中的文本格式也进行设置。
- 在页面中插入艺术字，设置艺术字的大小、样式和阴影等格式。
- 在页面中插入形状和图片。设置图片格式，对形状进行旋转的设置。
- 在最后一页中插入公式。

4. 实训要求

- 实训文档的结果与案例样文的格式基本一致。
- 实训文档如果课内无法完成需在课后继续完成。

2.3.6 课后思考

- 总结创建和布局多个文本框的技巧。
- 在文档中如何合理安排文本框、图形、图片等多个对象？

第3章

Word高级应用

学习目标

本章以"毕业论文排版"和"会议公函及证件设计"两个案例为主线，在Word基本应用的基础上，进一步介绍了Word文档编辑的高级应用方法，主要包括样式的使用、多级列表的设置、页眉及页脚设置的高级应用、邮件合并的使用方法等高级编辑技巧，学习Word环境下特殊文档的编辑排版方法。

实用案例

毕业论文排版

会议函及证件设计

3.1 案例1——毕业论文排版

3.1.1 案例介绍

毕业设计是各专业教学计划的最后一个重要环节，其主要目的是检验学生综合利用所学知识独立分析、解决实际问题的基本能力。毕业论文是根据所做毕业设计课题提交的一份有一定学术价值的文章，它反映了作者掌握专业基础知识的程度以及利用这些知识进行课题研究的实际应用能力。毕业论文是学生的第一份研究工作文字记录，在内容和格式两方面都应做到科学严谨、有条理。

本案例是按照论文的一般格式要求对一篇毕业论文进行排版编辑的，主要应用 Word 编排长文档的编辑功能，使论文看起来前后格式统一、各章节层次清晰，充分体现毕业论文的格式要求和特点。

3.1.2 知识要点

本案例涉及 Word 的主要知识点如下。

- 样式的使用——主要包括新建、编辑、修改、应用样式的方法。
- 多级符号的使用——设置多级符号的格式及应用多级符号。
- 页眉设置的高级应用——主要包括页眉的分节设置和在页眉中插入“域”等操作。
- 页脚设置的高级应用——主要包括在页脚显示页码的设置等。
- 插入题注——主要包括给图片和表格插入题注、更新题注的操作。
- 其他格式——包括文档网格的设置、利用已有文档自动生成目录等。

3.1.3 项目实施

1. 设定纸张大小

每篇文档在进行格式编辑之前都应该首先设定纸张大小，可以使用 Word 默认的纸张大小，也可以自己任意设置。设定纸张大小的方法如下。

(1) 使用标准纸张大小。在“页面布局”选项卡上的“页面设置”组中单击“纸张大小”，如图 3-1 所示。在弹出的下拉列表中选中一项，例如 A4、B5 等。

(2) 使用自定义纸张大小。选择“纸张大小”下拉菜单中的“其他页面大小”选项，弹出如图 3-2 所示的对话框，在“纸张大小”下拉菜单中选择“自定义大小”选项，并在下面的“宽度”和“高度”文本框中输入纸张的宽度和高度数据即可。

步骤1：新建 Word 文档，命名为“论文排版.docx”。在“页面布局”选项卡中“纸张大小”下拉菜单中选择“A4”类型的纸张。

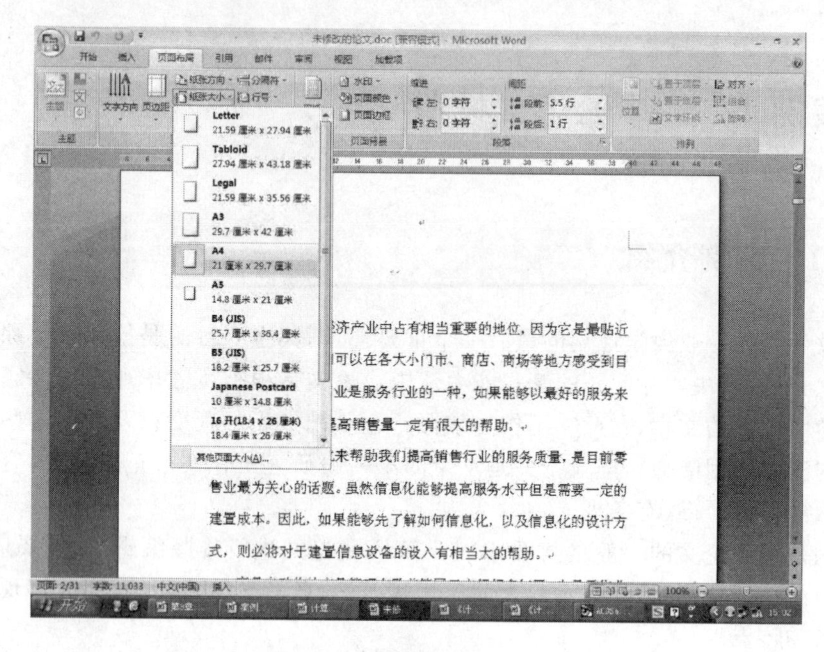

图 3-1　设置纸张大小

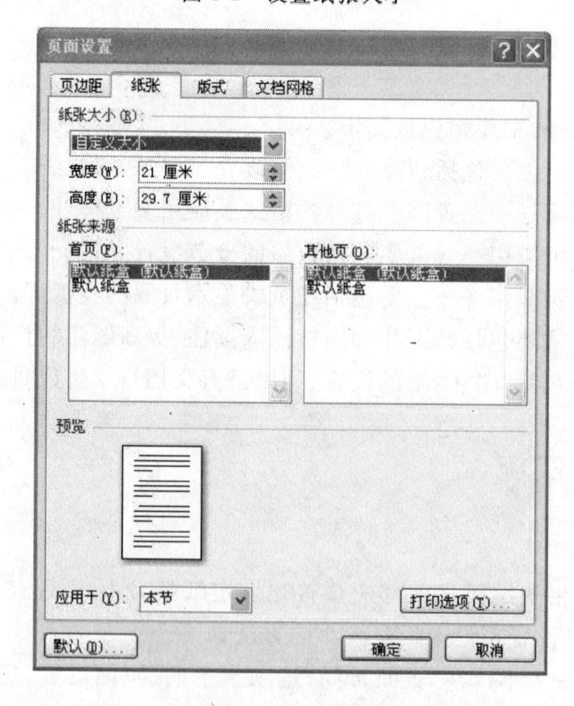

图 3-2　自定义纸张大小

2. 设定文档网格

设定文档网格可以规定文档每页上文字的行数和每行的字数。

设定文档网格的方法：单击“页面布局”选项卡中“页面设置”组右下角的扩展按钮，如图 3-3 所示，打开“页面设置”对话框，如图 3-4 所示。选中“文档网格”选项卡，在“网格”中指定页面网格的方式，在“字符数”和“行数”文本框中分别输入数字来指定页面的行数和每行的

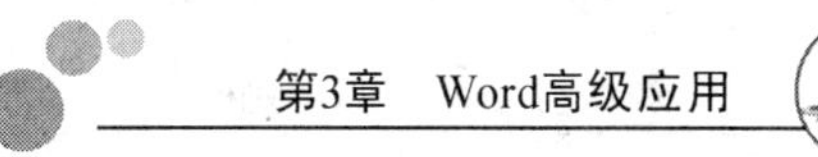

字符数。

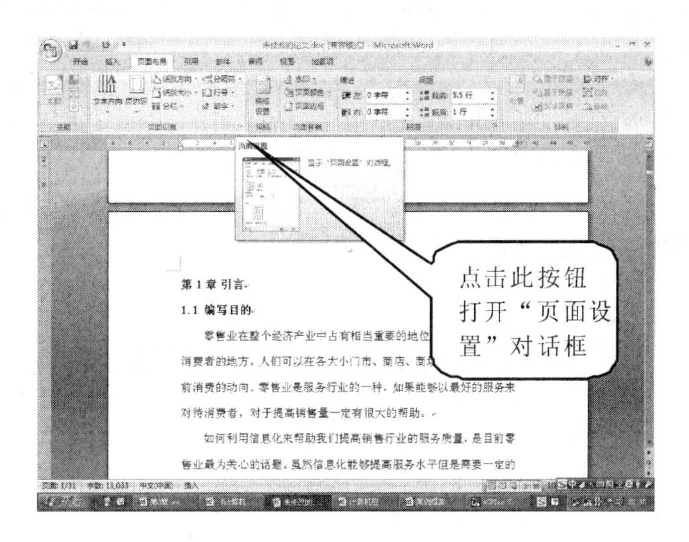

图 3-3　打开“页面设置”对话框

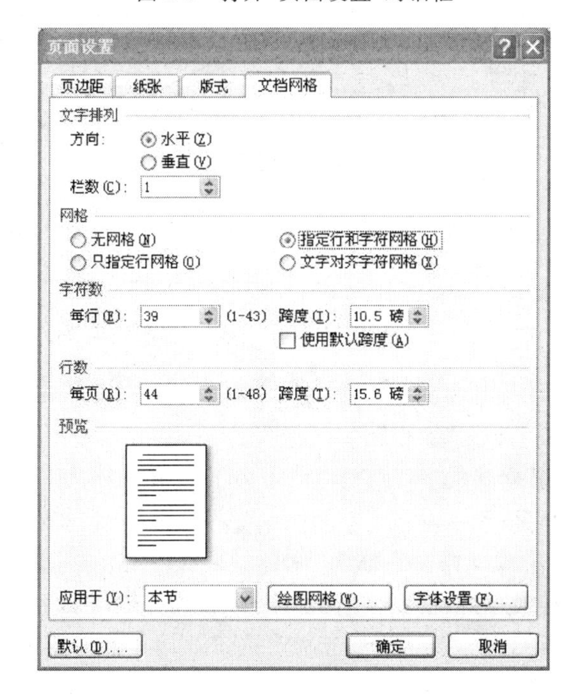

图 3-4　“页面设置”对话框

步骤 2：打开“页面设置”对话框，在“文档网格”选项卡上的“网格”栏中选择“指定行和字符网络”单选按钮，然后指定每行的字符数为 39，每页 44 行。

3. 设置样式

使用样式，能为不同级别的文字设置不同的字体以及段落格式。在长文档的编辑中合理使用样式，既能统一每个级别的文字格式，也能提高排版的工作效率。因此，合理使用样式是长文档编辑中的一项重要技术。在文档编辑中，用户可以直接使用 Word 提供的一些基本样式，也可以根据自己的需要建立新的样式，或是在已有样式的基础上加以修改然后应用到文档。

步骤3:设置“标题1”的样式。在“开始”选项卡中,单击“样式”组右下角的扩展按钮,打开“样式”窗口,如图3-5所示,将光标移至“标题1”,单击其右边的下拉按钮,在弹出的菜单中选择“修改”,弹出如图3-6所示的“样式修改”对话框,单击左下角的“格式”按钮,选择“字体”项目,在对话框中设置中文字体为“宋体”,西文字体为“Times New Roman”,字号为“小三”,字形为“加粗”,单击“确定”按钮,回到“修改样式”对话框,设置对齐方式为“居中”。最后单击“确定”按钮,回到“样式”窗口。

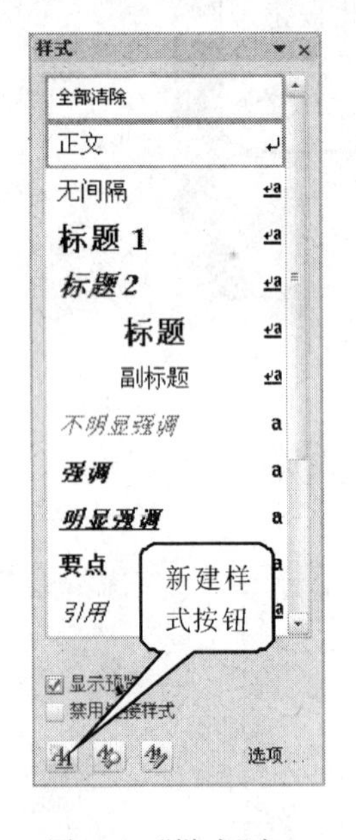

图3-5 “样式”窗口

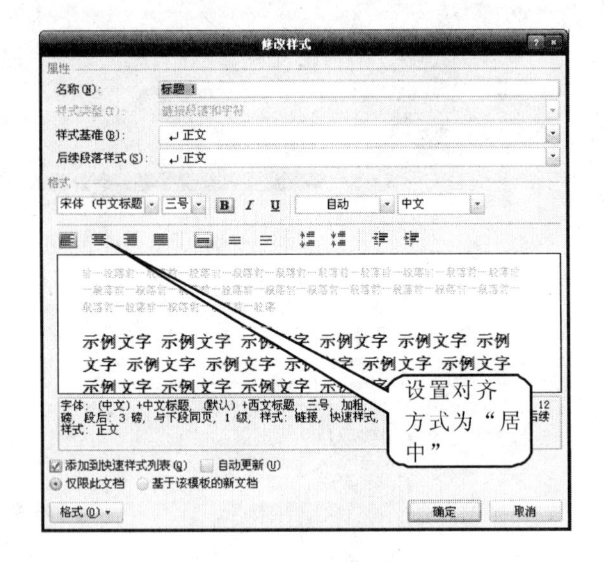

图3-6 “修改样式”对话框

步骤4:用同样的方法设置“标题2”样式的中文字体为“宋体”,西文字体为“Times New Roman”,字号为“四号”,字形为“加粗”。

步骤5:设置“标题3”样式的中文字体为“宋体”,西文字体为“Times New Roman”,字号为“小四”,字形为“加粗”。

步骤6:设置“正文”样式的中文字体为“宋体”,西文字体为“Times New Roman”,字号为“小四”。单击“修改样式”对话框左下角的“格式”按钮,选择“段落”,打开“段落”对话框,设置“特殊格式”为“首行缩进2字符”,单击确定按钮,回到“修改样式”对话框。

步骤7:在“样式”窗口中,单击左下角的“新建样式”按钮。输入样式名为“题注格式”,设置中文字体为“黑体”,西文字体为“Times New Roman”,字号为“10”,单击“确定”按钮将此样式保存于样式库中。

4. 编辑论文提纲

提纲是论文的基本结构,也是论文的整体框架。在编写长文档时,正确的顺序是先列出提纲,然后依照提纲完成文章。Word提供了5种不同的视图:页面视图、阅读版式视图、Web版式视图、大纲视图和普通视图,它们可以帮助用户从不同角度查看或编辑同一篇文档。本案例正是遵循着长文档的编写顺序,先使用大纲视图编辑提纲,再使用页面视图编辑正文。

切换视图的方法有如下两种。

(1) 在“视图”选项卡的“文档视图”组中选择视图方式，如图 3-7 所示。

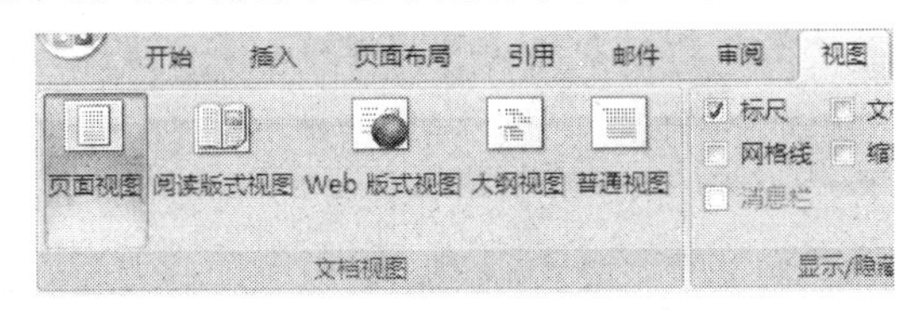

图 3-7　Word 中的 5 种视图

(2) 在文档编辑窗口的状态栏中调整视图，如图 3-8 所示。

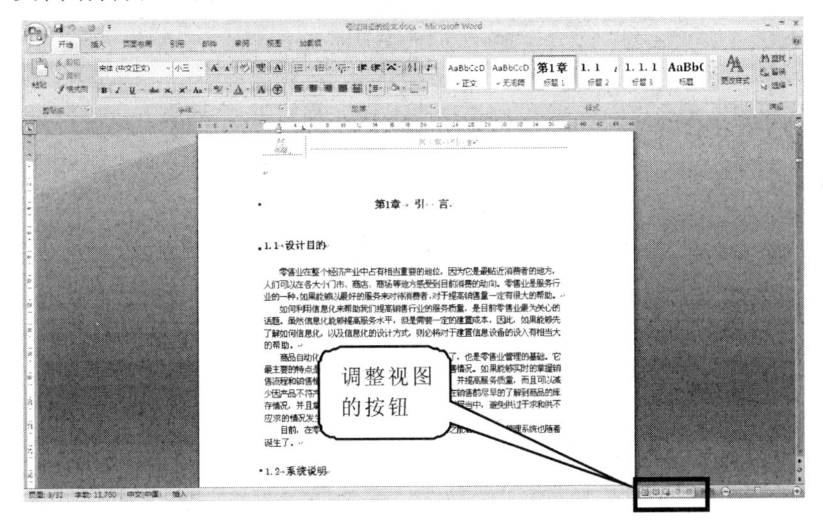

图 3-8　状态栏中的视图选项

步骤 8：将文档切换至“大纲视图”，打开“毕业论文.txt”文件，将“第 1 章”后面的“引言”复制到当前文档中。回车换行，将“第 2 章”后面的“系统结构”复制到文档中。用同样的方法将每章后面的标题复制到当前文档中，最终效果如图 3-9 所示。

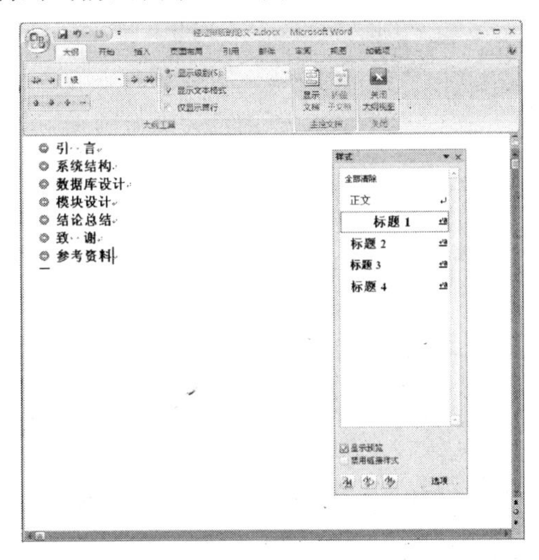

图 3-9　章标题编写完毕

步骤 9：将光标放置到“引言”后面，回车换行，单击“大纲”选项卡上“大纲工具”组中的“降级”按钮，如图 3-10 所示，光标所在行自动产生缩进。将“毕业论文.txt”文件中 1.1 后面的“设计目的”复制到当前位置。继续回车换行，将第 1 章中的第二级标题依次复制到文档中。

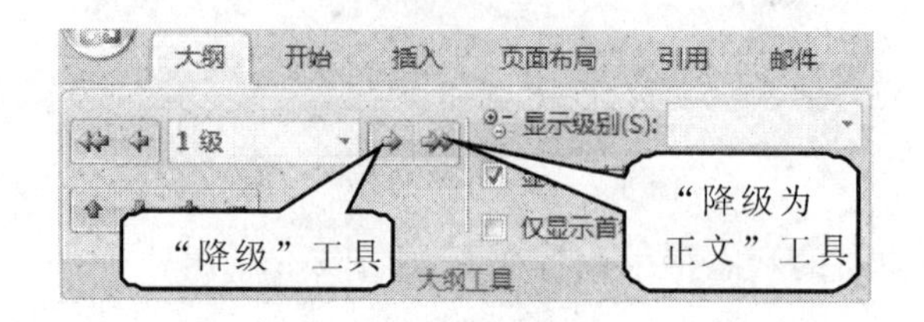

图 3-10 “大纲”选项卡

步骤 10：用相同的方法，将论文的所有第二级、第三级标题复制到合适的位置，如图 3-11所示。

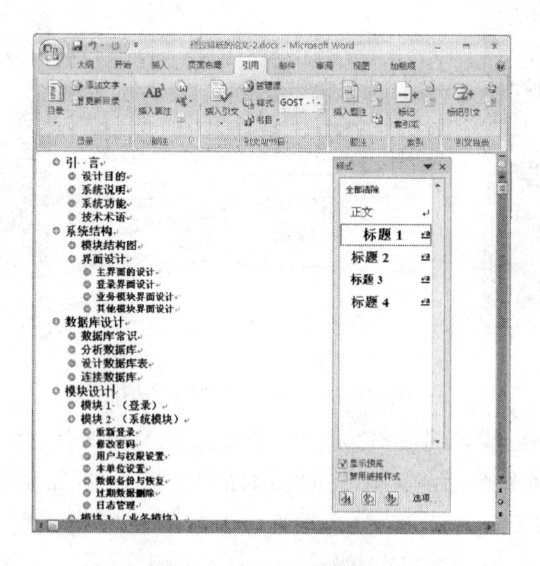

图 3-11 所有标题编写完毕

5. 设置多级列表

多级列表可为文档的各级标题添加编号，使文档中的同级标题编号具有相同的格式和统一的编号样式。使用多级列表的方法有以下两种。

（1）使用 Word 提供的多级列表样式

方法是选中需要设置多级列表的文字，在“开始”选项卡的“段落”组中，选择“多级列表”下拉按钮，如图 3-12 所示，在弹出的多级列表样式库中选择合适的列表样式即可。

（2）自定义多级列表样式

方法是在“样式库”中选择“定义新的多级列表”命令自定义多级列表样式，再将定义好的多级列表应用于所选文字。

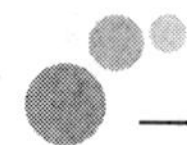

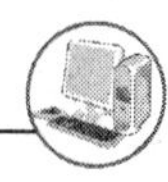

图 3-12 “多级列表”按钮

步骤 11:在大纲视图中,选中所有标题。在“开始”选项卡的“段落”组中,单击“多级列表”右侧的下拉按钮,选择“定义新的多级列表”命令,弹出“定义新多级列表”对话框,如图 3-13 所示。

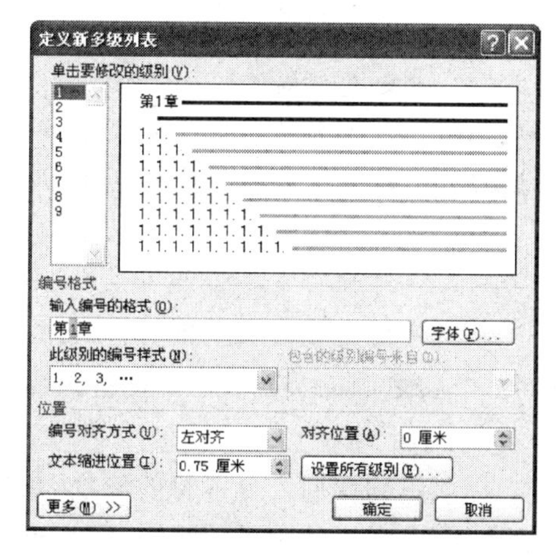

图 3-13 “定义新多级列表”对话框

步骤 12:在“单击要修改的级别”中选择“1”,修改第一级标题的编号:在“输入编号的格式”下文本框中的编号“1”前面输入“第”字,在“1”后面输入“章”字,使得第一级标题的编号显示为“第 1 章”。在“单击要修改的级别”中选择“2”,修改第二级标题的编号,此时在“输入编号的格式”下方的编号自动变为“1.1”。在“单击要修改的级别”中选择“3”,修改第三级标题的编号,这级标题也自动变为“1.1.1”。单击“确定”按钮,将设置好的多级列表应用到选中的标题文字上,去掉“致谢”和“参考文献”前面的编号,效果如图 3-14 所示。

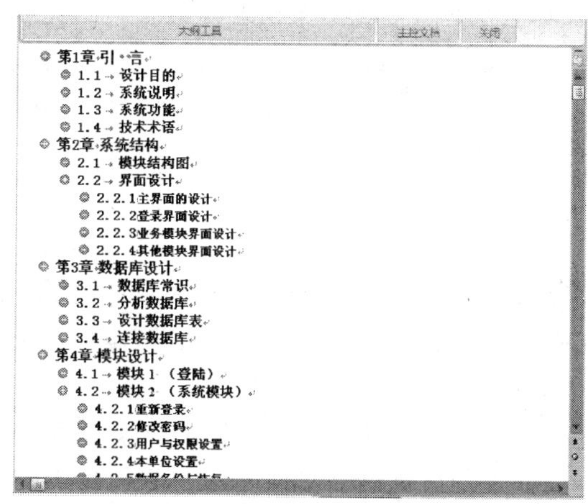

图 3-14 设置多级列表后的效果

6. 编写正文

步骤 13：保持文档在大纲视图下，将光标移动到"1.1 设计目的"后面，回车换行，单击"大纲"选项卡"大纲工具"组中的"降级为正文"按钮。打开"毕业论文.txt"文件，将第一段正文复制到当前位置。

步骤 14：对照样张，用同样的方法将所有正文复制到适当的位置。注意在需要插入图片和表格的地方留出一行空行。

7. 分页符的使用

将光标放置到要插入新页的地方，在"页面布局"选项卡的"页面设置"组中选择"分隔符"下拉菜单中的"分页符"命令。

提示：1. 在本案例中，每一章中要开始新页时使用插入"分页符"的方式。2. 尽管手动输入回车也可以达到分页的效果，但插入过多回车符号会在调整文档的过程中带来很多麻烦，所以在任何文档的编辑过程中要尽量避免出现手动分页的操作。

8. 分节符的使用

在长文档中插入分节符可以有效地实现对文档的分段处理，例如可以对文档的某一部分进行分栏编辑，可以将不同分节符之间的文档设定不同的页眉文字等。

(1) 插入分节符

插入分节符的方法是将光标放置到要插入分节符的位置，在"页面布局"选项卡的"页面设置"组中单击"分隔符"下拉按钮，在弹出的菜单中提供"下一页"、"连续"、"偶数页"、"奇数页"4 种类型的分节符，按照需要选择一种类型的分节符插入即可。

其中，"下一页"命令用于在下一页开始新的节，"连续"命令用于在同一页上开始新一节，"偶数页"或"奇数页"用于在下一个偶数页或奇数页开始新一节。

(2) 删除分节符

将光标移至需要删除的分节符前面，按键盘上的 Delete 键即可删除该分节符。

提示：1. 分节符控制它前面文本节的格式，删除分节符会同时删除该分节符之前的文本节的格式，这些文本将同后面节的文本采用相同的格式。2. 分节符在文档的普通视图中以双虚线的方式显示，如果看不到，可以单击"Microsoft Office 按钮"，选择"Word 选项"，在左侧窗口中选择"显示"，勾选右侧窗口中的"显示所有格式标记"复选框，并单击"确定"，就可在文档中看到分节符的标记显示了。

步骤 15：将光标移动到论文开头的"第 1 章"和"引言"之间。在"页面布局"选项卡的"页面设置"组中单击"分隔符"下拉按钮，在"分节符"栏目中选择"下一页"，产生一张空白页。打开"论文封面及封底.docx"文件，将封面复制到这张空白页上。在封面后再次插入分节符，产生空白页，用作生成目录。

步骤 16：用同样的方法依次在每章末尾插入"下一页"类型的分节符，包括"致谢"和"参考文献"章。在文档的最后插入空白页，然后将"论文封面及封底.docx"文件中的封底复制到最后一张空白页上。

9. 为图片和表格添加题注

题注是文档中表格或者图片的编号标签，给对象插入题注不仅可以对对象进行说明，还可以对对象进行管理。关于题注的操作有以下几种。

(1) 插入题注

步骤 17：对照样张，将图片和表格按顺序插入到合适的位置。图片素材在"论文编辑——图片素材"文件夹中，表格素材在"论文编辑——表格素材.docx"文件上。

步骤 18：选中论文的第 1 张图片，在"引用"选项卡的"题注"组中选择"插入题注"的命令，在弹出的"题注"对话框中单击"新建标签"按钮，输入新的标签名称"图"，单击"确定"按钮。如图 3-15 所示。

步骤 19：在"题注"对话框的"标签"选项栏中选择"图"，在"位置"选项栏中选择"所在项目下方"，不勾选"题注中不包含标签"的复选框。单击"编号"按钮，选择编号格式为"1，2，3，…"，勾选"包含章节号"复选框，设置章节的起始样式为"标题 1"，设置"连字符"为章节与编号之间的分隔符，单击"确定"按钮，回到"题注"对话框，单击"确定"按钮，在图片的下方出现题注编号，输入图片的名称，并对题注应用样式库中的"题注样式"格式。用同样的方法为所有图片添加题注。

步骤 20：依照图片的题注设置方法添加表格的题注，注意在"标签"选项栏中选择"表格"，在"位置"选项栏中选择"所在项目上方"。

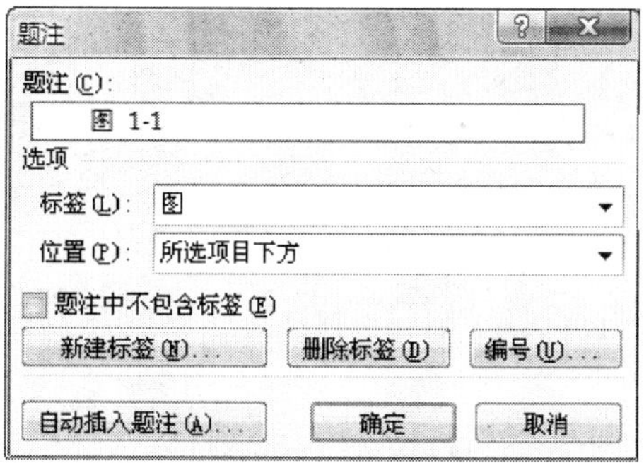

图 3-15　"题注"对话框

(2) 更新题注

如果文档中插入了新的题注，Word 会自动更新题注的编号；如果移动或者删除题注，那么可以手动更新题注。

步骤 21：删除文档第 3 章的第 1 张图片和它的题注，然后选中第 2 张图的题注，右击鼠标，选择"更新域"命令，题注编号由"图 3-2"变成"图 3-1"。

步骤 22：再将第 3 章的第 1 张图片重新插入，重新为它添加题注，编号仍然是"图 3-1"。选中第 2 张图片的题注，再次"更新域"，题注编号恢复到"图 3-2"。

10. 插入脚注

脚注是对论文中词语或句子进行说明或解释的文字，显示在被说明词语或句子所在页的下方。

步骤 23：选中"1.2 系统说明"正文部分第二段中的"C/S"，在"引用"选项卡的"脚注"组中单击"插入脚注"命令，在光标所在位置输入"C/S 模式：Client/Server，客户机/服务器模式”。用同样的方法为“B/S”添加脚注“B/S 模式：Browser/Server，Web 浏览器/服务器模式”。最终效果如图 3-16 所示。

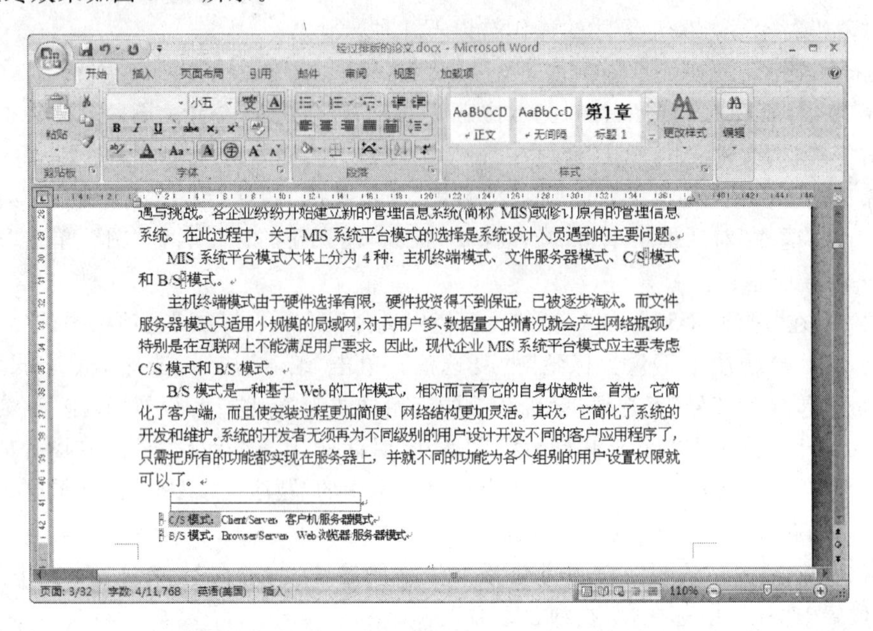

图 3-16　插入脚注

11. 生成目录

Word 可以根据文档已有的标题样式(如标题 1、标题 2、标题 3 等)自动创建目录。

步骤 24：将光标移至封面后的空白页上，输入“目录”两个字，设置格式为“宋体”、“小三”、“加粗”，回车换行。然后在“引用”选项卡中单击“目录”组中的“目录”，在弹出的菜单中选择“插入目录”命令，如图 3-17 所示。单击“选项”按钮，设置目录的有效样式为“标题 1”、“标题 2”、“标题 3”，单击“确定”按钮。

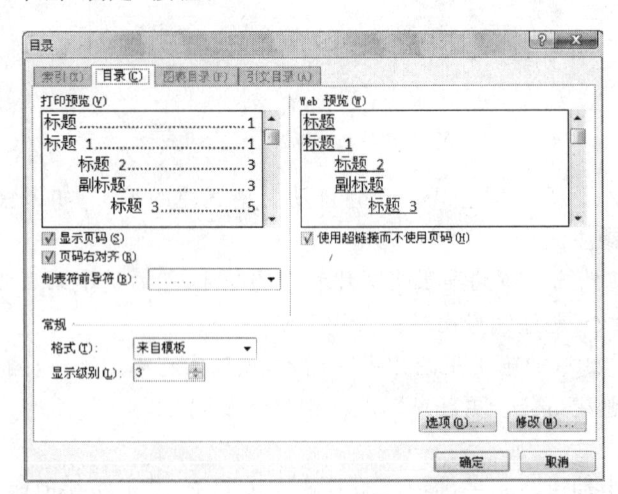

图 3-17　“目录”对话框

步骤 25：单击“修改”按钮，弹出如图 3-18 所示的目录“样式”对话框，选择“目录 1”，单击“修改”，设置论文中第一级别标题(即章标题)的格式为“宋体”、“10”、“加粗”、“两端对齐”，单击左下角的“格式”按钮，选择“段落”，设置段前段后间距都为“0”，单击“确定”按钮，回到“修改样式”对话框，在此对话框上单击“确定”按钮，回到“样式”对话框；选择“目录 2”，单击“修改”，设置论文中第二级标题的格式为“宋体”、“10”、“两端对齐”，单击“确定”按钮；选择“目录 3”，同样单击“修改”，设置论文中第三级标题的格式为“宋体”、“10”、“两端对齐”，然后单击“确定”按钮回到“目录”对话框。最后勾选“显示页码”和“页码右对齐”复选框，并设置“前导符制表符”为“……”样式，单击“确定”按钮完成目录的设置。

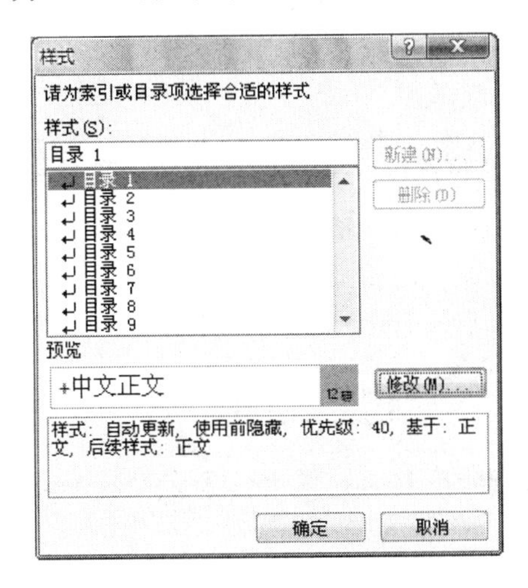

图 3-18　目录“样式”对话框

提示：如果在文档中添加或者删除了某一级标题，可以在已创建的目录中同步更新，方法是在“引用”选项卡的“目录”组中单击“更新目录”命令，在弹出的提示框中选择“只更新页码”或者“更新整个目录”的方式来更新目录。

12. 页眉和页脚的设置

如何在一篇文档的不同分段中设置不同的页眉和页脚样式，这是在长文档编辑中经常会遇到的问题。一般在文档基本编辑完毕后再对其进行页眉和页脚的设置。

步骤 26：将光标移至封面页，在“插入”选项卡中选择“页眉和页脚”组中的“页眉”命令，进入页眉页脚编辑状态，由于封面不需要设置页眉，所以，直接在“页眉和页脚工具设计”选项卡上的“导航”组中单击“下一节”命令，跳转至目录页。同样，目录页也不需要设置页眉，再次单击“下一节”命令，跳转至第一章的开始页。

步骤 27：去掉“选项”组中的“首页不同”复选框的勾选。如果在页眉编辑区下方看到“与上一节相同”，如图 3-19 所示，则表示“链接到前一条页眉”的命令被选中，单击此命令，断开当前节与前一节的链接，其目的在于设置于前一节不同的页眉和页脚，如图 3-20 所示。

步骤 28：在“页眉和页脚工具”的“设计”选项卡上“页眉和页脚”组中，单击“页眉”，选择“边线型”页眉样式，如图 3-21 所示。将光标移至页眉左边的短横线上，在“插入”选项卡中选择“插图”组中的“剪贴画”，选择一幅合适的剪贴画调整好大小和位置后插入到页眉中。

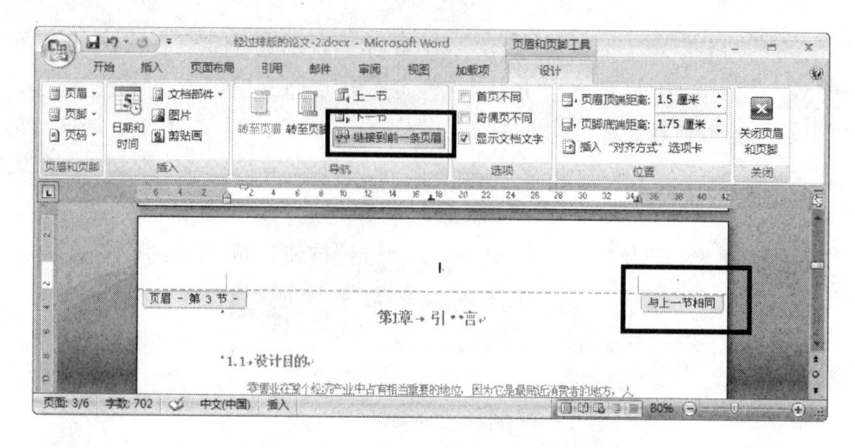

图 3-19 “链接到前一条页眉”被选中的效果

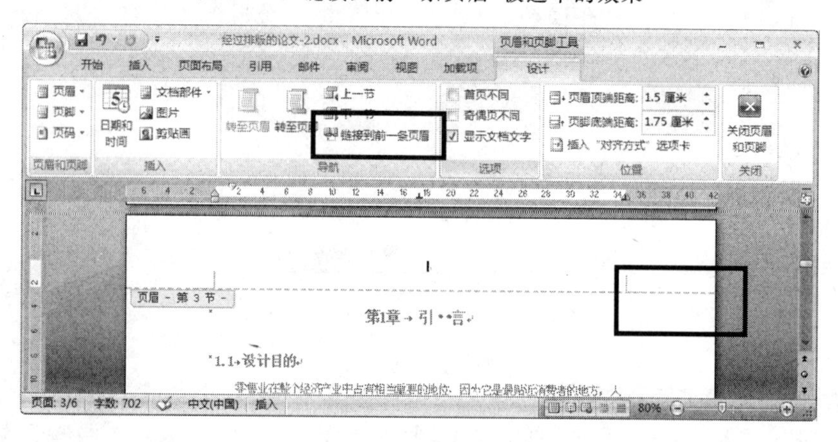

图 3-20 去掉“链接到前一条页眉”后的效果

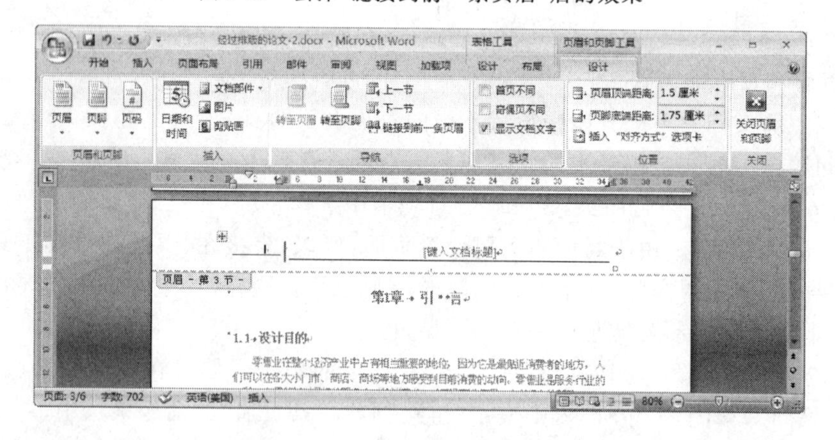

图 3-21 “边线型”页眉样式

步骤 29:在页眉右边较长的直线上,删除“键入文档标题”几个字。在“插入”选项卡的“文本”组中单击“文档部件”按钮,选择“域”,打开“域”对话框,如图 3-22 所示,在“域名”中选择“StyleRef”,在“样式名”中选择“标题 1”,在“域选项”中勾选“插入段落编号”复选框,单击“确定”按钮。这样做的目的是为了在不同章的页眉上显示该章的编号,例如在第 1 章所在页的页眉部分都显示“第 1 章”,而在第 2 章所在页的页眉部分都显示“第 2 章”,以此类推。

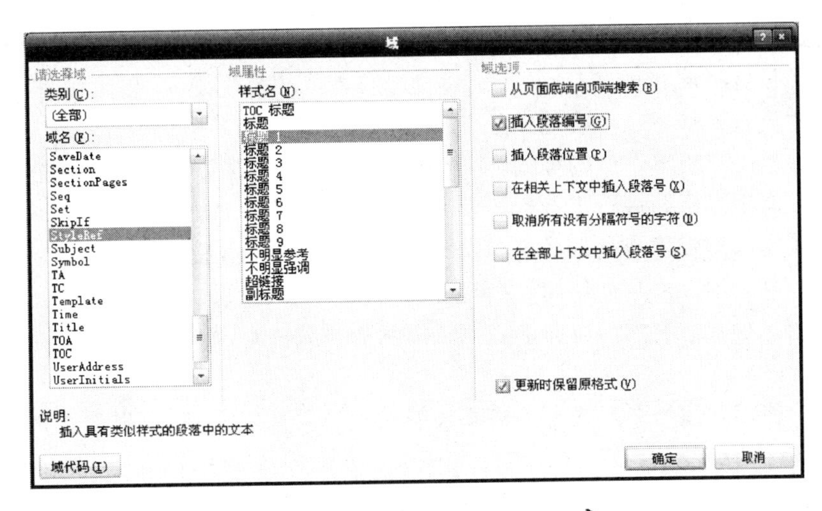

图 3-22　“域”对话框中的设置

步骤 30:再次打开“域”对话框,在“域名”中选择“StyleRef”,在“样式名”中选择“标题1”,单击“确定”按钮。这样做的目的是为了让每章的标题名称显示在页眉上。

步骤 31:在“页眉和页脚工具设计”选项卡上的“导航”组中多次单击“下一节”命令,跳转至“致谢”章所在页,取消掉当前节与上一节的链接,然后删除这一节页眉上的段落编号。对于“参考文献”所在页的页眉也做同样的处理,去掉“封底”页上的页眉。

步骤 32:在页眉页脚编辑状态下回到封面页,单击“导航”组中的“转至页脚”按钮。封面上不能出现页码,所以单击“下一节”按钮,跳至目录所在节,同样在目录所在页上也不需要页码,再次单击“下一节”按钮,跳至“第 1 章”的第 1 页。取消该节与前面节的链接,在“页眉和页脚”组中单击“页码”按钮,选择“当前位置”,再选择“普通数字”,在当前页的页脚中插入页码,并且从当前页开始进行页码计数。

步骤 33:多次单击“下一节”按钮,跳至封底所在页的页脚,取消该节与前面节的链接,删除封底上的页码。

至此,一篇符合基本格式的毕业论文就编辑完成了。需要说明的是,利用 Word 编辑长文档与编辑一般文档相比有其独特的方法,掌握这些方法能使得长文档的编辑和修改更有效率。

3.1.4　技术解析

在这个案例中我们学习的重点不是字体、段落这些基本格式的设置,而是学习如何从整体把握一篇长文档格式的设定。在开始进行论文格式编辑之前,首先要把握论文这类长文档编辑的步骤。

(1) 录入文字之前先设定纸张大小和文档网格,以免在编辑完毕后由于要修改纸张设定而需要进行大量修改。

(2) 设置文档中需要的样式,在大纲视图中首先编写长文档的提纲,然后设置多级列表的格式并套用在提纲上。最后按照提纲完成长文档。

(3) 将图片和表格插入到文档中,并为这些对象插入题注。

（4）回到文章的开头，按照从封面到封底的顺序进行页眉页脚的设定，注意封面和目录页面上面应该没有页眉和页脚。

本案例主要包含如下几个实用的处理长文档的工具：

样式——给文字设置不同的样式，除了可以对各个部分的文字格式进行统一设定之外，更重要的是同时也对标题进行了级别的设置。从上述案例的实施过程可以看出这种级别的设置是进行长文档编辑排版处理的基础。可以直接使用 Word 提供的样式，也可以在 Word 已有的样式为基础加以修改来使用，或者直接新建样式来使用。

大纲视图——大纲视图可以帮助我们以提纲的方式查看文档，使得文档结构清晰地呈现出来。

题注——使用题注给图片或者表格添加编号和说明性的文字，可以对文档中的图片或者表格进行统一的编号设定，这样做的好处是可以在添加或删除任何一个图片或表格之后，通过更新题注的方式自动重置该图片或表格之后的图片或表格的编号。

多级列表——使用多级列表可以将整个文档的标题风格统一成一个整体，并且可以将多级符号的样式链接到不同级别的标题。

页眉页脚高级设定——在长文档中不能只进行页眉页脚的简单插入，而是要考虑页眉页脚如何变化显示，例如：在封面上不能显示页眉和页脚，在每一章中显示不同的页眉等等。要达到不同部分文档上显示不同页眉的效果，主要是通过取消“链接到上一节”的设定来断开节与节之间的联系，从而对不同部分设置不同的页眉和页脚内容。

3.1.5 实训指导

本案例在 Word 基本知识的基础下，学习如何使用一些有效的工具从整体上把握一篇长文档的编辑排版。

1. 实训目的

学习在 Word 中进行长文档排版编辑的步骤和方法。

2. 实训准备

知识准备：

- 复习在 Word 中进行文档格式设定的方法；
- 预习在 Word 中进行长文档排版的方法；
- 了解论文的格式要求。

资料准备：

- Microsoft Office 2007 环境（实训室准备）；
- 案例中所需的文字、图片和表格（教师准备）。

3. 基本步骤

- 获得文本、图片和表格等数据，并建立工作文件夹。
- 创建空白 Word 文档，进行页面设置，包括纸张大小设置和文档网格设定。
- 设置文档中需要的样式。
- 在大纲视图中对各级文字进行编辑。
- 设置多级列表的格式并与各级标题链接。

- 在文章中的适当位置插入图片和表格，设定图片和表格的格式，插入题注并编辑题注的样式。
- 生成目录，设置目录的格式。
- 根据案例的样式，在不同页面中设置页眉和页脚(如：封面和目录页无页眉和页脚、每章的页眉页脚内容不同等)。

4. 实训要求

- 实训文档的结果与案例样文的格式基本一致。
- 实训文档如果课内无法完成需在课后继续完成。

3.1.6 课后思考

- 在页眉设置中如果要显示章的名称，可以直接输入，也可以用插入域的方式。请考虑如果采用插入域的方式，那么“链接到上一条页眉”需不需要被选中？请在案例中试试看。
- 如果将毕业论文制作成一本书的形式，该如何进行格式设置？请将毕业论文制作成一本书。

3.2 案例2——会议邀请函及证件设计

3.2.1 案例介绍

会议邀请函的特点是要将一封信件发送给许多不同的对象，这些信件除了部分细节内容不一样之外(例如：称呼不一样)，主体文档的内容都相同。处理这类信函，如果一封一封的单独制作就会很繁琐，效率很低，为了解决这个问题，Word 开发了“邮件合并”功能。

本案例是为一家电脑公司制作会议邀请函及参会证件，虽然邀请的对象不同、联系地址不同、入住酒店的房间信息等也不同，但是参加会议的邀请内容是相同的。为了批量制作这些信函和证件，可以首先使用 Word 制作出信封、信函和参会证件的主文档，然后根据电子表格中存放的收信人信息制作出所有的信封、信件和参会证件。

3.2.2 知识要点

本案例涉及 Word 的主要知识点如下。

- 信封主文档制作——使用“信封制作向导”工具批量制作信封。
- 制作信封——使用“邮件合并”工具批量制作信封。
- 信件主文档制作——根据前几章学习的内容制作出信件的主文档。
- 制作信件—— 使用“邮件合并”制作出所有的信件文件。
- 参会证件主文档制作——根据前几章学习的知识制作出参会证件的主文档。

• 制作参会证件——使用“邮件合并”制作出所有的参会证件文件。

3.2.3 项目实施

1. 批量制作信封

在“邮件”选项卡的“创建”组中选择“中文信封”命令，打开“信封制作向导”，如图 3-23 所示，制作信封一共分为以下 4 个步骤。

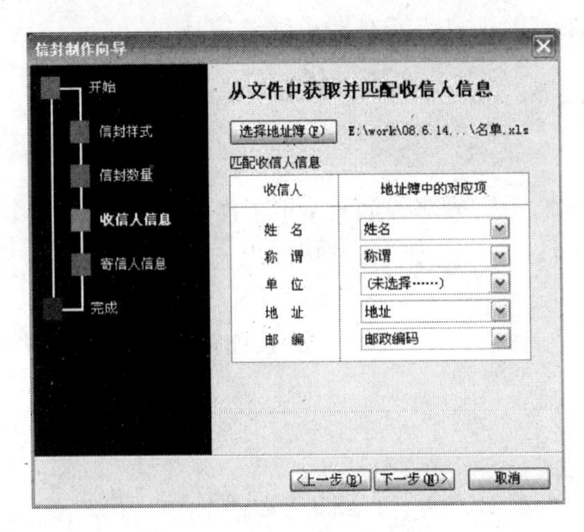

图 3-23 信封制作向导

(1) 信封样式

在“信封样式”这一步中，主要完成对信封外观的设计。在“信封样式”下拉菜单中选择一种信封的样式，例如：国内信封——B5(176 * 125)，“国内信封”表示信封的样式属于国内惯用样式，“B5(176 * 125)”表示信封的大小。可以勾选 4 个复选框来设置是否打印左上角邮政编码框、右上角贴邮票框、书写线和右下角处“邮政编码”字样，并可以在当前窗口中对设置好的格式进行预览。

(2) 信封数量

“信封数量”这一步中可以设置生成信封的方式和数量，有两个选项：“键入收件人信息，保存为单个信封”和“基于地址簿文件，生成批量信封”，前者需要用户每次手动输入收信人地址和姓名等信息；后者基于含有收件人信息的地址薄文件生成信封，地址薄文件可以是 Excel 文档或者 Word 文件。

(3) 收件人信息

如果在“信封数量”步骤中选择的是“键入收件人信息，保存为单个信封”的方式，则在“收件人信息”步骤中出现 5 个文本框，要求用户分别输入收件人的“姓名”、“称谓”、“单位”、“地址”、“邮编”5 个信息。

如果在“信封数量”步骤中选择的是“基于地址簿文件，生成批量信封”的方式，则在“收件人信息”步骤中选择“地址簿”的信息来源，并将地址簿上的字段与收件人的“姓名”、“称谓”、“单位”、“地址”、“邮编”5 个信息一一对应。例如：在图 3-24 所示的向导框中单击“选择地址薄”按钮，在弹出的窗口中选择素材中的“名单. xlsx”作为收件人数据源，这时，出现

在姓名、称谓等项目右侧的下拉菜单中显示的就是“名单.xlsx”中的各个字段名，将这些字段名同左侧的项目一一对应好。

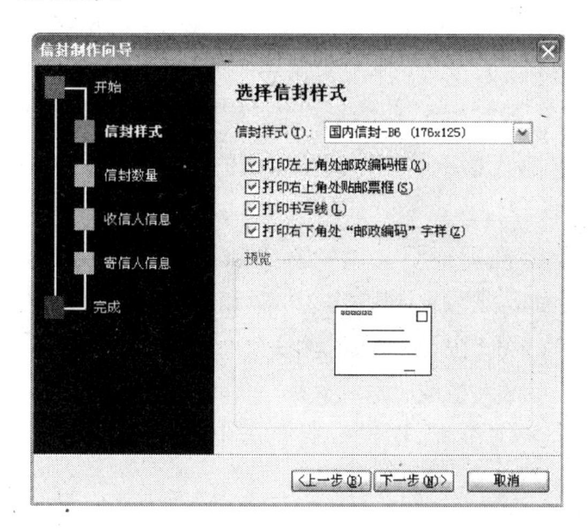

图 3-24　使用地址簿填写收件人信息

（4）寄信人信息

最后一步是填写“寄信人信息”，将要显示在信封上的寄信人信息输入即可。

步骤 1：新建 Word 文档，命名为“信封主文档.docx”并保存。

步骤 2：在“邮件”选项卡的创建组中选择“中文信封”命令，打开“信封制作向导”。

步骤 3：在“信封样式”中选择“国内信封—B5(176 * 125)”样式，勾选 4 个复选框。单击“下一步”。

步骤 4：在“信封数量”中选择“键入收件人信息，保存为单个信封”单选框。单击“下一步”。

步骤 5：跳过“收信人信息”的设置。单击“下一步”。

步骤 6：在“寄信人信息”中输入姓名为“严小萌”、公司为“成功电脑公司”、邮编为“430000”，单击“下一步”，完成信封的制作。效果如图 3-25 所示。

提示：在制作好的信封上可以直接输入地址、收件人姓名、邮编等信息，邮编会自动填入方框中对应的方格，如图 3-26 所示。

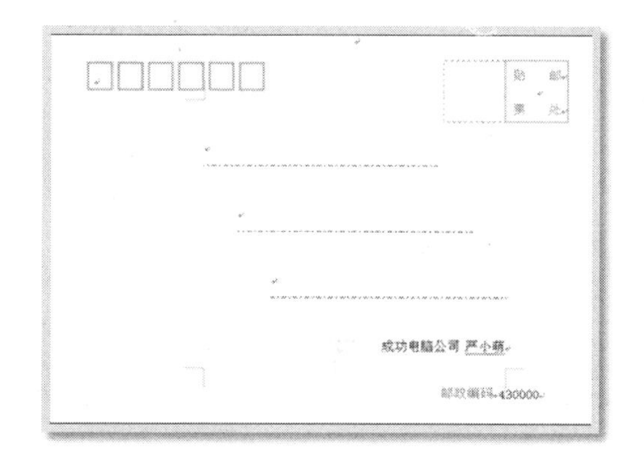

图 3-25　制作好的信封

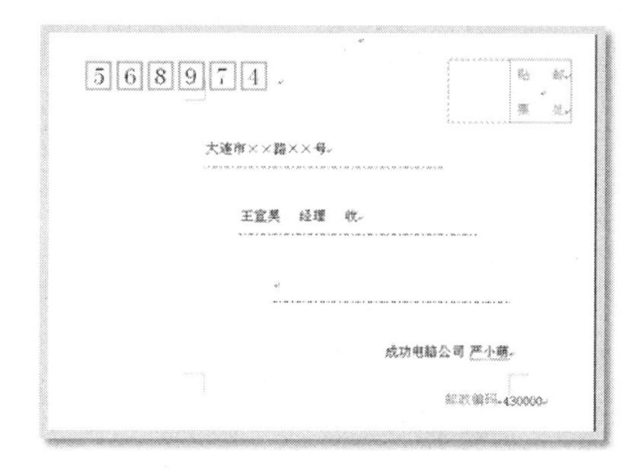

图 3-26　在信封上填好信息

2. 制作信件主文档

制作信件主文档之前要先明确文档的作用，了解文档的格式规范，在符合公文文档规范的基础上进行美化。本案例要求制作一封会议邀请函，要突出邀请的事由，参加会议的时间、地点等。样式上可以设计得比较活泼、突出企业风格。

(1) 插入横线

在文档中的适当位置插入横线，有助于将文档的主要信息和附属信息分割开来，使文档结构清晰，信息分类明确。

插入横线之前首先要将光标移至文档中需要插入横线的地方，选择"页面布局"选项卡上"页面背景"组中的"页面边框"命令，弹出"边框和底纹"的对话框，如图 3-27 所示。在此对话框中，单击左下角的"横线"按钮，弹出"横线"对话框，如图 3-28 所示。选择一种横线的样式，单击"确定"按钮即可插入横线。

在已经插入的横线上单击鼠标，横线的周围会出现 8 个控制点，拖动控制点就可以改变横线的长度、宽度或者大小。

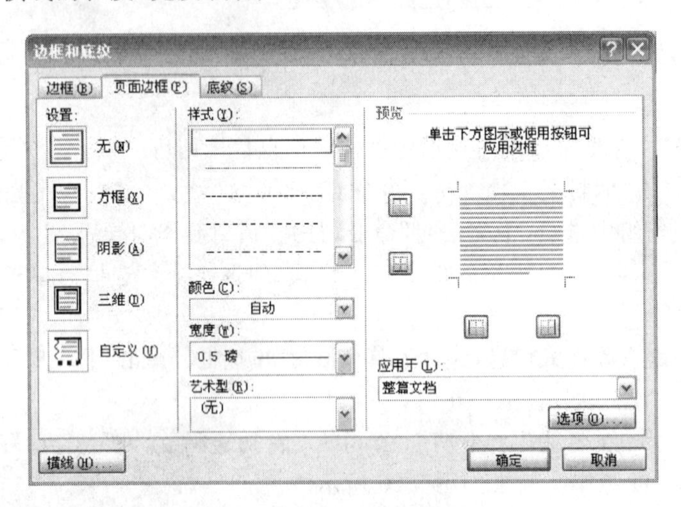

图 3-27 "边框和底纹"对话框

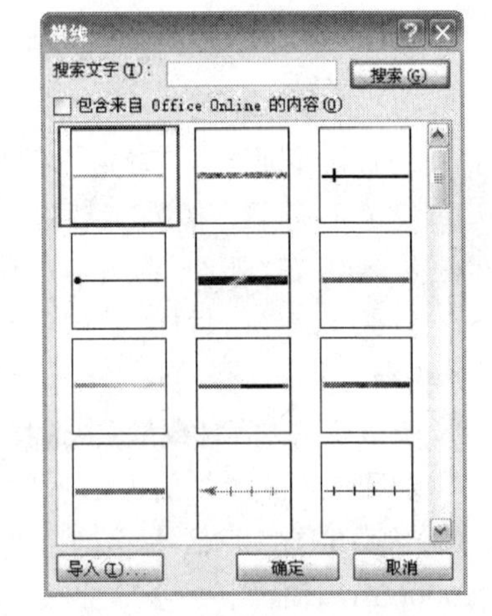

图 3-28 "横线"对话框

步骤 7：打开"信件素材"文档，将光标移至文档的开头，选择"页面布局"选项卡上"页面背景组"中的"页面边框"命令，单击"横线"按钮。

步骤 8：选择同样张所示的横线样式，插入，并调整横线的大小和位置。

步骤 9：重复上述步骤，插入另一条横线到样张所示的文档中间位置。

步骤 10：在邀请函的左上角插入"星与旗帜"中的"横行卷"形状，调整好位置。设置使用粉红色填充该形状，填充的透明度为 57%，使用 0.75 磅的黑色线条。按照样张，在形状中添加文字，并设置文字的格式为"四号、华文隶书、加粗显示"。

步骤 11：在邀请函的右上角插入如样张所示的剪贴画，调整好大小和位置。

步骤 12：在形状和剪贴画中间插入一个文本框，输入如样张所示"成功电脑公司 您身边的朋友"，设置文字格式为"四号、楷体，并加粗显示"。去掉文本框的边框，设置文本框的填充颜色为"无色"。

步骤 13：插入图片"公函背景.jpg"，调整图片的大小和层次，作为公函的背景。

3. 使用“邮件合并”工具批量制作信件文档

使用“邮件合并”,可以为地址列表中不同的收信对象撰写个性化的信件内容。每封邮件的信息类型相同,但具体内容不同。例如:我们希望信函上每个收件人的姓名、称谓等不相同,但信函的主体信息是相同的时候就可以利用已有的邮件主文档和地址列表,使用“邮件合并”功能来批量制作信件了。

提示:做邮件合并之前请按照样张所示先制作好信件的主文档。

(1) 将邮件文档连接到地址列表

要将信息合并到邮件主文档中,必须先将文档连接到地址列表中,以获取数据文件。

在“邮件”选项卡上的“开始邮件合并”组中选择“选择收件人”下拉菜单,若使用已有的数据源,就单击“使用现有列表”,在弹出的对话框中选中包含数据的数据源文件,如图 3-29 所示,单击“打开”按钮,再对数据源作进一步的选择。如果数据源是 Microsoft Office Excel 工作表或 Microsoft Office Access 数据库文件,会弹出如图 3-30 所示的对话框,可以从 Excel工作簿内的任何工作表或者命名区域中或是 Access 数据库中定义的任何表或查询中选择数据来作为数据源。如图 3-31 所示。单击“新建条目”可以插入一条记录;单击“删除条目”可以删除当前记录;如果没有数据文件,就选择“键入新列表”,在弹出的对话框中输入数据作为数据源,单击“自定义列”,弹出“自定义地址列表”对话框,在对话框中单击“添加”按钮可以增加一个字段,单击“删除”按钮可以删除当前选中的字段,单击“重命名”按钮,可以更改当前字段的名称。设置好字段名并输入记录之后,在“信件地址列表”对话框中单击“确定”按钮即可将新建的数据表作为邮件合并的数据源。

图 3-29　选择数据源

图 3-30　指定数据表作为数据源

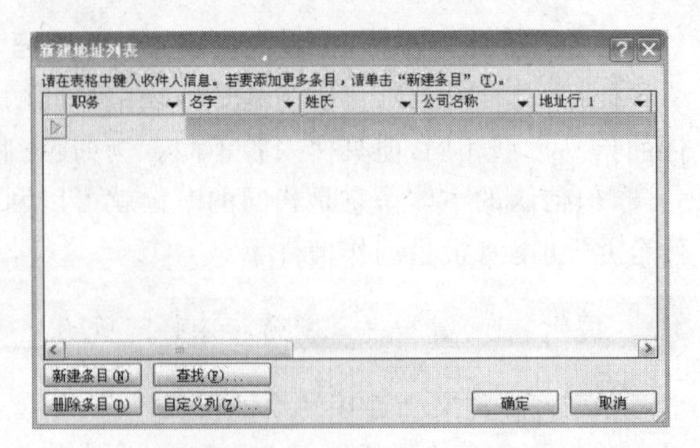

图 3-31　“新建地址列表”对话框

提示：在“新建地址列表”对话框中制作好的列表将被保存为可以重复使用的数据库文件，该文件的后缀名为.mdb。

如果要使用 Outlook 中的联系人列表，则单击“从 Outlook 联系人中选择”。

说明：Outlook 是 Microsoft Office 办公系列软件中用于电子邮件处理的工具。

实际上邮件合并还可以使用其他类型的数据文件。如其他数据库文件；包含单个表的 HTML 文件；Word 文档中的单表；任何包含由制表符或逗号分隔的数据域以及有段落标记分隔的数据记录的文本文件。

（2）编辑收件人列表

将数据文件连接到邮件主文档中后，如果需要对数据文件中的记录进行编辑，可以在“邮件”选项卡的“开始邮件合并”组中单击“编辑收件人列表”按钮，弹出“邮件合并收件人”对话框，如图 3-32 所示。可以对数据文件中的记录进行如下几项操作。

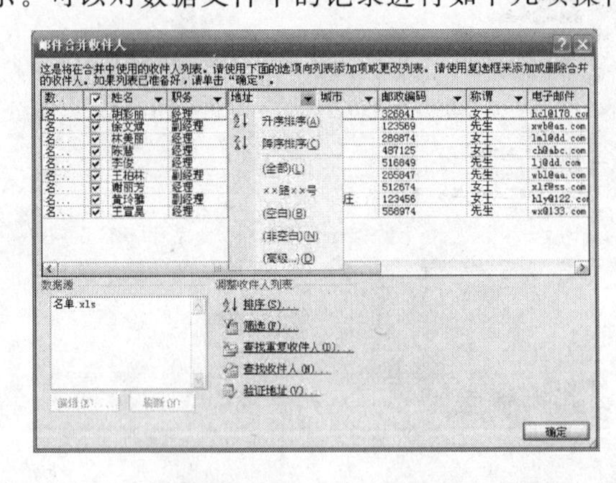

图 3-32　选择邮件合并收件人

① 选择单个记录。选中要包括的收件人旁边的复选框，清除要排除的收件人旁边的复选框，即可将选中的记录作为邮件合并的数据。

② 排序。单击任意一个字段右侧的黑色三角符号，展开该字段的下拉菜单，选择下拉菜单中的“升序排列”或者“降序排列”命令可以使得记录以这个字段为关键字按照字母顺序进行升序或者降序排列。如果要进行复杂的排序，请单击“调整收件人列表”下的“排序”，可

以按照多关键字来进行排序。

③ 筛选。如果要在邮件合并之前去掉数据文件中某些不需要使用的记录，可以在“调整收件人列表”下，单击“筛选”，弹出“筛选和排序”对话框，如图 3-33 所示。在“域”中选择某个字段名，在“比较关系”中选择一种关系，在“比较对象”的文本框中输入内容，例如：在“域”中选择字段“称谓”，在比较关系中选择“等于”，在“比较对象”中输入“经理”，表示筛选出数据文件中称谓是“经理”的所有记录。要进一步调整筛选条件，单击“与”或“或”，“与”表示在记录中筛选出右侧若干个设定好的域条件同时成立时的记录，“或”表示右侧设定的若干个条件中只要有一个成立，该记录就可以被筛选出来。

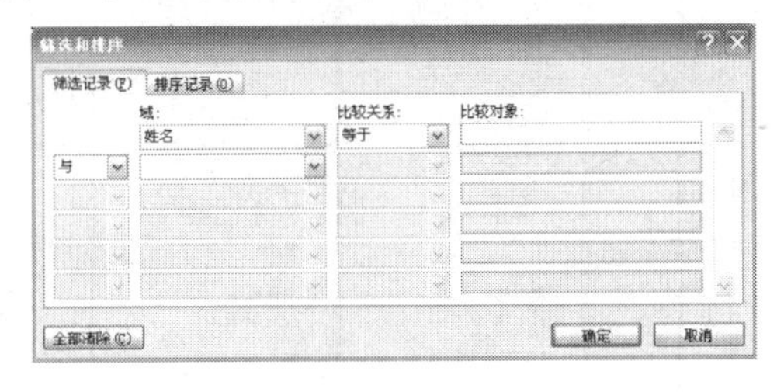

图 3-33　对记录进行筛选或排序

(3) 插入地址块和问候语

如果在连接好数据文件后才开始进行主文档的编辑，那么可以通过在邮件中放置域的方式使得特定的信息显示在指定的位置。

例如：新建 Word 文档，将此文档与素材中名为“名单”的电子表格文件连接起来。单击“地址块”按钮，弹出如图 3-34 所示的对话框，在左侧选择一种收件人名称的格式，然后单击右下角的“匹配域”按钮，弹出“匹配域”对话框，如图 3-35 所示，地址和问候语的元素在对话框的左边列出，数据文件中的字段名在右边列出，单击右边列表右侧的下拉按钮即可看到数据文件中的列标题(即字段)。可以将数据文件中的“姓名”字段同“尊称”匹配，将数据文件中的“称谓”字段同“称谓”匹配，将“地址”和“邮编”也进行相应的匹配，效果显示在图 3-34 的“预览”框中。单击“问候语”按钮，选择一种问候语的格式，设置将“名单”中的“姓名”字段同“姓名”元素进行匹配。

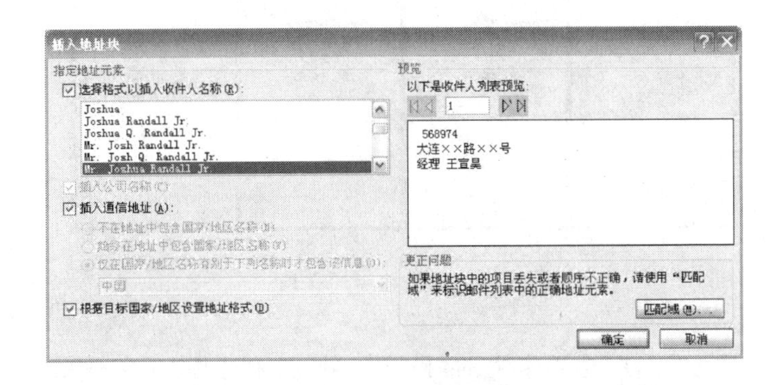

图 3-34　插入地址块

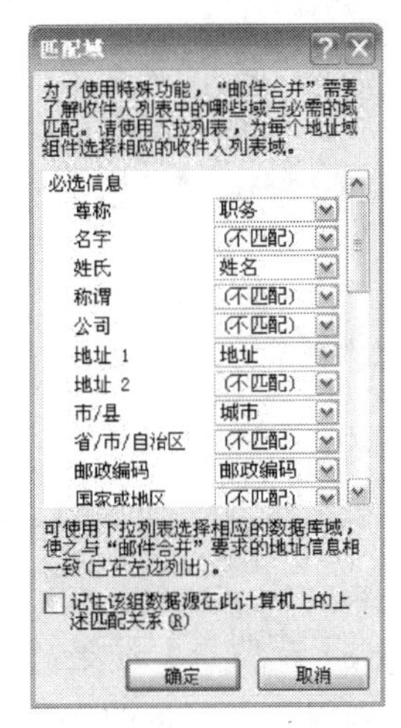

图 3-35　“匹配域”对话框

注意：按照上述做法将域插入到邮件主文档中的时候，域名由书名号（《 》）括起来。这些括号不在最终电子邮件中显示，它们只是用来将电子邮件主文档中的域与常规文字区分开来，插入域后的邮件主文档如图 3-36 所示，合并后的文档如图 3-37 所示。

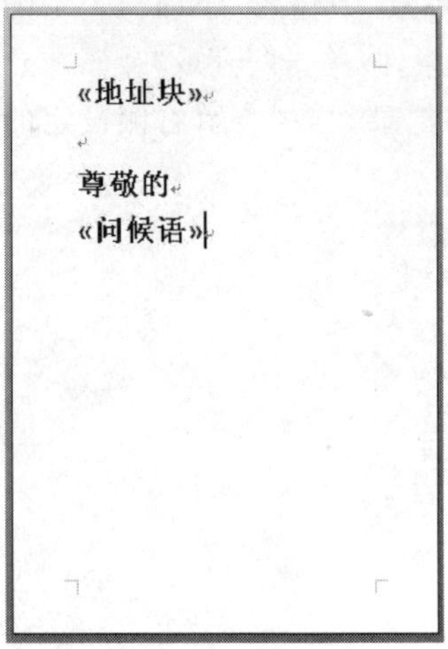

图 3-36　插入域后的主文档 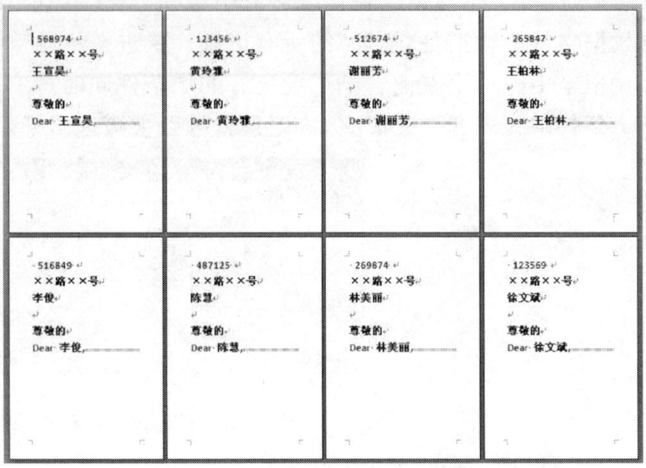　　　　图 3-37　插入域后邮件合并的文件

(4) 插入合并域

除了可以设定匹配来插入地址块和问候语外，还可以根据信件的内容选择需要的数据文件字段作为域插入到文档中。将光标移至要插入合并域的位置，单击“编写和插入域”组中的“插入合并域”，在弹出的与主文档连接的数据文件的字段名列表中选择合适的条目即可。

例如：新建 Word 文档，输入常规文字并在适当的地方插入相应的域，如图 3-38 所示，插入的域由书名号括起来。输入完毕后合并文档的结果如图 3-39 所示。

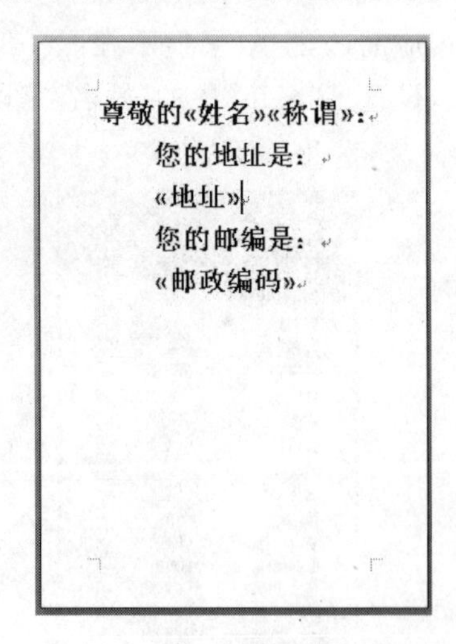

图 3-38　插入域后的主文档 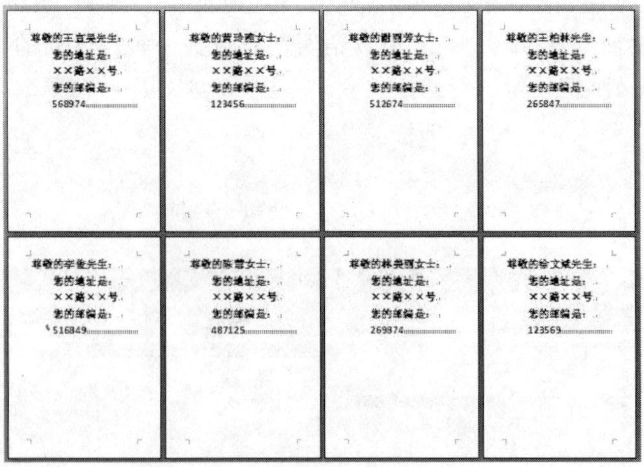　　　　图 3-39　合并后的文档

(5) 预览合并结果

要对合并后的效果进行预览，请在“邮件”选项卡上的“预览结果”组中选择“预览效果”按钮，即可在文档中预览合并效果。使用“上一记录”或“下一记录”按钮可以逐页查看每封

电子邮件。如果需要查找某个特定文档，就选择“查找收件人”按钮，输入查找的项目名称，单击“查找下一个”按钮即可。

提示：将来自数据文件的信息合并到 Word 文档时，并不能将原始数据的格式也应用到合并后的文档上，要设置文档中的数据格式，请将邮件合并域选中，注意连同书名号一起选中，然后像设置文本格式一样进行设置一样即可。例如可以选中“《地址》”，然后进行格式设置，那么合并后的文档中地址域部分的数据也具有该格式。

(6) 完成合并

确认邮件无误后，可以在“邮件”选项卡上的“完成”组中单击“完成并合并”按钮，以如下几种方式进行邮件合并。

① 编辑单个文档。如果以此种方式进行邮件合并，那么合并后会生成一个新的文档，新文档与主文档是分开的，图 3-40 显示的是编辑好的主文档，图 3-41 显示的是经过合并后的文档。如果要将合并后的文档用于别的地方，请先对其进行保存。

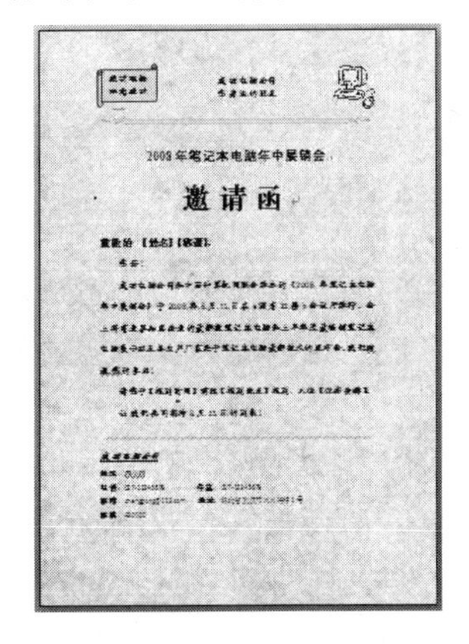

图 3-40　信函主文档

图 3-41　合并后的文档

将信函主文档进行保存时，同时也保存了它与数据文件的连接。下次打开该文档时，会提示用户是否要将数据文件中的信息再次合并到文件中，如图 3-42 所示，如果选择“是”，则再次打开该主文档时，主文档包含合并记录的第一条记录信息，可以在“邮件”选项卡上继续对该主文档进行邮件合并的操作；如果选择“否”，将断开主文档和数据文件的连接，域将被第一条记录中的唯一信息替换。

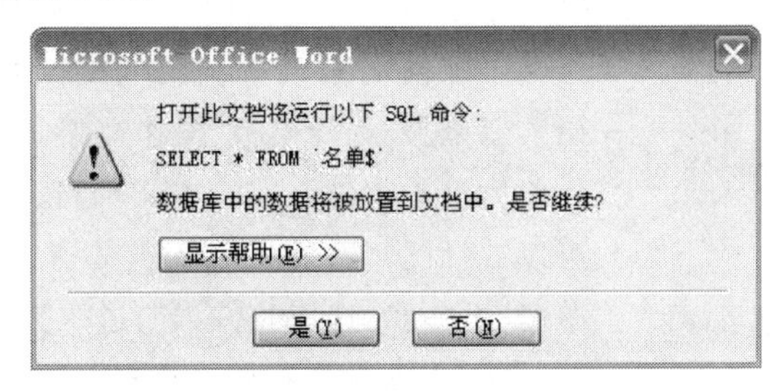

图 3-42　再次打开主文档时弹出的对话框

② 发送电子邮件。如果要将合并后的文档作为电子邮件发送，请在“完成并合并”下选择“发送电子邮件”选项，如图 3-43 所示。在“收件人”下拉框中选择用于存储收件人电子邮件地址的域进行匹配；在“主题行”文本框中输入邮件的主题；如果要将文件以正文的形式发送，则在“邮件格式”框中选择“HTML”或“纯文本”，如果要将文档作为电子邮件的附件发送，则选择“附件”选项；最后可以在“发送记录”中设置需要发送的记录条目。

③ 打印文档。如果要将合并后的文档直接打印，请在“完成并合并”下选择“打印文档”，选择要打印的数据范围，如图 3-44 所示，确定打印机已经安装好就可以进行打印了。

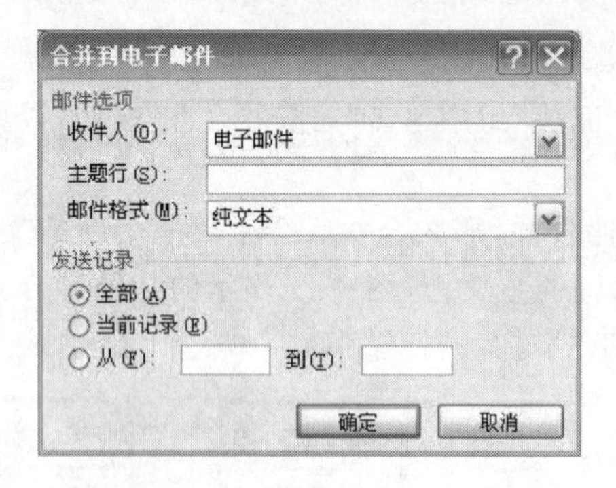

图 3-43 合并到电子邮件

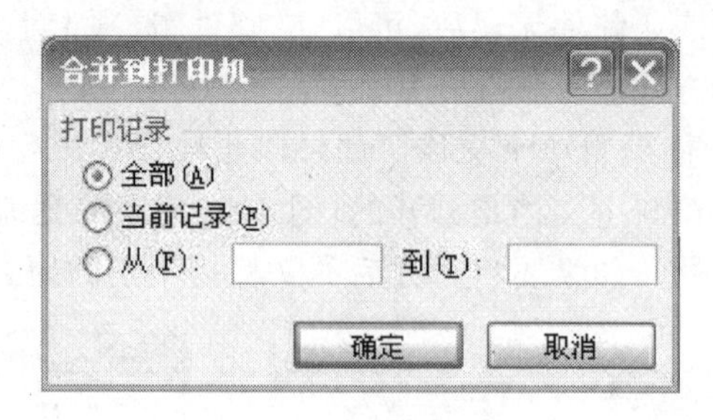

图 3-44 合并到打印机

注意：如果将文档合并为纯文本的方式来发送电子邮件，则不会包含任何文本格式设置或图形。

(7) 使用向导完成邮件合并

如果不熟悉邮件合并的过程，可以使用邮件合并向导来一步一步完成邮件合并。

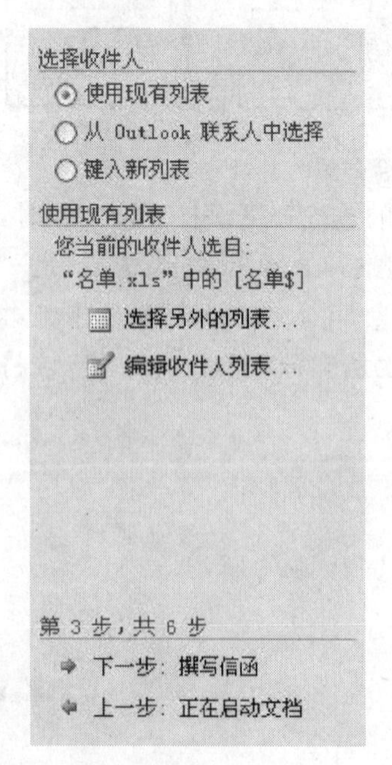

图 3-45 邮件合并向导

选择“邮件”选项卡上的“开始邮件合并”组中的“开始邮件合并”，单击“邮件合并分步向导”，可以打开“邮件合并”向导窗口，在向导的指引下一步一步完成邮件合并，如图 3-45 所示。

第一步，选择文档类型。设置当前文档的类型，提供 5 种类型以供选择，分别是“信函”、“电子邮件”、“信封”、“标签”、“目录”。单击向导窗口最下方的“下一步：正在启动文档”进入第二步。

第二步，选择开始文档。选择“使用当前文档”，那么对于电子邮件的编辑就从当前的文档开始；选择“从模板开始”，就单击“选择模板”操作链接，打开模板库，选择一种模板作为电子邮件文件的主文档；选择“从现有文档开始”，就可以选择已经存在的 Word 文档作为电子邮件的主文档。单击“下一步：选取收件人”，进入数据源的设置。

第三步，选择收件人。提供 3 个单选按钮，分别对应 3 种不同的连接数据源的方式。选择一种方式后，下方就会显示跟该方式相应的操作链接，单击此操作链接完成数据源的连接。完成后会自动弹出如图3-32所示“邮件合并收件人”对话框，在此对话框上对数据信息进行筛选和排序等操作，完成后单击“下一步：撰写信函”，进入到信函的编写步骤。

第四步，撰写信函。在主文档的窗口中编写信函，可以单击“地址块”或“问候语”的操作链接进行地址块和问候语匹配数据文件域的设置，选择“其他项目”可以在主文档的指定位置插入数据文件的字段作为域。进行单击“下一步：预览信函”，可以预览信函效果。

第五步，预览信函。单击“上一个”、“下一个”按钮可以依次浏览合并后的每封电子邮件，还可以在此窗口中对收件人进行编辑，选择去掉部分数据信息，设置好后单击“下一步：完成合并”。

第六步，完成合并。可以选择将合并的电子邮件作为单个文档保存或直接打印。

在使用“邮件合并”向导时，可以通过单击“上一步…”、“下一步…”随时跳转到六步中的任何一个步骤去对邮件合并选项进行修改。

步骤14：打开制作好的会议公函主文档。

步骤15：在“邮件”选项卡上的“开始邮件合并”组中单击“选择收件人”，选择“使用现有列表”的方式，在弹出的对话框中选择素材中的“名单”电子表格文件中的“名单”表作为数据源。

步骤16：在主文档上选中“【姓名】”，在“编写和插入域”组中单击“插入合并域”，选择“姓名”，将数据文件中的姓名字段作为域插入。同样的方式将“【称谓】”与“称谓”、“【报到时间】”与“报到时间”、“【报到地点】”与“报到地点”、“【住宿安排】”与“住宿安排”进行对应。

说明：在主文档中录入的【姓名】，文字旁边加上了方括号，只是为了标注出要进行插入域的位置并且预留出插入域的空间，在制作邮件合并时可以用域名将它们替换。

步骤17：在“预览结果”组中单击“预览结果”按钮，可以直接在文档中对邮件合并的结果进行预览。

步骤18：在“完成”组中单击“完成并合并”，选择“编辑单个文档”，将合并后的电子邮件以单个文件的形式保存下来。

4. 制作参会证件

参会证件是参会者进入会场的凭证，要显示参会者的基本信息和照片。可以使用邮件合并将参会者的基本信息和照片信息合并到文档中。

步骤19：新建文件，命名为“参会证件主文档.docx”。在“页面布局”选项卡的“页面设置”组中单击“纸张大小”，在弹出的下拉菜单中选择“其他页面大小”，打开“页面设置”对话框，在“纸张”选项卡中设置宽度为11厘米，高度为17厘米；在“页边距”选项卡中设置上、下、左、右页边距都为0厘米；在“版式”选项卡中设置页眉页脚距边界都为0厘米。设置完毕后单击“确定”按钮。

步骤20：在“插入”选项卡的“插图”组中单击“形状”按钮，选择“矩形”形状并在文档上部绘制矩形。调整矩形高度为1.11厘米，宽度为11厘米。在“绘图工具 格式”选项卡上“形状样式”组中，单击如图3-46所示的“其他”按钮，选择“水平渐变-强调文字颜色1”样式，为矩形形状添加样式。

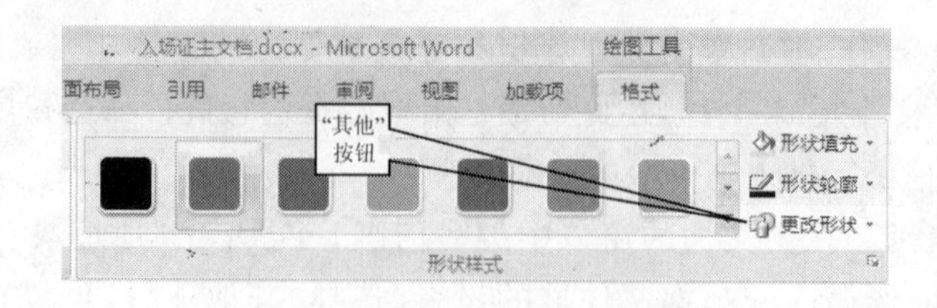

图 3-46　设置矩形形状样式

步骤 21：再次插入形状“圆角矩形”，设置大小为高度 0.27 厘米，高度为 2.96 厘米。同时选中“矩形”和“圆角矩形”，在“绘图工具 格式”选项卡的“排列”组中，单击“对齐”按钮，选择“左右居中”，再次单击“对齐”按钮，选择“上下居中”。单击“组合”按钮，选择在下拉列表中选择“组合”，将两个形状组合成一个整体。

步骤 22：使用回车换行，将光标移至蓝色形状下方。输入“2008 年笔记本电脑年终展销会”，设置字体为“华文琥珀”，字号为“小二”，居中对齐。回车换行，输入“参会证件”，打开“字体”对话框，设置字体为“华文琥珀”，字号为“55”，颜色为“深红”，勾选“阴影”复选框，单击确定，最后设置居中对齐。

步骤 23：回车换行，输入“照片”，再次回车换行，按照样张依次输入姓名、职务、编号三行文字，空一行，再输入“成功电脑公司”和“ CHENG GONG DIAN NAO GONG SI”。设置“照片”行的行距为“固定值，172 磅”，设置姓名、职务、编号所在三行的字体为“隶书”字号为“小二”，行距为“固定值，25 磅”，并将三行文字移至文档中间，注意保持三行文字左边对齐。

步骤 24：在“插入”选项卡的“插图”组中单击“形状”按钮，选择“流程图”栏目中的“文档”形状，在当前文档的下面绘制形状。设置形状高度为 3.7 厘米，宽度为 11 厘米，为形状添加“水平渐变-强调文字颜色 1”样式。在“绘图工具 格式”选项卡的“排列”组中单击“旋转”按钮，选择“垂直翻转”选项。最后在“排列”组中单击“文字环绕”，选择“衬于文字下方”。

步骤 25：在“页面布局”选项卡的“页面背景”组中单击“水印”，选择“自定义水印”命令，弹出如图 3-47 所示对话框，选中“文字水印”单选按钮，在“文字”后的文本框中输入“成功电脑”，在“字体”后的选中“隶书”，单击“确定”按钮，在文档中插入水印。最终效果如图 3-48 所示。

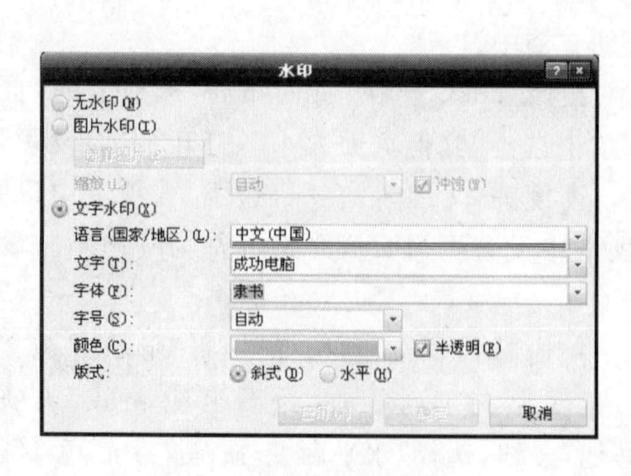

图 3-47　“水印”对话框

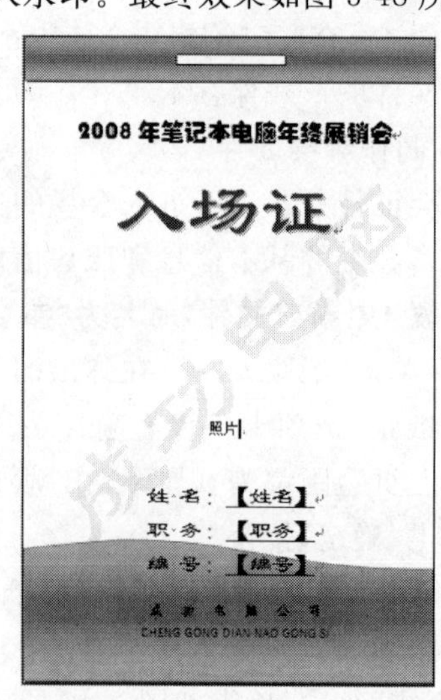

图 3-48　参会证件主文档效果

步骤 26：删除“照片”二字。在“插入”选项卡的“文本”组中单击“文档部件”，选择“域”命令，在“域名”中选择“IncludePicture”，在“域属性”下的文本框中输入“照片名称”，单击“确定”按钮，效果如图 3-49 所示。同时按下键盘上的 Alt 键和 F9 键，切换域代码，效果如图 3-50 所示。

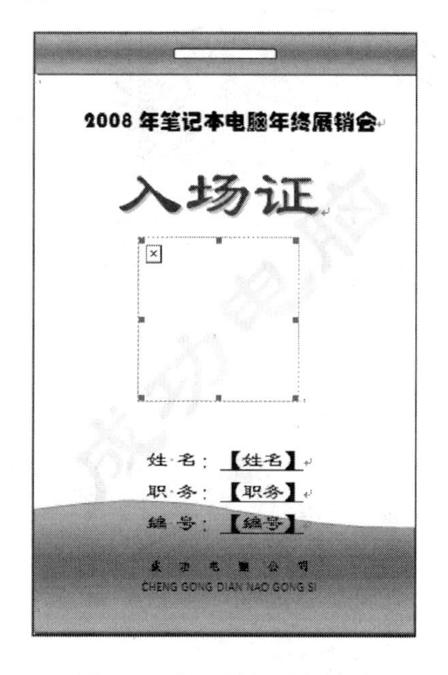

图 3-49　插入“域”后的效果

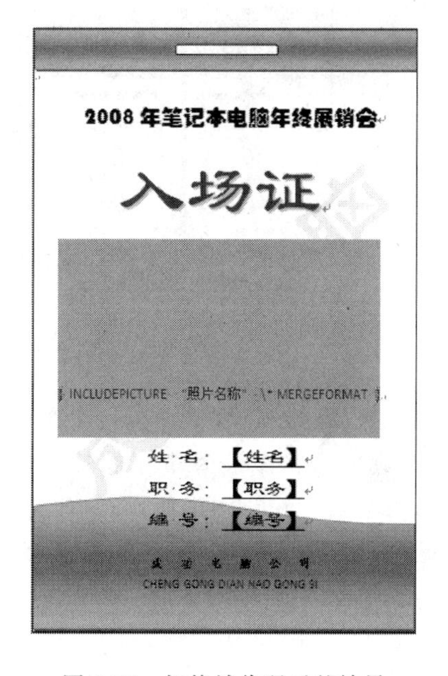

图 3-50　切换域代码后的效果

提示：在“域属性”下的文本框中输入的“照片名称”几个字可以用别的字代替，但不能空着。

步骤 27：在“邮件”选项卡中单击“开始邮件合并”，选中“普通 Word 文档”。单击“选择收件人”，选中“使用现有列表”，选择“名单. xlsx”文件作为数据源。

步骤 28：选中图 3-50 中的“照片名称”4 个字，单击“插入合并域”，在下拉菜单中选择“照片”；选中“【姓名】”，单击“插入合并域”，在下拉菜单中选择“姓名”；选中“【职务】”，单击“插入合并域”，在下拉菜单中选择“职务”；选中“【编号】”，单击“插入合并域”，在下拉菜单中选择“编号”，如图 3-51 所示。

步骤 29：单击“完成并合并”，选择“单个文档”命令，合并文档。将合并好的文档保存到同“名单. xlsx”相同的路径下。同时按下键盘上 Ctrl 键和 A 键，将合并后的文档全部选中，然后按下键盘上的 Alt 键和 F9 键，切换域代码，使得代码变成图片显示，再按一次 F9 键刷新，文档制作完毕，如图 3-52 所示。

图 3-51　插入合并域

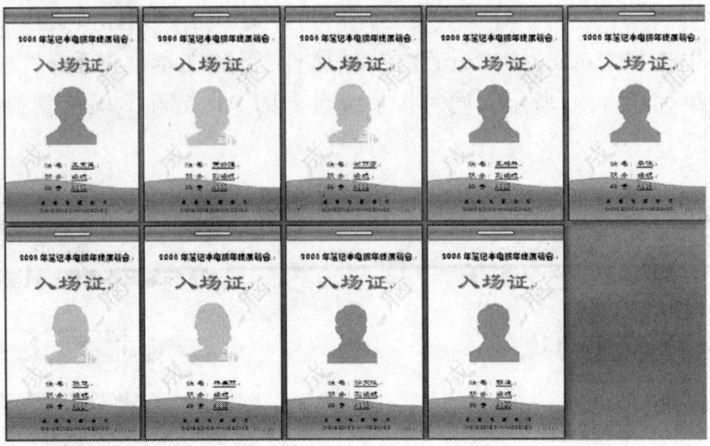

图 3-52　完成合并后的效果

说明：1. 若数据源“名单.xlsx”存放在“照片”文件夹中，那么“名单.xlsx”中的“照片”一列只用写出每张照片的名字即可；若数据源“名单.xlsx”同“照片”文件夹在同一路径下，那么“名单.xlsx”中的“照片”一列需要列出每张照片的路径，如图 3-53 所示。2. “名单.xlsx”和完成合并后的文档必须保存在同一路径下。

J	K	L
报到地点	邮政编码	照片
店第一会议厅	568974	照片\\01.jpg
店第三会议厅	123456	照片\\02.jpg
店第一会议厅	512674	照片\\03.jpg
店第二会议厅	265847	照片\\04.jpg
店第三会议厅	516849	照片\\05.jpg
店第三会议厅	487125	照片\\06.jpg
店第二会议厅	269874	照片\\07.jpg
店第二会议厅	123569	照片\\08.jpg
店第一会议厅	326841	照片\\09.jpg

图 3-53　照片文件的路径

3.2.4　技术解析

1. 制作信封

Word 提供制作信封的工具，用户可以利用信封制作向导，按照各类标准信封的大小和常用格式来制作信封文件。并且可以将收件人的地址和姓名直接同 Outlook 软件中的信息进行一一对应来实现一次完成多个信封制作的操作，也可以手动输入收件人信息。

如果需要调整信封的格式，在“邮件”选项卡上的“新建”组中，单击“信封”，在“信封选项”选项卡上可以进行设置。

对于寄信人的信息,可以单击"Microsoft Office"按钮,然后单击"Word 选项",单击"高级",在"常规"组下的"通讯地址"框中输入寄信人地址,然后单击"确定"按钮,那么 Word 会将此地址保存下来,以后如果希望在信封、标签或其他文档中使用寄信人地址时,都会输出该寄信人信息。

如果需要打印信封,可以先进行打印机选项。在"邮件"选项卡上的"新建"组中,单击"信封",在"打印选项"中对打印机的打印方式进行设置,然后将信封装入打印机的相应位置即可进行打印。

2. 使用"邮件合并"批量制作文档

使用"邮件合并"制作电子邮件文档大体上可以分为以下 3 个步骤。

(1) 指定数据源

为邮件合并指定数据文件,然后通过排序、筛选等方法对数据文件进行筛选,挑选出将应用于邮件合并的数据信息记录。数据文件可以是:Excel 工作表;Access 数据库文件;其他数据库文件;HTML 文件;Word 文档和文本文件等类型的文件。

(2) 插入合并域

编辑邮件合并主文档,并在适当位置插入域,与数据文件的字段对应,在合并后的该位置上就显示数据文件中该字段某条记录上的信息。在编辑主文档时,可以先用带有标记的文字指定插入域的位置,在进行插入合并域操作的时候就用数据文件的字段来替换带有标记的文字。

(3) 完成邮件合并

在确认邮件合并的结果无误后,完成邮件合并。注意在保存主文档的过程中也将主文档与数据源的连接保存下来了,再次打开主文档时,系统会提示用户是否也要同时打开数据源并显示数据。可以将合并后的文档:保存成一个独立的文档;发送电子邮件和直接打印出来。

另外,还可以使用向导完成邮件合并。对于不太熟悉邮件合并工具的用户,可以使用"邮件合并"向导,分布完成邮件合并。这些步骤同使用邮件合并工具的作用是一样的。如果已经掌握了邮件合并工具的使用,那么建议直接使用工具来做邮件合并。

3. 在邮件合并过程中引入图片

在邮件合并的过程中可以将图片当成对象引用到文档中。引入图片需要注意以下几个步骤。

(1) 插入"域"

在需要插入图片的位置首先使用插入"域"命令,为引入图片做准备。在进行邮件合并之前要先切换域代码,以代码的方式显示"域"命令。

(2) 数据源文件与合并后文件的路径要相同。

(3) 数据源文件中图片名称是否包含路径要根据数据源文件与图片的位置关系来定。

(4) 合并后,再将域代码切换一次,以图片方式显示。

3.2.5 实训指导

本案例是基于会议公函的写作要求,使用邮件合并工具和已有的数据文件批量制作电子邮件的实例,具有一定的代表性和指导意义。

1. 实训目的

学习如何制作美观的会议公函，在 Word 中制作信封的方法，利用邮件合并工具制作具有个性的电子邮件文档的方法。

2. 实训准备

知识准备：

- 了解会议公函的写作要求和格式要求；
- 预习信封的制作方法；
- 预习邮件合并工具及邮件合并向导的使用方法；
- 理解邮件合并各个步骤的作用和效果；
- 了解在邮件合并过程中将引入图片的方法。

资料准备：

- Microsoft Office 2007 环境（实训室准备）；
- 案例中所需的文字和数据文件（教师准备）。

3. 实训步骤

- 获得原始数据，并建立工作文件夹。
- 准备好数据文件。
- 根据要求制作信封主文档，并设置好收件人信息和寄信人信息。
- 设计并制作出会议公函主文档，既要符合会议公函的要求，又要求在外观上体现出个性和特点，在制作的过程中标记出主文档中要使用数据域的地方。
- 将主文档与数据源中的数据表进行连接，并选择要进行邮件合并的记录。
- 在主文档的指定位置插入合并域，与数据文件的字段一一对应。
- 预览、完成邮件合并，产生一个新的 Word 文档用于保存合并后的电子邮件文档。
- 使用上述方法批量制作出信封文档。

4. 实训要求

- 实训文档的结果与案例样文的格式基本一致。
- 实训文档如果课内无法完成需在课后继续完成。

3.2.6 课后思考

- 批量制作文档的步骤有哪些？各步骤的作用分别是什么？
- 请尝试使用不同类型的数据文件作为数据源来进行邮件合并的方法。
- 请使用邮件合并的工具制作其他的公函文件。

第4章 Excel的基本应用

学习目标

本章通过"学生成绩表格设计"、"学生成绩统计分析"、"商品销售数据统计"、"市场调查图表设计"4个案例的制作，由浅入深详细介绍了Excel 2007的常用功能，包括Excel工作簿的建立；选项卡菜单、命令组和命令按钮的运用；各类数据输入、格式化单元格；设置数据的有效性、数据的条件格式；公式及函数的运用、数据引用；冻结行列标题、隐藏单元格或工作表；绘制各种数据图表；打印设置等，读者学习了本章案例后，能掌握Excel的常用功能，对实际工作有一定的帮助。

实用案例

学生成绩表格设计

2000-2010学年度第一学期09计算机一班成绩表

学号	姓名	计算机基础	高等数学	大学英语	体育1	体育	平均	总分	排名
091130101	朱春华	77	62	88	93	优秀	81	326	11
091130102	梁山河	64	82	81	80	良好	77	307	21
091130103	李书文	68	60	42	59	不及格	57	229	36
091130104	戴广竹	79	83	65	81	良好	77	308	19
091130105	任红玉	97	66	58	68	及格	72	289	29
091130106	施磊	75	87	54	78	中等	74	294	26
091130107	刘跃	69	82	78	79	中等	77	308	19
091130108	胡川	74		97	74	中等	82	245	33
091130109	胡珺	88	88	76	91	优秀	86	343	4
091130110	罗帧兵	68	81	70		不及格	73	219	37
091130111	袁国胜	81	83	86	80	良好	83	330	7
091130112	杨星三	92	75	80	72	中等	80	319	13
091130113	胡涛	75	82	68	72	中等	74	297	24
091130114	黄锋	95	85	89	88	良好	89	357	1
091130115	陆争辉		75	51	77	中等	68	203	40
091130116	刘铠	79		73	78	中等	77	230	35
091130117	邓立伟	73	95	82	86	良好	84	336	5
091130118	吕杞良	75	84	84	70	中等	78	313	16
091130119	张辉	85	54	81	77	中等	74	297	24
091130120	荆贻锐	82	79		73	中等	78	234	34
091130121	张铸	81	84	80	88	良好	83	333	6

学生成绩综合分析表

学生成绩综合分析表

班级	项目	计算机基础	高等数学	大学英语	体育
一班	应考人数	40	40	40	40
	实考人数	37	36	39	39
	缺考人数	3	4	1	1
	班级最高分	97	96	99	99
	班级最低分	52	54	42	59
	班级平均分	78	78	77	79
	60以下	2	2	4	1
	60-70	5	5	7	3
	70-80	14	9	8	15
	80-90	13	17	16	17
	90以上	3	3	4	3
二班	应考人数	37	37	37	37
	实考人数	35	36	35	37
	缺考人数	2	1	2	0
	班级最高分	96	99	92	93
	班级最低分	50	52	54	47
	班级平均分	75	79	77	79
	60以下	4	3	6	2
	60-70	3	5	2	1
	70-80	18	8	8	12
	80-90	8	10	16	19
	90以上	2	10	3	3
三班	应考人数	43	43	43	43
	实考人数	40	41	42	43
	缺考人数	3	2	1	0
	班级最高分	95	97	99	91
	班级最低分	56	46	48	62
	班级平均分	77	78	78	79
	60以下	1	3	2	0
	60-70	7	3	10	7
	70-80	14	15	6	13
	80-90	15	19	18	22
	90以上	2	3	6	1

班级成绩统计分析

	人数	课程平均分	优良率	不及格率	需补考人数	体育达标率
年级	117	78	48.95%	5.98%	51	97.44%
一班	40	78	50.33%	6.96%	18	95.00%
二班	37	78	46.67%	8.89%	21	97.30%
三班	43	78	50.00%	3.09%	12	93.02%

商品销售数据统计

营业额（万元）

商品类别	商品名称	北京分店 一月	北京分店 二月	北京分店 三月	上海分店 一月	上海分店 二月	上海分店 三月	广州分店 一月	广州分店 二月	广州分店 三月	武汉分店 一月	武汉分店 二月	武汉分店 三月
白色家电	电冰箱	[illegible]	[illegible]	[illegible]	[illegible]	[illegible]	[illegible]	[illegible]	[illegible]	[illegible]	[illegible]	[illegible]	[illegible]
黑色家电	电视机	[illegible]	[illegible]	[illegible]	[illegible]	[illegible]	[illegible]	[illegible]	[illegible]	[illegible]	[illegible]	[illegible]	[illegible]
白色家电	洗衣机	[illegible]	[illegible]	[illegible]	[illegible]	[illegible]	[illegible]	[illegible]	[illegible]	[illegible]	[illegible]	[illegible]	[illegible]
白色家电	空调机	[illegible]	[illegible]	[illegible]	[illegible]	[illegible]	[illegible]	[illegible]	[illegible]	[illegible]	[illegible]	[illegible]	[illegible]
黑色家电	[illegible]	[illegible]	[illegible]	[illegible]	[illegible]	[illegible]	[illegible]	[illegible]	[illegible]	[illegible]	[illegible]	[illegible]	[illegible]
黑色家电	手机	[illegible]	[illegible]	[illegible]	[illegible]	[illegible]	[illegible]	[illegible]	[illegible]	[illegible]	[illegible]	[illegible]	[illegible]
黑色家电	数码产品	[illegible]	[illegible]	[illegible]	[illegible]	[illegible]	[illegible]	[illegible]	[illegible]	[illegible]	[illegible]	[illegible]	[illegible]
黑色家电	音响	[illegible]	[illegible]	[illegible]	[illegible]	[illegible]	[illegible]	[illegible]	[illegible]	[illegible]	[illegible]	[illegible]	[illegible]
黑色家电	[illegible]	[illegible]	[illegible]	[illegible]	[illegible]	[illegible]	[illegible]	[illegible]	[illegible]	[illegible]	[illegible]	[illegible]	[illegible]
小家电	风扇	[illegible]	[illegible]	[illegible]	[illegible]	[illegible]	[illegible]	[illegible]	[illegible]	[illegible]	[illegible]	[illegible]	[illegible]
小家电	[illegible]	[illegible]	[illegible]	[illegible]	[illegible]	[illegible]	[illegible]	[illegible]	[illegible]	[illegible]	[illegible]	[illegible]	[illegible]
小家电	[illegible]	[illegible]	[illegible]	[illegible]	[illegible]	[illegible]	[illegible]	[illegible]	[illegible]	[illegible]	[illegible]	[illegible]	[illegible]
小家电	热水器	[illegible]	[illegible]	[illegible]	[illegible]	[illegible]	[illegible]	[illegible]	[illegible]	[illegible]	[illegible]	[illegible]	[illegible]
月小计		[illegible]	[illegible]	[illegible]	[illegible]	[illegible]	[illegible]	[illegible]	[illegible]	[illegible]	[illegible]	[illegible]	[illegible]

市场调查图表设计

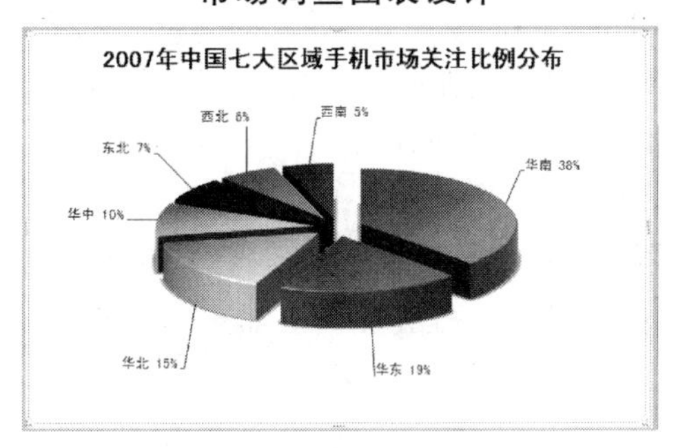

4.1 案例1——学生成绩表格设计

4.1.1 案例介绍

"学生成绩表"真实地记录了学生各科成绩，为教学人员及教务管理人员分析教学情况提供了原始数据，是对学生进行奖励的重要依据。

制作学生成绩表并进行美化修饰，能使读者初步掌握 Excel 的基本使用，学会各种数据的输入操作和单元格格式的设置方法，为进一步学习 Excel 打下良好的基础。

4.1.2 知识要点

本案例涉及 Excel 的主要知识点如下。

- 文档操作——主要包括新建、保存、修改、更名和删除 Excel 文档。
- 数据输入——主要包括各种类型的数据输入。
- 单元格处理——主要包括单元格及区域的选定、格式化单元格、设置数据的有效性及条件格式等。
- 编辑工作表——添加、删除、重命名工作表；行高、列宽的设置；冻结或拆分窗格、隐藏单元格或工作表。

4.1.3 案例实施

本案例的实施分为三步进行，如图 4-1 所示。

图 4-1　案例实施基本步骤

1. 初识 Excel 2007

(1) 创建 Excel 文档

创建 Excel 2007 文档，就是创建 Excel 2007 工作簿。Excel 中，每个工作簿包含若干个工作表，各种表格制作和数据处理等操作都是在工作簿中进行的。

步骤 1：启动 Excel 2007

方法一：如果桌面有 Excel 快捷方式，可直接双击快捷方式启动 Excel，如图 4-2 所示。

方法二：单击"开始"菜单，选择"所有程序"中的"Microsoft Office"下的"Microsoft Office Excel 2007"，启动 Excel，如图 4-3 所示。

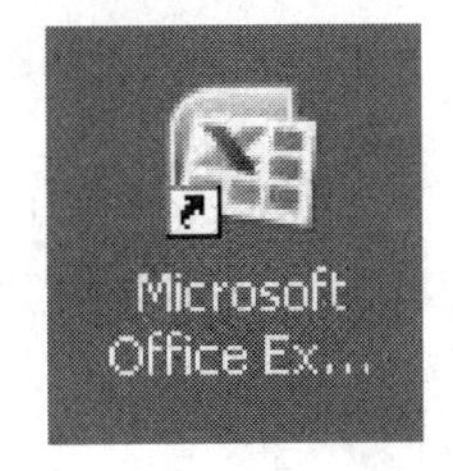

图 4-2 快捷方式启动 Excel

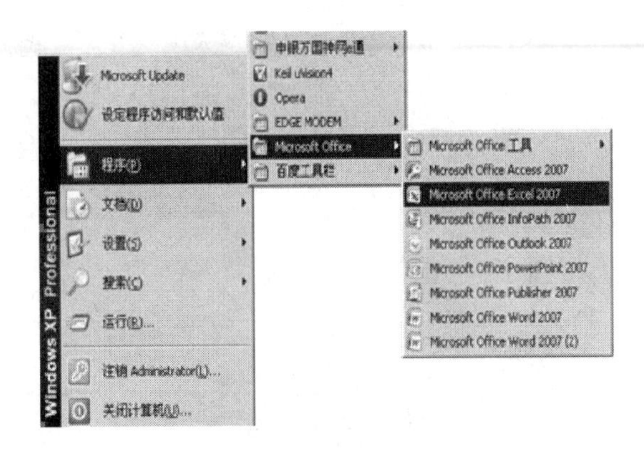

图 4-3 通过开始菜单启动 Excel

步骤 2:创建新工作簿。用上述两种方式启动 Excel 时都可以默认创建 Excel 工作簿,也可以在 Excel 启动后创建工作簿。

方法一:在 Excel 2007 中,单击“Office 按钮”,在展开的下拉菜单中选择“新建”命令,如图 4-4 所示。在弹出的“新建工作簿”对话框中,选择“空工作簿”,单击“创建”按钮,即可创建新的工作簿。

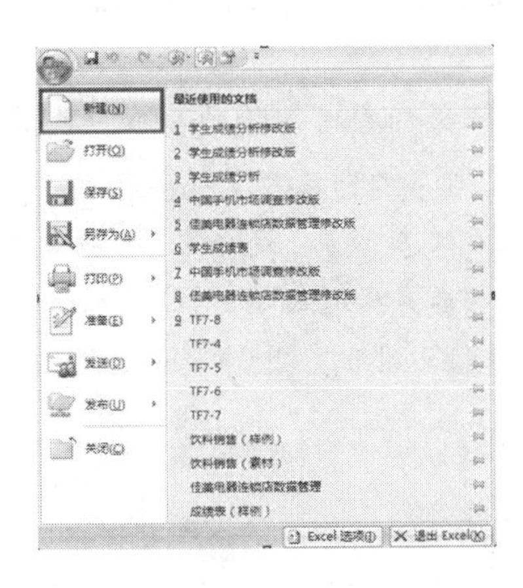

图 4-4 使用 Office 按钮创建新工作簿

方法二:在 Excel 2007 为当前工作环境下,直接使用组合键 Ctrl+N 来创建新的工作簿。

步骤 3:保存工作簿。工作簿创建完成后,在制作表格、输入和处理数据过程中,或者完成工作后都应当及时保存工作簿,以免数据丢失。

方法一:通过“保存”命令保存工作簿。单击“Office 按钮”,选择“保存”命令,在“另存为”对话框中在“另存为”对话框中设置文件保存位置、文件名、保存类型,然后单击“保存”按钮,即可保存当前 Excel 文档,如图 4-5 所示。如本案例可将新建的工作簿保存在计算机的“桌面”上,且主文件名为“学生成绩表”,这样一个文件全名为“学生工作表. xlsx”的 Excel 工作簿文件就保存在计算机中了。

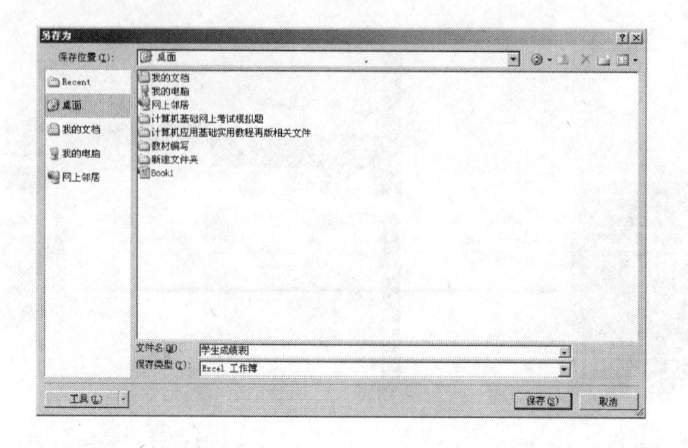

图 4-5　利用“Office 按钮”的“另存为”对话框

方法二：通过“另存为”命令保存工作簿。单击“Office 按钮”，在弹出的下拉菜单中选择“另存为”命令，在“另存为”对话框中设置文件保存位置、文件名、保存类型，然后单击“保存”按钮，即可保存当前 Excel 文档。

方法三：通过组合键 Ctrl＋S 或 Shift＋F12 可直接保存当前正在编辑的工作簿。

方法四：单击 Excel 的快速访问工具栏中的保存按钮，也可以保存当前工作簿。

提示：Excel 2007 创建的文档保存时默认的后缀为“. xlsx”。这种类型的文档使用 Excel 2003 及其以前的版本是打不开的。为了能够在早期的 Excel 软件打开并编辑用 Excel 2007 创建的工作簿，保存时应当在“另存为”对话框中选择“保存类型”为“Excel 97—2003 工作簿(*. xls)”。或者直接通过单击“Office 按钮”，选择“另存为”命令，在该命令的“保存类型”窗格中选择“Excel 97—2003 工作簿”。此时就将工作簿保存为“兼容模式”的工作簿。

步骤 4：关闭工作簿。当完成了对工作簿的创建并保存后，可以关闭工作簿。

方法一：单击“Office 按钮”下拉菜单的“关闭”命令或“退出 Excel”关闭，如图 4-6 所示。

方法二：单击工作簿窗口右上角的关闭按钮关闭，如图 4-7 所示。

(2) 打开 Excel 文档

步骤 1：打开“学生成绩表”工作簿。

方法一：在存储工作薄的目录中直接双击对应的文件“学生成绩表. xlsx”。

方法二：启动 Excel 2007，单击“Office 按钮”，单击下拉菜单中“打开”命令，在打开对话框中找到存储工作簿的目录 ，双击“学生成绩表. xlsx”。

方法三：启动 Excel 2007，单击“Office 按钮”，在下拉菜单中选择“打开”命令，在“在最近使用的文档”窗格中双击“学生成绩表. xlsx”。

方法四：单击“开始”菜单 ，在“我最近的文档”中选择“学生成绩表. xlsx”。

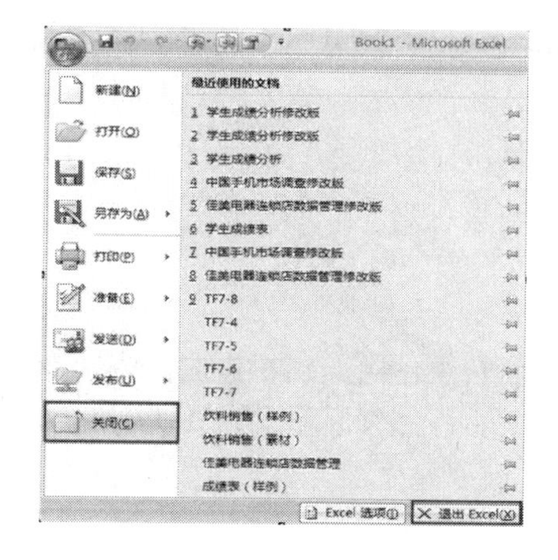

图 4-6　通过 Office 按钮退出 Excel

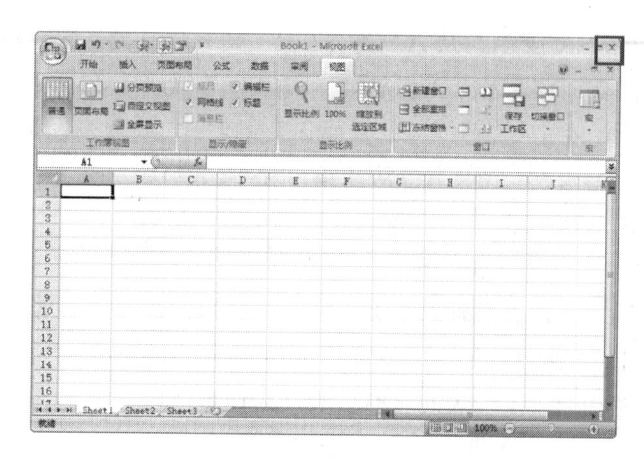

图 4-7　通过关闭按钮退出 Excel

步骤 2:认识 Excel 2007 窗口。启动 Excel 2007 以后,可以看到其工作的窗口,如图 4-8 所示。初次创建的工作簿由 3 张工作表(Sheet)组成,其默认的名称为 Sheet1、Sheet2、Sheet3。工作表是用户进行数据输入、编辑和处理的窗口。可以对工作表进行选择、重命名操作,也可以添加、删除和移动工作表。

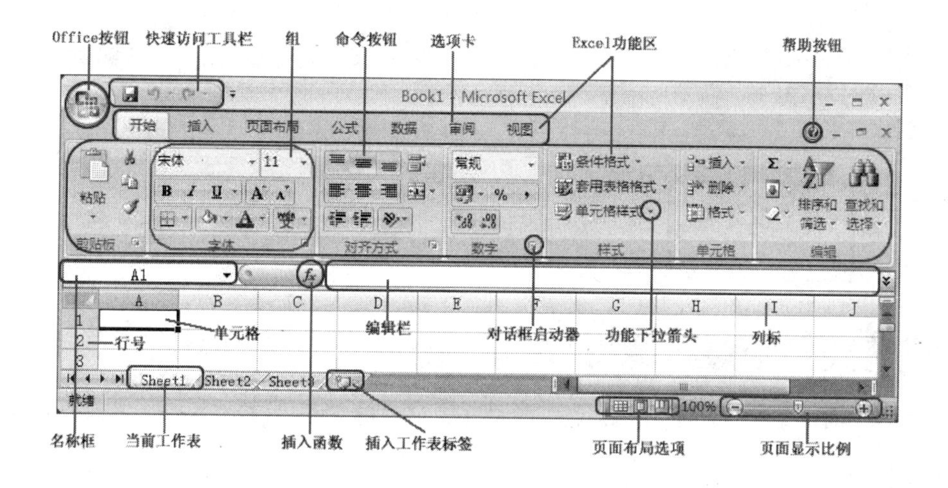

图 4-8　Excel 的工作界面

- 选项卡菜单

Excel 2007 将传统的菜单更新为选项卡,通过单击某个选项卡可以展开该选项卡的多个命令组,再次单击可折叠该选项卡。每个命令组又由多个子命令组或单个命令构成。

- 单元格与活动单元格

Excel 2007 表格上一个个长方形的格子就是单元格,是构成工作表的基本单位,也是用来填写文本和数据的地方。活动单元格是当前正在接受用户输入内容的单元格,活动单元格被粗线框围着。

- 行号和列标

工作表中的行号,用阿拉伯数字来表示,从 1 开始顺序排列;列标题用字母来表示,其顺序从A到Z,再从AA到AZ,BA到BZ,依次类推,直至AZ到ZZ,再从AAA到AAZ,最后到XFD列,每个工作表共计1 048 576行,16 383列。

在工作表中,每个单元格都由唯一的地址来标识,地址由列标题A,B,C,…和行号1,2,3,…构成。图4-7中活动单元格是A1,表示此单元格在第A列第1行。而B1:C5表示B1～B5、C1～C5这些单元格所构成的区域。

• 工作表标签

工作表由若干个单元格的集合构成。工作表的集合构成工作簿。如果说工作簿是一本书,工作表就是输中的页,单元格就是页中的字。Sheet1,Sheet2, Sheet3是工作表的标签,它相当于工作表的名称。通过它们可以区别和选择工作表。

• 名称框

名称框用于显示当前活动单元格、图表或绘图对象的名称。在图4-8中,名称框中显示的当前活动单元格的名称为A1。用户可以利用名称框给指定的单元格或区域命名,如图4-9所示。选定区域B2:C6,在名称框中键入“data1”,然后按回车键确认,则区域B2:C6被命名为“data1”。用户也可以通过名称框来选定一个单元格或区域。如图4-10所示,在名称框中输入D6,然后按回车键确认,则该单元格被选中。

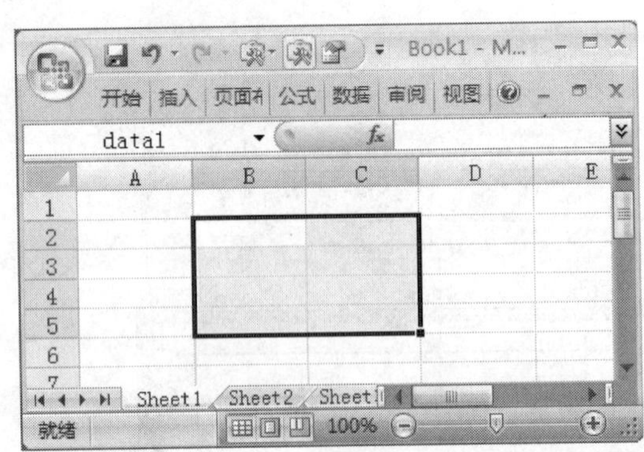

图4-9　将区域B2:C6命名为“data1”

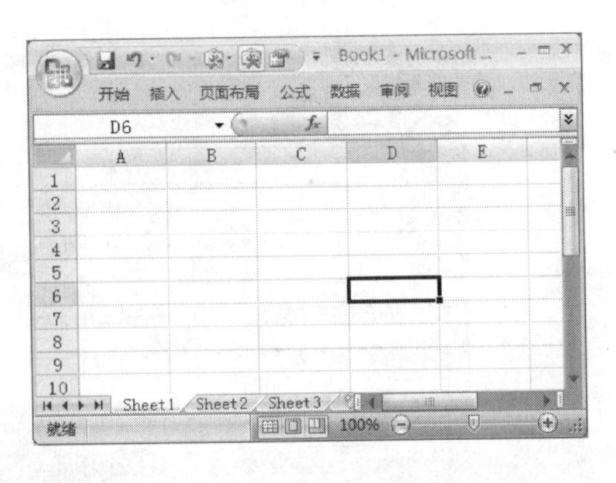

图4-10　通过名称框选中D6单元格

• 编辑栏

编辑栏中显示当前活动单元格的内容,也可以在其中输入和编辑数据、公式或函数等。

(3) 操作工作表

步骤1:选择单个工作表。如果要选中工作表Sheet2,只需将鼠标移到工作表标签Sheet2上单击左键,即可选中该工作表。

步骤2:选择多个工作表。选择连续的多个工作表(如要选中Sheet1～Sheet3)。在Sheet1工作表的标签单击鼠标左键,按住Shift键不放,再用鼠标左键单击工作表Sheet3的标签即可。

选择多个不连续的工作表。按住Ctrl键不放,同时鼠标左键单击各个要选择工作表的标签。

步骤3:重命名工作表。

方法一:将鼠标在Sheet1的标签上连续双击,标签反相显示,成为可编辑状态,输入新名称“一班”。

方法二：右击 Sheet1 的标签，在弹出的下拉菜单中选择“重命名”命令，输入“一班”。

步骤 4：添加工作表。

方法一：单击“插入工作表”按钮一次即可添加新一个工作表。

方法二：右击某个工作表的标签，在弹出的快捷菜单中选择“插入”命令即可在该工作表前插入一个新工作表。

步骤 5：复制工作表。按住 Ctrl 键的同时，用鼠标拖动要复制的“一班”的标签到适当的位置松开即可复制该表，所得表的名称为“一班(2)”。

步骤 6：删除工作表。右击要删除的工作表标签“一班(2)”，在弹出的菜单中选择“删除”命令。

步骤 7：隐藏工作表。

方法一：右击要隐藏的工作表标签，在弹出的菜单中选择“隐藏”命令。

方法二：选择要隐藏的工作表(如选择表 Sheet2)，在功能区中选择“开始”选项卡，在“单元格”组中选择“格式”下拉菜单，在“隐藏和取消隐藏”子菜单中单击“隐藏工作表”命令，即可隐藏该表 Sheet2。

步骤 8：显示隐藏的工作表。要显示上面隐藏的工作表 Sheet2，操作方法有两种。

方法一：鼠标单击任意工作表的标签，在弹出的菜单中选择取消隐藏，弹出取消隐藏对话框，选择要取消隐藏的表 Sheet2。

方法二：在功能区中选择“开始”选项卡，在“单元格”组中选择“格式”下拉菜单，在“隐藏和取消隐藏”子菜单中单击“取消隐藏工作表”命令，弹出取消隐藏对话框，选择要取消隐藏的表 Sheet2。

(4) 单元格操作。在 Excel 中，输入文本和数据必须先选定单元格使其成为活动单元格，才能对其进行操作，可以选定单个单元格，也可以同时选定多个连续单元格组成的单元格区域。

步骤 1：选定单个单元格。

方法一：用鼠标单击想要选取的单元格就可以选中该单元格，此时该单元格的边框以黑色高亮度显示。

方法二：在单元个的名称框中输入单元格地址并回车，如输入 A1 并回车确认，屏幕自动移动到显示 A1 的位置，A1 成为当前活动单元格。

步骤 2：选定单元格区域。用鼠标拖动选定单元格区域。先单击区域一个角的单元格，不释放鼠标，拖动鼠标到本区域的对角单元格。或者单击单元格区域的起始单元格，再按住 Shift 键，单击区域的对角单元格。

步骤 3：选定整行或整列。单击要选定行的行号或列标，即可选定整行或整列。被选中的行或列则用粗框线围住。

步骤 4：选定连续的多行或多列。

方法一：从选定的起始行号或列号开始，左键拖动行号或列标到要选定的最后一个行号或列标。

方法二：先选定第 1 行或第 1 列，按住 Shift 键，再单击最后一行的行号或最后一列的列标。

步骤 5：选定不连续的单元格或单元格区域。先选定第一个单元格或单元格区域，再按住 Ctrl 键的同时选定其他的单元格或单元格区域。

步骤 6：选定全部单元格。

方法一：单击工作表窗口的左上角行号与列标相交处的全部选定按钮可选定当前工作表的全部单元格。

方法二：按 Ctrl＋A 组合键可快速全部选定当前工作表。

步骤 7：选定多个工作表中的区域。有时需要同时选定多个工作表的单元格或单元格区域，以便同时进行操作。操作时可先选定一个工作表中的单元格区域，再按住 Ctrl 键，单击其他工作表标签，则这些工作表中的指定单元格区域被同时选中。

步骤 8：取消区域的选定。选定单元格或单元格区域以后，单击任何一个单元格都会选定新单元格的同时取消对前面单元格区域的选定。

(5) 合并单元格

方法一：选定单元格区域，右击选定区域，弹出的弹出菜单，单击合并单元格按钮。此方法是合并单元格并将其中的内容居中。

方法二：选定单元格区域 B1:I1，选择“开始”选项卡，在对齐方式组中选择合并单元格按钮。此方法合并单元格时可单击该按钮右侧的下拉按钮，选择合适的对齐方式，默认的对齐方式是居中对齐，合并后的单元格名称(地址)为 B1。

2. 制作“学生成绩表”

(1) 创建“学生成绩表”

步骤 1：创建学生成绩表。启动 Excel，将当前工作簿取名为“学生成绩表. xlsx”，保存在用户自己的工作文件夹中。

步骤 2：将 Sheet1 工作表重命名为“一班”。将鼠标在 Sheet1 的标签上连续双击，标签反相显示，输入新名称“一班”。

步骤 3：输入“一班”成绩表标题。选定单元格区域 B1:K1，选择“开始”选项卡，在“对齐方式”选项组中单击“合并后居中”按钮，然后输入文字“2000—2010 学年度第一学期 09 计算机一班成绩表”。

步骤 4：输入成绩表表头。在从 B2 单元格开始，依次输入“学号”、“姓名”、“计算机基础”、“高等数学”、“大学英语”、“体育 1”、“体育”、“平均”、“总分”和“排名”。对于单元格宽度不够的列，则先选定该列，然后选择“开始”选项卡，在“单元格”选项组中单击“格式”命令，在弹出的菜单中选择“自动调整列宽”即可，如图 4-11 所示。

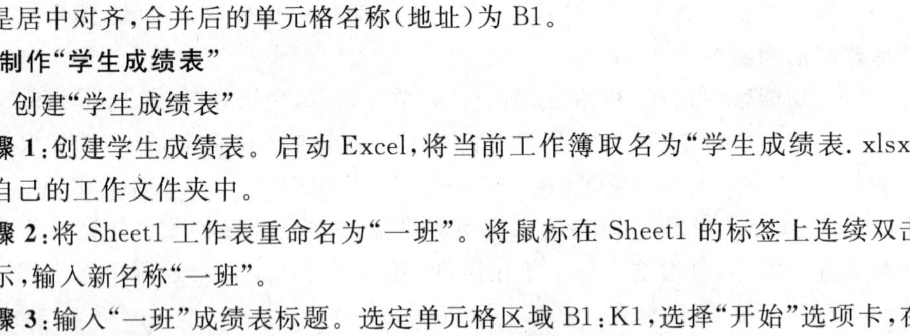

	A	B	C	D	E	F	G	H	I	J	K
1		2000—2010学年度第一学期 09计算机一班成绩表									
2		学号	姓名	计算机基础	高等数学	大学英语	体育1	体育	平均	总分	排名
3											
4											

图 4-11 学生成绩表表头

步骤5:输入学号。切换至英文输入状态,选择单元格B3,输入“'091130101”,回车确认,即可录入学号“091130101”。将鼠标指向B3单元格右下角的黑色方点——填充柄,此时光标呈十字线,按下鼠标左键,拖动填充柄到单元格B42,这时B2~B42之间会自动填充连续的学号,如图4-12所示。

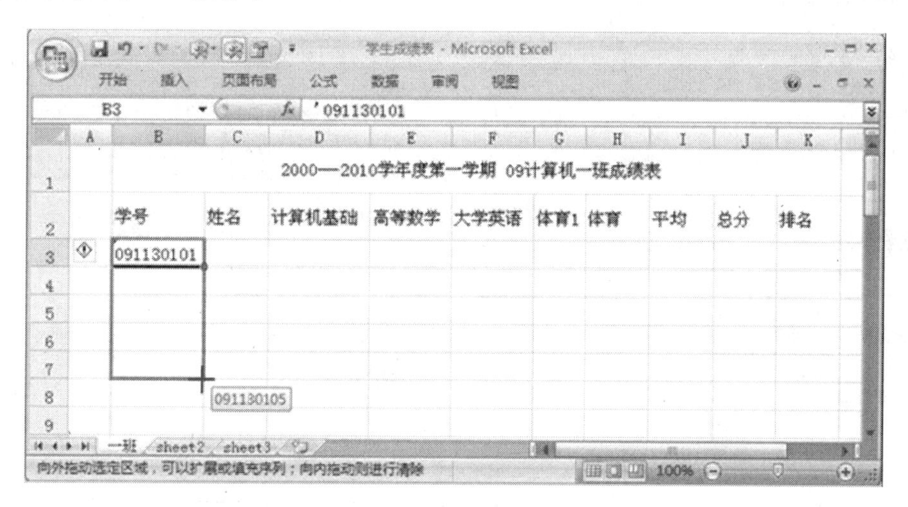

图4-12 使用拖动填充柄可快速输入学号

提示:学号由数字组成,如果直接录入“091130101”,第一位零会被丢掉,实际显示“91130101”。在第一位加“'”号,表明后面的数字是文本数据。

步骤6:输入姓名:在单元格C2~C42中逐个输入学生姓名。

提示:输入数据时,可以逐个单元格输入,也可以采用快速输入法。快速输入法又称智能输入法,有填充、自动补全已有内容等方法。

本例中“学号”使用的就是填充方法。

自动补全就是“记忆式键入”方法,即Excel 2007将输入的内容“记住”,在下次输入相同的内容时,如果输入了第一个字符,后面的内容自动出现。例如本例中在C10中输入了“胡川”,再在C11中输入“胡”字时,“川”会自动填充到这个单元格。

利用快速输入法可以让Excel自动重复或自动填充数据。可以自动重复列中已输入的项目;可以使用填充柄填充数据;可以将数据填充到相邻的单元格中;可以将公式填充到相邻的单元格中;可以填充数字、日期序列或其他内置序列项目;可以使用自定义填充序列填充数据。

步骤7:数据有效性设置。如果某个单元格输入的数据是固定值或者是局限在一定范围内的值,为了避免输入时出错,可以通过Excel 2007中的“数据有效性”功能来进行设置。

选定区域D3:G42,单击“数据”选项卡,在“数据工具”组中单击“数据有效性”,并选择“数据有效性”命令,即可打开“数据有效性”对话框。

在“数据有效性”对话框中,选择“设置”选项卡,在“允许”下拉列表中选择“整数”选项;在“数据”下拉列表中选择“介于”选项。在“最小值”和“最大值”文本框中分别输入0和

100,如图4-13所示。

在“数据有效性”对话框中,选择“输入信息”选项卡，在“标题”文本框中输入“数据录入人员注意:”,在“输入信息”文本框中输入“成绩应在0～100之间,缺考者不录入数据!”,如图4-14所示。此信息在数据输入时会自动在浮动提示窗口中显示。

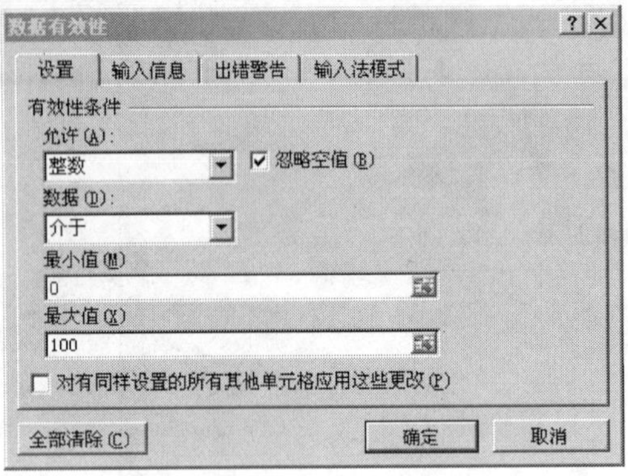

图4-13　数据范围设置

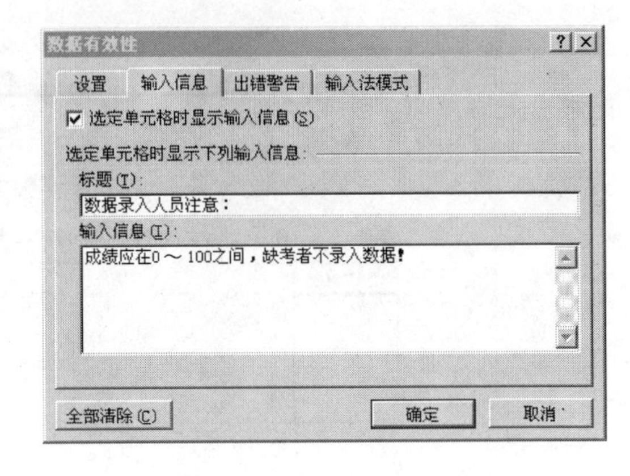

图4-14　有效数据提示信息

在“数据有效性”对话框中,选择“出错警告”选项卡,在“样式”下拉列表中选择“停止”,在“标题”文本框中输入“成绩录入错误”,在“错误信息”文本框中输入“成绩应在0～100之间,请重新录入!”,如图4-15所示。此信息在数据录入出错后会自动弹出显示。

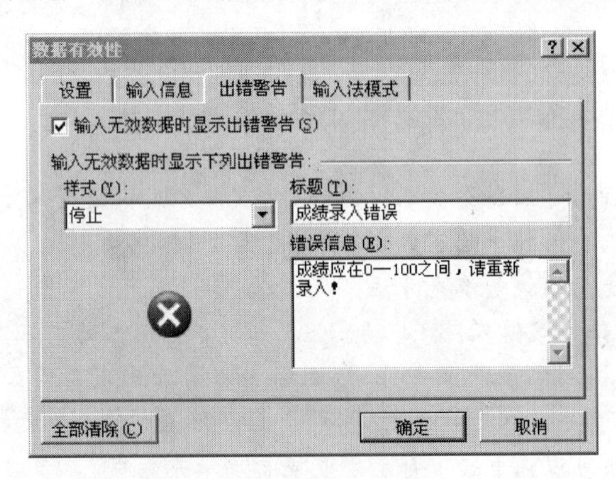

图4-15　出错提示信息

设置完数据有效性后,即可开始录入学生成绩数据。缺考者不录入成绩。

在数据录入过程中,屏幕会向左或向上滚动,使行标题或列标题移出屏幕之外,给数据录入和识别带来困难。利用冻结或拆分窗格,可锁定指定的行、列,以便在滚动时保持行标签和列标签始终可见。

方法一:冻结窗格以锁定特定行或列。

拟定将锁定的行和列,选定该行的下方和该列的右边相交处的第1个单元格,在“视图”选项卡上的“窗口”组中,单击“冻结窗格”,在下拉菜单中选择“冻结拆分窗格”。本例中,拟定锁定第1、2行和A、B、C三列。则选定单元格D3,在“视图”选项卡上的“窗口”组中,单击

“冻结窗格”，在下拉菜单中选择“冻结拆分窗格”即可完成冻结任务。拖动水平和垂直滚动条，被冻结的行、列不会移动，如图 4-16 所示。在“视图”选项卡上的“窗口”组中，单击“冻结窗格”，选择“取消冻结拆分窗格”，可取消冻结拆分窗格功能。

方法二：拆分窗格以锁定工作表区域中的行或列。

将鼠标指向垂直滚动条顶端或水平滚动条右端的拆分框。当指针变为拆分指针÷或⫩时，将拆分框向下或向左拖至所需的位置。双击分割窗格的拆分条的任何部分，可取消拆分，如图 4-17 所示。

图 4-16 冻结拆分窗格

图 4-17 拆分窗格

步骤 8：输入制表日期。选定单元格 H44 和 I44，在“开始”选项卡中选定“对齐方式”组中的“合并后居中”命令，然后在合并后的单元格中输入文本“制表日期:”；再合并单元格 J44 和 K44，输入“2010/6/10”。如果想更改日期显示格式，可在日期右键菜单中选择“设置单元格格式”，在“设置单元格格式”对话框的“数字”选项卡中进行设置，如图 4-18 所示。

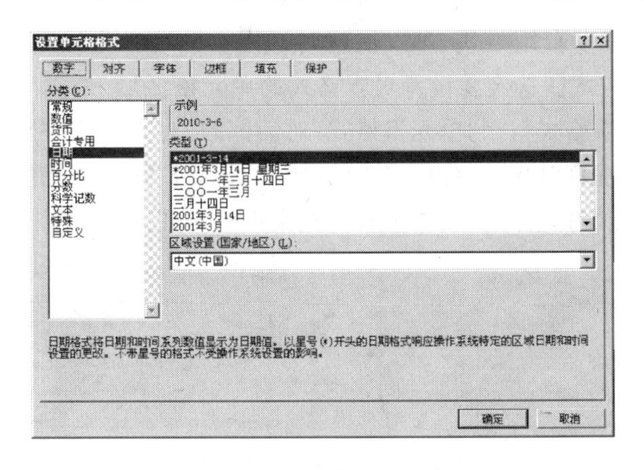

图 4-18 设置日期格式

步骤 9：添加批注。批注是对单元格内容进行解释说明的辅助信息，通常不显示出来。

方法一：右击单元格 F2，在快捷菜单中单击“插入批注”命令，在批注输入框中输入“笔试＋听力＋口语”，完成后单击批注框外面的单元格。可以看到在 F2 的右上角有一个红色的小三角，表示此单元格有批注信息。鼠标移动至单元格之上，即可看到批注的内容，如图

4-19 所示。

学生成绩表 - Microsoft Excel

	A	B	C	D	E	F	G	H	I	J	K
1		2000-2010学年度第一学期 09计算机一班成绩表									
2		学号	姓名	计算机基础	高等数学	大学英语	体			总分	排名
3		091130101	朱春华	77	62	87.5	99				
4		091130102	梁山河	64	82	81	80				
5		091130103	李书文	68	60	42	59				
6		091130104	戴广竹	79	83	65	81				
7		091130105	任红玉	97	66	58	68				
8		091130106	施嘉	75	87	54	78				

USER:
笔试+听力+口语

图 4-19　给单元格添加批注信息

方法二：选定单元格 H2，在“审阅”选项卡的“批注”功能组中，单击“新建批注”命令按钮，出现批注输入框，在批注输入框中输入批注文本：

“这是由原始成绩计算而得的等级成绩。

60 分以下为不及格

60～70 为及格

70～80 为中等

80～90 为良好

90 分以上为优秀

原始数据隐藏在左边一列中 。”

(2) 美化“学生成绩表”

美化工作表对工作表的外观进行调整，涉及字体、对齐方式、边框与底纹的设定等。Excel 2007 还提供了许多套用格式，可以快速对工作表设定专业的外观。

步骤 1：设置对齐方式。选定要设置对齐格式的单元格区域 B2:K42，右击该区域，在快捷菜单中选择“设置单元格格式”，在“单元格格式”对话框的“对齐”选项卡中，选择“水平对齐”下拉列表中的“居中”和“垂直对齐”下拉列表中的“居中”，单击“确定”按钮，如图 4-20 所示。也可以利用“开始”选项卡的“对齐方式”功能组来设置文本的对齐方式，如图 4-21 所示。

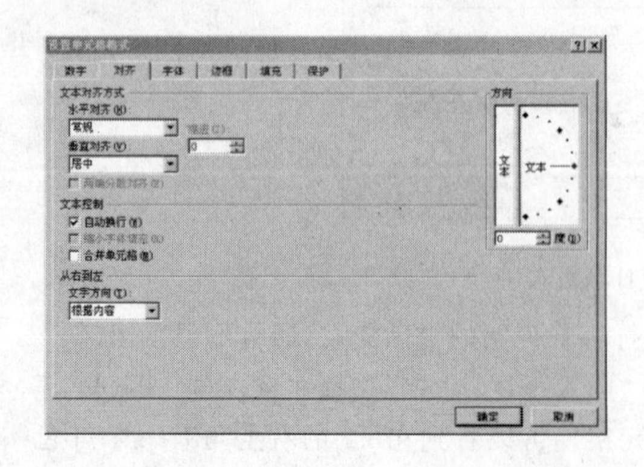

图 4-20　使用单元格格式设置对齐方式

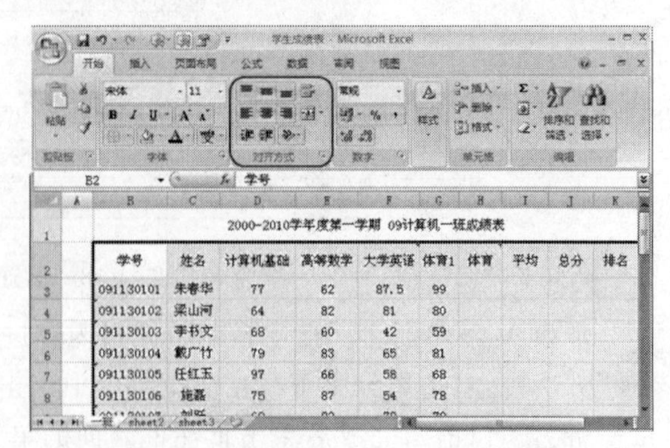

图 4-21　利用命令按钮设置对齐方式

步骤 2：设置单元格边框。Excel 2007 默认下显示的网格线只是用于辅助单元格编辑的虚线，打印时这些网格线是看不见的。如果要为表格添加行列线和边框，就需要另外设置。

设置单元格边框的方法有两种。一是使用功能区“开始”选项卡的“字体”组中的“边框”命令来完成；二是通过右键快捷菜单中“设置单元格格式”对话框，来完成指定单元格的边框设置。相对而言，前者便捷，后者全面。本节主要介绍通过“设置单元格格式”来设置边框的基本方法。

选定区域 B2:K42，右击该区域，在弹出的快捷菜单中选择“设置单元格格式”。在“设置单元格格式”对话框中，选择“边框”选项卡，在线条样式中，选择“粗实线”，在“预置”栏中，选择外框，然后在线条样式中，选择“细实线”，在“预置”栏中，选择“内部”，最后单击“确定”按钮，这样就为表格加上了粗实线外框和细实线内框。设置如图 4-22 所示。

选定区域 B2:K2，在“设置单元格格式”对话框中，选择“边框”选项卡，在线条样式中，选择“粗实线”，单击“边框”栏中的 “下边框”，为区域 B2:K2 设置“粗下划线”，如图 4-23 所示。

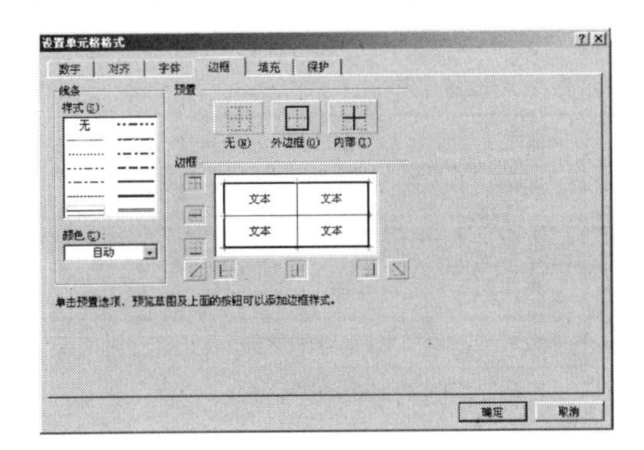

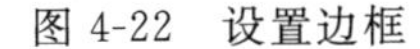
图 4-22　设置边框

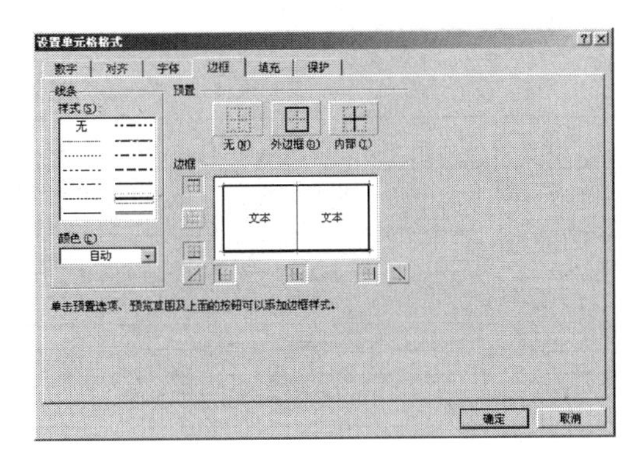

图 4-23　设置区域下边框线

> **提示**：在“设置单元格格式”对话框的“边框 ”选项卡中，可以根据具体需要来确定对指定边框的设置，其中间是示例框，表示当前选择的边框，示例框周围是 8 个边框按钮，单击这些按钮可以单独确定添加或删除哪些边框。在示例框中单击，也可以添加或删除单独的边框。
>
> 在对单元格实施边框设置的操作中，如果仅进行单个设置步骤，可考虑利用工具按钮来进行设置。

步骤 3：设置字体、字号、字的颜色和底纹。利用“设置单元格格式”对话框为单元格区域 B2:K2 设置“仿宋_GB2312”字体，字的大小为 12 磅，加粗，颜色为“白色”，并填充橙色底纹。方法如下。

选定要设置字体的区域 B2:K2，在右键快捷菜单中选择“设置单元格格式”命令，打开“设置单元格格式”对话框。在“字体”选项卡的字体列表中选择“仿宋_GB2312”，在字号列表中选择 12 磅，在“字形”列表中选择加粗。在“颜色”下拉列表中选择“白色”。然后在“填充”选项卡的“背景色”中单击“其它颜色”按钮，在弹出的颜色对话框中选择“自定义”选项卡，设置橙色(RGB:228,109,10)，如图 4-24 所示。

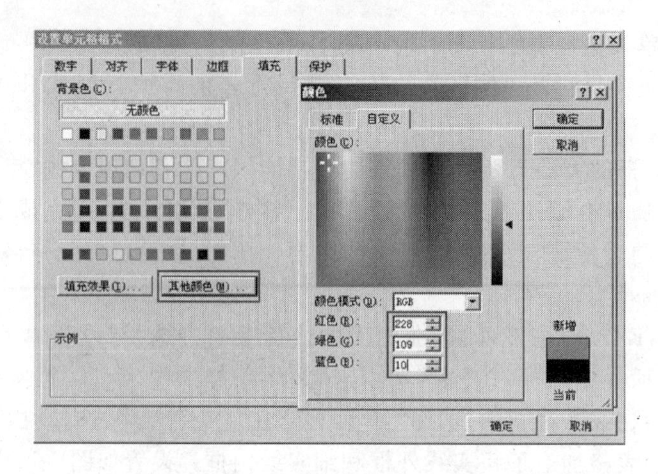

图 4-24　设置边框和底纹

也可以利用“开始”选项卡的“字体”功能组中的工具按钮来设置。其他单元格格式设置参数见表 4-1。

表 4-1　“一班”成绩表单元格格式设置参数

单元格	字体	字号	字形	颜色	底纹	条件格式
B1:K1	华文新魏	14	加粗	黑色	无	无
B2:K2	仿宋 GB2312	12	加粗	白色	RGB:(228,109,10)	无
B3:K42	宋体	12	常规	黑色	无	无
B3:C42	宋体	12	常规	黑色	RGB:(253,200,123)	无
H3:H42	宋体	12	常规	黑色	RGB:(255,167,101)	无
D3:G42	宋体	12	常规	黑色	无	黄、红色阶
H44:K44	宋体	12	常规	黑色	无	无
D3:G42 区域内缺考成绩用(RGB:146,208,80)颜色底纹做标记						
行高:1～2 行,30;3～42 行,18						
列宽:B 列,10;C、D、H 列,7;E～G、I～K 列,5,A、L 列,2						

步骤 4:设置条件格式。

Excel 可以使用条件格式直观地注释数据以供分析和演示使用。本案例中采用条件格式主要是运用于反映学生成绩基本数据中,并将缺考者用绿色底纹做标记。

第一步:对区域 D3:G42 设置“黄、红色阶”条件格式。选择区域 D3:G42,在“开始”选项卡的“样式”组中,选择“条件格式”的“色阶”中的“黄、红色阶”,如图 4-25 所示。

第二步:将区域 D3:G42 中的空白单元格(指缺考)用淡绿色填充。选择区域 D3:G42,在“开始”选项卡的“样式”组中,选择“条件格式”的“新建规则”,在弹出的“新建格式规则”对话框中,选择“只为包含以下内容的单元格设置格式”项,在“编辑规则说明”中进行设置。在运算符下拉列表中选择“等于”,单击第 3 个文本输入框右侧的折叠按钮,选择单元格 E10(缺考数据单元),关闭“新建格式规则”对话框,然后单击“格式”按钮,打开“设置单元格格式”对话框,在“填充”选项卡中,单击“其他颜色”命令按钮,设置自定义颜色(RGB:146,208,80)颜色填充效果,然后单击“确定”按钮。即指明“当所选区域中单元格的值等于 E10

时，用淡绿色填充”，如图 4-26 所示。

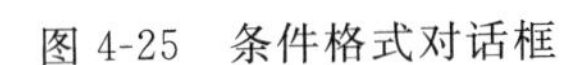

图 4-25　条件格式对话框

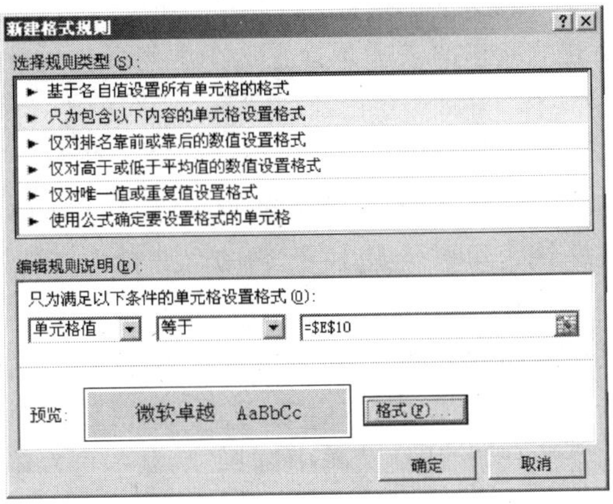

图 4-26　对缺考课程新建格式规则

步骤 5：调整列宽和行高。调整列宽和行高的方法有多种。双击列选定块(标注列标的位置)的右边框或行选定块(标注行号的位置)的下边框，则 Excel 2007 会自动调整此列的列宽或此行的高度为最合适的列宽(或行高)。将鼠标置于要调整的列选定块的右边框(或行选定块的下边框)，鼠标变成左右(或上下)可调节的形状，按下鼠标左键，将显示列(或行)的列宽(或行高)，此时拖动鼠标可调整该列的宽度(或该行的告诉)，但不精确。如果想精确调整，则可右击该列(或该行)，从快捷菜单中选择“列宽”(或“行高”)命令，直接输入所要调整的值即可。以上操作也适用于多行的操作。还可在“开始”选项卡中选择“单元格”功能组中的“格式”调整列宽和行高。

第一步：设置行高。选择第 1、2 两行，右击选定的区域，在快捷菜单中选择“行高”，输入“30”，确定，即可将其行高确定为 30。再选择 3 到 42 行，将其行高确定为 18。

第二步：设置列宽。选择 B 列，右击选定的区域，在快捷菜单中选择“列宽”，将其列宽确定为 10。

选择区域 D2:F2，在右击菜单中选择“设置单元格格式”，在“设置单元格格式”对话框的“对齐”选项卡中，勾选“文本控制”组的“自动换行”项。

同时选定 C、D、H 三列，在“开始”选项卡的“单元格”功能组中单击“格式”，在弹出的菜单中单击“列宽”命令，设置列宽为 7(提示：按住 Ctrl 键，分别单击列标)。

同时选定 E、F、G、I、J、K 六列，设置列宽为 5。

同时选定 A、L 两列，设置列宽为 2。

说明：在工作表中，可以将列宽指定为 0(零)到 255。此值表示可在用标准字体进行格式设置的单元格中显示的字符数。默认列宽为 8.43 个字符。如果列宽设置为 0，则隐藏该列。

可以将行高指定为 0(零)到 409。此值以点数(1 点约等于 1/72 英寸)表示高度测量值。默认行高为 12.75 点。如果行高设置为 0，则隐藏该行。

步骤6：隐藏单元格、行或列。本案例中，计算机一班成绩表涉及一个电子表格的11列44行。为了美观，可将电子表格的其他行和列隐藏起来，隐藏的单元格还可显示出来。

隐藏单元格的步骤是首先选中要隐藏的单元格区域，这里选中44～1 048 576行(Excel 2007一共有1 048 576行)。在"开始"选项卡上的"编辑"组中，单击"查找和选择"按钮，在下拉菜单中单击"转到(G)"命令，弹出"定位"对话框，在该话框的"引用位置"文本框中输入46:1 048 576，单击确定，这样就选定了46～1 048 576行。或先选定第46行，再按Ctrl+Shift+↓键也可以选定46行后的全部行。在选定隐藏区域后，右击选定的区域，在快捷菜单中选择"隐藏"即可。

采用相同的方法打开"定位"对话框，在"引用位置"文本框中输入M:XFD，单击"确定"，选定M～XFD列(或者选定M列，再按Ctrl+Shift+→键选定M列后面所有的列)，右击选定的列，在快捷菜单中选择"隐藏"，可以隐藏第M列及其右边的列。

> **提示**：要显示隐藏的行或列，可同时选中被隐藏的行上下的两行或被隐藏的列左右两列，右击被选中的单元格区域，在快捷菜单中单击"取消隐藏"命令即可。

步骤7：取消网格线。网格线是Excel为了对单元格进行良好地定位而设置的默认选项之一，在上述表格完成后，可考虑将其取消。

单击"视图"选项卡，在"显示/隐藏"功能组中，去掉"网格线"前的勾，即可完成取消网格线的设置。完成后的学生成绩表如图4-27所示。

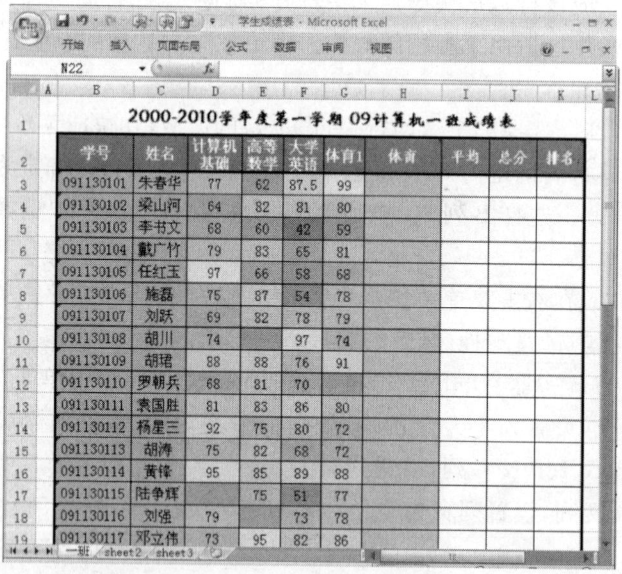

2000-2010学年度第一学期09计算机一班成绩表

学号	姓名	计算机基础	高等数学	大学英语	体育1	体育	平均	总分	排名
091130101	朱春华	77	62	87.5	99				
091130102	梁山河	64	82	81	80				
091130103	李书文	68	60	42	59				
091130104	戴广竹	79	83	65	81				
091130105	任红玉	97	66	58	68				
091130106	施磊	75	87	54	78				
091130107	刘跃	69	82	78	79				
091130108	胡川	74		97	74				
091130109	胡珺	88	88	76	91				
091130110	罗朝兵	68	81	70					
091130111	袁国胜	81	83	86	80				
091130112	杨星三	92	75	80	72				
091130113	胡涛	75	82	68	72				
091130114	黄锋	95	85	89	88				
091130115	陆争辉		75	51	77				
091130116	刘强	79		73	78				
091130117	邓立伟	73	95	82	86				

图4-27 修饰后的表格

步骤8：用同样的方法可制作"二班、三班"成绩表。为了尽快获得原始数据，对于输入量大的学生姓名和各科成绩，将采用复制的方法输入。选中案例范文中的相关单元格，使用组合键Ctrl+C，将数据复制到剪贴板中，返回正在编辑的"学生成绩单"数据表，选择表sheet2，右键单击单元格B2，在快捷菜单中选中"选择性粘贴"，并在对话框的"粘贴"栏中选择“数值”,确定后即将二班所有同学的学号、姓名以及各门功课的成绩全部复制到指定地方,并仅仅保留了数值。为了提高学习效率,三班的学号、姓名、各门课程成绩直接给出,读者直接做美化表格练习。

步骤 9:对二班成绩表进行美化。

① 参照表 4-2 中的数据参数,对单元格字体、字号、字形、颜色、底纹进行设置。

② 对 D3:G39 区域运用条件格式:三色旗。

选定 D3:G39 区域,在“开始”选项卡的“样式”组中,选择“条件格式”的“图标集”中的“三色旗”。

③ 将区域 D3:G39 中的空白单元格(指缺考)用绿色填充。

选择区域 D3:G39,在“开始”选项卡的“样式”组中,选择“条件格式”的“新建规则”,在弹出的“新建格式规则”对话框中,选择“只为包含以下内容的单元格设置格式”项,在“编辑规则说明”中进行设置。在运算符下拉列表中选择“等于”,单击第 3 个文本输入框右侧的折叠按钮,选择单元格 D9(缺考数据单元),关闭“新建格式规则”对话框,然后单击“格式 F”按钮,打开“设置单元格格式”对话框,在“填充”选项卡中,单击“其他颜色”命令按钮,设置自定义颜色(RGB:116,184,127)颜色填充效果,然后单击“确定”按钮。

④ D、E、F 三列设置自动换行。选中 D、E、F 三列,在“开始”选项卡的“对齐方式”组中,选择“自动换行”。

⑤ 参照表 4-2 中的数据设置行高、列宽。

⑥ 设置表格边框线:“粗实线”外框,“细实线”内框。

⑦ 将表中所有数据水平居中、垂直居中。

表 4-2 “二班”成绩表参考数据

单元格	字体	字号	字形	颜色	底纹	条件格式
B1:K1	华文新魏	14	加粗	黑色	无	无
B2:K2	仿宋_GB2312	12	加粗	白色	RGB:(117,146,60)	无
B3:K39	宋体	12	常规	黑色	无	无
B3:C39	宋体	12	常规	黑色	RGB:(215,225,188)	无
D3:H39	宋体	12	常规	黑色	RGB:(194,214,154)	无
D3:G39	宋体	12	常规	黑色	无	色标集:三色旗
H41:K41	宋体	12	常规	黑色	无	无
D3:G39 区域内缺考成绩用 RGB:(116,184,127)颜色底纹做标记						
D、E、F 三列:设置自动换行						
行高:1～2 行,30;3～39 行,18;列宽:B 列,10;C、D、H 列,7;E～G、I～K 列,5						

步骤 10:Excel 2007 提供了许多表格套用格式,可以快速对工作表设定专业的外观。下面利用表格套用格式对三班成绩表进行美化。

① 按照表 4-3 中提供的数据对三班成绩表进行字体、字号、字形和颜色格式设置。

② 自动套用表格格式。选定单元格区域 B2:K45,选择“开始”选项卡,单击“样式”组中的“套用表格格式”命令按钮,在“中等深浅”样式列表中,选择第 2 行、第 2 列表样式“中等

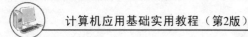

深浅 9”。然后选择“数据”选项卡，单击“排序和筛选”中的“筛选”按钮，取消筛选。

③ 将区域 D3:G45 中的空白单元格(指缺考)用 RGB:(149,179,215)颜色填充。

④ 选中 D、E、F 三列，在“开始”选项卡的“对齐方式”组中，选择“自动换行”。

⑤ 按照表 4-3 中提供的数据对三班成绩表设置行高、列宽。

⑥ 将表中所有数据水平居中、垂直居中。

表 4-3 “三班”成绩表参考数据

单元格	字体	字号	字形	颜色
B1:K1	华文新魏	14	加粗	黑色
B2:K2	仿宋_GB2312	12	加粗	RGB:(194,214,154)
B2:K45	宋体	12	常规	黑
H47:K47	宋体	12	常规	黑
B2:K45 套用表格格式“表样式中等深浅 9”(套用格式后，取消筛选)				
D3:G45 区域内缺考成绩用 RGB:(149,179,215)颜色底纹做标记				
D、E、F 三列：设置自动换行				
行高：1～2 行，30；3～42 行，18；列宽：B 列，10；C、D、H 列，7；E～G、I～K 列，5				

3. 完成分班表格

完成上述操作后，即得到按指定样式列出的二班和三班的成绩表，如图 4-28、图 4-29 所示。

2000-2010学年度第一学期 09计算机二班成绩表

学号	姓名	计算机基础	高等数学	大学英语	体育1	体育	平均	总分	排名
091130201	杨宇	82	99	86	87				
091130202	张滕滕	71	75	75	77				
091130203	张玲	71	92	76	93				
091130204	李丽	70	95	59	79				
091130205	郑春桥	58	52	87	70				
091130206	王凤霞	72	62	88	82				
091130207	黄礼红		82	92	62				
091130208	朱红静	68	60	89	71				
091130209	荣镜	79	92	56	83				
091130210	王浩	77	66	63	47				
091130211	马君平	84	90	82	80				
091130212	周昌灯	56	55	58	50				
091130213	史克辉	74	77	86	84				
091130214	张日钢	90	82	82	92				
091130215	练长春	68	78	80	90				
091130216	詹冲	81	72	76	83				
091130217	黄良灿	80	94	88	86				
091130218	唐邦友	75	82		72				

图 4-28 二班成绩表图

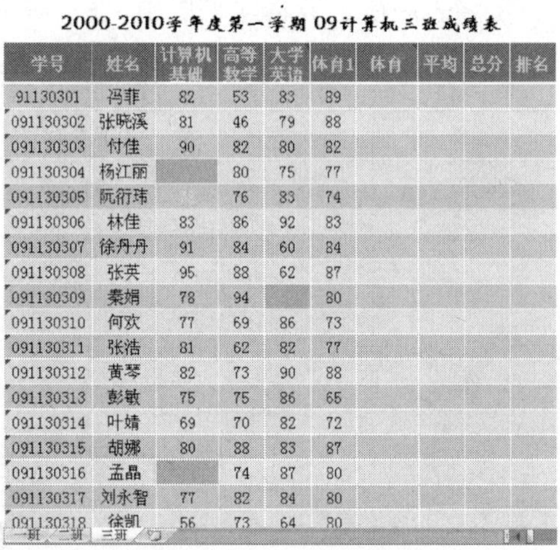

2000-2010学年度第一学期 09计算机三班成绩表

学号	姓名	计算机基础	高等数学	大学英语	体育1	体育	平均	总分	排名
91130301	冯菲	82	53	83	89				
091130302	张晓溪	81	46	79	88				
091130303	付佳	90	82	80	82				
091130304	杨江丽		80	75	77				
091130305	阮衍玮		76	83	74				
091130306	林佳	83	86	92	83				
091130307	徐丹丹	91	84	60	84				
091130308	张英	95	88	62	87				
091130309	秦娟	78	94		80				
091130310	何欢	77	69	86	73				
091130311	张浩	81	62	82	77				
091130312	黄琴	82	73	90	88				
091130313	彭敏	75	75	86	65				
091130314	叶婧	69	70	82	72				
091130315	胡娜	80	88	83	87				
091130316	孟晶		74	87	80				
091130317	刘永智	77	82	84	80				
091130318	徐凯	56	73	64	80				

一班 二班 三班

图 4-29 三班成绩表图

4. 制作成绩综合分析表

(1) “学生成绩综合分析表”的制作方法

步骤 1：新建工作表。打开“学生成绩工作簿”，单击“插入工作表标签”，并将新表更名为“综合分析”。

步骤 2：在 B1 单元格输入“学生成绩综合分析表”，在 B3 单元格输入“一班”，在 C3 单元格输入“项目”。

步骤 3:选择性粘贴。选择“一班”工作表,选定区域 D3:G3,复制;选择“综合分析”表,右击单元格 D3,在右键菜单中单击“选择性粘贴”;在弹出的选择性粘贴对话框中,选择“数值”项。操作界面如图 4-30 所示,选择性粘贴结果如图 4-31 所示。

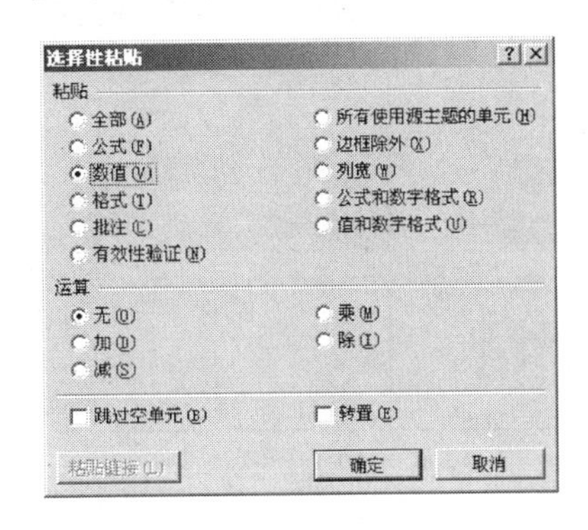

图 4-30　选择性粘贴

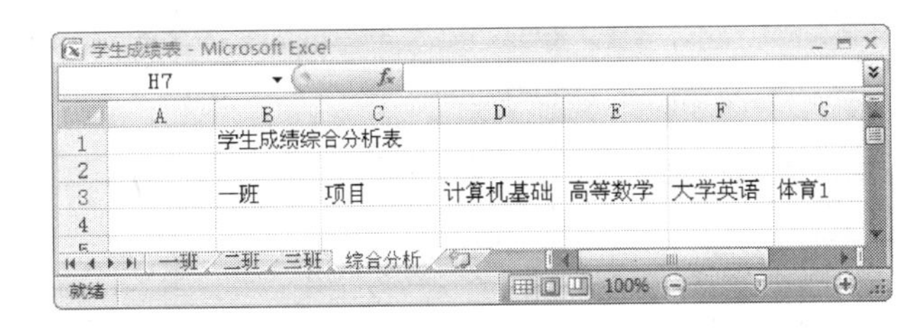

图 4-31　选择性粘贴结果

步骤 4:在 C4:C14 中,依次输入文本“应考人数、实考人数、缺考人数、班级最高分、班级最低分、班级平均分、60 以下、60～70、70～80、80～90、90 以上”。

步骤 5:参照表 4-4 进行格式设置。

表 4-4　学生成绩综合分析表格式设置

单元格	字体	字号	字形	颜色	底纹	对齐方式
B1:S2	隶书	26	常规	黑色	无	合并后居中
B3:B14	黑体	12	常规	黑色	无	合并后居中
C3:G3	仿宋_GB2312	12	加粗	黑色	RGB:(197,190,151)	自动换行,水平垂直居中

步骤 6:复制表格。选定区域 B3:G14,按 Ctrl+C 组合键复制,分别选定 H3、N3,按 Ctrl+V 组合键粘贴。参照表 4-4 中的参数,稍加修改,得到完整表格,如图 4-32 所示。

学生成绩综合分析表

班级	项目	计算机基础	高等数学	大学英语	体育1
一班	应考人数				
	实考人数				
	缺考人数				
	班级最高分				
	班级最低分				
	班级平均分				
	60以下				
	60-70				
	70-80				
	80-90				
	90以上				
二班	应考人数				
	实考人数				
	缺考人数				
	班级最高分				
	班级最低分				
	班级平均分				
	60以下				
	60-70				
	70-80				
	80-90				
	90以上				
三班	应考人数				
	实考人数				
	缺考人数				
	班级最高分				
	班级最低分				
	班级平均分				
	60以下				
	60-70				
	70-80				
	80-90				
	90以上				

图 4-32　学生成绩综合分析表效果图

(2) 班级成绩统计分析表的制作方法

步骤 1:按照表 4-5 的要求,对相应单元格进行处理。

表 4-5　班级成绩统计分析参数表

单元格	对齐方式	录入文字	字体	字号	行高
B15:S16	合并后居中	班级成绩统计分析	隶书	20	22
C17:D17	合并后居中	人数	黑体	12	25
E17:G17	合并后居中	课程平均分			
H17:J17	合并后居中	优良率			
K17:M17	合并后居中	不及格率			
N17:P17	合并后居中	待补考人数			
Q17:S17	合并后居中	体育达标率			
B18:B21	居中	年级，一班，二班，三班			
B17:S17	文字颜色 RGB:(149,55,53)		底纹 RGB:(197,190,151)		
B18:S21			底纹 RGB:(216,216,216)		

参照图 4-33 将相应单元格合并居中。

步骤 2：设置表格边框。

选定单元格区域 B17:S21，设置粗实线外框、细实线内框，选定单元格区域 B17:S17，设置粗实线下边框。表格完成后如图 4-33 所示。

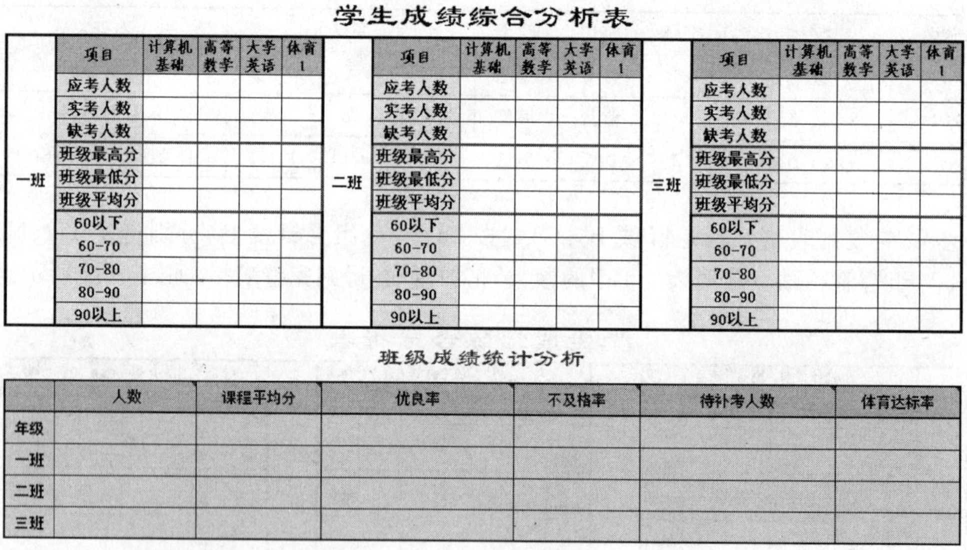

学生成绩综合分析表

	项目	计算机基础	高等数学	大学英语	体育1
一班	应考人数				
	实考人数				
	缺考人数				
	班级最高分				
	班级最低分				
	班级平均分				
	60以下				
	60-70				
	70-80				
	80-90				
	90以上				

	项目	计算机基础	高等数学	大学英语	体育1
二班	应考人数				
	实考人数				
	缺考人数				
	班级最高分				
	班级最低分				
	班级平均分				
	60以下				
	60-70				
	70-80				
	80-90				
	90以上				

	项目	计算机基础	高等数学	大学英语	体育1
三班	应考人数				
	实考人数				
	缺考人数				
	班级最高分				
	班级最低分				
	班级平均分				
	60以下				
	60-70				
	70-80				
	80-90				
	90以上				

班级成绩统计分析

	人数	课程平均分	优良率	不及格率	待补考人数	体育达标率
年级						
一班						
二班						
三班						

图 4-33　综合分析表完成图

4.1.4　技术解析

本案例主要讲述用 Excel 2007 制作基本的电子表格，涉及 Excel 操作的各个基本方面。其关键的操作就是对数据的操作和单元格的编辑。

1. 复制和移动数据

在数据输入过程中，常常需要成批地复制或移动数据，以提高工作效率。

(1)利用剪贴板复制数据

剪贴板是内存中的公共区域，可用在同一工作表的不同位置，不同工作表之间或不同的工作簿之间复制数据。

选定要复制的单元格区域作为源数据，右击该区域，采用常规的“复制”命令，即可将选定的数据复制到剪贴板上。选定目标单元格区域，右击该区域，采用“粘贴”命令，将剪贴板中的数据粘贴到目标区域。

(2)使用拖放的复制数据

当来源区域和目的区域相距不远时可用拖放的方法复制数据。

选定要复制的源数据单元格区域，将鼠标指针移动到选定数据的边框，待其变成箭头形状时，按住 Ctrl 键，拖放选定区域到目的位置即可。

(3)移动数据

移动数据的操作与复制操作类似，只是在选定来源数据后选择“剪切”命令，而不是“复制”命令。如果用拖放方法移动数据，在选定源数据单元格区域之后直接拖动即可，不需按 Ctrl 键。

2. 复制属性

上面所介绍的复制方法既复制了数据，又复制了单元格的格式等属性。实际中有时需要有选择地复制单元格的数据或属性。其操作步骤如下。

选定要复制属性的单元格区域并选择“复制”命令，右击目的单元格区域的左上角单元格，在弹出的快捷菜单中选择“选择性粘贴”命令，出现如图 4-34 所示的“选择性粘贴”对话框。在该对话框中选择要复制的属性，再单击“确定”按钮。

3. 删除数据

删除数据将把数据所在的单元格或单元格区域一并删除。

选定要删除的单元格区域，右击快捷菜单中的“删除”命令，出现删除对话框，如图 4-35 所示。选择删除后单元格的移动方向，确定后即可完成删除操作。

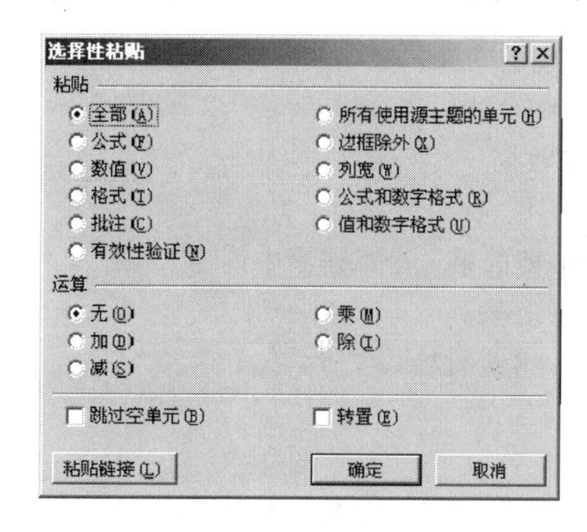

图 4-34 “选择性粘贴”对话框

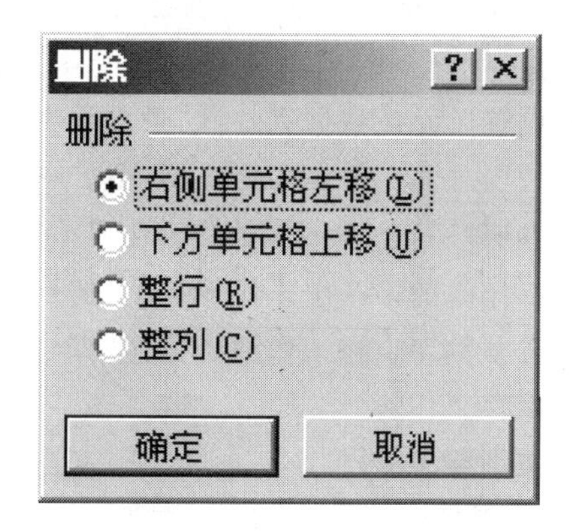

图 4-35 “删除”对话框

4. 设置单元格格式

在用户选定区域的右键菜单中，选择“设置单元格格式”，在打开的“单元格格式”对话框中，可以对“数字、对齐、字体、边框、填充”等方面进行设置。如：数据类型、文字在单元格中的位置、字体、单元格边框、单元格底纹等。

4.1.5 实训指导

1. 实训目的

学习 Excel 2007 的基本入门知识，熟悉如下操作：

- Excel 文档的建立；
- 选项卡菜单、命令组和命令按钮的运用；
- 编辑工作表、格式化单元格；
- 数据的格式化，数据的条件格式。

要求掌握上述基本操作技巧，为进一步学习 Excel 数据处理打下坚实的基础。

2. 实训准备

知识准备：

- 预习新建、保存、打开、修改、更名和删除 Excel 文档的方法；
- 预习文本及数据输入、智能输入方法；单元格及区域的选定、格式化单元格、设置单元格的底纹和图案的方法及设置数据的有效性等知识；
- 预习编辑工作表的知识，包括添加、删除、重命名工作表；行高、列宽的设置；隐藏单元格或工作表；修饰工作表等。

资料准备：

- Excel 2007 环境（实训室准备）；
- 案例中所需的文字和原始数据（教师准备）。

3. 实训步骤

- 建立工作文件夹；
- 创建 Excel 工作簿，根据案例要求用合适的文件名保存工作簿；
- 按案例要求在工作簿的第 1 个工作表中创建“一班”成绩表；
- 设置单元格数据有效性，录入学生成绩数据；
- 按要求输入文本数据并格式化“一班”工作表；
- 参照“一班”成绩表的创建方法，在工作薄的第 2 个工作表中创建“二班”工作表、在工作簿的第 3 个工作表中创建“三班”工作表；
- 按案例要求在工作簿中创建“综合分析”并进行格式设置；
- 保存工作簿。

4. 实训要求

- “一班”成绩表制作所有的文本及数据都要求学生亲自输入，输入过程中应注意运用智能输入，最终表的结构及格式应与案例基本一致。“二班”、“三班”成绩表中的数据可通过复制得到。

- “综合分析”的制作中，要灵活运用多种数据输入方法，要注意输入数值的单元格格式的设置。

4.1.6　课后思考

- 设置单元格的格式包含哪些方面的内容？各应当怎样设置？
- 在 Excel 2007 中快速输入数据的方法有哪些？除了教材中所讲的方法外，还能不能查找相关资料学习其他一些快速输入数据的方法。
- 在单元格区域的复制和粘贴时，执行“选择性粘贴”有什么作用？“选择性粘贴”对话框中有哪些选项可供选择，各有什么效果？

4.2　案例 2——学生成绩统计分析

4.2.1　案例介绍

在“学生成绩统计分析”案例中，将对 3 个计算机班学生成绩表数据进行分析处理。其中体育成绩占两列，一列为百分制，参与总分计算；另一列要求把百分制成绩转换成等级制成绩。并要求列出学生的总分和按总分在班上的排名。在“综合分析”表中，要求分析每个班的人数、课程平均分、优良率、不及格率、待补考人数、体育达标率，并计算出各班每门课程的平均分、最高分、最低分，分析每个班 60 分以下、90 分以上分数段的人数。

4.2.2　知识要点

本案例涉及 Excel 的主要知识点如下。

- 函数使用——常见函数的使用方法。
- 条件格式——根据条件确定的格式。
- 数据的引用和表间计算——数据的相对引用、绝对引用、混合引用和数据的表间计算等。

4.2.3　案例实施

1. 学生个人成绩分析

本部分主要使用 IF、AVERAGE、SUM、RANK 等多个函数，对每位学生成绩进行计算与分析。其中，IF 函数用于转换体育成绩、AVERAGE 用于计算每个学生的平均成绩、SUM 用于统计每个学生的总分、RANK 用于计算每个学生在班上按总分的排名。操作时可先选择“一班”作为范例进行成绩计算，然后采用相同的方法，对“二班”和“三班”的成绩进行计算。

（1）转换一班的体育成绩

步骤1:把体育百分制成绩转换成等级制成绩。单击“一班”工作表,选定H3单元格,输入:= IF(G3<60,"不及格",IF(G3<70,"及格",IF(G3<80,"中等",IF(G3<90,"良好","优秀"))))。本案例中G列为学生体育百分制成绩,IF语句的作用就是根据G列的百分制成绩转换成等级制成绩,并放在H列的不同行中。输入上面的公式,按Enter键,学号为“091130101”学生的体育成绩转换完毕。注意:公式中除汉字外,其他符号均为英文字符。

注意:录入公式最易出三种错误:①公式未以等号开头;②左右括号不配对;③中英文符号不分。读者一定要注意。本案例公式很长,选择H3单元格后,可在编辑栏中录入公式。

说明:IF函数根据对指定的条件计算结果为TRUE或FALSE,返回不同的结果。可以使用IF对数值和公式执行条件检测。

语法:IF(logical_test,value_if_true,value_if_false),Logical_test表示计算结果为TRUE或FALSE的任意值或表达式。Value_if_true是logical_test为TRUE时返回的值。Value_if_false是logical_test为FALSE时返回的值。IF函数可以嵌套使用,但嵌套层数有限定。

步骤2:计算所有学生的体育等级成绩。单击H3单元格,纵向拖动H3单元格的填充柄,直到最后一个学生,这样体育百分制成绩到等级制成绩转换完毕,如图4-36所示。

2000-2010学年度第一学期09计算机一班成绩表

学号	姓名	计算机基础	高等数学	大学英语	体育1	体育	平均	总分	排名
091130101	朱春华	77	62	87.5	99	优秀			
091130102	梁山河	64	82	81	80	良好			
091130103	李书文	68	60	42	59	不及格			
091130104	戴广竹	79	83	65	81	良好			
091130105	任红玉	97	66	58	68	及格			
091130106	施磊	75	87	54	78	中等			
091130107	刘跃	69	82	78	79	中等			
091130108	胡川	74		97	74	中等			
091130109	胡珺	88	88	76	91	优秀			
091130110	罗朝兵	68	81	70		不及格			
091130111	袁国胜	81	83	86	80	良好			

一班 二班 三班 综合分析

图4-36 体育成绩转换

提示:无论是采用公式,还是采用函数进行计算,所运用的拖动填充方法实际上是一种复制公式的方法,要注意的是以上操作是采用数据相对引用的方法来实现的。

有关数据(单元格)引用方法的解释见技术解析部分。

(2) 计算一班每个学生的平均成绩

步骤1:计算一班一个学生的平均成绩。

方法一:利用公式进行计算。

选择单元格I3,输入"=(D3+E3+F3+G3)/4",按Enter键,这样在I3单元格中就得到D3,E3、F3、G3四个单元格(即四门课程)的平均值。

方法二:利用函数进行计算。

选择单元格I3,选择"公式"选项卡,单击"函数库"组中的"插入函数"按钮,打开"插入函数"对话框,在函数的"或选择类别"下拉列表中,选择"常用函数",在"选择函数"列表框中选择"AVERAGE"函数(如图4-37所示),然后确定,即可打开的"函数参数"对话框。在对话框的"Number1"文本框中直接输入要计算的单元格区域D3:G3,或者单击"Number1"文本框右侧的折叠按钮,使"函数参数"对话框变成一个长条,此时可以在工作表中拖动选择要引用的区域,拖动的同时,所选择的单元格区域将在文本框中自动出现,选定完成后再次单击折叠按钮,将返回到原来的"函数参数"对话框,如图4-38所示。参数输完后,单击"确定"按钮即可完成计算工作。

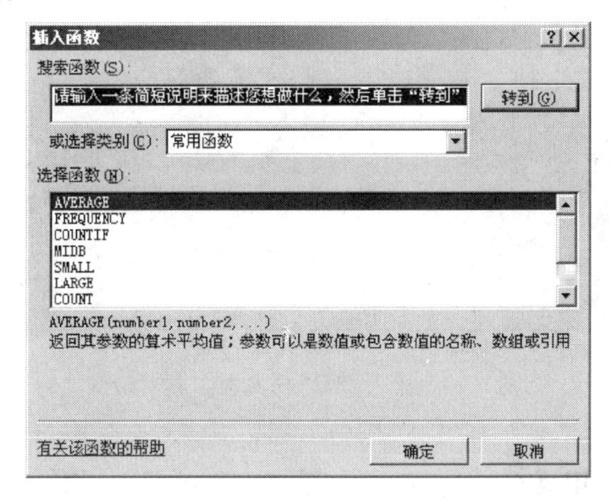

图4-37　使用AVERAGE函数

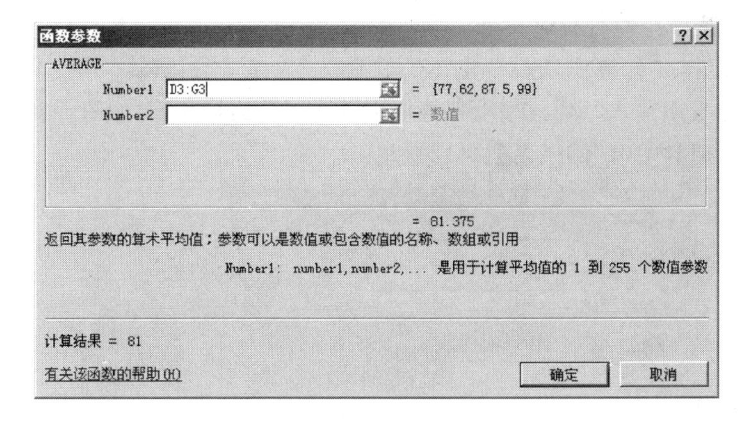

图4-38　函数参数设置

步骤2:计算一班每个学生的平均成绩。

选定I3单元格,采用填充柄向下拖动到最后一个单元格I42,这时,会在拖动过程中经过的各个单元格中复制与I3相对应的公式，并得到公式的计算结果。至此，一班每个学生的平均成绩计算完毕。

(3) 计算一班每个学生的总分

步骤1：计算一班一个学生的总分。

方法一：利用公式进行计算。

选择J3单元格，输入“＝D3＋E3＋F3＋G3”，并按回车键，这样在J3中就得到D3、E3、F3、G3四个单元格(即四门课程)的总和。

方法二：利用函数进行计算。

选中J3单元格，选择“公式”选项卡，单击“函数库”组中的“插入函数”按钮，打开“插入函数”对话框，在函数的“或选择类别”下拉列表中，选择“常用函数”，在“选择函数”列表框中选择 “SUM”，单击“确定”按钮。在“函数参数”对话框的“Number1”中输入“D3:G3”，如图4-39所示。单击“确定”按钮，学生“091130101”的总分就可以求出。

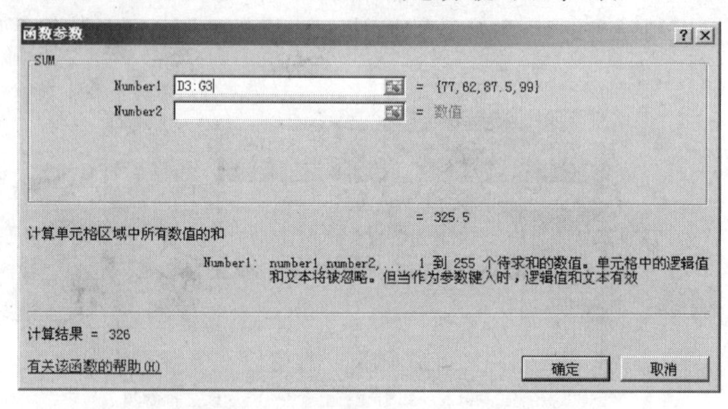

图4-39 插入SUM函数时参数对话框

步骤2：计算一班每个学生的总分。

选定J3单元格，采用填充柄向下拖动到最后一个单元格J42，即可得到一班每个学生的总分计算结果。

(4) 计算一班学生总分排名

步骤1：确定排名计算方法。单击K3单元格，选择函数 “RANK”，单击“确定”按钮。在“Number1”选框中输入“J3”，在“Ref”选框中输入“J＄3:J＄42”，如图4-40所示。单击“确定”按钮，学生“091130101”的排名就可以求出。

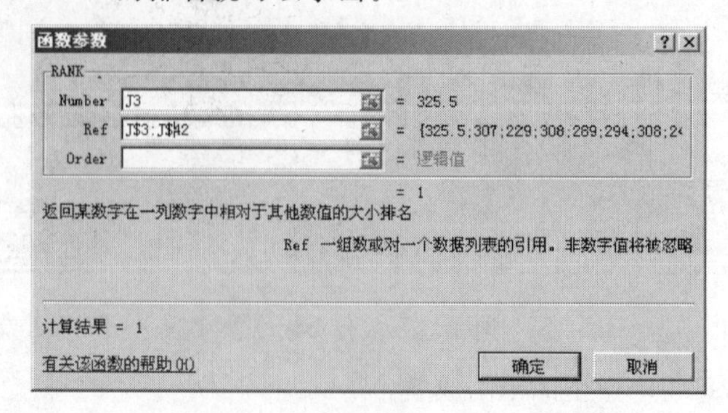

图4-40 RANK函数参数

提示：此处一定要搞清楚“J＄3:J＄42”表示的意义。为什么要使用混合地址？

步骤2：计算所有学生的总分排名。单击K3单元格，纵向拖动K3单元格的填充柄，直到最后一个学生，这样每个学生按总分在班上的排名就计算好了。

（5）装饰“一班”学生成绩表

在“一班”工作表中选定单元格区域I3:I42，单击“开始”选项卡中的条件格式，再弹出的菜单中选择“色阶”、“黄、红色阶”。

同样，分别对单元格区域J3:J42和K3:K42应用“黄、红色阶”条件格式。最终效果如图4-41所示。

2000-2010学年度第一学期09计算机一班成绩表

学号	姓名	计算机基础	高等数学	大学英语	体育1	体育	平均	总分	排名
091130101	朱春华	77	62	87.5	99	优秀	81	326	11
091130102	梁山河	64	82	81	80	良好	77	307	21
091130103	李书文	68	60	42	59	不及格	57	229	36
091130104	戴广竹	79	83	65	81	良好	77	308	19
091130105	任红玉	97	66	58	68	及格	72	289	29
091130106	施磊	75	87	54	78	中等	74	294	26
091130107	刘跃	69	82	78	79	中等	77	308	19
091130108	胡川	74		97	74	中等	82	245	33
091130109	胡珺	88	88	76	91	优秀	86	343	4
091130110	罗朝兵	68	81	70		不及格	73	219	37

图4-41　完成统计、装饰工作后的“一班”成绩表

说明：“色阶”条件格式，是根据所选区域数据的相对大小确定单元格填充颜色，数值越大，填充颜色越浅；数值越小，填充颜色越深。用户根据颜色就能断定某数据在指定区域中的相对大小。“平均、总分、排名”3列数据的值相差太大，如果3列数据同时应用“色阶”条件格式，则失去了数据相对大小的意义。所以本例将3列数据分别应用“色阶”条件格式。

（6）计算其他班级学生的体育等级成绩、平均、总分和排名

采用对“一班”学生成绩的计算方法，分别运用于“二班”和“三班”，最终完成所有班级所有学生的体育等级成绩、学科总分和总分排名。

（7）分别对“二班”学生成绩表的平均、总分和排名应用“黄、绿色阶”

“三班”学生成绩表不需要另外装饰。

2. 分班级分课程统计分析

这一部分是对各班级分课程进行统计分析的操作。主要涉及各班4门课程的应考人数、实考人数、缺考人数、班级平均分、最高分、最低分和各个分段成绩的人数。用到了COUNTA、AVERAGE、COUNTIF、MAX、MIN、FREQUENCY等函数，并在数据表之间

大量地使用了单元格的绝对引用、相对引用和混合引用。

（1）统计一班“计算机基础”课程的应考人数

步骤 1：选择“综合分析”表。

步骤 2：计算“计算机基础”的应考人数。选定 D4 单元格，在“插入函数”对话框中选择“全部函数”类别中的“COUNTA”函数。如图 4-42 所示。然后在“COUNTA”函数参数的 Value1 中输入“一班！＄C＄3：＄C＄42”，单击“确定”按钮后就计算出一班“计算机基础”课程的应考人数，如图 4-43 所示。也可以直接在 D4 单元格中输入公式“＝COUNTA（一班！＄C＄3：＄C＄42）”来进行计算。

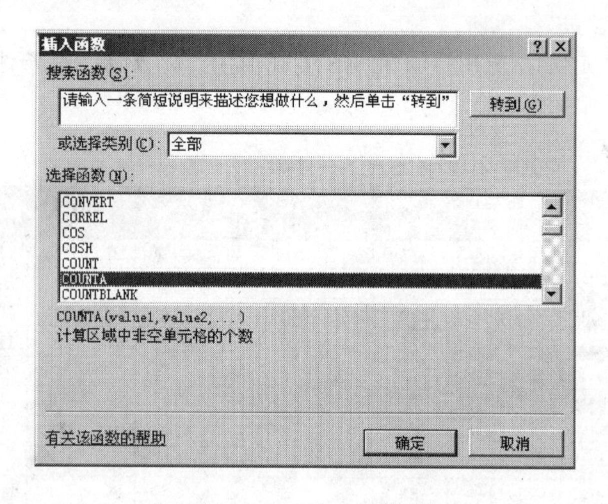

图 4-42　COUNTA 函数选择

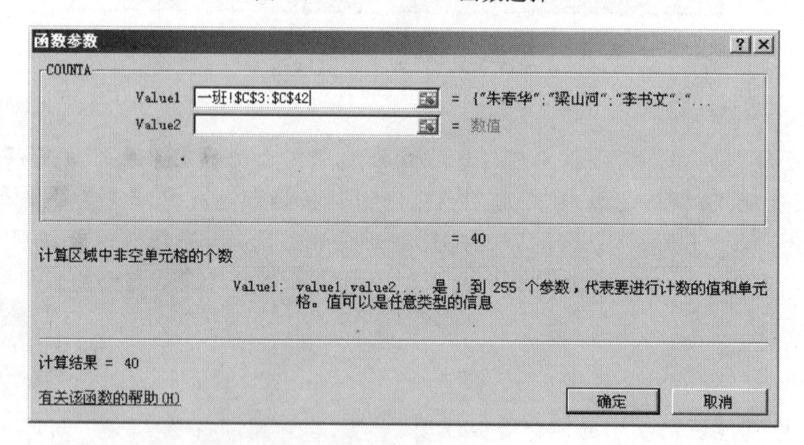

图 4-43　COUNTA 函数参数

（2）统计一班“计算机基础”的实考人数

步骤 1：由于缺考学生不录入成绩，因此，实考人数应根据有成绩的学生人数来统计。统计实考人数可以使用条件计数函数 COUNTIF。在“综合分析”表的单元格 D5 中输入公式“＝COUNTIF（一班！D＄3:D＄42,">=0"）”，按 Enter 键确认后即可得到所需的结果。

（3）统计一班“计算机基础”课程的缺考人数

步骤 1：应考人数减去实考人数就是缺考人数。在“综合分析”表的单元格 D6 中输入公式"＝D4-D5"，按 Enter 键确认后即可得到所需的结果。

(4) 统计一班"计算机基础"课程的班级最高分和最低分

步骤 1：在"综合分析"表的单元格 D7 中输入公式"＝MAX(一班！D＄3：D＄42)"，在单元格 D8 中输入公式"＝MIN(一班！ D＄3：D＄42)"，按 Enter 键确认后即可得到所需的结果。

(5) 统计一班"计算机基础"课程的平均分

步骤 1：在"综合分析"表的单元格 D9 中输入公式"＝AVERAGE(一班！D＄3：D＄42)"，单击"确定"按钮后即可得到所需的结果。

(6) 统计一班"计算机基础"课程不同分数段的人数分布

为了更好地反映学生在不同课程上的学习成绩，一般对成绩采用分段的方法进行分析。即将成绩分为"＜60"、"60～70"、"70～80"、"80～90"和"90 以上"5 个分段，分析各班各门功课在不同分段中的人数分布情况。有关指定条件下人数的计算可采用 FREQUENCY 函数来完成。

步骤 1：在"综合分析"表的单元格 D10 中输入公式"＝FREQUENCY(一班！D3：D42，{59，69，79，89})"，按 Enter 键确认。

步骤 2：选定区域 D10：D14，按 F2 键，再按 Ctrl＋Shift＋Enter 组合键，即可完成成绩分段统计工作。

(7) 统计一班其他三门课程的相关数据

方法一：参照"计算机基础"课程的统计方法，可完成其他三门课程的相关数据的统计。

方法二：复制公式。选定区域 D4：D14，向右拖动填充柄到 G 列，可完成其他三门课程的相关数据的统计。

计算公式中为什么要采用相对引用、绝对引用、混合引用？如 D4-D5、＄C＄3：＄C＄42、D＄3：D＄42，请思考。

(8) 对二班、三班的数据处理要求与一班相同，可参考一班的统计方法

计算公式见表 4-6、表 4-7。

表 4-6 二班"计算机基础"课程的计算公式

课程	单元格名称	要求	计算公式
计算机基础	J4	应考人数	＝COUNTA(二班！＄C＄3：＄C＄39)
	J5	实考人数	＝COUNTIF(二班！D＄3：D＄39，">＝0")
	J6	缺考人数	＝J4-J5
	J7	班级最高分	＝MAX(二班！D＄3：D＄39)
	J8	班级最低分	＝MIN(二班！D＄3：D＄39)
	J9	班级平均分	＝AVERAGE(二班！D＄3：D＄39)
	J10	成绩分段	＝FREQUENCY(二班！D3：D39，{59，69，79，89})

表 4-7　三班“计算机基础”课程的计算公式

课程	单元格名称	要求	计算公式
计算机基础	P4	应考人数	=COUNTA(三班！$C$3:$C$45)
	P5	实考人数	=COUNTIF(三班！D$3:D$45,">=0")
	P6	缺考人数	=P4-P5
	P7	班级最高分	=MAX(三班！D$3:D$45)
	P8	班级最低分	=MIN(三班！D$3:D$45)
	P9	班级平均分	=AVERAGE(三班！D$3:D$45)
	P10	成绩分段	=FREQUENCY(三班！D3:D45,{59,69,79,89})

提示：本案例中最高分和最低分也可以用 LARGE 和 SMALL 函数来完成。

LARGE 函数可以返回指定数据区域中第 *k* 个最大值，而 SMALL 函数则可以返回指定数据区域中第 k 个最小值。其基本公式是：

=LARGE(array,k)array 为需要找到第 *k* 个最大(小)值的数组或数字型数据区域；

=SMALL(array,k)*k* 为返回的数据在数组或数据区域里的位置。

例如：在“综合分析”表的单元格 D7 中输入公式“=LARGE(一班！D$3:D$42,1)”，在单元格 D8 中输入公式“=SMALL(一班！D$3:D$42,1)”，可得到最高分和最低分。

统计完成后的表格如图 4-44 所示。

学生成绩综合分析表

一班

项目	计算机基础	高等数学	大学英语	体育
应考人数	40	40	40	40
实考人数	37	36	39	39
缺考人数	3	4	1	1
班级最高分	97	96	99	99
班级最低分	52	54	42	59
班级平均分	78	78	77	79
60以下	2	2	4	1
60-70	5	5	7	3
70-80	14	9	8	15
80-90	13	17	16	17
90以上	3	3	4	3

二班

项目	计算机基础	高等数学	大学英语	体育
应考人数	37	37	37	37
实考人数	35	36	35	37
缺考人数	2	1	2	0
班级最高分	96	99	92	93
班级最低分	50	52	54	47
班级平均分	75	79	77	79
60以下	4	3	6	2
60-70	3	5	2	1
70-80	18	8	8	12
80-90	8	10	16	19
90以上	2	10	3	3

三班

项目	计算机基础	高等数学	大学英语	体育
应考人数	43	43	43	43
实考人数	40	41	42	43
缺考人数	3	2	1	0
班级最高分	95	97	99	91
班级最低分	56	46	48	62
班级平均分	77	78	78	79
60以下	1	3	2	0
60-70	7	3	10	7
70-80	14	13	6	13
80-90	15	19	18	22
90以上	3	3	6	1

图 4-44　统计完成后的学生成绩分析表

提示：在计算公式中采用不同的引用方式，对拖动填充柄操作产生的结果是不同的。如果采用相对引用，在两个方向上的拖动，都将产生计算公式中单元格的对应变化；如果采用绝对引用，在两个方向上的拖动，都不会产生计算公式中单元格的对应变化；如果采用混合引用，就要视引用的具体方式而定。

3. 班级成绩统计分析

站在年级的角度，以班级为单位对各班级的成绩进行统计分析。包括统计班级、年级人数；班级、年级课程平均分；班级、年级课程优良率；班级、年级课程不及格率；班级、年级补考人数；班级、年级体育达标率等。

（1）计算每个班的人数和年级总人数

步骤1：计算各班的总人数。单击一班人数对应单元格C19，插入函数“COUNTA”。在“COUNTA”函数参数对话框中的“Value1”选框中输入“一班！C3：C42”，如图4-45所示，单击“确定”按钮，即一班学生总人数统计完成。用同样的方法，再次使用“COUNTA”函数，对应二班的参数为“二班！C3：C39”，三班的参数为“三班！C3：C45”，确定后即可获得二班和三班学生总人数。

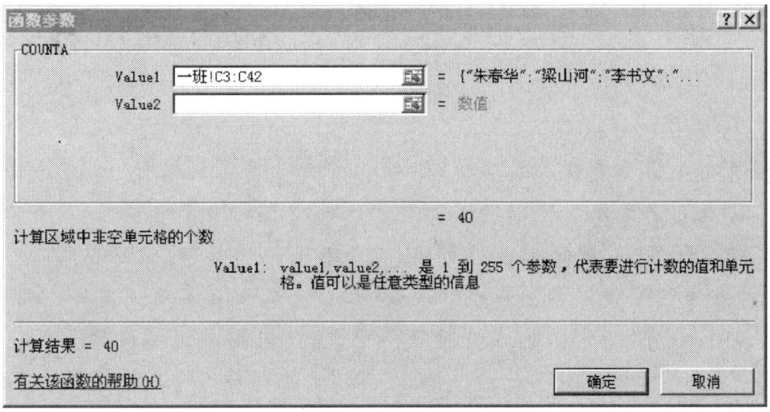

函数参数
COUNTA
Value1 一班!C3:C42 = {"朱春华";"梁山河";"李书文";"...
Value2 = 数值
= 40
计算区域中非空单元格的个数
Value1: value1,value2,... 是 1 到 255 个参数，代表要进行计数的值和单元格。值可以是任意类型的信息
计算结果 = 40
有关该函数的帮助(H)
确定 取消

图4-45　COUNTA函数参数

步骤2：计算年级总人数。单击年级人数对应的C18单元格，直接输入“＝COUNTA（一班！C3：C42，二班！C3：C39，三班！C3：B45）”公式或者直接输入“＝SUM（C19：D21）”公式，都可以求出3个班人数的总和。最后求出的结果如图4-46所示。

班级成绩统计分析

	人数	课程平均分	优良率	不及格率	待补考人数	体育达标率
年级	120					
一班	40					
二班	37					
三班	43					

图4-46　各班人数计算

注意：求各班人数时，不能使用拖动“填充柄”的方法，如果使用该方法，则二班使用“COUNTA”公式得到的函数为“＝COUNTA（一班！C4：C43）”，三班得到的函数为“＝COUNTA（一班！C5：C44）”。为什么是这个结果，请思考相对地址和表间地址引用的区别。

（2）计算课程平均分

课程平均分指某一班级所有学生参考人次成绩的平均值，即为该班学生的课程平均分。

可将班级的所有课程分所在的单元格设置为一个区域，并为这个区域指定一个名称，只要对该区域实施平均数计算，即可得到该区域所有单元格中数据的平均值，也就得到了该班所有学生的课程平均分。

步骤1：定义数据计算区域。单击“一班”工作表，选中D3：G42之间的单元格，然后在名称框输入“score1”，按“Enter”键确认，即将区域D3：G42命名为“score1”，如图4-47所示。

score1 fx 80

2000-2010学年度第一学期09计算机一班成绩表

学号	姓名	计算机基础	高等数学	大学英语	体育1	体育	平均	总分	排名
091130101	朱春华	77	62	88	99	优秀	81	326	11
091130102	梁山河	64	82	81	80	良好	77	307	21
091130103	李书文	68	60	42	59	不及格	57	229	36
091130104	戴广竹	79	83	65	81	良好	77	308	19
091130105	任红玉	97	66	58	68	及格	72	289	29

图4-47 自定义score1数据区域

提示：所有单元格都有默认的名称，但对于有特殊需要的情况，可为选定的单元格设置新的名称，原有的名称依然可以使用。对于已经设置的单元格新名称，可以通过“公式”选项卡中的“命令管理器”命令来进行新建、编辑和删除的管理。

还有一种方法也可以对单元格进行设置新的名称，而且实用性更好。以“二班”为例。右击“二班”D3：G39单元格区域，在快捷菜单中选择“命名单元格区域”命令，弹出新建名称对话框，在“名称”框中输入“score2”；在“范围”文本框选择“工作簿”；在“备注”栏中写入相应的说明；在“引用位置”文本框中采用默认值，确定后D3：G39单元格区域同样可以获得一个名为“score2”的新名称，与前面所不同的是采用后一种方法设置的新名称可以选择适用的范围，而前一种方法只能适用于整个工作簿。

步骤2：计算一班课程平均分。选择一班课程平均分对应的单元格E19，输入“＝AVERAGE(score1)”，按Enter键即可求出一班的课程平均分。

步骤3：计算二班和三班的课程平均分。对二班和三班，其课程平均分的计算方法和一班一样，也是先定义区域，然后在适当的单元格中，分别输入公式“＝AVERAGE(score2)”和“＝AVERAGE(score3)”公式，即可得到二班和三班的课程平均分。

步骤4：计算年级课程平均分。也就是求3个班的所有课程的平均分。在年级课程平均分对应的E18单元格中输入公式“＝AVERAGE(score1，score2，score3)”，按Enter键就能求出。也可以在年级的课程平均分对应的E18单元格中输入公式“＝AVERAGE(E19：G21)”，即求3个班课程的平均分的平均值。不过第2种方法的误差要大一点，如图4-48所示。

班级成绩统计分析

	人数	课程平均分	优良率	不及格率	待补考人数	体育达标率
年级	120	78				
一班	40	78				
二班	37	78				
三班	43	78				

图4-48 求出课程平均分

(3) 计算成绩优良率

优良率是指全班的所有课程分达到 80 分及其以上的比例。计算优良率的基本方法是先计算出全班所有课程分中满足条件“80 分及其以上”的数据个数，再除以全班所有课程分的数据总个数（实际参考人次），即可得出全班的成绩优良率。将采用条件计数函数 COUNTIF 和计数函数 COUNT 完成计算过程。

步骤 1：计算一班成绩的成绩优良率。在一班优良率对应的 H19 单元格中输入公式“=COUNTIF(score1,"＞＝80")/COUNT(score1)”，按 Enter 键即可求出。这个公式分为两部分。其中“=COUNTIF(score1,"＞＝80")”是求 score1 区域（一班）中成绩值大于或等于“80”的单元格个数，“COUNT(score1)”是计算“score1”区域中“有数据”的单元格个数。

步骤 2：计算二班和三班的成绩优良率。二班和三班的成绩优良率计算同一班的计算方法，输入的公式分别是“= COUNTIF (score2," ＞ ＝ 80")/COUNT (score2)” 和“=COUNTIF(score3,"＞＝80")/COUNT(score3)”。

步骤 3：计算年级优良率。这是 3 个班优良率的平均值，可以在 H18 单元格中输入公式“=(COUNTIF(score1,"＞＝80")＋COUNTIF(score2,"＞＝80")＋COUNTIF(score3,"＞＝80"))/(COUNT(score1)＋COUNT(score2)＋COUNT(score3))”，按 Enter 键就能求出。（如果直接求 3 个班优良率的平均值，会有一点误差。）

步骤 4：设置单元格格式。选定单元格区域 H18:J21，在右键菜单中选择“设置单元格格式”，在“设置单元格格式”对话框中选择“数字”选项卡，在“分类”列表框中选择“百分比”，小数位数:2 位。结果如图 4-49 所示。

班级成绩统计分析

	人数	课程平均分	优良率	不及格率	待补考人数	体育达标率
年级	117	78	50.87%			
一班	40	78	50.33%			
二班	37	78	49.65%			
三班	43	78	52.41%			

图 4-49　优良率计算结果

(4) 计算成绩不及格率

不及格率是指全班的所有课程不及格的人次数占全班所有课程考试人次数的比例。其方法与计算成绩优良率相同，只是 COUNTIF 函数的条件参数不同而已。

步骤 1：计算一班成绩的不及格率。单击一班不及格率对应的 K19 单元格，输入公式“=COUNTIF(score1,"＜60")/COUNT(score1)”，按 Enter 键即可求出一班的不及格率。

步骤 2：计算二班和三班的成绩不及格率。在二班、三班不及格率对应的 K20、K21 单元格中分别输入公式“=COUNTIF(score2, "＜60")/COUNT(score2)”、“=COUNTIF(score3,"＜60")/COUNT(score3)”，按 Enter 键即可求出二班和三班的不及格率。

步骤 3：在年级不及格率对应的 K18 单元格中输入公式 “=(COUNTIF(score1,"＜60")＋COUNTIF(score2,"＜60")＋COUNTIF(score3,"＜60"))/(COUNT(score1)＋COUNT(score2)＋COUNT(score3))”，按 Enter 键即可求出年级不及格率。

步骤 4：设置单元格格式：将单元格区域 K18:K21 的格式设置为“百分比、小数位数 2

位”。结果如图 4-50 所示。

班级成绩统计分析

	人数	课程平均分	优良率	不及格率	待补考人数	体育达标率
年级	117	78	50.87%	6.52%		
一班	40	78	50.33%	5.96%		
二班	37	78	49.65%	10.49%		
三班	43	78	52.41%	3.61%		

图 4-50　年级不及格率

(5) 计算待补考的人数

有两种学生需要补考：不及格和缺考者。由于缺考者不录入数据，所以只需统计成绩在 60 分以下和成绩为空缺的单元格个数。

步骤 1：计算一班待补考的人数。在一班补考人数对应的 N19 单元格中，输入公式“=COUNTIF(score1,"<60")+COUNTIF(score1,"")”，按 Enter 键确认即可求出。这个公式可分为两部分，“=COUNTIF(score1,"<60")”是计算“score1”区域（一班）中不及格人数，“COUNTIF(score1,"")”是计算“score1”区域中缺考人数。

步骤 2：计算二班和三班待补考的人数。在二班和三班补考人数对应的 N20、N21 单元格中，输入公式“=COUNTIF(score2,"<60")+COUNTIF(score2,"")”、“=COUNTIF(score3,"<60")+COUNTIF(score3,"")”，按 Enter 键确认就能求出二班和三班的补考人数。

步骤 3：计算年级待补考的人数。在年级补考人数对应的 N18 单元格中，对一班、二班、三班缺考人数求和，即可求出年级补考人数，如图 4-51 所示。

班级成绩统计分析

	人数	课程平均分	优良率	不及格率	待补考人数	体育达标率
年级	117	78	50.87%	6.52%	50	
一班	40	78	50.33%	5.96%	18	
二班	37	78	49.65%	10.49%	20	
三班	43	78	52.41%	3.61%	12	

图 4-51　年级补考人数

(6) 计算体育达标率

步骤 1：计算一班体育达标率。选择一班体育达标率对应的单元格 Q19，直接输入公式“=COUNTIF(一班!G3:G42,">=60")/COUNT(一班!G3:G42)”，按 Enter 键后即可计算出一班体育达标率。公式的含义是在工作表“一班”所对应的 G3:G42 单元格中，计算出满足条件“>=60”的数据个数，再除以一班体育参考人数。

步骤 2：计算二班和三班体育达标率。在二班和三班体育达标率对应的 N20、N21 单元格中，输入公式“=COUNTIF(二班!G3:G39,">=60")/COUNT(二班!G3:G39)”、“=COUNTIF(三班!G3:G45,">=60")/COUNT(三班!G3:G45)”，按 Enter 键就能求出二班和三班的体育达标率。

步骤 3：计算年级体育达标率。单击年级体育达标率所对应的 N18 单元格，输入“=(COUNTIF(一班!G3:G42,">=60")+COUNTIF(二班!G3:G39,">=60")+COUN-

TIF(三班!G3:G45,">=60"))/(COUNT(一班!G3:G42)+COUNT(二班!G3:G39)+COUNT(三班!G3:G45))",按 Enter 键即能求出,最后结果如图 4-52 所示。

班级成绩统计分析

	人数	课程平均分	优良率	不及格率	待补考人数	体育达标率
年级	117	78	50.87%	6.52%	50	97.48%
一班	40	78	50.33%	5.96%	18	97.44%
二班	37	78	49.65%	10.49%	20	94.59%
三班	43	78	52.41%	3.61%	12	100.00%

图 4-52　体育达标率结果

4. 创建"年级打印成绩表"

步骤 1:在学生成绩表工作簿中新建工作表,并命名为"年级打印成绩表"。选定"一班"工作表的 B1:K42 区域,复制到剪贴板中。选定"年级打印成绩表"的 B1 单元格,利用右键菜单的"选择性粘贴",在"粘贴"组中选择"公式和数据格式",单击"确定"按钮,如图 4-53 所示。

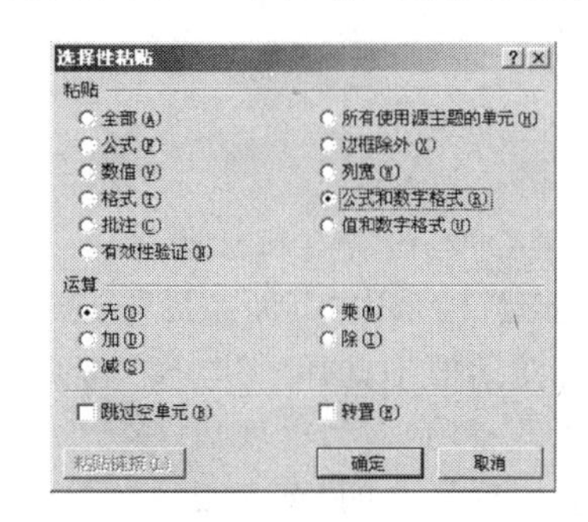

图 4-53　选择性粘贴

步骤 2:用同样的方法将"二班"工作表的 B3:K39 区域中的数据"选择性粘贴"到"年级打印成绩表"中一班数据的后面。将"三班"工作表的 B3:K45 区域中的数据"选择性粘贴"到"年级打印成绩表"中二班数据的后面(注意对齐)。

步骤 3:选定年级打印成绩表的 B 列,单击"开始"选项卡的"单元格"组中的"插入",选择"插入工作表列"。选定 B2 单元格,输入"班级"。在 B3 单元格中输入公式"=IF(MIDB(C3,7,1)="1","一班",IF(MIDB(C3,7,1)="2","二班","三班"))",拖动 B3 单元格的填充柄到最后一个单元格 B122,所有班级录入完毕,如图 4-54 所示。

	B	C	D	E	F	G	H	I	J	K	L
1		2000—2010学年度第一学期 09计算机一班成绩表									
2	班级	学号	姓名	计算机基	高等数学	大学英语	体育	体育	平均	总分	排名
3	一班	091130101	朱春华	77	62	88	99	优秀	81	326	11
4	一班	091130102	梁山河	64	82	81	80	良好	77	307	21
5	一班	091130103	李书文	68	60	42	59	不及格	57	229	36
6	一班	091130104	戴广竹	79	83	65	81	良好	77	308	19
7	一班	091130105	任红玉	97	66	58	68	及格	72	289	29
8	一班	091130106	施磊	75	87	54	78	中等	74	294	26
9	一班	091130107	刘跃	69	82	78	79	中等	77	308	19

一班　二班　三班　综合分析　年级打印成绩表

图 4-54　年级打印成绩表

步骤 4:将"年级打印成绩表"L2 单元格中的数据改为"年级排名"。选定 L3 单元格,录入公式"=RANK(K3,K$3:K$122)",拖动 L3 单元格的填充柄到最后一个单元格 L122,所有学生排名完毕。

步骤 5:选定单元格区域 B1:L1,在"开始"选项卡的"对齐方式"组中,选择"合并后居中",并将其中的文字改为"2000—2010 年度第一学期 09 计算机专业成绩表"。设置字体:楷体_GB2312,字号:18,颜色:蓝色。

步骤 6:选定单元格区域 B2:L2,在"开始"选项卡的"单元格"组中,选择"格式"中的"列宽",设置列宽"10"。设置字体:宋体,字号:12,颜色:白色,底纹:蓝色。

步骤 7：选定 B2：L122 区域，在右键菜单中选择“设置单元格格式”，设置字体：宋体，字号：12，对齐方式：水平居中、垂直居中，边框：粗实线外框、细实线内框。

步骤 8：设置打印格式。

第一步：在 G 列前插入分页符。

选定“年级打印成绩表”的 G 列，在“页面布局”选项卡的“页面设置”组中选择“分隔符”，在其下拉菜单中选择“插入分页符”，如图 4-55 所示。

2000-2010年度 09计算机成绩表

班级	学号	姓名	计算机基础	高等数学	大学英语	体育1	体育	平均	总分	年级排名
一班	091130101	朱春华	77	62	87.5	99	优秀	81	326	30
一班	091130102	梁山河	64	82	81	80	良好	77	307	62
一班	091130103	李书文	68	60	42	59	不及格	57	229	113
一班	091130104	戴广竹	79	83	65	81	良好	77	308	59
一班	091130105	任红玉	97	66	58	68	及格	72	289	87
一班	091130106	施磊	75	87	54	78	中等	74	294	81
一班	091130107	刘跃	69	82	78	79	中等	77	308	59
一班	091130108	胡川	74		97	74	中等	82	245	103
一班	091130109	胡珺	88	88	76	91	优秀	86	343	9

图 4-55　在 G 列前插入分页符

第二步：设置打印标题。

步骤 1：单击“页面布局”选项卡的“页面设置”组中的“打印标题”按钮，在打开的“页面布局”对话框中选择“工作表”选项卡。单击“打印标题”组中“顶端标题行”右侧的折叠按钮，使“页面布局”对话框变成一个长条，选定“年级打印成绩表”的 1、2 两行，再次单击“折叠”按钮，返回到原来的“页面布局”对话框，如图 4-56 所示。单击“打印预览”按钮，可查看打印效果，如图 4-57 所示。关闭“打印预览”。打印标题设置完成。

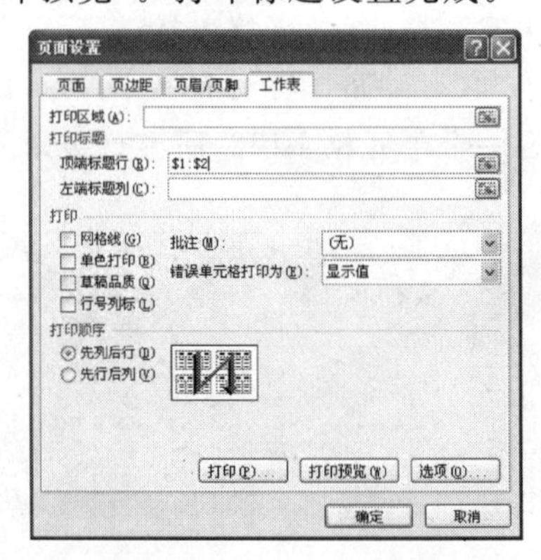

图 4-56　设置打印标题

2000—2010年度第一学期 09计算机专业成绩表

班级	学号	姓名	计算机基础	高等数学	大学英语	体育	体育	平均	总分	年级排名
一班	091130101	朱春华	77	62	87.5	99	优秀	81	326	30
一班	091130102	梁山河	64	82	81	80	良好	77	307	62
一班	091130103	李书文	68	60	42	59	不及格	57	229	113
一班	091130104	戴广竹	79	83	65	81	良好	77	308	59
一班	091130105	任红玉	97	66	58	68	及格	72	289	87
一班	091130106	施磊	75	87	54	78	中等	74	294	81
一班	091130107	刘跃	69	82	78	79	中等	77	308	59
一班	091130108	胡川	74		97	74	中等	82	245	103
一班	091130109	胡珺	88	88	76	91	优秀	86	343	9
一班	091130110	罗朝兵	68	81	70		不及格	73	219	115

图 4-57　打印预览

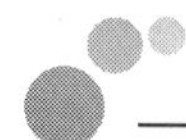

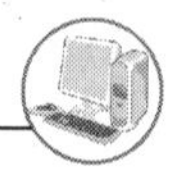

5. 创建工作簿首页

步骤 1:在"一班"工作表表名的右键菜单中,选择"插入",在"插入"对话框的"常用"选项卡中选择"图表",单击"确定"按钮,将图表改名为"知识点说明"。即可在"一班"表前面插入一个图表,如图 4-58 所示。

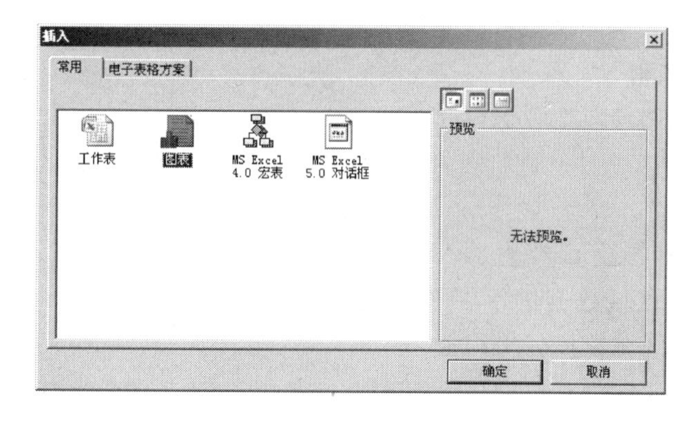

图 4-58 插入图表

步骤 2:右击图表,选择"设置图表区格式",在其对话框的"填充"选项卡中,选择"渐变填充",预设颜色:第 3 行、第 3 列的"麦浪滚滚",类型:线型,方向:线性向下。然后选择"三维格式"选项卡,设置"圆"棱台格式,关闭对话框,即可。如图 4-59 所示。

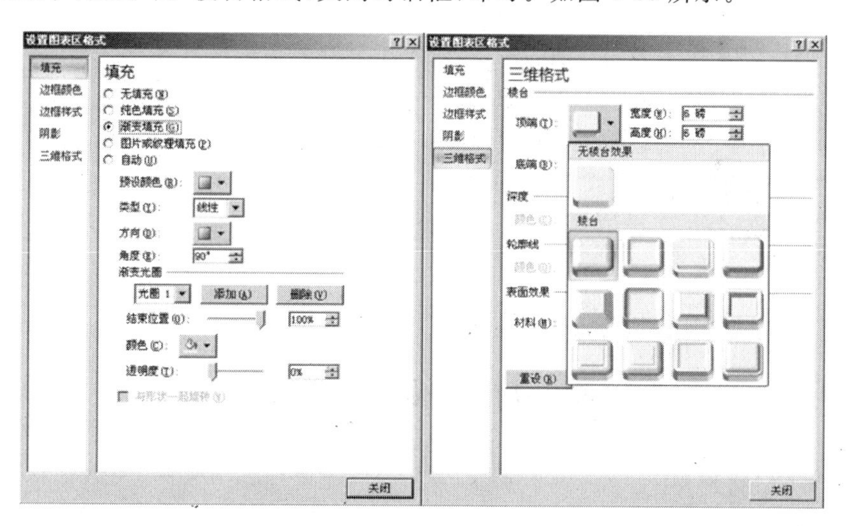

图 4-59 "设置图标区域格式"对话框

步骤 3:在图表中插入文本框,并输入文字"成绩分析案例说明",设置格式:宋体,36 号,橙色,阴影效果。再次插入文本框,录入文字"创建三个班级原始成绩表",对表格进行修饰、添加批注,对特殊数据用条件格式显示。然后对各个班级和整个年级全部学生的成绩进行分析。整个分析涉及数据录入、修改,单元格格式设置,单元格合并。涉及的函数有:SUM、COUNT、COUNTA、COUNTIF、AVERAGE、FREQUENCY、MAX、MIN、MIDB、RANK 和 IF 等。在功能上还采用了:数据有效性、条件格式、绝对引用、相对引用、表间计算等多项功能。设置格式:华文新魏,22 号,黑色。调整文本框到适当位置。

4.2.4 技术解析

本案例是一个函数在表内、表间运算的实例，它涉及了几个常用函数的使用、不同数据引用方法的运用和工作表间数据的计算等。

1. 主要使用的函数

(1) SUM(参数 1,参数 2,…)

对数值或单元格区域数据进行求和计算。如"＝SUM(B1,C2:E3)"是求 B1 和 B2:D3 区域的数据之和。

(2) AVERAGE(参数 1,参数 2,…)

对数值或单元格区域数据进行求平均值计算。如"＝AVERAGE(A1:B4,D3:G3)"是求 A1:B4 和 B2:D3 区域数据的平均值。

(3) IF 函数

基本语法:IF(logical_test,value1_if_true,value2_if_false)。

指定的条件进行计算,结果为 TRUE 返回 value1,结果为 FALSE 返回 value2。可以使用 IF 对数值和公式执行条件检测。也可以使用 IF 函数进行多个判断条件的嵌套使用,最多可以使用 64 个 IF 函数作为 value_if_true 和 value_if_false 参数进行嵌套,以构造更详尽的计算。

(4) RANK 函数

可返回一个数字在数字列表中的排位,常用于数据列的排名。

基本语法:RANK(number,ref,order)

number:为需要找到排位的数字。

ref:为数字列表数组或对数字列表的引用。ref 中的非数值型参数将被忽略。

order:为一数字,指明排位的方式。

(5) COUNT 函数

求出数值参数或单元格区域参数中包含数值的总个数。

基本语法:COUNT(Value1,[Value2],……)

Value1 必要。要计算其中数字的个数的第一项,单元格引用或区域。

Value2,…可选。要计算其中数字的个数的其他项、单元格引用或区域。最多可包含 255 个。

(6) COUNTA 函数

返回参数列表中非空值的单元格个数。利用 COUNTA 函数可以计算单元格区域或数组中包含数据的单元格个数。

基本语法:COUNTA(value1,value2,…)

value1, value2,…:代表要计数其值的 1 到 255 个参数。

(7) COUNTIF 函数

计算区域中满足给定条件的单元格的个数。

基本语法:COUNTIF(range,criteria)

range:是一个或多个要计数的单元格,其中包括数字或名称、数组或包含数字的引用。空值和文本值将被忽略。

criteria:为确定哪些单元格将被计算在内的条件,其形式可以为数字、表达式、单元格引用或文本。

(8) FREQUENCY 函数

计算数值在某个区域内的出现频率(该区域中的数均为整数),然后返回一个垂直数组。

基本语法:FREQUENCY(data_array,bins_array)

data_array:是一个数组或对一组数值的引用,为它计算频率。

bins_array:是一个区间数组或对区间的引用,该区间用于对 data_array 中的数值进行分组。

在 4.2 节的"学生成绩分析"中,将成绩分为"<60"、"60～70"、"70～80"、"80～90"和"90 以上"5 个分段,要求统计一班"计算机基础"课程不同分数段的人数分布,就是用 FREQUENCY 函数来完成的,公式为"=FREQUENCY(一班!D3:D42,{59,69,79,89})"。

(9) MAX(参数 1,参数 2,…)

求出各参数所表示的单元格区域中的最大值。

(10) MIN(参数 1,参数 2,…)

求出各参数所表示的单元格区域中的最小值。

(11) LARGE 函数

返回数据集中第 k 个最大值。使用此函数可以根据相对标准来选择数值。例如,可以使用函数 LARGE 得到第 1 名、第 2 名或第 3 名的得分。

基本语法:LARGE(array,k)

array:为需要从中选择第 k 个最大值的数组或数据区域。

k:为返回值在数组或数据单元格区域中的位置(从大到小)。

(12) SMALL 函数

返回数据集中第 k 个最小值。使用此函数可以返回数据集中特定位置上的数值。

基本语法:SMALL(array,k)

array:为需要找到第 k 个最小值的数组或数字型数据区域。

k:为返回的数据在数组或数据区域里的位置(从小到大)。

(13) NOW 函数

此函数不需要任何参数,它将插入系统时钟的当前日期和时间。当工作表打开或保存时,都更新这个日期和时间。

(14) MIDB 函数

返回文本字符串中从指定位置开始的特定数目的字符:

基本语法:MIDB(text,start_num,num_bytes)

text:是包含要提取字符的文本字符串。

start_num:是文本中要提取的第 1 个字符的位置。

num_bytes:指定希望 MIDB 从文本中返回字符的个数。

如:MIDB("abcde",3,2)="cd"

2. 单元格的引用

引用的作用在于标识工作表上的单元格或单元格区域,并告知 Excel 在何处查找公式中所使用的数值或数据。通过引用,可以在一个公式中使用工作表不同部分中包含的数据,或者在多个公式中使用同一个单元格的数值。还可以引用同一个工作簿中其他工作表上的单元格和其他工作簿中的数据。

(1) 单元格的引用方式

单元格的引用方式有如下三种。

- 相对引用：是某一单元格相对于当前单元格的位置，如E3，F11。
- 绝对应用：表示某一单元格在工作表的绝对位置，如$B$3，$F$11。
- 混合引用：是相对地址和绝对地址的混合使用，包括两种，其一为行号为相对的，列标为绝对的引用，如$B3；其二行号是绝对的，列标是相对的，如F$11。

在上述引用的表达中，符号$表示是否为绝对引用，如果它在行号前面，则行号就是绝对引用，如果它在列标之前，则列标就是绝对引用。

(2) 引用其他的工作簿或工作表

如果引用的单元格区域在当前工作薄的其他工作表中，引用方法为：工作表名！单元格区域。如在4.1.3节中制作“综合分析”工作表时，求“高等数学实考人数”要用到“一班”工作表中的数据，其引用为：一班！E$3：E$42。

如果要引用的单元格区域在其他工作簿中，则引用方法为：

“工作薄路径[工作薄名]工作表名”！单元格区域

如要引用“D：\hyj\”目录中“2008年销售统计”工作薄中Sheet2表中的B3：E9单元格区域引用方式为：“D：\hyj\[2008年销售统计]”！B3：E9。

在实际运用中，应该根据具体需要，合理地使用不同类型的引用方式。

(3) 公式或函数复制对相对单元格引用的影响

在相对引用的情况下，通过复制或拖动“填充柄”将应用了公式或函数的单元格复制到其他位置，公式中引用的单元格地址也会相应的变化，其特点是引用地址与应用公式或函数的单元格之间的相对位置不变。

在4.1.3节中制作“一班”成绩表时，在I3单元格输入函数“=AVERAGE(D3：G3)”，当将I3单元格函数复制到I4单元格时，公式中引用的地址自动变成“=AVERAGE(D4：G4)”，即I3单元各中函数引用的单元格区域地址D3：G3和I3在同一行，且相差二列，这与I4单元格和D4：G4单元格区域的相对位置是一样的。

(4) 公式或函数复制对绝对单元格引用的影响

在绝对引用的情况下，复制后公式或函数的位置发生了变化，绝对引用的地址不会改变。例如在4.1.3节中制作“综合分析”时在D4单元格中的函数为“=COUNTA(一班！$C$3：$C$42)”，如果将D4单元的函数复制到E4单元格，其中的函数还是“=COUNTA(一班！$C$3：$C$42)”。这与“同一班级中无论哪门必修课程应考人数都相同”的要求相符。

(5) 公式或函数复制对混合单元格引用的影响

在混合引用的情况下，复制后的公式位置发生了改变，引用中的绝对部分不会变化，相对部分变化。例如4.1.3节中制作“一班”成绩表时在K3单元格中的函数为“=RANK(J3，J$3：J$42)”，列为相对引用，行为绝对引用。将K3单元的函数复制到K4单元格，其中的函数为“=RANK(J4，J$3：J$42)”。

4.2.5 实训指导

本案例要求将3个班的体育百分制成绩转化为等级制成绩、计算每个学生的平均分、总分、按总分在班上排名；按班级统计每门课程应考、实考及缺考人数、最高、最低及平均分、每门课程成绩分布情况；各班的人数、课程平均分、优良率、不及格率、补考人数、体育达标率等。

1. 实训目的

学习使用的函数，掌握数据的相对引用、绝对引用、混合引用以及工作表间数据引用等知识。

2. 实训准备

知识准备：

- 预习 Excel 中公式及常见函数的应用；
- 预习相对引用、绝对引用和混合引用的概念和使用方法；
- 预习表间引用的概念和使用方法。

资料准备：

- Microsoft Office 2007 环境(实训室准备)；
- 案例中所需的原始数据表(由案例 1 得到)。

3. 实训步骤

- 打开学生成绩表，获取原始数据。
- 对“一班”工作表进行如下操作：
  √ 使用 IF 函数转换体育分数；
  √ 使用 AVERAGE 函数求每个学生的课程平均分；
  √ 使用 SUM 函数求每个学生的总分。
- 使参照“一班”对“二班”、“三班”工作表进行相应操作。
- 对“综合分析”工作表进行如下操作：
  √ 使用 COUNTA 函数求应考人数；
  √ 使用 COUNTIF 函数求实考人数；
  √ 使用 MAX 或 LARGE 函数求每门课程最高分；
  √ 使用 MIN 或 SMALL 函数求单科最低分数；
  √ 使用 FREQUENCY 函数对单科成绩分段；
  √ 使用 COUNTA 函数求班级人数；
  √ 使用 AVERAGE 函数求班级课程平均分；
  √ 使用 COUNTIF 函数求优良率、不及格率、待补考人数、体育达标率。
- 制作“年级打印成绩表”：
  √ 以 3 个班的数据为数据源制作“年级打印成绩表”；
  √ 计算学生的年级排名；
  √ 设置打印格式。
- 制作学生成绩表首页。

4. 实训要求

- 实训文档的结果与案例样文档基本一致；
- 实训过程中可以使用其他的方法完成相同的任务；
- 实训文档如果课内无法完成需在课后继续完成。

4.2.6 课后思考

- 函数的参数有几种方法输入？
- 比较 COUNT、COUNTA、COUNTIF 的异同点。
- 相对引用、绝对引用和混合引用的区别？
- 如何做到工作表间的数据引用？

4.3 案例3——商品销售数据管理

4.3.1 案例介绍

本案例通过对“佳美电器连锁店”各分店1～3月份数据的统计分析，让读者掌握利用Excel 2007进行数据的合并计算、排序、分类汇总、数据筛选和创建数据透视表等数据管理操作。“佳美电器连锁店”的原始数据事先给出，保存在“佳美电器连锁店数据管理”工作簿的“原始数据”工作表中。

4.3.2 知识要点

本案例涉及Excel的主要知识点如下。

- 数据合并——利用汇总函数从一个或多个数据源中汇总数据。
- 数据排序——将数据区域的数据按照某种顺序排序，以便用户更好地分析和查看数据。
- 分类汇总——按照数据区域的某个列标题进行分类，并对各类进行汇总。
- 数据的筛选——通过筛选，在大量的数据中只显示满足条件的数据行，分“自动筛选”和“高级筛选”两种。
- 创建数据透视表——从数据区域中按一定的方式产生统计数据，使用户能够从不同的角度观察数据。

4.3.3 案例实施

1. 整理原始数据

步骤1：打开“佳美电器连锁店数据管理”工作簿。

步骤2：选定“原始数据”工作表的H4单元格，录入公式“＝SUM(E4:G4)”，求出北京分店电冰箱的季度小计。选定I4单元格，录入公式“＝RANK(H4,H$4:H$16)”，对H4在范围H4:H6中排名。选定H4:I4区域，拖动其填充柄到H16:I16，即可求出北京分店所有销售商品的季度小计和排名。

步骤3：选定单元格E17，录入公式“＝SUM(E4:E16)”，求出一月份北京分店的销售额，拖动 E17 的填充柄到 H17，即可求出北京分店一月份、二月份、三月份的销售额和季度销售总额。

步骤 4：参照步骤 2、3，对“上海分店”、“广州分店”、“武汉分店”进行同样处理。再对数据表进行适当的修饰。其结果如图 4-60 所示。

北京分店

商品类型	商品名称	一月	二月	三月	季度小计	排序
白色家电	电冰箱	200.34	205.13	212.25	617.72	2
黑色家电	电视机	301.23	311.67	308.34	921.24	1
白色家电	洗衣机	90.24	102.67	121.49	314.4	5
白色家电	空调机	50.41	61.35	58.38	170.14	6
黑色家电	小电器	45.22	56.47	52.49	154.18	7
米色家电	手机	180.21	190.22	192.35	562.78	3
米色家电	数码产品	160.34	179.42	171.01	510.77	4
黑色家电	音响	30.29	32.81	33.28	96.38	8
黑色家电	光碟机	20.39	25.34	27.31	73.04	9
小家电	风扇	8.29	8.91	8.33	25.53	12
小家电	电磁炉	9.24	9.98	10.12	29.34	11
小家电	微波炉	10.21	11.37	11.82	33.4	10
小家电	热水器	5.33	5.78	5.91	17.02	13
总计		1111.74	1201.12	1213.08	3525.94	

上海分店

商品类型	商品名称	一月	二月	三月	季度小计	排序
白色家电	电冰箱	256.45	255.78	234.09	746.32	2
黑色家电	电视机	334.48	350.31	356.77	1041.56	1
白色家电	洗衣机	131.28	145.68	142.38	419.34	5
白色家电	空调机	78.02	83.92	81.36	243.3	6
黑色家电	小电器	56.43	62.51	60.38	179.32	7
米色家电	手机	201.39	221.29	208.21	630.89	3
米色家电	数码产品	180.72	198.22	190.25	569.19	4
黑色家电	音响	40.29	45.22	44.93	130.44	8
黑色家电	光碟机	26.34	33.92	32.49	92.75	9
小家电	风扇	12.23	15.23	14.29	41.75	10
小家电	电磁炉	9.43	10.42	10.34	30.19	12
小家电	微波炉	10.54	11.49	12.31	34.34	11
小家电	热水器	8.38	9.23	10.56	28.17	13
总计		1345.98	1443.22	1398.36	4187.56	

广州分店

商品类型	商品名称	一月	二月	三月	季度小计	排序
白色家电	电冰箱	267.21	289.52	280.33	837.06	2
黑色家电	电视机	342.72	372.34	389.24	1104.3	1
白色家电	洗衣机	156.73	172.35	182.21	511.29	5
白色家电	空调机	89.43	92.57	93.01	275.01	6
黑色家电	小电器	72.22	78.32	77.29	227.83	7
米色家电	手机	220.19	242.21	231.25	693.65	3
米色家电	数码产品	170.34	172.26	170.27	512.87	4
黑色家电	音响	42.28	43.12	44.32	129.72	8
黑色家电	光碟机	30.23	37.42	32.28	99.93	9
小家电	风扇	18.29	18.34	17.93	54.56	10
小家电	电磁炉	11.23	12.72	12.34	36.29	11
小家电	微波炉	9.16	9.88	9.73	28.77	13
小家电	热水器	10.24	11.45	11.88	33.57	12
总计		1440.27	1552.5	1552.08	4544.85	

武汉分店

商品类型	商品名称	一月	二月	三月	季度小计	排序
白色家电	电冰箱	180.45	190.29	198.23	568.97	2
黑色家电	电视机	220.39	242.11	251.17	713.67	1
白色家电	洗衣机	80.21	88.26	85.11	253.58	5
白色家电	空调机	78.43	83.42	82.19	244.04	6
黑色家电	小电器	68.23	72.12	70.23	210.58	7
米色家电	手机	120.35	131.26	130.01	381.62	3
米色家电	数码产品	90.93	94.34	98.38	283.65	4
黑色家电	音响	20.39	24.3	28.31	73.00	8
黑色家电	光碟机	15.21	16.52	17.27	49.00	9
小家电	风扇	11.21	12.29	12.72	36.22	10
小家电	电磁炉	7.37	8.27	8.42	24.06	11
小家电	微波炉	5.72	6.28	6.27	18.27	13
小家电	热水器	6.28	7.29	8.33	21.90	12
总计		905.17	976.75	996.64	2878.56	

图 4-60 四分店一季度销售数据统计

2. 制作“销售总表”

步骤 1：将“佳美电器连锁店数据管理”工作簿的“sheet2”工作表重命名为“销售总表”。

步骤 2：选定“原始数据”工作表的单元格区域 C3:G16，复制；右击“销售总表”工作表的 A1 单元格，选择“选择性粘贴”，粘贴“数值”。如图 4-61 所示，粘贴结果如图 4-62 所示。

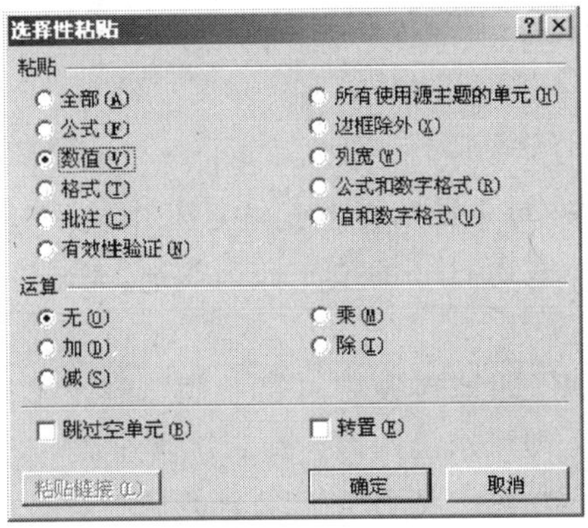

选择性粘贴

粘贴
- 全部(A)
- 公式(F)
- 数值(V)
- 格式(T)
- 批注(C)
- 有效性验证(N)
- 所有使用源主题的单元(H)
- 边框除外(X)
- 列宽(W)
- 公式和数字格式(R)
- 值和数字格式(U)

运算
- 无(O)
- 加(D)
- 减(S)
- 乘(M)
- 除(I)

跳过空单元(B) 转置(E)

粘贴链接(L) 确定 取消

图 4-61 以“数值”的形式选择性粘贴

	A	B	C	D	E	F
1	商品类型	商品名称	一月	二月	三月	
2	白色家电	电冰箱	200.34	205.13	212.25	
3	黑色家电	电视机	301.23	311.67	308.34	
4	白色家电	洗衣机	90.24	102.67	121.49	
5	白色家电	空调机	50.41	61.35	58.38	
6	黑色家电	小电器	45.22	56.47	52.49	
7	米色家电	手机	180.21	190.22	192.35	
8	米色家电	数码产品	160.34	179.42	171.01	
9	黑色家电	音响	30.29	32.81	33.28	
10	黑色家电	光碟机	20.39	25.34	27.31	
11	小家电	风扇	8.29	8.91	8.33	
12	小家电	电磁炉	9.24	9.98	10.12	
13	小家电	微波炉	10.21	11.37	11.82	
14	小家电	热水器	5.33	5.78	5.91	

图 4-62 选择性粘贴结果

步骤 3：参照步骤 2 将“原始数据”工作表 M3：O16 区域中的数据以“数值”形式粘贴到“销售总表”的 F1：H14 区域、将“原始数据”工作表 E20：G33 区域中的数据以“数值”形式粘贴到“销售总表”的 I1：K14 区域、将“原始数据”工作表 M20：O33 区域中的数据以“数值”形式粘贴到“销售总表”的 L1：N14 区域。如图 4-63 所示。

	A	B	C	D	E	F	G	H	I	J	K	L	M	N
1	商品类型	商品名称	一月	二月	三月	一月	二月	三月	一月	二月	三月	一月	二月	三月
2	白色家电	电冰箱	200.34	205.13	212.25	256.5	255.78	234.09	267.21	289.52	280.33	180.45	190.29	198.23
3	黑色家电	电视机	301.23	311.67	308.34	334.5	350.31	356.77	342.72	372.34	389.24	220.39	242.11	251.17
4	白色家电	洗衣机	90.24	102.67	121.49	131.3	145.68	142.38	156.73	172.35	182.21	80.21	88.26	85.11
5	白色家电	空调机	50.41	61.35	58.38	78.02	83.92	81.36	89.43	92.57	93.01	78.43	83.42	82.19
6	黑色家电	小电器	45.22	56.47	52.49	56.43	62.51	60.38	72.22	78.32	77.29	68.23	72.12	70.23
7	米色家电	手机	180.21	190.22	192.35	201.4	221.29	208.21	220.19	242.21	231.25	120.35	131.26	130.01
8	米色家电	数码产品	160.34	179.42	171.01	180.7	198.22	190.25	170.34	172.26	170.27	90.93	94.34	98.38
9	黑色家电	音响	30.29	32.81	33.28	40.29	45.22	44.93	42.28	43.12	44.32	20.39	24.3	28.31
10	黑色家电	光碟机	20.39	25.34	27.31	26.34	33.92	32.49	30.23	37.42	32.28	15.21	16.52	17.27
11	小家电	风扇	8.29	8.91	8.33	12.23	15.23	14.29	18.29	18.34	17.93	11.21	12.29	12.72
12	小家电	电磁炉	9.24	9.98	10.12	9.43	10.42	10.34	11.23	12.72	12.34	7.37	8.27	8.42
13	小家电	微波炉	10.21	11.37	11.82	10.54	11.49	12.31	9.16	9.88	9.73	5.72	6.28	6.27
14	小家电	热水器	5.33	5.78	5.91	8.38	9.23	10.56	10.24	11.45	11.88	6.28	7.29	8.33

图 4-63　四分店数据选择性粘贴结果

步骤 4：选定“销售总表”的第 1 行，在“开始”选项卡的“单元格”组中，单击“插入”旁的小三角，选择“插入工作表行”，即在第 1 行前插入了一空行。将 C1：E1 区域合并居中，并输入“北京分店”。将 F1：H1 区域合并居中，并输入“上海分店”，将 I1：K1 区域合并居中，并输入“广州分店”。将 L1：N1 区域合并居中，并输入“武汉分店”。

步骤 5：再次在“销售总表”的第 1 行前插入一空行，将 C1：N1 区域合并居中，并输入文字“营业额(万元)”。将单元格区域 A1：A3 合并居中、B1：B3 合并居中。

步骤 6：在“销售总表”的第 1 行前插入一空行，选定 A1：N1，合并居中，并输入文字“佳美电器连锁店一季度销售总表”，如图 4-64 所示。

P25

	A	B	C	D	E	F	G	H	I	J	K	L	M	N
1	佳美电器连锁店一季度销售总表													
2	商品类型	商品名称	营业额（万元）											
3			北京分店			上海分店			广州分店			武汉分店		
4			一月	二月	三月	一月	二月	三月	一月	二月	三月	一月	二月	三月
5	白色家电	电冰箱	200.34	205.13	212.25	256.45	255.78	234.09	267.21	289.52	280.33	180.45	190.29	198.23
6	黑色家电	电视机	301.23	311.67	308.34	334.48	350.31	356.77	342.72	372.34	389.24	220.39	242.11	251.17
7	白色家电	洗衣机	90.24	102.67	121.49	131.28	145.68	142.38	156.73	172.35	182.21	80.21	88.26	85.11
8	白色家电	空调机	50.41	61.35	58.38	78.02	83.92	81.36	89.43	92.57	93.01	78.43	83.42	82.19
9	黑色家电	小电器	45.22	56.47	52.49	56.43	62.51	60.38	72.22	78.32	77.29	68.23	72.12	70.23
10	米色家电	手机	180.21	190.22	192.35	201.39	221.29	208.21	220.19	242.21	231.25	120.35	131.26	130.01
11	米色家电	数码产品	160.34	179.42	171.01	180.72	198.22	190.25	170.34	172.26	170.27	90.93	94.34	98.38
12	黑色家电	音响	30.29	32.81	33.28	40.29	45.22	44.93	42.28	43.12	44.32	20.39	24.3	28.31
13	黑色家电	光碟机	20.39	25.34	27.31	26.34	33.92	32.49	30.23	37.42	32.28	15.21	16.52	17.27
14	小家电	风扇	8.29	8.91	8.33	12.23	15.23	14.29	18.29	18.34	17.93	11.21	12.29	12.72
15	小家电	电磁炉	9.24	9.98	10.12	9.43	10.42	10.34	11.23	12.72	12.34	7.37	8.27	8.42
16	小家电	微波炉	10.21	11.37	11.82	10.54	11.49	12.31	9.16	9.88	9.73	5.72	6.28	6.27
17	小家电	热水器	5.33	5.78	5.91	8.38	9.23	10.56	10.24	11.45	11.88	6.28	7.29	8.33
18	月小计		1111.74	1201.12	1213.08	1345.98	1443.22	1398.36	1440.27	1552.5	1552.08	905.17	976.75	996.64
19	四地连锁店总营业额		15136.91											

原始数据　销售总表　Sheet3

图 4-64　佳美电器连锁店销售数据汇总

步骤 7：选定 A18：B18 区域，合并居中并输入文字“月小计”，在单元格 C18 中输入公式“＝SUM(C5：C17)”，求出“北京分店”一月份营业额。拖动 C18 的填充柄到 N18，完成月小计工作。

步骤 8：选定 A19：B19 区域，合并居中并输入文字“四地连锁店总营业额”，选定 C19：N19 区域，合并居中，并输入公式“＝SUM(C5：N18)”，即可求出四地连锁店总营业额。

步骤 9：选定 C3：N3 区域，复制，右击 B21 单元格，粘贴。将 B22：C22 合并居中，输入文字“一季度营业额”，将 B23：C23 合并居中，输入文字“比例”，将 B24：C24 合并居中输入文字“月营业额最大值”。选中区域 B22：C24，复制，分别右击单元格 E22、H22、K22，选择“粘贴”，即可将区域 B22:C24 中的数据分别复制到区域 E22:F24、H22:I24、K22:L24 中，如图 4-65 所示。

	A	B	C	D	E	F	G	H	I	J	K	L	M	N	O
1								佳美电器连锁店							
2								营业额（万元）							
3	商品类型	商品名称		北京分店			上海分店			广州分店			武汉分店		
4			一月	二月	三月	一月	二月	三月	一月	二月	三月	一月	二月	三月	
5	白色家电	电冰箱	200.34	205.13	212.25	256.45	255.78	234.09	267.21	289.52	280.33	180.45	190.29	198.23	
6	黑色家电	电视机	301.23	311.67	308.34	334.48	350.31	356.77	342.72	372.34	389.24	220.39	242.11	251.17	
7	白色家电	洗衣机	90.24	102.67	121.49	131.28	145.68	142.38	156.73	172.35	182.21	80.21	88.26	85.11	
8	白色家电	空调机	50.41	61.35	58.38	78.02	83.92	81.36	89.43	92.57	93.01	78.43	83.42	82.19	
9	黑色家电	小电器	45.22	56.47	52.49	56.43	62.51	60.38	72.22	78.32	77.29	68.23	72.12	70.23	
10	米色家电	手机	180.21	190.22	192.35	201.39	221.29	208.21	220.19	242.21	231.25	120.35	131.26	130.01	
11	米色家电	数码产品	160.34	179.42	171.01	180.72	198.22	190.25	170.34	172.26	170.27	90.93	94.34	98.38	
12	黑色家电	音响	30.29	32.81	33.28	40.29	45.22	44.93	42.28	43.12	44.32	20.39	24.3	28.31	
13	黑色家电	光碟机	20.39	25.34	27.31	26.34	33.92	32.49	30.23	37.42	32.28	15.21	16.52	17.27	
14	小家电	风扇	8.29	8.91	8.33	12.23	15.23	14.29	18.29	18.34	17.93	11.21	12.29	12.72	
15	小家电	电磁炉	9.24	9.98	10.12	9.43	10.42	10.34	11.23	12.72	12.34	7.37	8.27	8.42	
16	小家电	微波炉	10.21	11.37	11.82	10.54	11.49	12.31	9.16	9.88	9.73	5.72	6.28	6.27	
17	小家电	热水器	5.33	5.78	5.91	8.38	9.23	10.56	10.24	11.45	11.88	6.28	7.29	8.33	
18	月小计		1111.74	1201.12	1213.08	1345.98	1443.22	1398.36	1440.27	1552.5	1552.08	905.17	976.75	996.64	
19	四地连锁店总营业额							15136.91							
20															
21		北京分店			上海分店			广州分店			武汉分店				
22		一季度营业额			一季度营业额			一季度营业额			一季度营业额				
23		比例			比例			比例			比例				
24		月营业额最大值			月营业额最大值			月营业额最大值			月营业额最大值				
25															

图 4-65　分店与连锁店的数据关系

步骤 10：计算 4 个分店的“一季度营业额、一季度营业额占连锁店总营业额比例、月营业额最大值”。其计算公式见表 4-8，计算结果如图 4-66 所示。

表 4-8　一季度营业额、比例、月营业额最大值的计算公式

D22	=SUM(C5:E17)	J22	=SUM(I5:K17)
D23	=D22/C19	J23	=J22/C19
D24	=MAX(C5:E17)	J24	=MAX(I5:K17)
G22	=SUM(F5:H17)	M22	=SUM(L5:N17)
G23	=G22/C19	M23	=M22/C19
G24	=MAX(F5:H17)	M24	=MAX(L5:N17)

	A	B	C	D	E	F	G	H	I	J	K	L	M	N
1								佳美电器连锁店						
2								营业额（万元）						
3	商品类型	商品名称		北京分店			上海分店			广州分店			武汉分店	
4			一月	二月	三月	一月	二月	三月	一月	二月	三月	一月	二月	三月
5	白色家电	电冰箱	200.34	205.13	212.25	256.45	255.78	234.09	267.21	289.52	280.33	180.45	190.29	198.23
6	黑色家电	电视机	301.23	311.67	308.34	334.48	350.31	356.77	342.72	372.34	389.24	220.39	242.11	251.17
7	白色家电	洗衣机	90.24	102.67	121.49	131.28	145.68	142.38	156.73	172.35	182.21	80.21	88.26	85.11
8	白色家电	空调机	50.41	61.35	58.38	78.02	83.92	81.36	89.43	92.57	93.01	78.43	83.42	82.19
9	黑色家电	小电器	45.22	56.47	52.49	56.43	62.51	60.38	72.22	78.32	77.29	68.23	72.12	70.23
10	米色家电	手机	180.21	190.22	192.35	201.39	221.29	208.21	220.19	242.21	231.25	120.35	131.26	130.01
11	米色家电	数码产品	160.34	179.42	171.01	180.72	198.22	190.25	170.34	172.26	170.27	90.93	94.34	98.38
12	黑色家电	音响	30.29	32.81	33.28	40.29	45.22	44.93	42.28	43.12	44.32	20.39	24.3	28.31
13	黑色家电	光碟机	20.39	25.34	27.31	26.34	33.92	32.49	30.23	37.42	32.28	15.21	16.52	17.27
14	小家电	风扇	8.29	8.91	8.33	12.23	15.23	14.29	18.29	18.34	17.93	11.21	12.29	12.72
15	小家电	电磁炉	9.24	9.98	10.12	9.43	10.42	10.34	11.23	12.72	12.34	7.37	8.27	8.42
16	小家电	微波炉	10.21	11.37	11.82	10.54	11.49	12.31	9.16	9.88	9.73	5.72	6.28	6.27
17	小家电	热水器	5.33	5.78	5.91	8.38	9.23	10.56	10.24	11.45	11.88	6.28	7.29	8.33
18	月小计		1111.74	1201.12	1213.08	1345.98	1443.22	1398.36	1440.27	1552.5	1552.08	905.17	976.75	996.64
19	四地连锁店总营业额							15136.91						
20														
21		北京分店			上海分店			广州分店			武汉分店			
22		一季度营业额		3525.94	一季度营业额		4187.56	一季度营业额		4544.85	一季度营业额		2878.56	
23		比例		23.29%	比例		27.66%	比例		30.02%	比例		19.02%	
24		月营业额最大值		311.67	月营业额最大值		1443.22	月营业额最大值		389.24	月营业额最大值		251.17	
25														

图 4-66　佳美电器连锁店销售数据统计结果

步骤 11：对"销售总表"进行装饰，最终效果如图 4-67 所示。

佳美电器连锁店

商品类型	商品名称	营业额（万元）											
		北京分店			上海分店			广州分店			武汉分店		
		一月	二月	三月	一月	二月	三月	一月	二月	三月	一月	二月	三月
白色家电	电冰箱	200.34	205.13	212.25	256.45	255.78	234.09	267.21	289.52	280.33	180.45	190.29	198.23
黑色家电	电视机	301.23	311.67	308.34	334.48	350.31	356.77	342.72	372.34	389.24	220.39	242.11	251.17
白色家电	洗衣机	90.24	102.67	121.49	131.28	145.68	142.38	156.73	172.35	182.21	80.21	88.26	85.11
白色家电	空调机	50.41	61.35	58.38	78.02	83.92	81.36	89.43	92.57	93.01	78.43	83.42	82.19
黑色家电	小电器	45.22	56.47	52.49	56.43	62.51	60.38	72.22	78.32	77.29	68.23	72.12	70.23
米色家电	手机	180.21	190.22	192.35	201.39	221.29	208.21	220.19	242.21	231.25	120.35	131.26	130.01
米色家电	数码产品	160.34	179.42	171.01	180.72	198.22	190.25	170.34	172.26	170.27	90.93	94.34	98.38
黑色家电	音响	30.29	32.81	33.28	40.29	45.22	44.93	42.28	43.12	44.32	20.39	24.3	28.31
黑色家电	光碟机	20.39	25.34	27.31	26.34	33.92	32.49	30.23	37.42	32.28	15.21	16.52	17.27
小家电	风扇	8.29	8.91	8.33	12.23	15.23	14.29	18.29	18.34	17.93	11.21	12.29	12.72
小家电	电磁炉	9.24	9.98	10.12	9.43	10.42	10.34	11.23	12.72	12.34	7.37	8.27	8.42
小家电	微波炉	10.21	11.37	11.82	10.54	11.49	12.31	9.16	9.88	9.73	5.72	6.28	6.27
小家电	热水器	5.33	5.78	5.91	8.38	9.23	10.56	10.24	11.45	11.88	6.28	7.29	8.33
月小计		1111.7	1201.1	1213.1	1346	1443.2	1398.4	1440.3	1552.5	1552.1	905.17	976.75	996.64
四地连锁店总营业额													￥15,136.91

	北京分店		上海分店		广州分店		武汉分店		
	合计	3525.9	合计	4187.6	合计	4544.9	合计	2878.6	
	比例	23%	比例	28%	比例	30%	比例	19%	
	月营业额最大值	311.67	月营业额最大值	356.77	月营业额最大值	389.24	月营业额最大值	251.17	

图 4-67　佳美电器连锁店一季度销售总表

3. 统计销售数据

步骤 1：将 Sheet3 改名为"第一季度销售清单"。

步骤 2：选定"原始数据"工作表的 C3：H16 区域，将其中的数据以"数值"形式粘贴到"一季度销售清单"的 B1：G14 区域。在"一季度销售清单"的 A1 单元格输入"分店"，在 A2 单元格输入"北京分店"，向下拖动 A2 的填充柄至 A14。将 G1 单元格内容改为"季度营业额"。

步骤 3：将"原始数据"工作表的 K4：P16 区域中的数据以"数值"形式粘贴到"一季度销售清单"的 B15：G27 区域。在 A15 单元格输入"上海分店"，向下拖动 A15 的填充柄至 A27。将"原始数据"工作表的 C21：H33 区域中的数据以"数值"形式粘贴到"一季度销售清单"的 B28：G40 区域。在 A28 单元格输入"广州分店"，向下拖动 A28 的填充柄至 A40。将"原始数据"工作表的 K21：P33 区域中的数据以"数值"形式粘贴到"一季度销售清单"的 B41：G53 区域。在 A41 单元格输入"武汉分店"，向下拖动 A41 的填充柄至 A53。

步骤 4："一季度销售清单"工作表的第 1 行前插入一空行，将 A1：G1 区域合并居中并输入文字"佳美电器连锁店一季度销售清单"然后进行装饰，结果如图 4-68 所示。

4. 商品合并计算

通过合并数据创建合并表，将佳美电器连锁店各分店 1～3 月份各类家用电器的销售额汇总起来，得到如图 4-69 所示的数据合并表。

佳美电器连锁店一季度销售清单

分店	商品类型	商品名称	一月	二月	三月	季度营业额
北京分店	白色家电	电冰箱	200.34	205.13	212.25	617.72
北京分店	黑色家电	电视机	301.23	311.67	308.34	921.24
北京分店	白色家电	洗衣机	90.24	102.67	121.49	314.40
北京分店	白色家电	空调机	50.41	61.35	58.38	170.14
北京分店	黑色家电	小电器	45.22	56.47	52.49	154.18
北京分店	米色家电	手机	180.21	190.22	192.35	562.78
北京分店	米色家电	数码产品	160.34	179.42	171.01	510.77
北京分店	黑色家电	音响	30.29	32.81	33.28	96.38
北京分店	黑色家电	光碟机	20.39	25.34	27.31	73.04
北京分店	小家电	风扇	8.29	8.91	8.33	25.53
北京分店	小家电	电磁炉	9.24	9.98	10.12	29.34
北京分店	小家电	微波炉	10.21	11.37	11.82	33.40
北京分店	小家电	热水器	5.33	5.78	5.91	17.02
上海分店	白色家电	电冰箱	256.45	255.78	234.09	746.32
上海分店	黑色家电	电视机	334.48	350.31	356.77	1041.56

图 4-68　佳美电器连锁店第一季度销售清单

四分店电器类型合并计算结果

商品类型	一月	二月	三月	季度小计
白色家电	1659.20	1770.94	1771.03	5201.17
黑色家电	1666.34	1804.50	1826.10	5296.94
米色家电	1324.47	1429.22	1391.73	4145.42
小家电	153.15	168.93	171.30	493.38

图 4-69　分店合并计算结果

步骤 1:在“佳美电器连锁店数据管理”工作簿中插入工作表,重新命名为“合并计算”。

步骤 2:选定 B2 单元格,单击功能区的“数据”选项卡,在“数据工具”组中单击“合并计算”工具按钮。打开“合并计算”对话框。

步骤 3:在“合并计算”对话框的“函数”下拉列表中选择“求和”,在“引用位置”框中单击其右边的折叠框按钮,选择合并区域“原始数据!＄C＄3:＄H＄16”,单击折叠框按钮,返回“合并计算”对话框。单击“添加”按钮,将选定的单元格区域“原始数据!＄C＄3:＄H＄16”添加到“所有引用位置”框中。

重复以上方法,将单元格区域“原始数据!＄K＄3:＄P＄16”、“原始数据!＄C＄20:＄H＄33”、“原始数据!＄K＄20:＄P＄33”添加到“所有引用位置”框中,并在“标签位置”中勾选“首行”和“最左列”复选框,如图 4-70 所示,单击“确定”按钮后得到如图 4-71 所示的数据合并表。

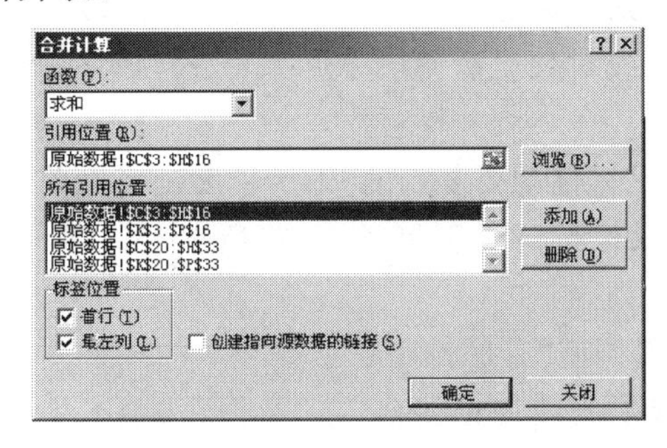

图 4-70　“合并计算”对话框

	商品名称	一月	二月	三月	季度小计
白色家电		1659.2	1770.94	1771.03	5201.17
黑色家电		1666.34	1804.5	1826.1	5296.94
米色家电		1324.47	1429.22	1391.73	4145.42
小家电		153.15	168.93	171.3	493.38

图 4-71　合并计算的结果

步骤 4:删除“商品名称”所在的列,在 B2 单元格中输入“商品类型”。在 B1 单元格中输入标题“四分店电器类型合并计算结果”,合并 B1:F1,设置该单元格字体为“华文新魏”,24号,深蓝色,文本居中。

步骤 5:隐藏第 7 行以后的行和第 G 列以后的列。按图 4-68 设置好单元格区域格式即可。

5. 数据排序处理

排序是按照某种顺序重新排列数据,这样可以帮助用户更好地分析和查看数据。在对数据分类汇总之前一般也先要进行排序。排序需要指定关键字(即按照它来排序字段)和排序方向(升序或降序)等参数。

步骤 1:插入新工作表,重新命名为“多关键字排序”。将“第一季度销售清单”工作表完整地复制到“多关键字排序”工作表中。

步骤 2:单关键字排序。将光标移动到“多关键字排序”工作表的“商品类型”所在列,在功能区的“数据”选项卡中,单击“排序和筛选”组中的“升序”按钮,即可完成对商品类型的排序。这种排列方法适宜于单关键字的排列。

步骤 3:多关键字排序。将光标置于“多关键字排序”工作表数据区中,打开“数据”选项卡中的“排序”命令,在“排序”对话框中选择“商品类型”为主要关键字,其“数值”,按“升序”排列。选择“商品名称”为“次要关键字”,其“数值”按“降序”排列。单击“确定”按钮后即可完成多个关键字的组合排序。这种方法适用于多关键字排序,如图 4-72 所示。

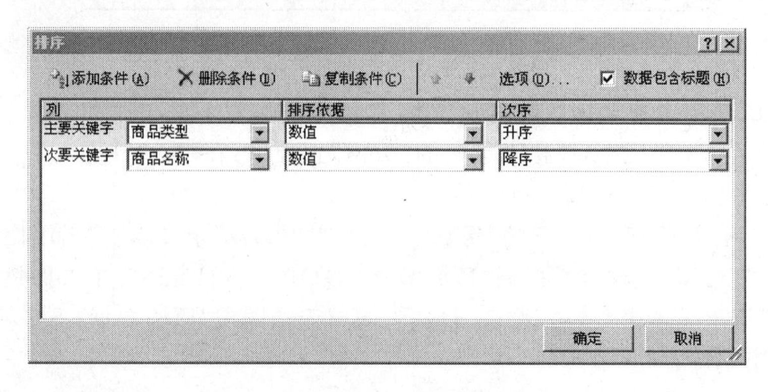

图 4-72　按多关键字排序对话框

6. 商品分类汇总

当需要将数据清单中的同一类数据放在一起,并求出它们的总和、平均值或个数等时,可以使用 Excel 2007 提供的分类汇总功能。分类汇总是对数据清单中的某个字段分类,相同的值为一类,然后对各类进行汇总。其方法是先对数据清单按分类字段进行排序,再完成分类汇总的操作。

步骤 1:数据准备。按住 Ctrl 键的同时,用鼠标拖动要复制的“第一季度销售清单”工作表的标签到“多关键字排序”工作表后面,松开鼠标按键可复制该表,将所得表的名称改为“商品汇总表”。为了美观,在第 1 列前插入一空列。

步骤 2:数据排序。将“商品汇总表”按“商品类型”升序排序。

步骤 3:分类汇总。选定排序好的数据区域中的任一单元格,在“数据”选项卡中,单击“分级显示”组中的“分类汇总”命令。在“分类字段”中,选择“商品类型”;在“汇总方式”中选择"求和";在"选定汇总项"中,勾选"一月、二月、三月、季度营业额",如图4-73所示。单击"确定"按钮,即可对所有的商品按类型进行汇总,并求出每种商品的销售额。隐藏B、D两列,单击表格左侧"显示级别2"按钮,然后装饰表格,结果如图4-74所示。

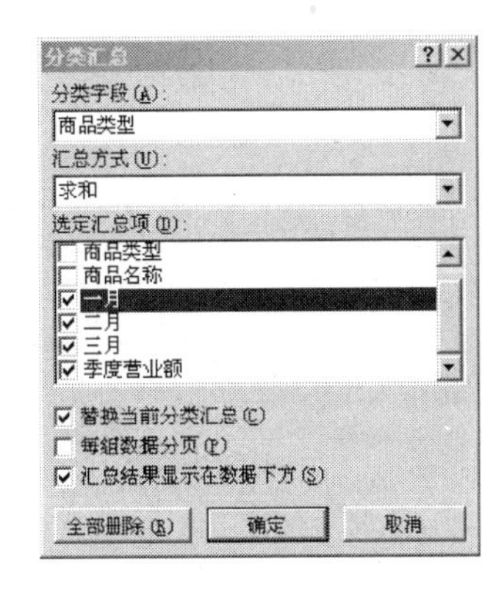

图4-73　"分类汇总"对话框

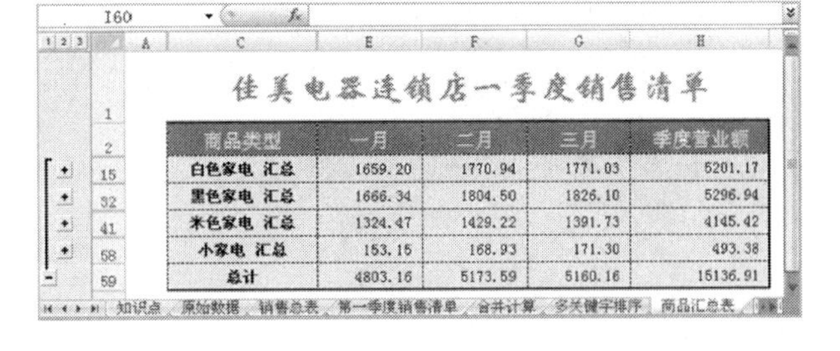

商品类型	一月	二月	三月	季度营业额
白色家电 汇总	1659.20	1770.94	1771.03	5201.17
黑色家电 汇总	1666.34	1804.50	1826.10	5296.94
米色家电 汇总	1324.47	1429.22	1391.73	4145.42
小家电 汇总	153.15	168.93	171.30	493.38
总计	4803.16	5173.59	5160.16	15136.91

图4-74　按商品类型分类汇总的结果

提示:要取消分类汇总,在"数据"选项卡中,单击"分级显示"组中的"分类汇总"命令,在"分类汇总"对话框中,单击"全部删除"按钮即可。

7. 数据筛选操作

"筛选"是在大量的数据中筛选出满足指定条件的记录,而将其他的记录暂时隐藏起来的数据操作。筛选分为"自动筛选"和"高级筛选"。自动筛选是从大量数据中筛选出多个满足单一条件的记录。"高级筛选"可以一次性筛选满足多个条件的记录。

(1) 自动筛选

步骤1:数据准备。复制"第一季度销售清单"工作表的到"商品汇总表"工作表后面,将所得表的名称改为"自动数据筛选"。

步骤2:筛选数据。将光标移动到数据区域的任意单元格,在"数据"选项卡的"排序和筛选"组中,单击"筛选"按钮。选择"分店"列的下拉列表,在"文本筛选"框下选择"上海分店和武汉分店"。再次选择"季度销售额"下拉列表中的"数字筛选",在其下拉列表中选择"介于",在弹出的"自定义自动筛选方式"对话框中,设定"大于或等于,600"或"小于或等于,200"条件,如图4-75所示,确定后所得到结果如图4-76所示。

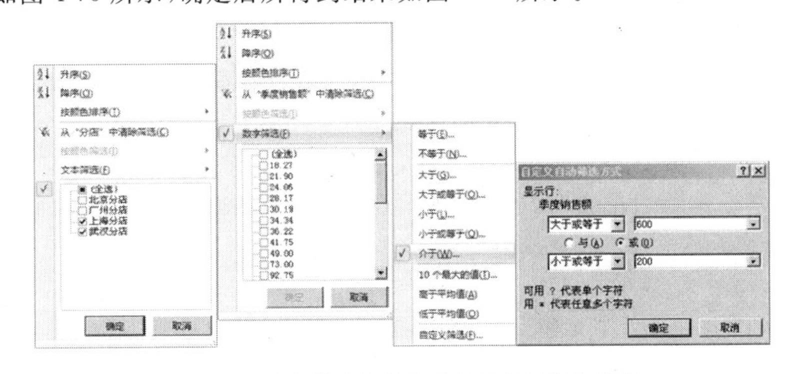

图4-75　分店筛选条件和季度销售额筛选条件

佳美电器连锁店一季度销售清单

分店	商品类型	商品名称	一月	二月	三月	季度销售
上海分店	黑色家电	电视机	334.48	350.31	356.77	1041.56
上海分店	小家电	风扇	12.23	15.23	14.29	41.75
上海分店	小家电	电磁炉	9.43	10.42	10.34	30.19
上海分店	小家电	微波炉	10.54	11.49	12.31	34.34
上海分店	小家电	热水器	8.38	9.23	10.56	28.17
武汉分店	黑色家电	光碟机	15.21	16.52	17.27	49.00
武汉分店	小家电	风扇	11.21	12.29	12.72	36.22
武汉分店	小家电	电磁炉	7.37	8.27	8.42	24.06
武汉分店	小家电	微波炉	5.72	6.28	6.27	18.27
武汉分店	小家电	热水器	6.28	7.29	8.33	21.90

图 4-76　自动筛选的结果数据

提示：如果被选择的数据是数值数据，如“销售额”，则筛选对话框中提供“数字筛选”的选项。“数字筛选”可提供“大于”、“小于”、“不等于”或“自定义”等多种选择，用户可以根据需要在众多选项中进行选择。如果要取消筛选，可在“数据”选项卡的“排序和筛选”组中，单击“清除”按钮。

(2) 高级筛选

若要通过复杂的条件来筛选单元格区域，请使用“数据”选项卡上“排序和筛选”组中的“高级”命令。“高级”命令的工作方式在几个重要的方面与“筛选”命令有所不同。它是通过“高级筛选”对话框来设置被筛选的数据区域、筛选的条件区域和筛选后数据的复制区域，将条件区域用作高级筛选条件的依据，在指定的位置完成筛选操作的。

如要筛选出“北京分店销售额大于 600 万元的白色家电”和“武汉分店销售额小于 50 万元的小家电”数据，可用高级筛选完成。

步骤 1：数据准备。复制“第一季度销售清单”工作表的到“自动数据筛选”工作表后面，将所得表的名称改为“高级数据筛选”。

步骤 2：准备数据筛选区域。在表中合适的空白位置输入筛选条件。本例中分别在 J2、J3、J4 单元格中输入“分店”、“北京分店”、“武汉分店”，在 K2、K3、K4 单元格中输入“商品类型”、“白色家电”、“小家电”，在 L2、L3、L4 单元格中输入“季度销售额”、“＞600”、“＜50”等字符，这样条件区域的数据已经准备完毕。

步骤 3：数据高级筛选。在“数据”选项卡的“排序和筛选”组中，单击“高级”按钮，打开“高级筛选”对话框，如图 4-77 所示。在“方式”下选中“将筛选结果复制到其他位置”，在“列表区域”中选取要进行筛选的数据区域 $B$2：$H$54，在“条件区域”中选取输入了筛选条件的单元格区域 $J$2：$L$4，在“复制到”中选取数据复制到的单元格区域 $J$8：$P $11，最后单击“确定”按钮。高级筛选的条件区域和结果区域如图 4-78 所示。

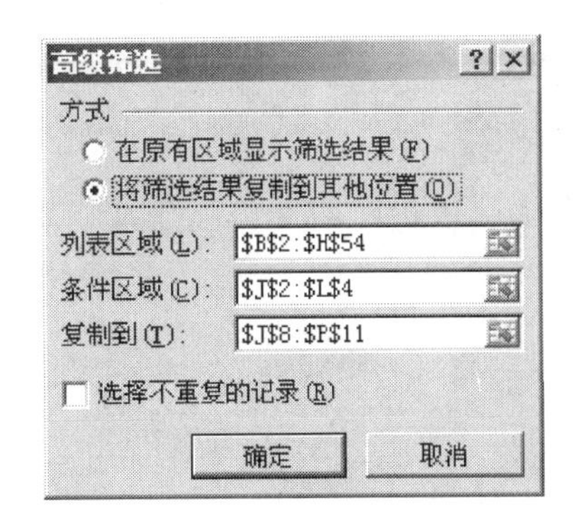

图 4-77　“高级筛选”对话框

分店	商品类型	季度销售额
北京分店	白色家电	>600
武汉分店	小家电	<50

分店	商品类型	商品名称	一月	二月	三月	季度销售额
北京分店	白色家电	电冰箱	200.34	205.13	212.25	617.72
武汉分店	小家电	风扇	11.21	12.29	12.72	36.22
武汉分店	小家电	电磁炉	7.37	8.27	8.42	24.06
武汉分店	小家电	微波炉	5.72	6.28	6.27	18.27
武汉分店	小家电	热水器	6.28	7.29	8.33	21.9

图 4-78　“高级筛选”的条件区域和结果区域

8. 制作数据透视表

数据透视表具有交互分析的能力，能够全面灵活地对数据进行分析、汇总等，从不同的角度观察数据，改变显示方式。本案例是对“第一季度销售清单”从不同的分类角度出发创建透视表，以便分析销售情况。

(1) 以“第一季度销售清单”工作表为数据源，创建统计各分店“四类”(即白色、黑色、米色和小家电等)家电第一季度平均销售量的透视表。

步骤 1:新建工作表，并命名为“数据透视表”。

步骤 2:选中“第一季度销售清单”工作表数据区的任一单元格，在“插入”选项卡的“表”组中，单击“数据透视表”，在弹出菜单中单击“数据透视表”选项，打开“创建数据透视表”对话框，如图 4-79 所示。

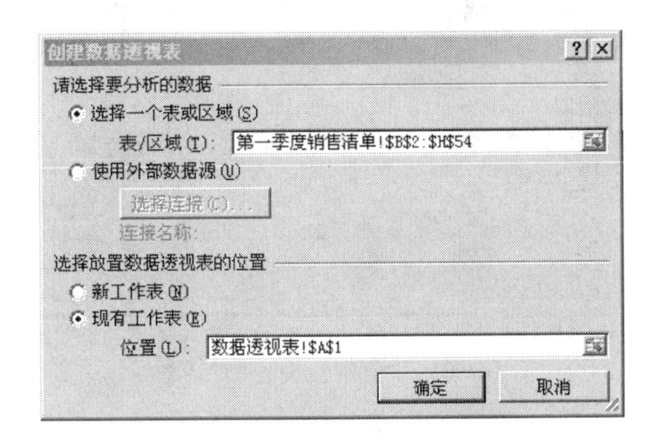

图 4-79　“创建数据透视表”对话框

步骤 3:在“表/区域”框中，已经自动填上了数据源区域“第一季度销售清单！$B$2:$H$54”。在“选择放在数据透视表的位置”中选择“现有工作表”，单击“位置”框右侧的折叠按钮，选定“数据透视表”的 A1 单元格，再单击“折叠”按钮，“位置”框中填上了“数据透视表！$A$1”。

步骤 4:单击“确定”按钮，在弹出的“数据透视表字段列表”对话框中(如图 4-80 所示)，选中“分店”并拖到“报表筛选”框中；选中“商品类型”并拖到“行标签”框中；选中“商品名称”并拖到“列标签”框中；选中“季度销售额“并拖到“数值”框中。

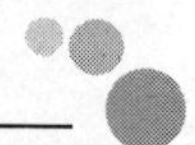

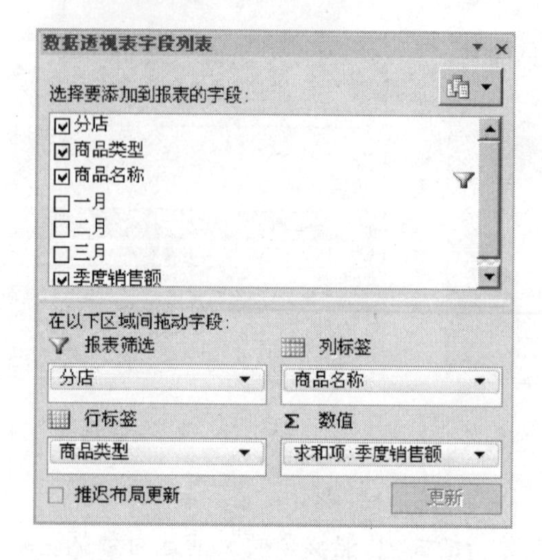

图 4-80 “数据透视表字段列表”对话框

步骤 5:在“数值”框中,单击“求和项……”右侧的三角形,在其下拉列表中选择“值字段设置”。弹出如图 4-81 所示的“值字段设置”对话框,选择“汇总方式”选项卡,在“计算类型”列表框中选择“平均值”,单击“确定”按钮,即得到透视表如图 4-82 所示。

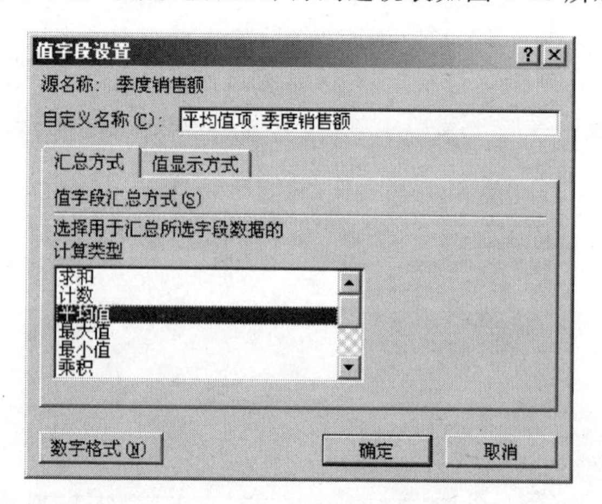

图 4-81 “值字段设置”对话框

	A	B	C	D	E	F	G	H	I	J	K	L	M	N	O
1	分店	(全部)													
2															
3	平均值项:季度销售额	列标签													
4	行标签	电冰箱	电磁炉	电视机	风扇	光碟机	空调机	热水器	手机	数码产品	微波炉	洗衣机	小电器	音响	总计
5	白色家电	692.5175					233.1225					374.6525			433.4308333
6	黑色家电			945.1925		78.68							192.9775	107.385	331.05875
7	米色家电								567.235	469.12					518.1775
8	小家电		29.97		39.515			25.165			28.695				30.83625
9	总计	692.5175	29.97	945.1925	39.515	78.68	233.1225	25.165	567.235	469.12	28.695	374.6525	192.9775	107.385	291.0944231
10															

图 4-82 数据透视表

步骤 6:优化数据透视表。在 B3 单元格的右键菜单中,选择“数据透视表选项”,在“显示”选项卡中,勾选“显示字段标题和筛选下拉列表”、“经典数据透视表布局”两项,单击“确定”按钮。即可将 B3 和 A4 单元格内容改为“商品名称”、“商品类别”,如图 4-83 所示。

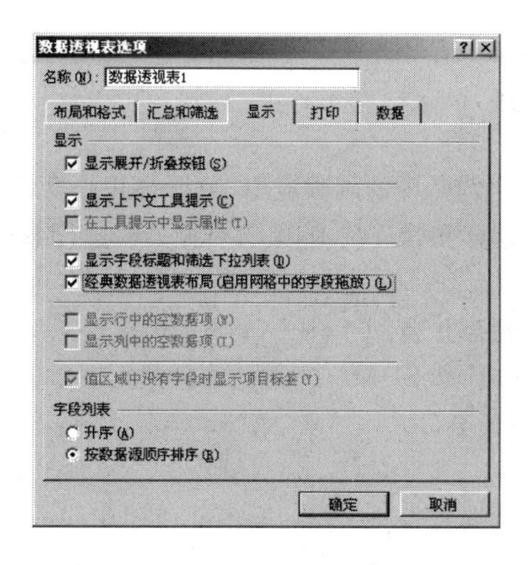

图 4-83 “数据透视表选项”设置

步骤 7:对数据透视表进行筛选。单击 B3 单元格“商品名称”旁的小三角按钮,勾选“电视机、空调、手机、微波炉”。

步骤 8:对所得的透视表进行单元格式设置。数值保留 2 位小数,为透视表自动套用格式“数据透视表样式深色 4”,结果如图 4-84 所示。

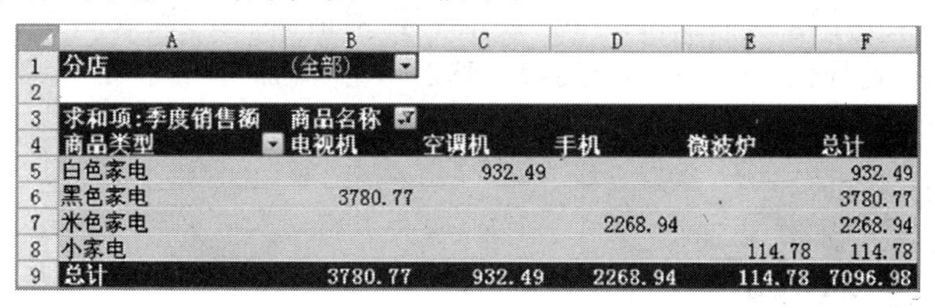

	A	B	C	D	E	F
1	分店	(全部)				
2						
3	求和项:季度销售额	商品名称				
4	商品类型	电视机	空调机	手机	微波炉	总计
5	白色家电		932.49			932.49
6	黑色家电	3780.77				3780.77
7	米色家电			2268.94		2268.94
8	小家电				114.78	114.78
9	总计	3780.77	932.49	2268.94	114.78	7096.98

图 4-84 完成后的各分店平均销售量透视表

提示:如果希望在透视表中清楚地看到各个分店的销售情况,可将 A1 单元格拖到 A4 单元格左前方,结果如图 4-85 所示。

	A	B	C	D	E	F	G
1							
2							
3	求和项:季度销售额		商品名称				
4	分店	商品类型	电视机	空调机	手机	微波炉	总计
5	⊟北京分店	白色家电		170.14			170.14
6		黑色家电	921.24				921.24
7		米色家电			562.78		562.78
8		小家电				33.4	33.4
9	北京分店 汇总		921.24	170.14	562.78	33.4	1687.56
10	⊟广州分店	白色家电		275.01			275.01
11		黑色家电	1104.3				1104.3
12		米色家电			693.65		693.65
13		小家电				28.77	28.77
14	广州分店 汇总		1104.3	275.01	693.65	28.77	2101.73
15	⊟上海分店	白色家电		243.3			243.3
16		黑色家电	1041.56				1041.56
17		米色家电			630.89		630.89
18		小家电				34.34	34.34
19	上海分店 汇总		1041.56	243.3	630.89	34.34	1950.09
20	⊟武汉分店	白色家电		244.04			244.04
21		黑色家电	713.67				713.67
22		米色家电			381.62		381.62
23		小家电				18.27	18.27
24	武汉分店 汇总		713.67	244.04	381.62	18.27	1357.6
25	总计		3780.77	932.49	2268.94	114.78	7096.98

图 4-85 变形后的透视图

4.3.4 技术解析

本案例主要讲述 Excel 2007 中的函数应用、数据合并计算、数据分类汇总、数据筛选及数据透视表等重要的数据运算和管理技术，是日常办公时进行数据处理的基础。

1. 数据合并

通过创建合并数据创建合并表，可以从一个或多个数据源区域中汇总数据，在合并数据源数据时，可以使用汇总函数[如 SUM( )函数]等创建汇总数据。有两种合并数据源数据的方法：按类别合并和按位置合并。

(1) 按位置合并

适用于数据源区域的数据有相同的排列顺序并使用相同的标签，如同一模板创建的部门预算工作表。本章 4.3.3 节中进行的合并操作就是按位置进行的合并。

(2) 按类别合并

适用于源数据区域中的数据使用了相同的标签但未按相同的顺序排列。如图 4-86 的数据源，可按类别合并。

首先选中用于存放合并数据的目标单元格，再单击功能区的“数据”选项卡，在“数据工具”组中单击“合并计算”工具按钮，弹出“合并计算”对话框。在“函数”下拉列表中选择“求和”。在“引用位置”框中键入每一个源区域，然后单击“添加”按钮。在“标签位置”下，选中“首行”和“最左列”复选框，单击“确定”按钮。数据合并结果如图 4-87 所示。

	A	B	C	D	E	F
1						
2				彩电	冰箱	
3			一月	21	11	
4			三月	99	65	
5			十一月	86	45	
6			八月	18	16	
7			六月	11	23	
8			六月	14	15	
9						
10				彩电	冰箱	
11			二月	14	13	
12			六月	11	17	
13			十一月	16	12	
14			一月	18	27	
15			八月	25	28	

图 4-86 按类别合并的数据源

	D	E	F	G	H	I
1						
2	彩电	冰箱				
3	21	11				
4	99	65			彩电	冰箱
5	86	45		一月	39	38
6	18	16		三月	99	65
7	11	23		十一月	102	57
8	14	15		八月	43	44
9				二月	14	13
10	彩电	冰箱		六月	36	55
11	14	13				
12	11	17				
13	16	12				
14	18	27				
15	25	28				

图 4-87 按类别合并后的数据

2. 分类汇总

分类汇总是 Excel 提供一种对源数据系列进行分类计算的功能。

通过使用“数据”选项卡的“分级显示”组中的“分类汇总”命令，可以自动计算列的列表中的分类汇总和总计。

分类汇总是通过 SUBTOTAL 函数利用汇总函数计算得到的。可以为每列显示多个汇总函数类型。注意：汇总函数是一种计算类型，用于在数据透视表或合并计算表中合并源数据，或在列表或数据库中插入自动分类汇总。汇总函数的例子包括 SUM、COUNT 和

AVERAGE等。

在操作分类汇总时要注意应完成以下几项内容。

(1) 确保每个列在第1行中都有标签，并且每个列中都包含相似的事实数据，而且该区域没有空的行或列。

(2) 确定对某个数据区域实施分类汇总时，应选择该区域中的某个单元格以确定待操作的区域。

(3) 确定分类字段并将其排序，确定汇总方式和选定汇总数据项。

(4) 确定汇总数据所在位置。

分类汇总完成后，可利用分类汇总控制区域的按钮来折叠或展开数据清单中的数据。

3. 高级筛选条件的设置

在高级筛选中，如果有多个条件，这条件输入时应注意如下几点。

(1) 如果条件之间是“与”关系，即条件应同时满足，则输入的条件应在同一行。

(2) 如果条件可分成多个组，每个组之间是“或”关系，即多组条件只满足一组就行，则每组条件应在不同的行输入。

(3) 如果是一个字段的多个条件，则每个条件用一个字段名。

(4) 设定条件可以使用运算符、数字、文字以及通配符。

(5) 如果条件是针对某个字段，则应使用相应的字段名，如果条件是计算得出的，则应使用不同的条件名。

(6) 在输入时条件之间不能有空行，否则会显示所有的记录。

4. 利用数据透视表改变查看数据的角度

在如图4-40所示的数据透视表中，单击“列标签”下拉列表，可在菜单的“值筛选”下面的选框中可选择希望显示的标签项。同样在“行标签”下拉列表中也可以进行选择以从不同的角度查看数据。

4.3.5 实训指导

1. 实训目的

学习Excel进行数据管理的功能，即利用Excel 2007对数据进行合并计算，筛选满足条件的数据、对数据排序和分类汇总、创建从不同角度分析数据的透视表等。

2. 实训准备

知识准备：

- 复习公式及函数的应用、单元格的引用及数值计算等知识；
- 复习数据的智能输入、单元格的复制粘贴等知识；
- 预习数据的合并计算、数据筛选、排序及汇总等知识；
- 预习数据透视表的相关概念等知识。

资料准备：

- Excel 2007环境(实训室准备)；
- 案例中所需原始数据表(教师准备)。

3. 实训步骤

- 获得原始数据；
- 创建新工作簿，将原始数据导入新工作簿的第1个工作表；
- 按案例的要求对原始数据进行合并计算；
- 按案例的操作方法对原始数据进行排序和分类汇总；
- 对数据进行自动筛选和高级筛选；
- 按案例要求制作数据透视表；
- 保存工作簿。

4. 实训要求

- 原始数据作为一个单独的工作表存在，其余的数据处理如数据合并、数据排序汇总、数据筛选及数据透视表等操作结果都单独形成新的工作表；
- 在数据排序、汇总、筛选及制作数据透视表的过程中，应按案例要求导出对应的数据进行处理；
- 实训如果课内无法完成需在课后继续完成。

4.3.6 课后思考

- 高级筛选的条件输入有什么要求？如何取消筛选？
- 分析分类汇总之前要按汇总字段排序的原因。
- 如何利用数据透视表实现不同角度的观察数据？
- 函数的参数有几种方法输入？
- 相对引用、绝对引用和混合引用之间有什么区别？
- 如何做到工作表间的数据引用？

4.4 案例4——市场调查图表设计

4.4.1 案例介绍

本案例是有关“2007—2008年中国手机市场调查研究”的数据与图表，比较直观综合地反映了2007年度中国手机市场的基本情况。通过本案例主要是让读者了解Excel图表的基本形式和编辑方法，学习如何根据所选择的数据，制作柱形图、饼图、条形图、折线图4种基本图表的编辑方法。本案例从实际出发，既讲述了Excel常用图表的基本编辑方法，也通过范例的灵活运用，讲述了图表的编辑技巧，从而使读者能举一反三，学会其他类型图表的制作。

4.4.2 知识要点

本案例涉及的主要知识点如下。

- 图表的制作方法——主要包括创建图表、选择图表类型、设计图表布局和样式等。
- 图表的修饰方法——主要包括图表样式的选择、图表各元素的颜色及其外观设计等。
- 图表数据区域的选定方法——主要包括数据区域的确定,图例项、坐标轴与数据的对应选定等。

4.4.3 案例实施

1. 图表的基本知识

Excel 可以很轻松地创建具有专业外观的图表,用户只需根据已有数据选择图表类型、图表布局和图表样式,便可创建图表。Excel 支持多种类型的图表,用户可根据实际情况使用有意义的方式来显示数据。创建图表或修改图表时,可以从许多图表类型及其子类型中进行选择,也可以通过在图表中使用多种图表类型来创建组合图。图表的基本要素如图 4-88所示。

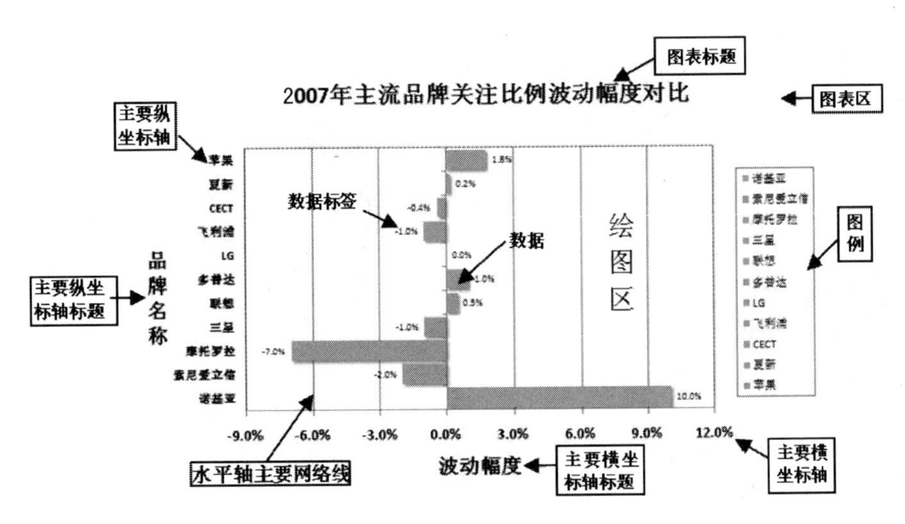

图 4-88 图表界面的基本要素

2. 饼图的编辑方法

饼图是一种反映排列在工作表的一列或一行中的数据的典型图表,主要用于显示一个数据系列中各项数据的大小与各项数据总和的比例关系。本部分将把“数据工作表”中“2007 年中国最受用户关注的 15 大手机品牌分布”相关的数据,制作成一个能反映手机品牌分布状况的饼图。

步骤 1:插入新图表。打开“中国手机市场调查”工作簿,右击“Sheet2”工作表标签,在右键菜单中选择“插入”,在“插入”对话框的“常用”选项卡中,选定“图表”,单击“确定”按钮,即可创建一个名为“Chart1”的图表，更改图表名为“品牌分布图表”，如图 4-89 所示。

步骤 2：创建原始图表。在“图表工具”的“设计”选项卡中，单击“更改图表类型”按钮，在打开的“更改图表类型”窗口中，选择“饼图”的“复合条饼图”类型。如图 4-90 所示。

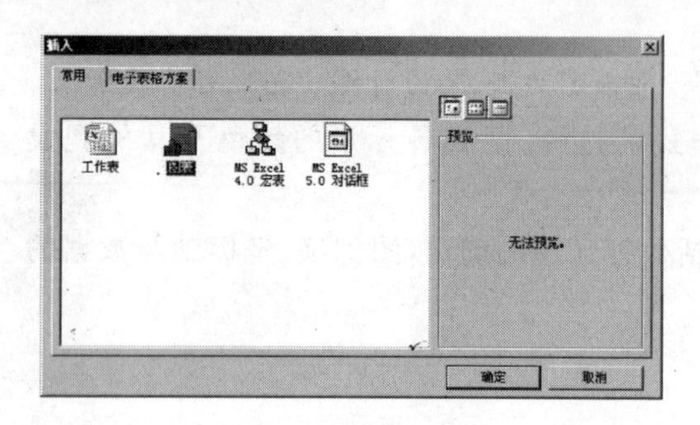

图 4-89　插入图表对话框

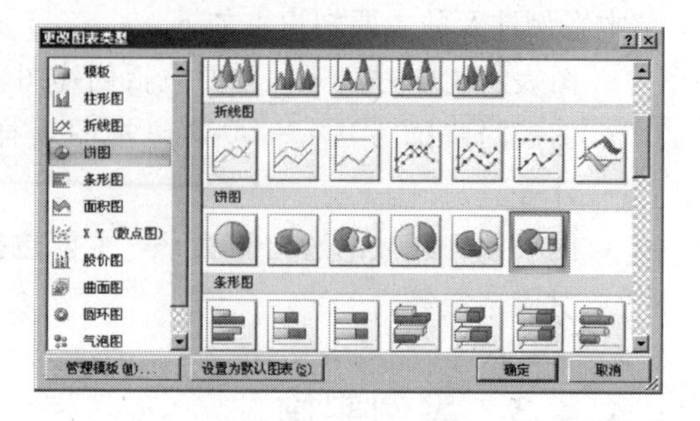

图 4-90　饼图类型列表

步骤 3：生成原始图表。在“图表工具”的“数据”组中，单击“选择数据”按钮，在打开的“选择数据源”对话框中，选定“数据”表中有关“2007 年中国最受用户关注的 15 大手机品牌分布”的全部数据，即“数据！＄A＄2：＄Q＄3”，如图 4-91 所示。单击“确定”按钮，则在“品牌分布图表”中生成一个默认格式的 Excel 图表，这是一个待编辑的原始图表，如图 4-92 所示。

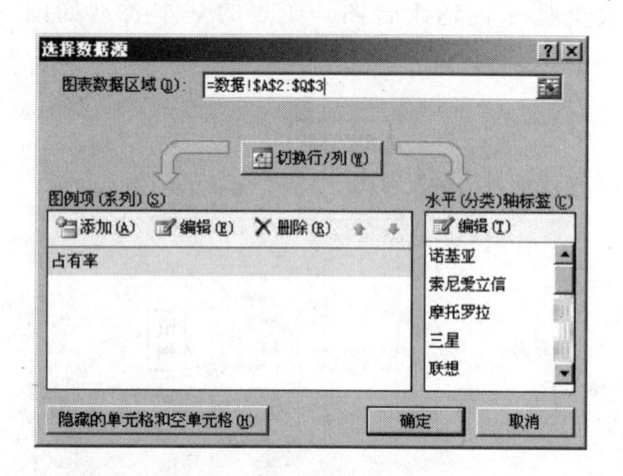

图 4-91　“选择数据源”对话框设置

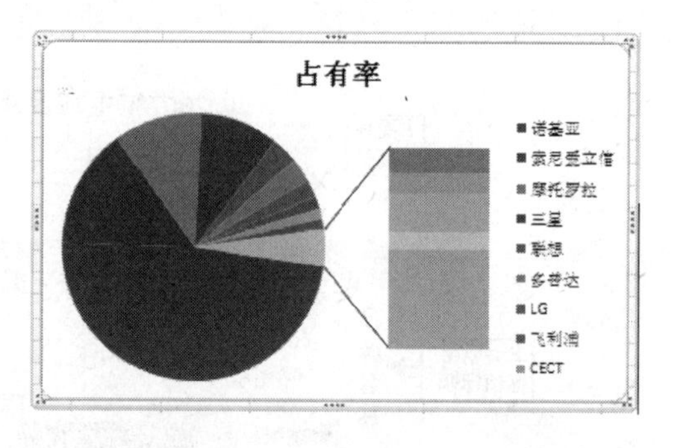

图 4-92　待编辑的原始图表

步骤 4：设置数据标签格式。选中图表右侧的图例项，将其删除，选中绘图区，将图表调整到合适的大小与位置。右击图表数据系列（即图表中反映数据的所有色块）中的某一个数据点（即某一个色块），在快捷菜单中选择“添加数据标签”，此时各个数据点的相应数据标签将出现在默认位置上。右击数据系列中的某一个数据标签，将选定所有数据标签，并打开与其相关的快捷菜单。选择“设置数据标签格式”项，在打开的“设置数据标签格式”对话框中，选择“标签选项”，在“标签包括”栏中，勾选“类型名称”、“值”和“显示引导线”3 项；在“标签位置”栏中，勾选“数据标签外”；单击“分隔符”右侧的小三角，打开下拉列表并选择“分行符”，并关闭对话框，如图 4-93 所示，至此，完成了数据标签在图表中的基本定位工作。

提示：单击绘图区，可通过移动绘图区 4 个角的调节按钮，改变绘图区大小。

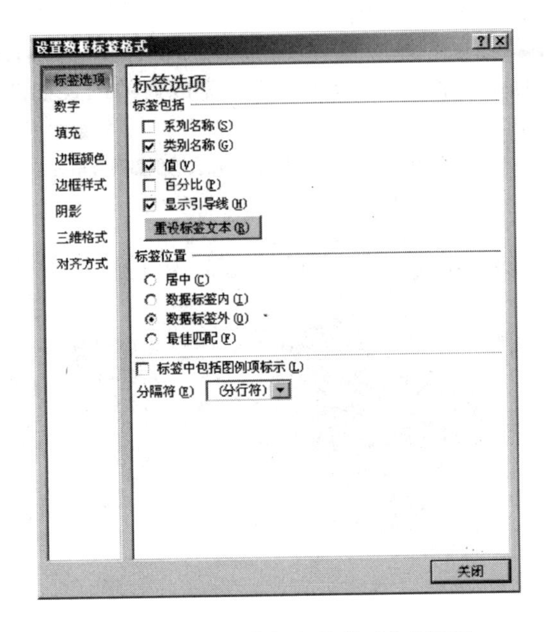

图 4-93 “设置数据标签格式”对话框

选定全部数据标签，利用“开始”选项卡的“字体”组工具，将数据标签的格式设置为宋体、加粗、14 号字，此时，数据标签格式的设置全部完成。对影响美观的个别数据标签，可以采用人工拖动的方法修改。

步骤 5：设置数据系列格式。右击数据系列，在快捷菜单中选择“设置数据系列格式”，打开“设置数据系列格式”对话框，在“系列选项”栏中设置“饼图分离程度”为 2%，即各个数据点分离并形成一定间距，如图 4-94 所示。在“阴影”栏中设置“透明度 60%、大小 100%、模糊 4 磅、角度 45°、距离 3 磅”，如图 4-95 所示。

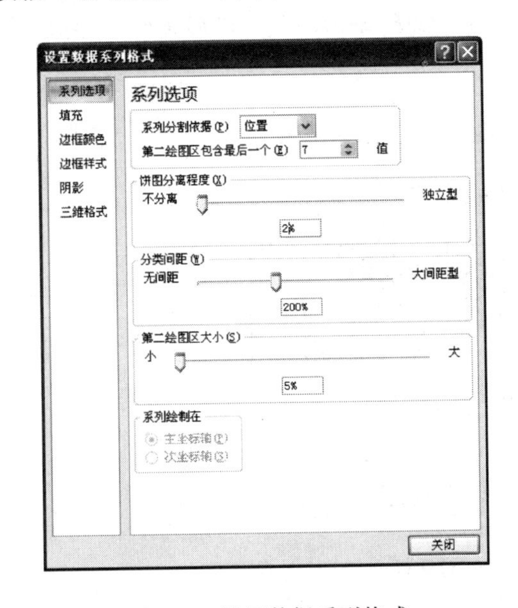

图 4-94 设置数据系列格式

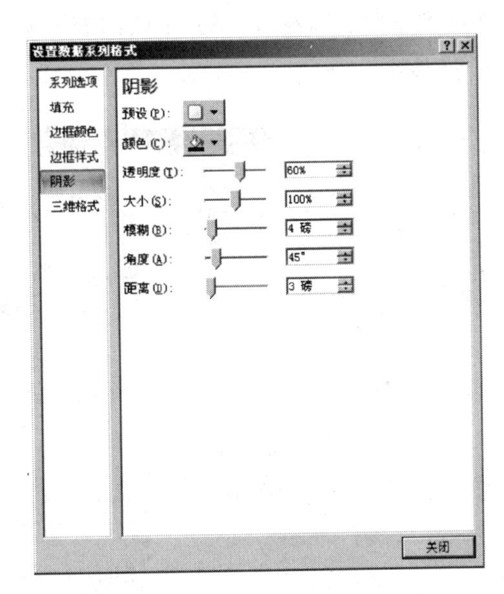

图 4-95 阴影设置参数

步骤 6:设置图表标题。将图表标题“占有率”更改为“2007 年中国最受用户关注的 15 大手机品牌分布”,调整其位置和大小,即告完成。完成后的图表如图 4-96 所示。

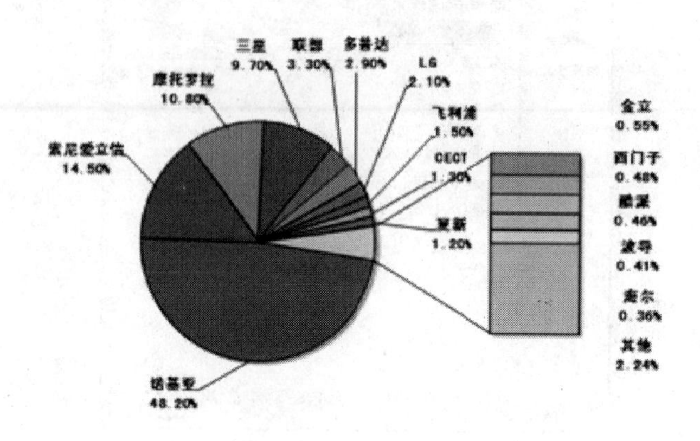

图 4-96　完成后的图表

3. 条形图的编辑方法

排列在工作表的列或行中的数据都可以绘制成条形图。条形图主要用于反映各个项目之间的数据比较。本部分将把 “数据工作表”中“2007 年主流品牌关注比例波动幅度对比”相关的数据,制作成一个能反映手机品牌关注比例的条形图。

步骤 1:创建空白图表。在“中国手机市场调查”工作簿中,创建一个名为“品牌关注比例图”的空白图表。

步骤 2:创建“品牌关注比例图”原始图表。在“图表工具”的“设计”选项卡中,单击“更改图标类型”按钮,在打开的“更改图表类型”窗口中,选择“条形图”的“簇形条形图”类型,如图 4-97 所示。

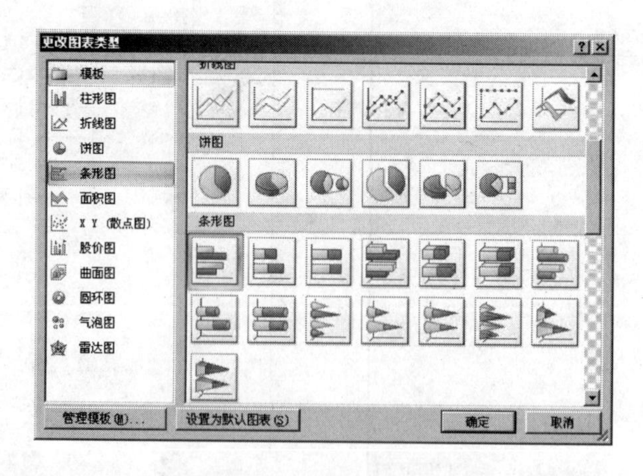

图 4-97　“插入图表”对话框

步骤 3:在“图表工具”的“数据”组中,单击“选择数据”按钮,在打开的“选择数据源”对话框中,选定“数据”表中有关选择“2007 年主流品牌关注比例波动幅度对比”的数据表格,即“数据！A6:L7”。如图4-98所示。单击“确定”按钮，则在“品牌分布图表”中生成一个默认格式的Excel图表，这是一个待编辑的原始图表，如图4-99所示。

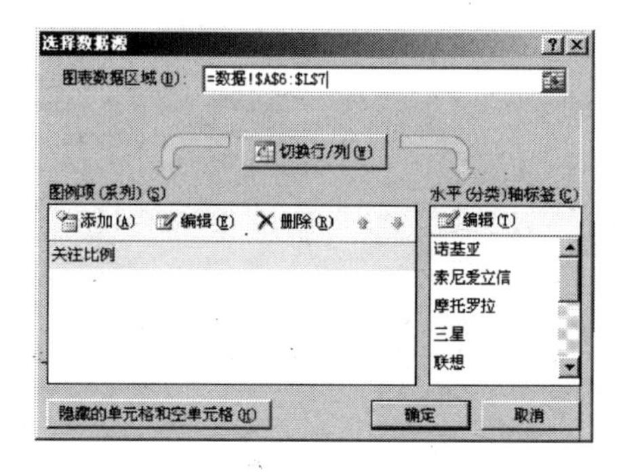

图4-98　“选择数据源”对话框设置

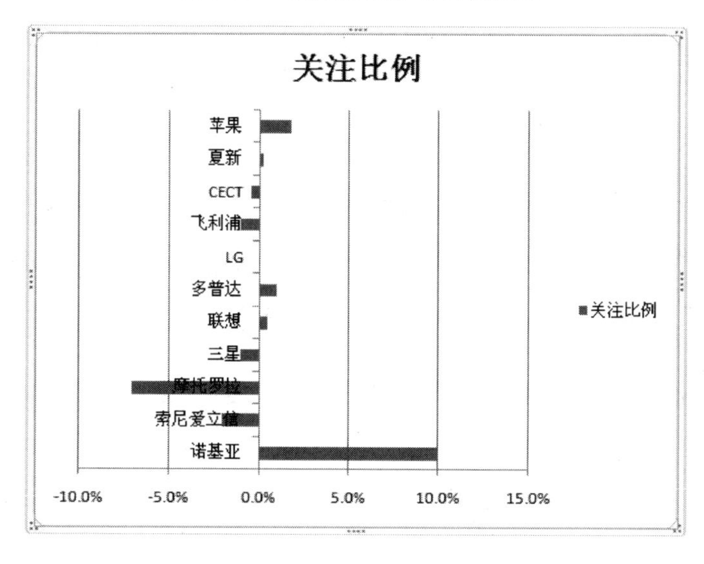

图4-99　待编辑的原始图表

步骤4:删除图表右边的图例标志，并将绘图区调整到合适的大小和位置上。

步骤5:设置纵坐标轴格式。右击纵坐标区域中的文字，选择“设置坐标轴格式”，调整“坐标轴选项”中的“坐标轴标签”的位置，将其设置为“低”，即横向坐标数值的低段位置上。这样，纵坐标轴的文本区域将由中心移至绘图区的左边。如图4-100所示。右击纵坐标区域的文字，将其文本格式定义为宋体16号，并加粗。

步骤6:设置横坐标轴格式。右击横坐标区域中的文字，选择“设置坐标轴格式”，打开“设置坐标轴格式”对话框，在“坐标轴选项”中分别设置“最小值”为－0.09，“最大值”为0.12，“主要刻度单位”为0.03。右击横坐标区域的文字，将其文本格式定义为宋体20号，并加粗。如图4-101所示。

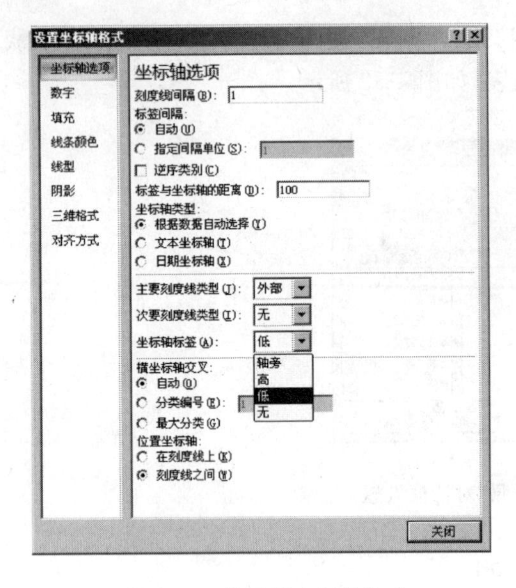

图 4-100　设置纵坐标轴格式

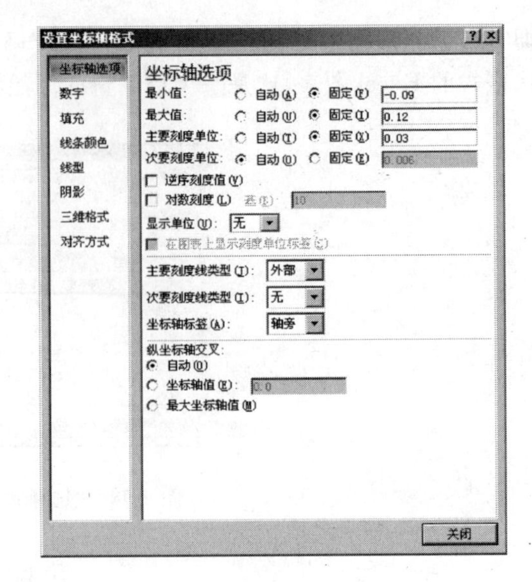

图 4-101　设置横坐标轴格式

步骤 7:设置绘图区格式。右击绘图区,打开“设置绘图区格式”对话框,选择“边框颜色”中的“实线”,即为绘图区设置了边框。如图 4-102 所示。

步骤 8:设置网格线格式。右击绘图区的网格线,选择“设置网格线格式”,即打开“设置主要网格线格式”对话框,选择“线型”中 “短划线类型”的“方点”,再将“线条颜色”设置为深蓝,淡色 60%即可。如图 4-103 所示。

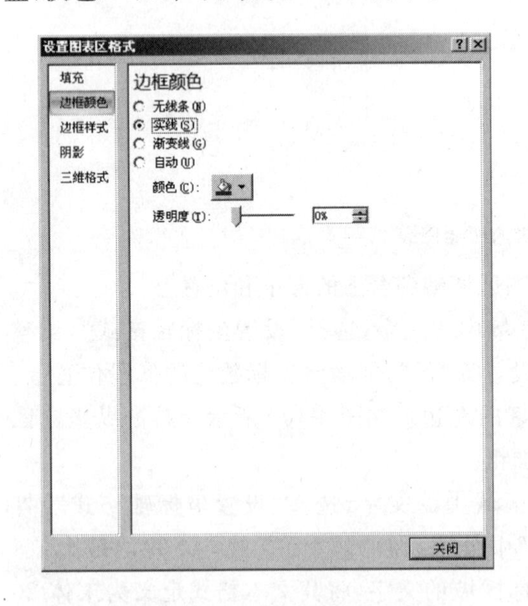

图 4-102　设置绘图区格式

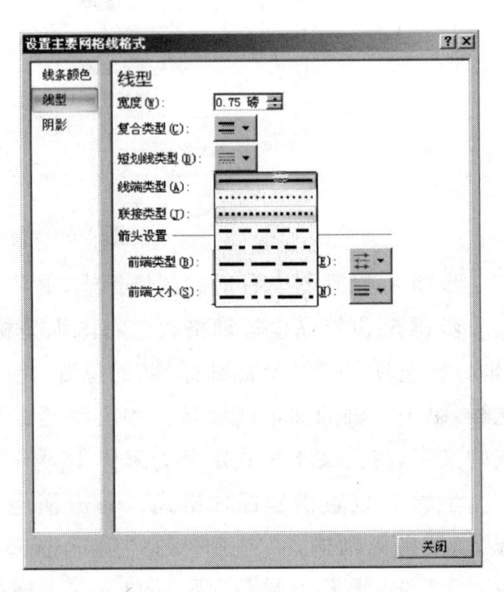

图 4-103　设置主要网格线格式

步骤 9:设置数据系列格式。右击数据系列,选择“设置数据系列格式”,打开“设置数据系列格式”对话框,将“系列选项”中的“分类间距”的参数调至“20%”;将“填充”选为“渐变填充”,预设颜色为“红日西斜”,角度为 0°。如图 4-104、图 4-105 所示。

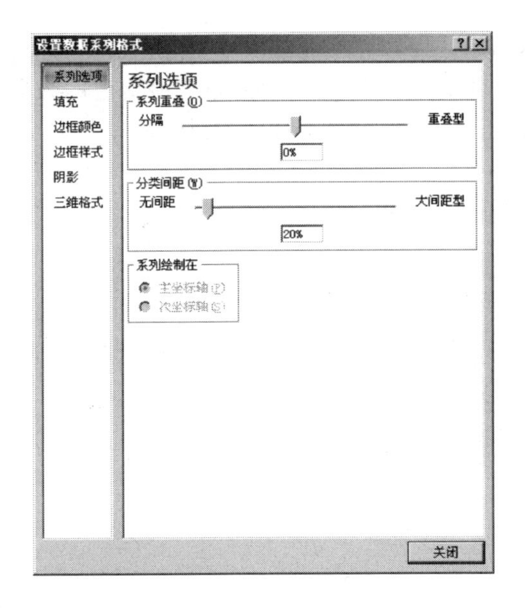

图 4-104 设置分类间距

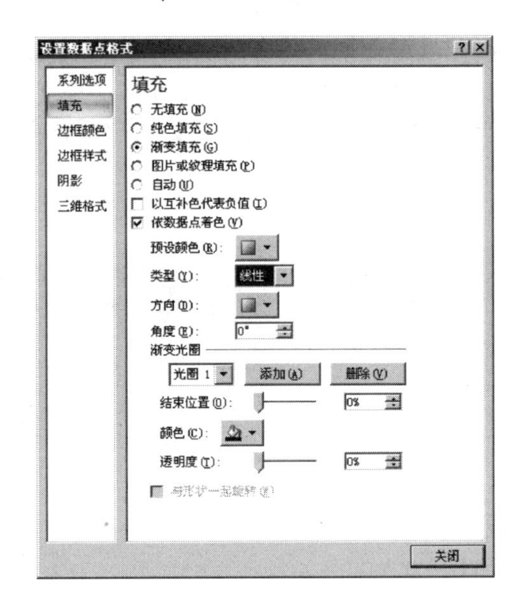

图 4-105 设置渐变填充

步骤 10:设置绘图区格式。右击绘图区,选择“设置绘图区格式”,打开“设置绘图区格式”对话框,选择“填充”栏中的“图片或纹理填充”,将“纹理”设置为“白色大理石”。

步骤 11:设置图表标题和坐标轴标题。

① 设置图表标题

单击图表顶部的“关注比例”标签,将其文字改为“2007 年主流品牌关注比例波动幅度对比”,标题大小为宋体 24 号粗体,并调整其位置。

② 设置坐标轴标题

选择“图表工具”的“布局”选项卡,单击“标签”组的“坐标轴标题”,在下拉菜单中选择“主要纵坐标轴标题”下的“纵排标题”,将“坐标轴标题”文本框中的文字修改为“品牌名称”。如图 4-106 所示。在“标签”组的“坐标轴标题”下拉菜单中选择“主要横坐标轴标题”下的“坐标轴下方标题”,将“坐标轴标题”文本框中的文字修改为“波动幅度”。条形图制作完成。完成后的图表如图 4-107 所示。

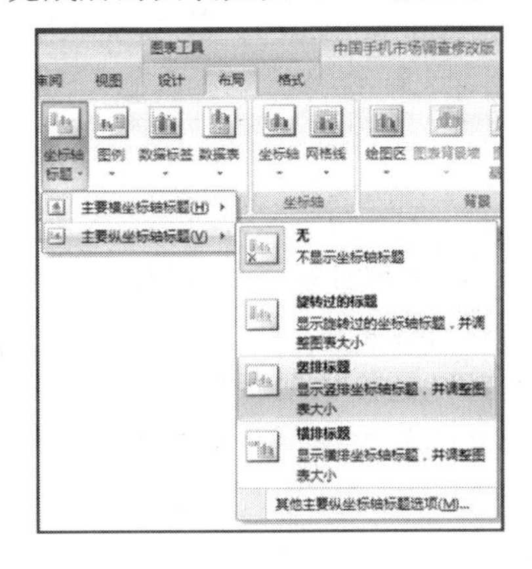

图 4-106 设置坐标轴标题

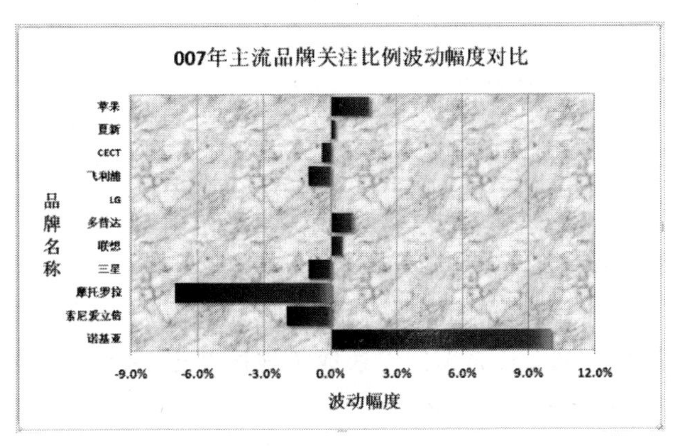

图 4-107 条形图制作结果

4. 折线图的编辑方法

要求：以“数据”表中“2007年四个季度七大区域市场关注比例走势对比”所对应的数据“数据！A15：H19”为数据源，建立“带数据标记的折线图”。如图4-108所示。

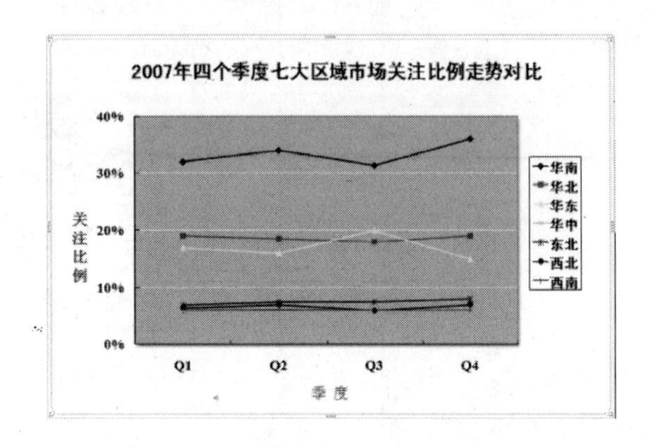

图4-108　带数据标记的折线图

步骤1：在“中国手机市场调查”工作簿中建一个空白的图表，并命名为“区域关注比例走势”。

步骤2：确定“图表类型和数据源”。在“图表工具”的“设计”选项卡中，单击“更改图表类型”按钮，在打开的“更改图表类型”窗口中，选择“折线图”类型中以“带数据标记的折线图”为图表类型，如图4-109所示。在“数据”表中选择“数据！A15：H19”区域中的数据，确定后将生成一个默认格式的Excel图表，这是一个待编辑的原始图表。如图4-110所示。

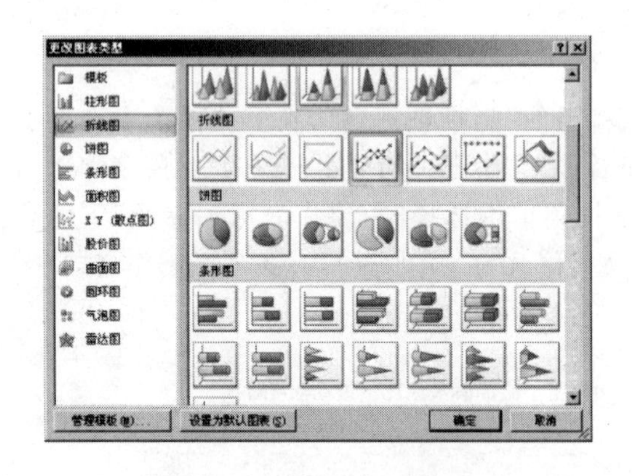

图4-109　选择折线图表图

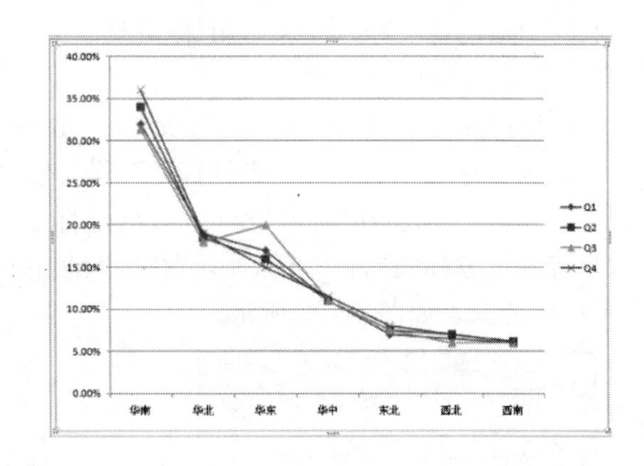

图4-110　待编辑的原始图表图

步骤3：调整图表的数据源。从原始图表可以直观地看出，数据的划分是以列数据“季节”来确定的，如果要按地区来进行表示，还需对数据源进行适当的调整。

方法一：右击图表，在快捷菜单中单击“选择数据”，即打开“选择数据源”对话框，单击“切换行/列”，即将图例项换成了地区数据，此时，图表的形式也发生了预期的变化。如图4-111所示。

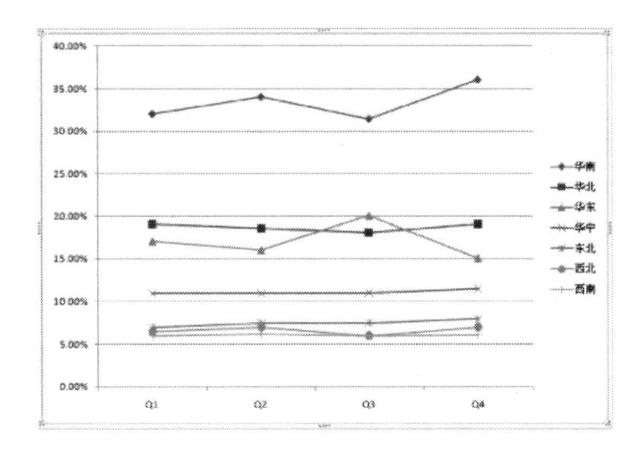

图 4-111　调整数据源后的图表

方法二：在图表工具的设计选项卡中，单击“数据”组的“切换行列”按钮即可。

步骤 4：设置图例项格式。右击“区域关注比例走势”中的图例项，将图例项中文本定义为宋体，18 号粗体，并适当调整图例项的整体大小与位置。

步骤 5：设置绘图区格式。

右击绘图区，在快捷菜单中选择“设置绘图区格式”，打开“设置绘图区格式”对话框，在“边框颜色”栏中设置“实线”，颜色为“深蓝”。选择“填充”栏中的“纯色填充”，颜色为“茶色，背景 2，深色 25％”。

步骤 6：设置网格线格式。右击绘图区中水平网格线，在快捷菜单中选择“设置网格线格式”，打开“设置主要网格线格式”对话框，在“线条颜色”中设置“实线”，颜色为“深蓝，淡色 60％”在“线型”中设置“短划线类型”为“方点”。

步骤 7：设置纵向坐标轴格式。右击纵向坐标轴上的坐标值，选择“字体”，将坐标值的文本设置为宋体，18 号粗体，再次右击纵向坐标轴上的坐标值，打开“设置坐标轴格式”对话框，在“坐标轴选项”中，设置“最小值：0.0、最大值：0.4、主要刻度单位：0.1”。如图 4-112 所示。

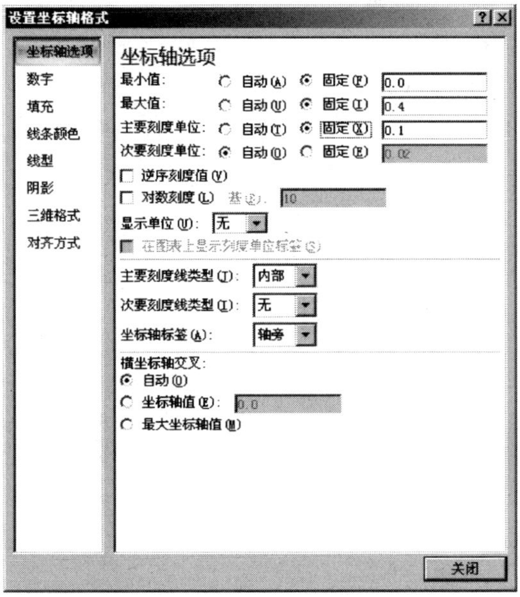

图 4-112　设置坐标轴格式

步骤 8：设置横向坐标轴格式。右击横向坐标轴上的坐标值，将坐标值的文本设置为宋体，18 号粗体即可。

步骤 9：设置图表标题和坐标轴标题。单击“图表工具”的“布局”选项卡，分别利用“标签”组中的“图表标题”、“坐标轴标题”工具，如图 4-113 所示，设置图表标题和坐标轴标题。完成后的图表如图 4-108 所示。工作完成。

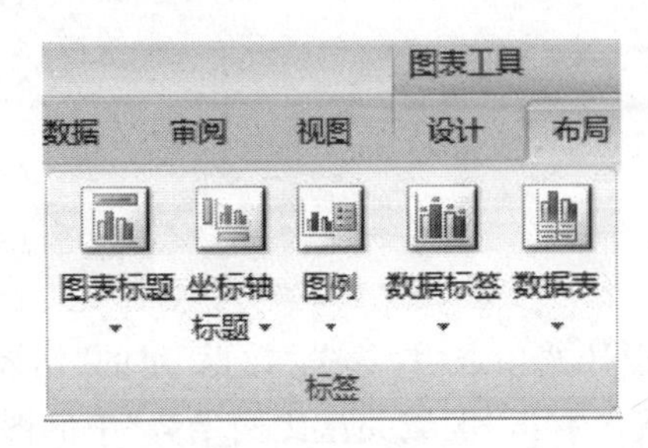

图 4-113　设置图表标题和坐标轴标题工具

> **提示**：本图表的格式还可以在此基础上进行进一步设置。如：右击数据折线上折点，可在快捷方式下“添加数据标签”，也可以选择数据线的某几个特殊点来显示与其相对应的数据，并调整它们的格式。也可以选择“设置数据系列格式”，来设置数据标记的类型、颜色和数据线的格式。

5. 柱形图的编辑方法

要求：以“数据”中的“不同价位手机关注比例”所对应的数据，即“数据！A44：G46”创建柱形图。

步骤 1：建一个空白的图表，并命名为“不同价位手机关注比例”。

步骤 2：确定“图表类型和数据源”。在“图表工具”的“设计”选项卡中，单击“更改图表类型”按钮，在打开的“更改图表类型”窗口中，选择“柱形图”类型中的“三维簇状柱形图” 为图表类型。在“数据”表中选择“不同价位手机关注比例”所对应的数据，即“数据！A44：G46”，确定后生成了一个默认格式的 Excel 图表，这是一个待编辑的原始图表。如图 4-114 所示。

步骤 3：重新选择数据。为了反映音乐手机和智能手机在不同价位之间的差别及其分布情况，可考虑将手机的类型作为水平(横)轴的分类标志。右击“图标区”，打开“选择数据”对话框，单击“切换行/列”按钮，确定后即可完成水平轴分类标志的切换。如图 4-115 所示。

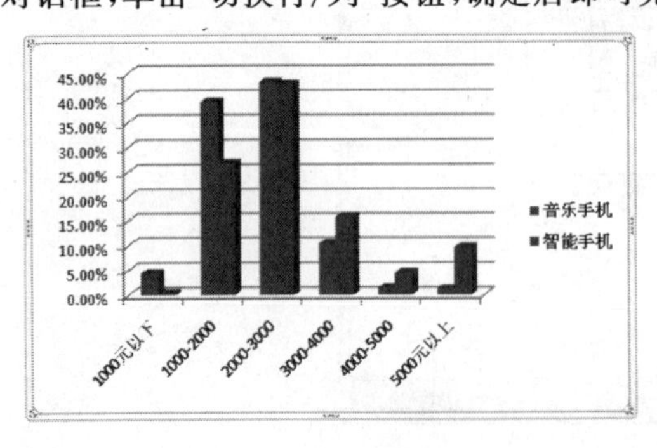

图 4-114　创建的原始图表

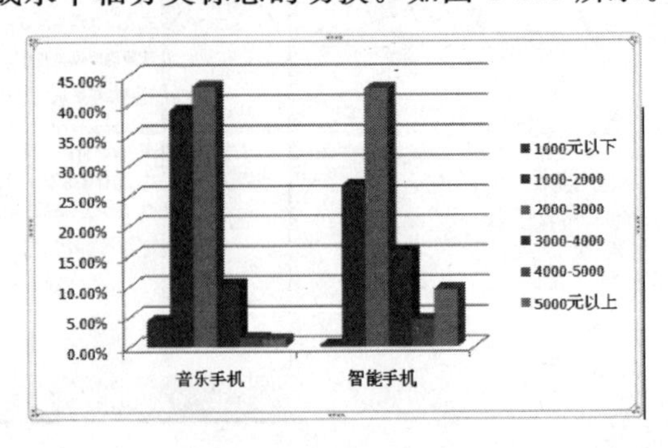

图 4-115　切换行/列后的图表

步骤 4:设置坐标轴格式。先后选择“不同价位手机关注比例”图表的纵坐标轴和横坐标轴,将其字符分别设置为宋体 18 磅,加粗和宋体 24 磅,加粗。右击图表中的纵坐标轴,打开“设置坐标轴格式”对话框,将坐标轴的主要刻度单位固定在 0.1。

步骤 5:设置数据图例格式。将图表区右侧的数据图例移动至图表的右上角,调整其显示方式为两行显示,并将文本设置为宋体 16 磅,加粗。

步骤 6:设置数据系列格式。选择“5 000 元以上”的数据系列,打开“设置数据系列格式”对话框,将“系列选项”栏中的“分类间距”设置为 80%。设置数据系列的阴影为预设的“右下斜偏移”。设置数据系列的三维格式为顶端“圆棱台”。逐一更换数据系列,采用同一格式来进行设置。

步骤 7:设置数据标签格式。选择“5 000 元以上”的数据系列,选择“添加数据标签”,确定后即可显示该数据系列的数据标签。选择数据标签,将其文本格式设置为宋体 14 磅,加粗。依次对其他数据系列进行相同的操作,即可完成对整个图表数据标签格式的设置。

步骤 8:设置图表标题和坐标轴标题。单击“图表工具”的“布局”选项卡,利用“标签”组中的“图表标题”工具,输入标题“2007 年中国市场不同价位手机关注比例分布”,并将文本格式设置为黑体 20 磅,加粗。利用“标签”组中的“坐标轴标题”工具,设置图表的水平和垂直坐标轴标题。

步骤 9:设置图表区背景颜色。右击图表区,打开“设置图表区域格式”对话框,选择“纯色填充”,颜色为“淡色 60%的水绿色”。

步骤 10:将图表区各种元素进行大小和位置调整后,即可完成“2007 年中国市场不同价位手机关注比例分布”图表的编辑。如图 4-116 所示。

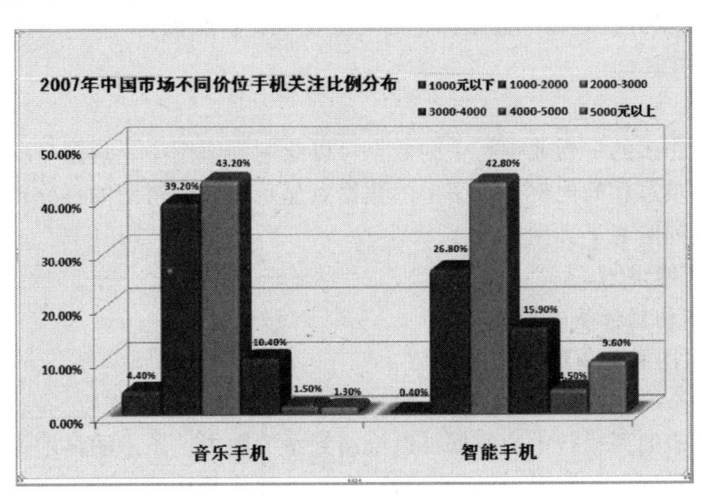

图 4-116 三维柱形图

4.4.4 技术解析

本案例所涉及的是如何根据所选数据来编辑相应的图表,其主要内容是如何根据实际需要选择图表类型和如何修饰图表。

1. Excel 图表类型

Microsoft Office Excel 2007 支持各种类型的图表，以帮助创建对目标用户有意义的方式来显示数据。Excel 2007 提供以下几种图表类型。

（1）柱形图

对于排列在工作表的列或行中的数据可以绘制到柱形图中。柱形图用于显示一段时间内的数据变化或显示各项之间的比较情况。在柱形图中，通常沿水平轴组织类别，而沿垂直轴组织数值。

柱形图具有下列图表子类型：

- 簇状柱形图和三维簇状柱形图；
- 堆积柱形图和三维堆积柱形图；
- 百分比堆积柱形图和三维百分比堆积柱形图；
- 三维柱形图；
- 圆柱图、圆锥图和棱锥图。

（2）折线图

排列在工作表的列或行中的数据可以绘制到折线图中。折线图可以显示随时间而变化的连续数据，因此非常适用于显示在相等时间间隔下数据的趋势。在折线图中，类别数据沿水平轴均匀分布，所有值数据沿垂直轴均匀分布。

折线图具有下列图表子类型：

- 折线图和带数据标记的折线图；
- 堆积折线图和带数据标记的堆积折线图；
- 百分比堆积折线图和带数据标记的百分比堆积折线图；
- 三维折线图。

（3）饼图

仅排列在工作表的一列或一行中的数据可以绘制到饼图中。饼图显示一个数据系列中各项的大小与各项总和的比例。饼图中的数据点显示为整个饼图的百分比。

饼图具有下列图表子类型：

- 饼图和三维饼图；
- 复合饼图和复合条饼图；
- 分离型饼图和分离型三维饼图。

（4）条形图

排列在工作表的列或行中的数据可以绘制到条形图中。条形图显示各个项目之间的比较情况。适用于条形图的情况：轴标签过长，显示的数值是持续型的。

条形图具有下列图表子类型：

- 簇状条形图和三维簇状条形图；
- 百分比堆积条形图和三维百分比堆积条形图；
- 水平圆柱图、圆锥图和棱锥图。

（5）面积图

排列在工作表的列或行中的数据可以绘制到面积图中。面积图强调数量随时间而变化的程度，也可用于引起人们对总值趋势的注意。

(6) XY 散点图

排列在工作表的列或行中的数据可以绘制到 XY 散点图中。散点图显示若干数据系列中各数值之间的关系，或者将两组数绘制为 XY 坐标的一个系列。

(7) 股价图

以特定顺序排列在工作表的列或行中的数据可以绘制到股价图中。股价图经常用来显示股价的波动。然而，这种图表也可用于科学数据。

(8) 曲面图

排列在工作表的列或行中的数据可以绘制到曲面图中。如果您要找到两组数据之间的最佳组合，可以使用曲面图。就像在地形图中一样，颜色和图案表示具有相同数值范围的区域。

(9) 圆环图

仅排列在工作表的列或行中的数据可以绘制到圆环图中。像饼图一样，圆环图显示各个部分与整体之间的关系，但是它可以包含多个数据系列。

(10) 气泡图

排列在工作表的列中的数据可以绘制在气泡图中。

(11) 雷达图

排列在工作表的列或行中的数据可以绘制到雷达图中。雷达图比较若干数据系列的聚合值。

2. 图表的格式设置

图表的修饰主要涉及图表中文本的字体、字号，设置图表区格式，设置绘图区格式，设置坐标轴的格式，添加数据标签和设置数据标签的格式等，这里读者可以根据自己的喜好自行设置，做出符合自己要求的图表。

(1) 设置图表区格式

Excel 图表区是指整个图表及其全部元素所存在的区域。它的格式主要包括区域填充、边框颜色、边框样式、阴影和三维格式等。

(2) 设置绘图区格式

Excel 绘图区是指在二维图表中通过轴来界定的区域，包括所有数据系列。在三维图表中，同样是通过轴来界定的区域，包括所有数据系列、分类名、刻度线标志和坐标轴标题。对绘图区的格式设置与图表区相似。

(3) 设置数据系列格式

数据系列是指在图表中绘制的相关数据点，这些数据源自数据表的行或列。图表中的每个数据系列具有唯一的颜色或图案并且在图表的图例中表示。可以在图表中绘制一个或多个数据系列。设置数据系列格式包括系列重叠程度、系列间距大小、系列填充格式、边框颜色、边框样式、系列阴影和系列三维格式。

(4) 设置坐标轴的格式

根据所选坐标轴的类型和图表的类型不同，坐标轴所反映的内容也不同。对于数值轴，大多数图表都在垂直轴上显示数值，在水平轴上显示分类。对于分类轴，大多数图表都在水平轴上显示分类。

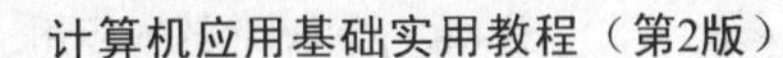

由图 4-117、图 4-118 可以看出，两类不同坐标轴在格式的设置上是不同的。数值轴倾向与最大值、最小值、刻度单位以及坐标轴标签的位置设置，而分类轴则主要坐标轴类型和位置坐标轴的设置。

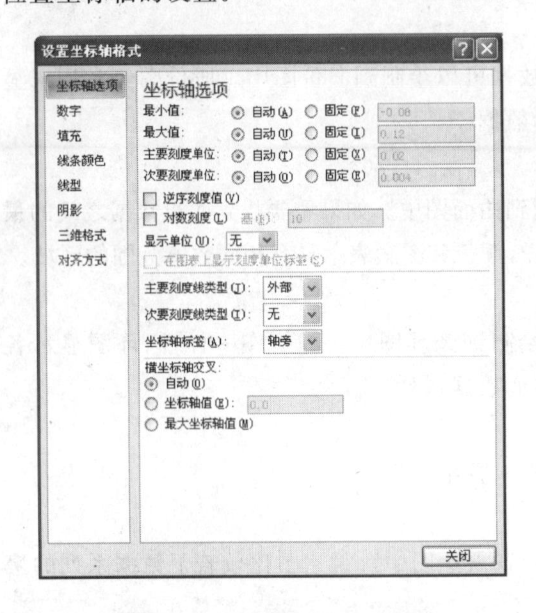

图 4-117　设置数值轴格式对话框

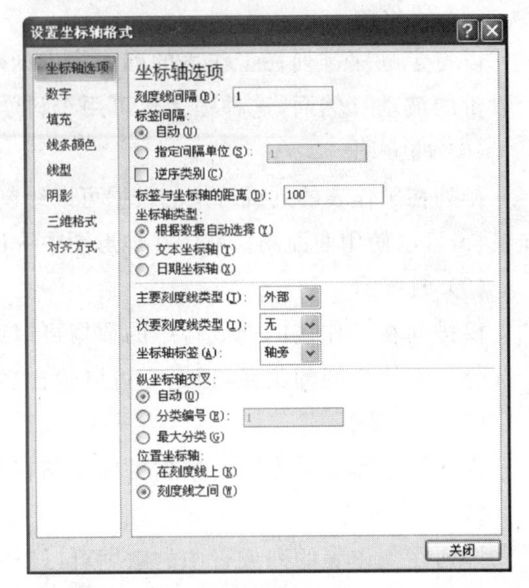

图 4-118　设置分类轴格式对话框

(5) 设置数据标签格式

数据标签是为数据标记提供附加信息的标签，数据标签代表源于数据表单元格的单个数据点或值。数据标签的格式主要是字体格式、显示位置等。

3. 利用功能区按钮编辑图表

对于初学者来讲，使用 Excel 功能区中的各组按钮来编辑图表更为简单，但灵活性受到一定限制。

在创建了根据相应数据二产生的图表后，只要图表为当前工作状态，在 Excel 的功能区将出现“图表工具”的 3 个选项卡，即图表工具的设计选项卡、布局选项卡和格式选项卡。这是专门为编辑 Excel 图表所设立的。

(1) 设计选项卡

图表工具的设计选项卡可根据数据表现的实际需求，选择或更改图表类型，可为图表选择数据，可设置图表的布局形式，设置图表的系统内置样式，也可确定图表的存放位置。如图 4-119 所示。

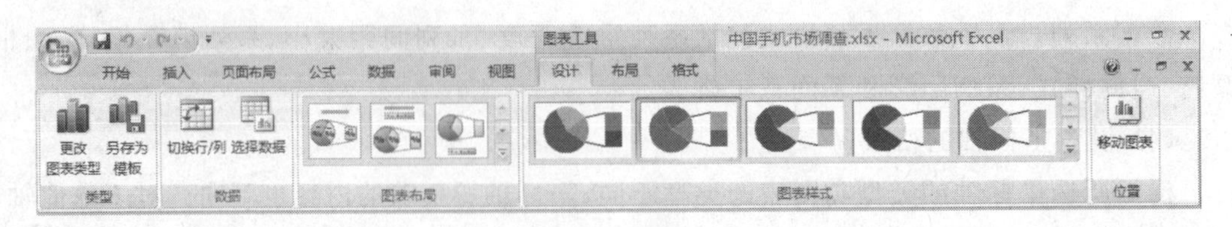

图 4-119　图表工具的设计选项卡

(2) 布局选项卡

图表工具的布局选项卡主要提供为已经选定数据和类型的图表进行修饰的相关功能。如设置图表标题、图例、坐标轴标题和数据标签等。也可以在现有图表中加入其他修饰性元素。如图 4-120 所示。

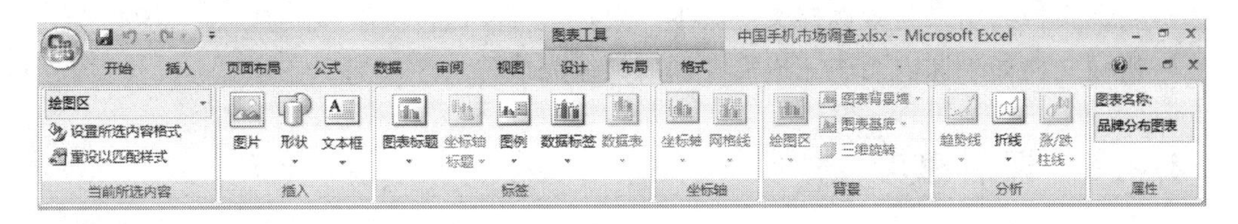

图 4-120 图表工具的布局选项卡

(3) 格式选项卡

图表的格式选项卡还是为图表提供修饰性功能的工具。所不同的是它仅对已有的图表元素进行系统内置格式的修饰。如图 4-121 所示。

图 4-121 图表工具的格式选项卡

4.4.5 实训指导

本案例为一个基于 Excel 图表制作的综合应用训练实例,要求根据给定的数据,制作饼图、条形图、柱形图、折线图。

1. 实训目的

学习 Excel 的基本图表类型的编辑方法。

2. 实训准备

知识准备:

- 复习 Excel 饼图的编辑方法;
- 复习 Excel 条形图的编辑方法;
- 复习 Excel 折线图的编辑方法;
- 复习 Excel 柱形图的编辑方法。

资料准备:

- Microsoft Office 2007 环境(实训室准备);
- 案例中所需的文字和原始数据表(教师准备)。

3. 实训步骤

- 获得本案例的原始数据表;
- 学习创建空白图表;

• 选择相应要制作饼图的数据，创建饼图原始图表；
• 剪切饼图至空白图表中，根据案例设置饼图的格式；
• 依照实训步骤分别创建条形图、折线图和柱形图，并完成这些图表的格式设置。

4. 实训要求

• 实训文档的结果与案例样文应基本一致；
• 实训文档如果课内无法完成需在课后继续完成。

4.4.6 课后思考

• Excel 图表的作用。
• 如何插入指定类型的图表？
• 对于已经插入的图表，如何修改图表的类型、数据区域？
• 如何根据数据所反映的实际情景，选择待创建的图表类型？
• 如何设置图表格式？

第5章

PowerPoint基本应用

学习目标

本章以“Office 知识讲座”、“神奇的九寨”和“SmartArt 图形”3 个案例为主线，主要介绍了 PowerPoint 常用的编辑方法，主要包括版式、背景、动画、放映、多媒体、图表等基本设计方法，能够运用基本设计技巧完成常用幻灯片的制作。

实用案例

Office 知识讲座

神奇的九寨

SmartArt 图形

5.1　案例1——Office知识讲座

5.1.1　案例介绍

Office是日常办公中的常用软件，应用非常广泛，Office软件的应用水平一定程度上说明了办公自动化水平的高低，现代人，尤其是有知识有文化的大学生，在以后工作和生活中要经常用到Office办公软件。

本案例是利用PowerPoint对Office办公软件系统进行的一个简单宣传，在内容上主要包括对该套软件在应用范围、不同版本、各个组件进行介绍。表现形式上主要采用文字、表格、图片、图表、组织结构图等表现手法。

5.1.2　知识要点

本案例涉及PowerPoint的主要知识点如下。

- 幻灯片创建——主要包括PowerPoint演示文档的新建、修改、幻灯片插入。
- 文本编辑——主要包括文字的字体、段落、项目符号的编辑等。
- 模板的选择——选择合适的应用设计模板等。
- 母版设计——包括幻灯片母版、讲义母版、备注母版等。
- 幻灯片编辑——包括表格、图表、组织结构图、图片设计等。

5.1.3　案例实施

1. 创建PowerPoint文档

PowerPoint文档的新建方法有多种，在Windows和在PowerPoint环境下的操作方法各有不同。

在Windows环境下，新建PowerPoint文档的方法如下。

(1) 单击“开始”菜单，选择“程序”项目中的对应项目，即可创建一个新的PowerPoint文档，如图5-1所示。

(2) 单击桌面上的PowerPoint快捷方式来创建新的PowerPoint文档，如图5-2所示。

在PowerPoint环境下，新建PowerPoint文档的方法如下。

(1) 单击右上角的“Office”按钮，选择“新建”菜单项来创建，如图5-3所示。

在PowerPoint环境下，单击“自定义快速访问工具栏”上“新建”按钮来创建新的PowerPoint文档，如图5-4所示。

(2) 在 PowerPoint 环境下，还可以使用组合键 Ctrl＋N 来创建新的 PowerPoint 文档。

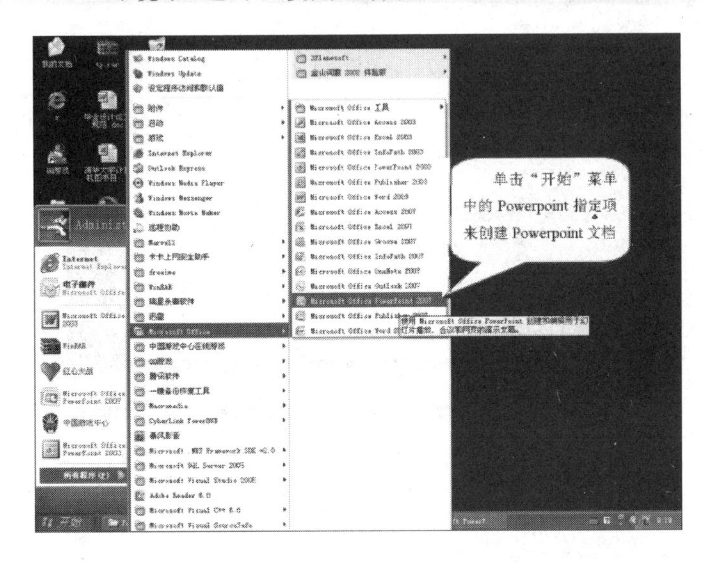

图 5-1　用"开始"菜单创建 PowerPoint 文档

图 5-2　快捷方式创建 PowerPoint 文档

提示：新建 PowerPoint 文档的方法有多种，主要是根据当前所处的环境来进行选择。一般而言，刚创建的 PowerPoint 只是一个临时性文档，无论是否对其进行过编辑，该文档都没有实质性地保存在磁盘上，因此，及时将文档保存到指定目录下是必须注意的问题。另外，通过鼠标右键的快捷菜单也能创建一个新的 PowerPoint 文档，而这种方式创建的 PowerPoint 文档却是在创建时就已经以默认文件名的方式保存在被创建的目录中。

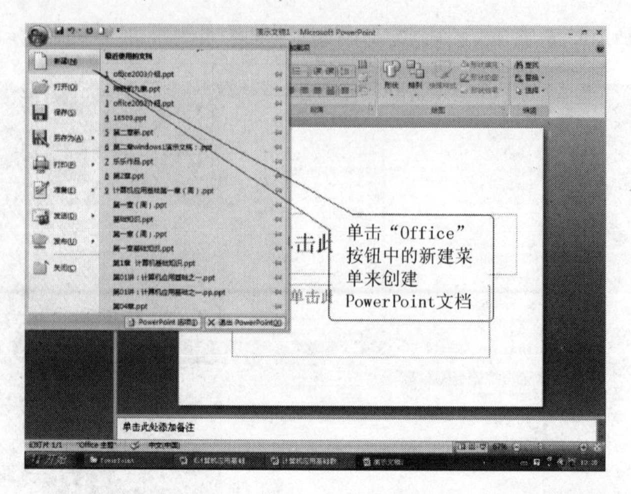

图 5-3 利用 Office 按钮中的新建菜单创建新文档

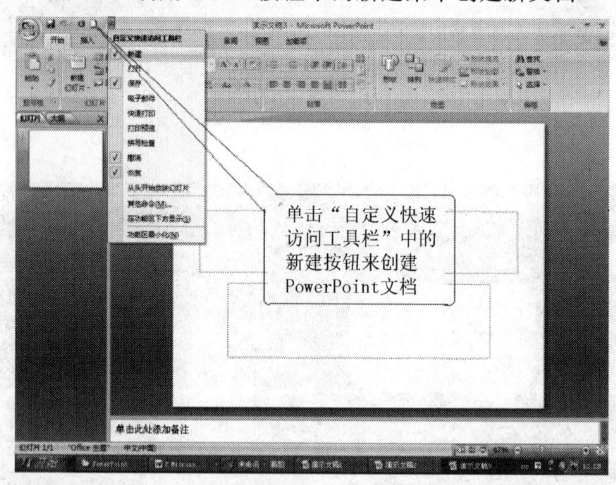

图 5-4 自定义快速访问工具栏创建新文档

新建的 PowerPoint 文档，可以依照某个模板来创建，也可以是空白文档，一旦创建，就可以插入新的幻灯片、在幻灯片中插入图片、表格、组织结构图、设置应用设计模块、设置动画等。

本案例用到的文字较少，可以直接输入，也可以复制到幻灯片中。

注意：将新建的 PowerPoint 文档命名“Office 知识讲座. pptx”，并保存在个人工作目录中。

2. 选择版式

版式是一个幻灯片的整体布局方式，是定义幻灯片上待显示内容的位置信息的幻灯片母版的组成部分。版式本身只定义了幻灯片上要显示内容的位置和格式设置信息。版式包含可以容纳文字和幻灯片内容。也可以在版式或幻灯片母版中添加文字和对象占位符，但不能直接在幻灯片中添加占位符。对于一个新的幻灯片，必须选择一个合适的版式来进行设计，选择版式要根据幻灯片表现的内容。

步骤 1：新建幻灯片。单击 PowerPoint 中的“开始”选项卡，选择工具栏中的“新建幻灯片”按钮，此时就会弹出若干个版式可供选择，如图 5-5 所示。

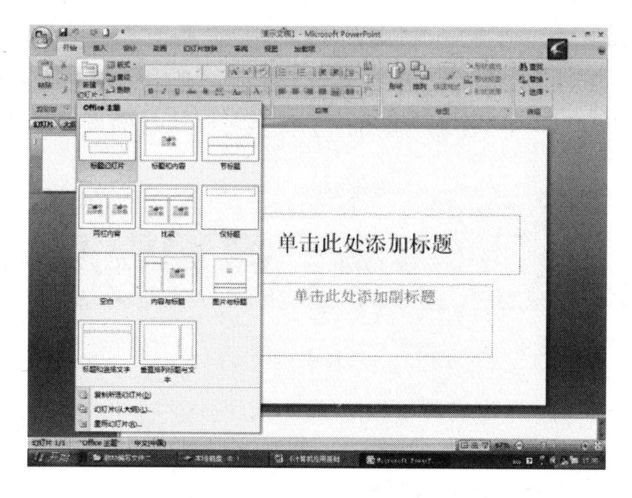

图 5-5　新建幻灯片时选择版式

步骤 2：选择版式。在每一个幻灯片版式下面，有文字对该版式说明，根据对版式的说明选择一个合适的版式，单击选定版式即可完成。如果认为选择的版式不合适，就需要在编辑状态下进行重新选择。

步骤 3：更换版式。在幻灯片编辑时，进行版式的选择，单击左侧的"幻灯片"视图，在相应幻灯片上右击鼠标，在快捷菜单中选择"版式"，就会出现版式选择窗口，在要选择的版式上选择相应版式，如图 5-6 所示。

图 5-6　编辑幻灯片时选择版式

3. 输入编辑文字

在需要输入文字的幻灯片中，单击相应的编辑区，输入相应标题文字或者其他文本，输入完成文字后，可以进行字体、字号、字型、项目符号、段落及对齐方式的设置，这些方法与 Word 中的设置方法相似，可以参照 Word 中的设置方法进行设置。

> **说明**：因为在 PowerPoint 中各幻灯片所选择的设计主题不同，在主题颜色上也有很大差异，所以，本章将基本不提供有关文字颜色选择的叙述。在实际操作中，学习者可根据案例的基本形式和个人喜好自己选择。

4. 选择模板

为幻灯片文档选择一个合适的模板，使幻灯片更加适合表达相应的主题，选择方法如下。

步骤 1：单击“设计”卡，在“主题”组出现了很多可以选择的设计模板，如图 5-7 所示。

图 5-7　选择应用设计模板

步骤 2：从中选择一个，单击它就可以选择成功。

说明：如果这其中没有所满意的模板，可以单击右边三角号，可以出现更多的模板，并且也可以把其他文件作为设计模板。

5. 编辑母版

幻灯片母版控制了某些文本特征（如字体、字号和颜色），称之为“母版文本”，另外，它还控制了背景色和某些特殊效果（如阴影和项目符号样式）。可以用幻灯片母版来添加图片、改变背景、调整占位符大小，以及改变字体、字号和颜色。母版的样式的变化，会使得整个文档中的所有幻灯片都随之变化。因此，对母版的编辑是应该放在文档编辑初期进行的，因为对母版的编辑将直接影响到由此而产生的左右幻灯片的效果。

步骤 1：单击“视图”选项卡，选择“幻灯片母版”按钮，就会打开“幻灯片母版”视图，在“幻灯片母版”视图中，选择一个版式。

步骤 2：单击在右边的母版编辑区的“单击此处编辑母版标题样式”，选择“字体”下拉列表中的“行楷”，如图 5-8 所示。

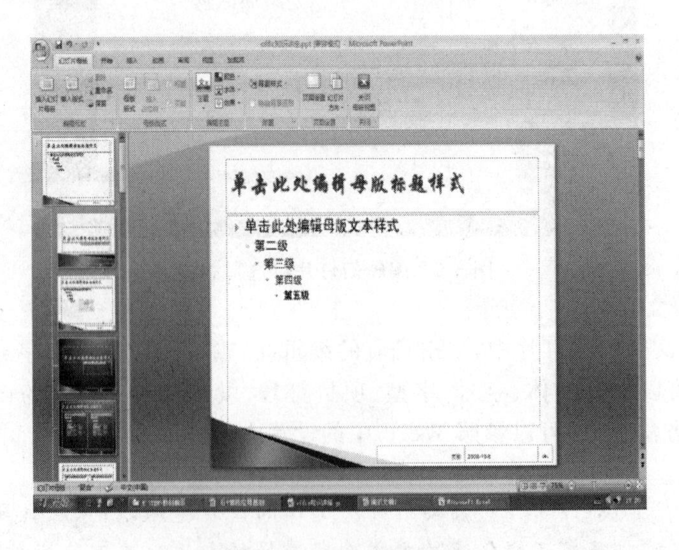

图 5-8　选择要编辑的母版

步骤 3:在工具按钮中单击“关闭母版视图”,文档中的所有相应版式的幻灯片的标题都设置成了该样式,如图 5-9 所示。

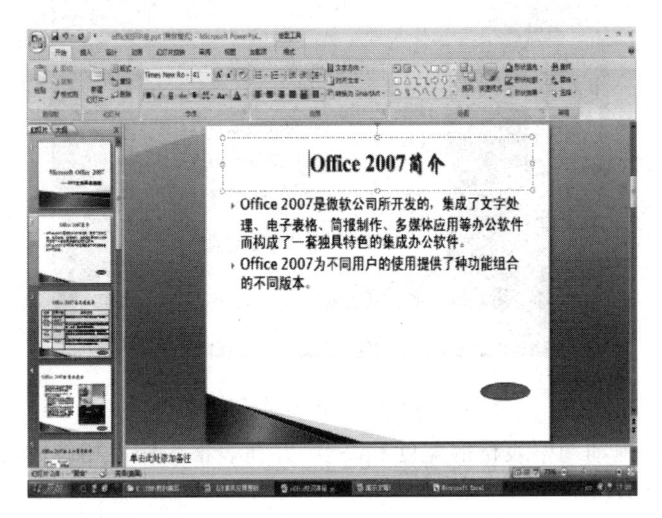

图 5-9　关闭母版视图后幻灯片的样式

6. 插入表格

在设计幻灯的时候,使用表格,可以使有些描述比较清晰,对比清楚。本例在第 3 个幻灯片中插入一个 5 行 3 列的表格。

步骤 1:给这个幻灯片选择一个“标题和内容”的版式,在标题中输入文字“Office 2007 的不同版本”后,将光标移到文本区。

步骤 2:单击“插入”选项卡,在工具栏中单击“表格”,在下面的窗口中用鼠标拖动选中 5 行 3 列,单击鼠标左键,这样在文本区就产生了一个 5 行 3 列的表格,如图 5-10 所示。

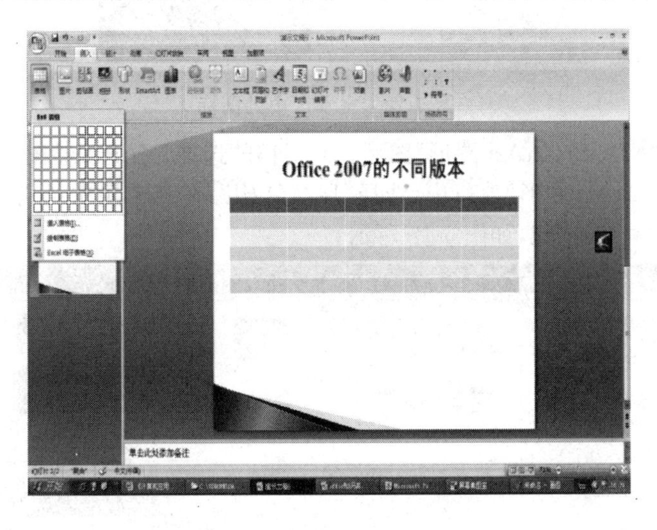

图 5-10　选中表格范围并产生表格

步骤 3:在步骤 2 结束后,产生了一个表格,同时在选中了“设计”选项卡,在设计选项卡的下方,有一个表格样式可供选择。单击右边的下拉按钮,列出全部样式,鼠标移动到第 2 行第 1 列单击,就产生了需要的表格,如图 5-11 所示。

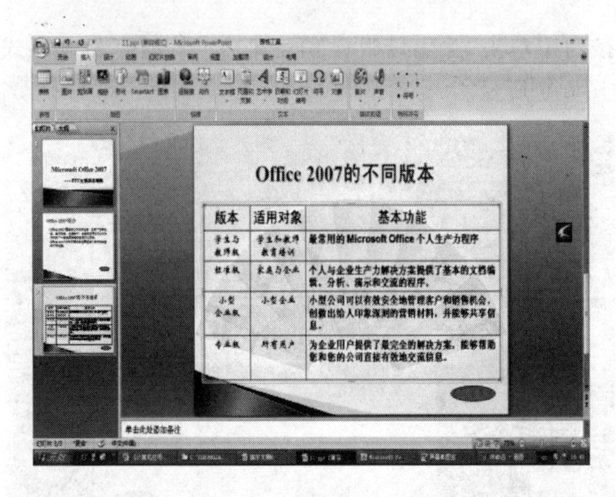

图 5-11　选择表格样式

步骤 4:用鼠标拖动调整表格的宽度和高度,并在表格中输入相应的文字。

7. 插入 SmartArt 图

如果要对机构或者组成进行总体和直观的描述,可以采用组织结构图。

步骤 1:给这个幻灯片选择一个“标题和内容”的版式,在标题区输入“Office 2007 系列产品体系”。

步骤 2:在文本编辑区,有 6 个图标,分别是“插入表格”、“插入图表”、“插入 SmartArt 图形”、“插入来自文件的图片”、“剪贴画”和“插入媒体剪辑”。6 个图标分别表示某种操作,其中右上角的表示插入 SmartArt 图形,如图 5-12 所示。

图 5-12　文本区中的图标

步骤 3:单击“插入 SmartArt 图形”图标,即可打开“选择 SmartArt”图形对话框,如图 5-13 所示。在“选择 SmartArt 图形”窗口中,选择“层次结构”,在几个层次结构图中选择本例所需要的结构图,单击“确定”按钮,如图 5-13 所示。

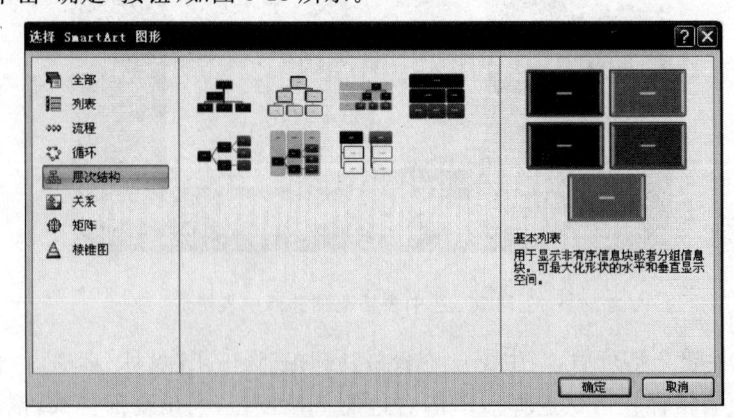

图 5-13　选择层次结构的 SmartArt 图形

步骤 4：在 SmartArt 图中，根据实际所需要的形状个数和排列进行添加或者删除。添加方法，在某个形状上右击鼠标，在快捷菜单中选择“添加形状”，从而可以在次级菜单中选择在前、后、上、下方添加；删除方法，用鼠标单击选中某个形状，按 Delete 键。在形状添加完成后，在每一个形状中输入相应的文字或者图片。

8. 插入图表

图表可以用图形直观地反映观测的数据，在演示文稿中添加图表可以使枯燥的数据形象化，让听众一目了然。

步骤 1：给这个幻灯片选择一个“仅标题”的版式，在标题区输入“Office 中三大软件使用概率”。

步骤 2：单击“插入”选项卡，在工具栏中单击“图表”按钮，会弹出一个“更改图表类型”的对话框，在此对话框中，选择“饼图”并选中“分离型三维饼图”，单击“确定”按钮，如图 5-14 所示。

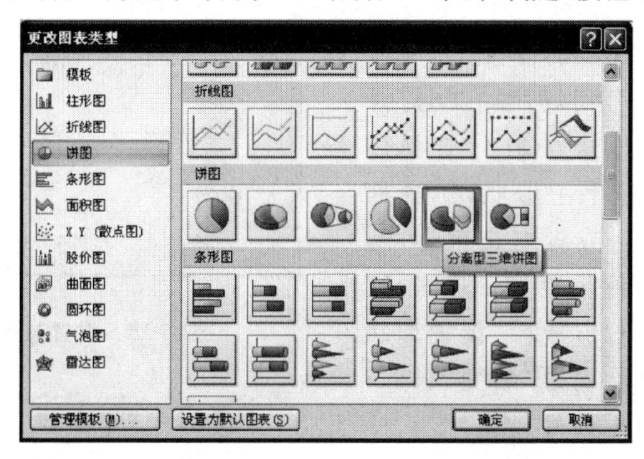

图 5-14　选择图表类型

步骤 3：在电子表格中修改数据和标题，系统默认的是以一种产品在 4 个季度的销售额为数据源，本例根据需求将相应的项目进行修改。把“第一季度”修改成“Word”，其数据改为 45%；把“第二季度”修改成“Excel”，其数据改为 30%；把“第三季度”修改成“PowerPoint”，其数据改为 25%，并将“第四季度”所在行删除，然后关闭电子表格。

步骤 4：删除标题，单击选中“销售额”，按 Delete 键将标题删除，如图 5-15 所示。

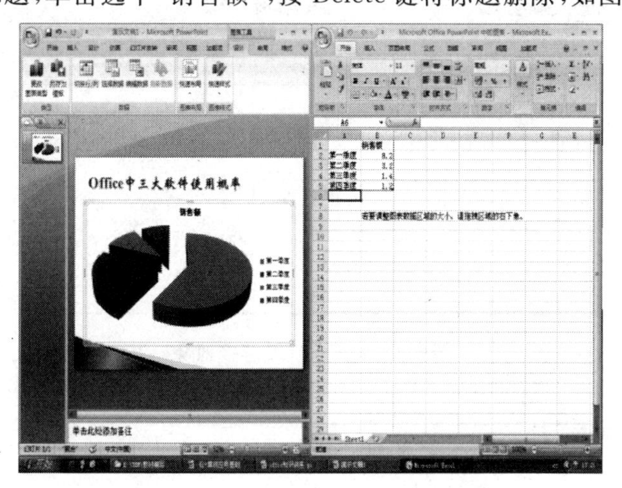

图 5-15　修改图表中的数据源和标题

步骤 5：添加数据标签，使饼图上显示相应的数据，在饼图上右击鼠标，选择“添加数据标签”，此时在饼图上就会出现对应的数据。

步骤 6：设置数据标签，选中整个饼图，右击鼠标，选择“设置数据标签格式”，在“设置数据标签格式”对话框中，在标签选项栏的“标签包括”中选中“值”，标签位置中选中“数据标签外”，单击“关闭”按钮，如图 5-16 所示。

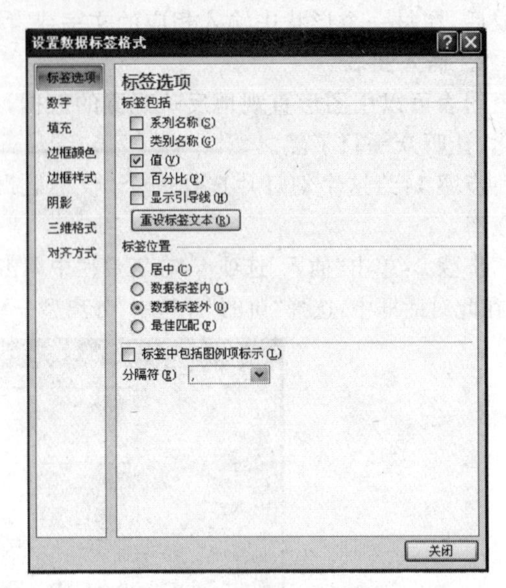

图 5-16　设置数据标签格式

9. 插入超级链接

超级链接可以使文档转向所指定的位置，可以是文本、图片等文件，也可以是转向本文档中的指定位置。本文档设置了一些超级链接，用来返回文档的首页。

步骤 1：选择第 2 个幻灯片，在幻灯片的右下角插入一个形状，方法是：单击选项卡“插入”，在工具栏中单击形状，选择椭圆，用鼠标调整其大小，或者右击鼠标，选择“大小和位置”，其高度设置为 1 厘米，宽度设置为 5.16 厘米，右击选择“设置形状格式”，将其填充方式设置为“渐变填充”；选择适当的颜色，并根据喜好，设置形状“阴影”、“三维格式”等项目。右键单击形状，选择“编辑文字”，在形状中输入文字“返回首页”，字体为 18 磅黑体。

步骤 2：在形状上单击鼠标右键，选择“超链接”，会出现插入超链接的窗口，在“链接到”栏中，选择“本文档中的位置”，在“请选择文档中的位置”中，选择“第一张幻灯片”，单击“确定”按钮，如图 5-17 所示。

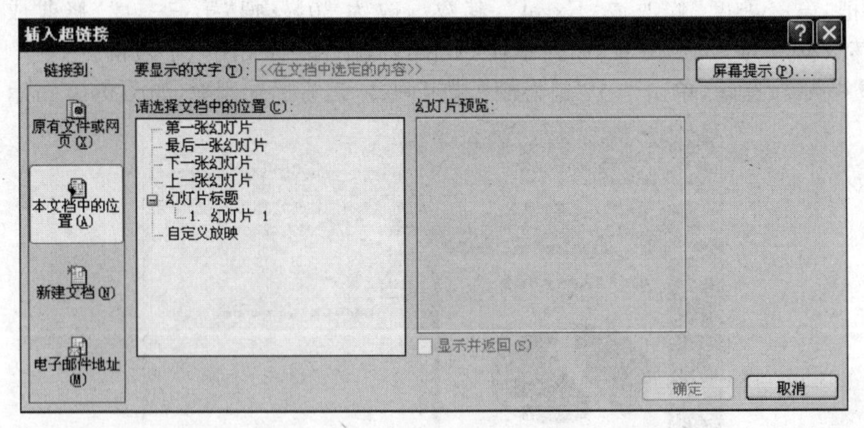

图 5-17　选择超级链接对象

5.1.4　技术解析

本案例所涉及的是幻灯片编辑的常规性技术，其主要内容是母版、版式、表格、Smart-

Art 图等的编辑，这也是 PowerPoint 编辑的主要内容。

1. 母版的编辑

幻灯片母版是模板的一部分，它存储的信息包括：文本和对象在幻灯片上的放置位置、文本和对象占位符（占位符：一种带有虚线边缘的框，绝大部分幻灯片版式中都有这种框。在这些框内可以放置标题及正文，或者是图表、表格和图片等对象）的大小、文本样式、背景、颜色主题、效果和动画。

如果将一个或多个幻灯片母版另存为单个模板文件（.potx），将生成一个可用于创建新演示文稿的模板。每个幻灯片母版都包含一个或多个标准或自定义的版式集。

2. 图表的设计

在 PowerPoint 中创建图表，实际上是 Microsoft 公司的 OLE（对象链接与嵌入）技术在 PowerPoint 中的具体应用。利用这种技术，就可以在 PowerPoint 中创建 Excel 图表，且图表的编辑方法与 Excel 相同。

在 PowerPoint 中，可以 Excel 的图表，也可以将已经存在的 Excel 图表以对象的方式链接或嵌入到 PowerPoint 文档中，成为该文档的一部分。

有关 OLE 技术和在 PowerPoint 中链接或嵌入 Excel 对象的方法可参见第 7 章的相关部分。

3. 表格的设计

在 PowerPoint 中使用表格，有 3 种方案可以选择。

- 直接添加表格，在前面的案例中就是用这种方法。
- 可以把 Word 或者 Excel 中的表格复制过来。
- 绘制表格。

5.1.5 实训指导

1. 实训目的

学习 PowerPoint 基本文档的编辑方法，学习 PowerPoint 文档中文本、表格、图片、SmarArt 图形以及插入 Excel 图表的编辑方法。

2. 实训准备

知识准备：

- 预习 PowerPoint 的相关知识；
- 预习 PowerPoint 各种文档元素（如文字、表格、图片及其他元素）的编辑方法。

资料准备：

- Microsoft Office 2007 环境（实训室准备）；
- 案例中所需的文字和原始资料（教师准备）。

3. 实训步骤

- 获得实训案例范文及其他原始数据，并建立工作文件夹。
- 创建新的 PowerPoint 文档，并完成必要的母版编辑。
- 在 PowerPoint 文档中创建表格，并完成文字的输入和格式编辑。
- 完成在 PowerPoint 文档中的图片插入、定位和编辑。

- 插入 Excel 图表，完成对图表的编辑。
- 插入 SmartArt 图形，并完成其格式的编辑。
- 完成文档的有关说明部分。

4. 实训要求

- 实训文档的结果与案例样文的格式基本一致。
- 实训文档如果课内无法完成需在课后继续完成。

5.1.6 课后思考

- 母版的作用是什么，它与模板有什么关系？
- 什么是版式，在设计版式时，应该从哪些方面考虑？
- 如何插入图表，图表中的数据如何编辑？

5.2 案例2——神奇的九寨

5.2.1 案例介绍

位于四川的九寨沟是我国非常著名的旅游胜地，有着天水合一的醉人风景。本案例主要是通过文字、图片和声音，从九寨沟的地理位置、占地面积、名称来历、在世界上的地位和声誉等方面，对九寨沟进行一个简要的介绍。

本案例的学习价值主要体现在介绍如何掌握幻灯片的动画方式、放映方式和其他媒体使用等方面。

5.2.2 知识要点

本案例主要涉及的知识点如下。

- 图片的插入——主要插入图片、设置图片格式。
- 动画设计——主要是对幻灯片中的图片和文本预设动画。
- 声音插入——主要是插入声音文件，设置声音的播放方式以及作用范围。
- 视频文件的插入——插入视频文件，设置播放方式。
- 设置页眉和页脚——添加页眉和页脚，设置页眉和页脚的内容。
- 背景添加——添加和选择背景。

5.2.3 案例实施

1. 创建幻灯片

步骤1：在个人工作文件夹中创建一个空白的 PowerPoint 文档，并命名为“神奇的九寨”。打开刚创建的 PowerPoint 文档,添加第 1 个新幻灯片,选择其版式为“标题幻灯片”。在此基础上再添加其他 9 个新幻灯片,其版式均为“仅标题”。

步骤 2:右击幻灯片,在快捷菜单中选择“设置背景格式”。在“填充”栏的“图片或纹理填充”下,选择“文件”,在下载的案例相关文件中找到名为“bgimage. jpg”的文件,将其作为幻灯片的背景图片,并确定为“全部应用”。

2. 幻灯片一的制作

步骤 1:选择幻灯片一,在标题处输入“神奇的九寨 人间的天堂”,选择字体为“华文彩云”,字号为 54。副标题中输入“——中国最著名的旅游风景区”,设置字体为“华文行楷”,字号为 32。

步骤 2:右击幻灯片,选择“设置背景格式”,弹出相应对话框,如图 5-18 所示。在此对话框中选择“文件”,从实训相关文件中找到选择合适的背景文件“5-2-1. jpg”,然后单击“插入”按钮就可以完成了。此时,整个幻灯片文档中,仅有第 1 个幻灯片的背景图片是不同的。

步骤 3:插入页眉和页脚,在“插入”选项卡中,单击“页眉和页脚”,出现设置页眉和页脚的窗口,如图 5-19 所示,在幻灯片选项卡中,选中“日期和时间”复选框、“自动更新”单选按钮,选择“幻灯片编号”、“页脚”复选框中的内容为“PowerPoint 案例”,并选中“标题幻灯片中不显示”复选框,单击“全部应用”按钮。

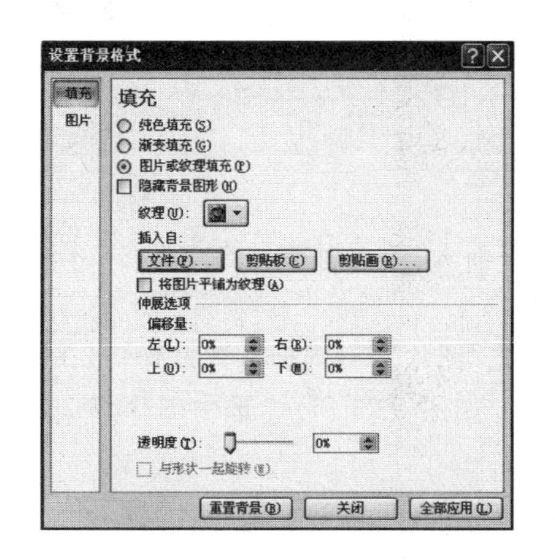

图 5-18 “设置背景格式”对话框

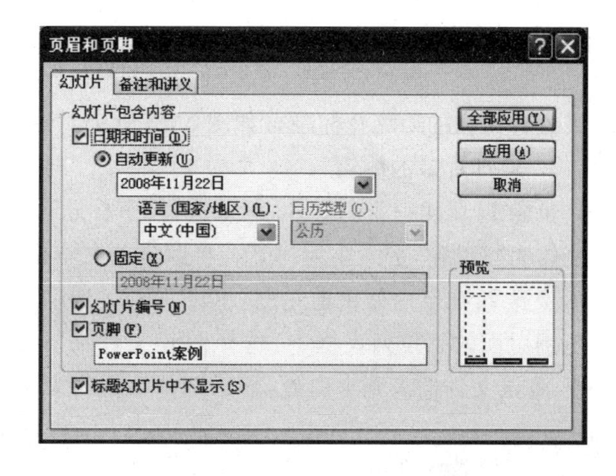

图 5-19 设置页眉和页脚

步骤 4:插入声音文件。在“插入”选项卡上的“媒体剪辑”组中,选择“声音”命令,单击“文件中的声音”,找到“神奇的九寨. mp3”,然后双击该文件,以将其添加到幻灯片中,会出现一个设置播放方式的对话框,单击“自动”按钮,这样使得在幻灯片播放时,自动播放声音。

步骤 5:设置声音文件的播放状态。在插入声音文件后幻灯片会出现一个小喇叭图标。单击小喇叭图标,选择“动画”选项卡,单击“自定义动画”,出现相应窗口,单击“神奇的九寨. mp3”右边的三角,弹出下拉菜单,如图 5-20 所示。选择“效果选项”,会出现播放声音窗口,在该窗口中开始播放中选择“从头开始”,停止播放中选择“在……张幻灯片之后”,数字根据具体情况来确定,这里选择 9,如图 5-21 所示。

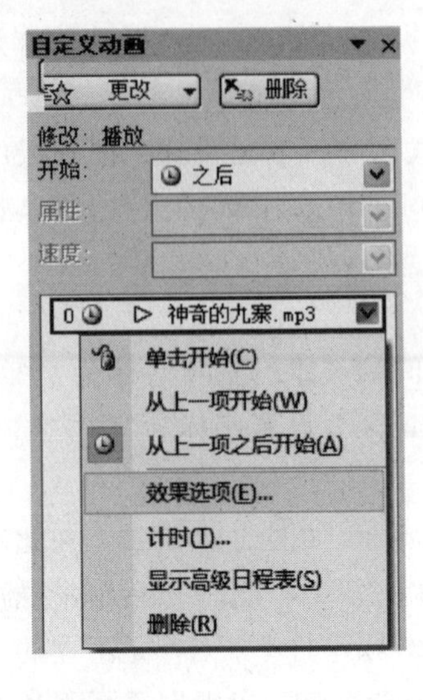

图 5-20 “自定义动画”窗口

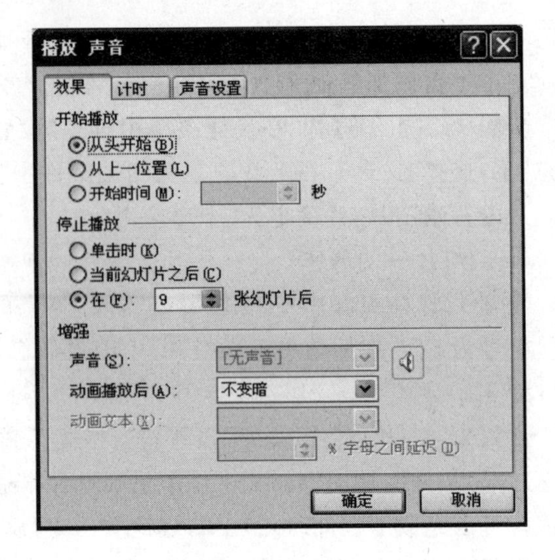

图 5-21 设置声音播放的起止时间

提示：插入声音，除了插入声音文件外，还可以插入剪辑管理器中的声音，这是由系统提供的，也可以插入 CD 音乐和录制声音。在播放幻灯片时，还可以录制旁白用来对播放中的幻灯片用语音进行必要的说明，增强听觉效果。

编辑完成的幻灯片标题页如图 5-22 所示。

3. 幻灯片二的编辑

步骤 1：新建一张幻灯片，版式选择“节标题”，标题中输入“美丽而神奇的九寨沟”，并设置字体为“行楷”，字大小为“40”。将默认的文本框去掉。

步骤 2：在空白处单击左键，单击“插入”选项卡，单击“图片”，出现插入图片窗口，在查找范围后面的下拉列表框中，选择图片文件夹“images”，如图 5-23 所示，选中图片“5-2-2.jpg”，将该文件插入到空白处，然后调整到适当大小。

图 5-22 标题幻灯片的效果

图 5-23 在幻灯片中插入图片

步骤 3：在空白处单击左键，单击“插入”选项卡，单击“文本框”，选择“横排文本框”，然后用鼠标在空白处拖动，则出现一个文本框，在文本框中输入相应的文字，并设置字体为“楷体”，字号为“24”。

步骤4：单击文本框，单击“动画”选项卡，选择“自定义动画”，出现“自定义动画”窗口，在“添加效果”下拉列表框中，选择“进入”，再选择“盒状”，如图5-24所示。然后设置动画，在“开始”中选择“之后”，方向选择“放大”，“速度”选择“非常慢”，如图5-25所示，这样文本的动画就设置好了，用同样的方法设置图片中的动画，在“自定义动画”的“添加效果”中选择“进入”中的“棋盘”效果，设置动画为“之前”、“下”、“非常慢”。其动画与文本框动画同步进行。

至此，幻灯片二的编辑工作结束。

> **提示**：还可以设置幻灯片切换时的效果，系统提供了很多种切换方案。选中一个幻灯片缩略图，单击“动画”选项卡，在“切换到此幻灯片”组中可以从多种切换效果中选择一个添加进来，并选择“全部应用”，这样所有的幻灯片有了这种切换效果。

图5-24 插入“自定义动画”

图5-25 设置动画

4. 其他幻灯片的编辑

从第3张到第8张幻灯片，插入方法同第2张，选择的版式，都可以用“仅标题”，它们的不同之处是插入的图片不同，文本框和图片的相对位置不同，动画方案不同，对于插入图片，只要将对应序号的图片插入就可以了。而这些幻灯片的动画方案见表5-1。

表5-1 其他幻灯片的动画方案

幻灯片序号	添加对象	添加效果	开始	方向	速度
幻灯片三	文本框	百叶窗	之前	垂直	非常慢
	图片	菱形	之后	垂直	非常慢
幻灯片四	文本框	飞入	之后	自底部	非常慢
	图片	棋盘	之前	下	非常慢

续 表

幻灯片序号	添加对象	添加效果	开始	方向	速度
幻灯片五	文本框	淡出	之前		中速
	图片	百叶窗	之前	垂直	非常慢
幻灯片六	文本框	向内溶解	之前		非常快
	图片	阶梯状	之前	左下	非常慢
幻灯片七	文本框	自定义	之前		非常快
	图片	向内溶解	之前		非常慢
幻灯片八	文本框	淡出	之前		非常快
	图片	轮子	之前	8(辐射状)	中速
幻灯片九	文本框	忽明忽暗	之前		非常慢
	图片	无	无	无	无

5. 幻灯片十的制作

插入一张幻灯片，版式同前，标题处输入“美丽而神奇的九寨沟”。单击“插入”选项卡，在“影片”中选择“文件中的影片”，在“插入影片”对话框中，选择“九寨沟.asf”，出现一个与插入声音文件时相似的对话框，这里选择“单击时”播放。

提示：ASF是一个开放标准，ASF文件也是一种文件类型，它能依靠多种协议在多种网络环境下支持数据的传送。它是专为在IP网上传送有同步关系的多媒体数据而设计的，所以ASF格式的信息特别适合在IP网上传输。

能否在计算机上播放ASF文件，将取决于计算机上有无适应该文件的播放软件。

6. 确定各个幻灯片之间的换片方式

在“动画”选项卡中，找到“切换到此幻灯片”中的“换片方式”，将所有幻灯片的换片方式设置为“在此之后自动设置动画效果”，时间为20秒，并单击左侧的“全部应用”命令按钮。

保存后按下功能键F5，即可开始整个幻灯片文档的播放。

5.2.4 技术解析

本案例主要涉及图片的添加、自定义动画、文本的添加、声音和影音文件的添加及设置。

1. 添加图片

在幻灯片中可以将存储在外部磁盘上的图像文件插入其中，也可以把照相机中的图像插入。另外图像的形式可以直接插入，也可以对象的形式插入进来，以对象形式插入进来的图像可以直接调用相应的图像编辑软件对图像进行编辑。

2. 添加声音

添加声音，可以有多种方法，录制旁白、插入声音文件，还可以用超级链接链接到一个声音文件，对影音只能是已有的影音文件或者是剪辑管理器中的文件。

在幻灯片上插入声音时，将显示一个表示所插入声音文件的图标。若要在进行演示时播放声音，可以将声音设置为在显示幻灯片时自动开始播放、在单击鼠标时开始播放、在一定的时间延迟后自动开始播放或作为动画序列的一部分播放。还可以播放 CD 中的音乐或向演示文稿添加旁白。

可以通过计算机、网络或 Microsoft 剪辑管理器中的文件添加声音。也可以自己录制声音，将其添加到演示文稿中，或者使用 CD 中的音乐。

可以预览声音，还可以隐藏声音图标或将其从幻灯片中移到灰色区域，在幻灯片放映过程中不显示声音图标。

注意：只有 .wav 声音文件才可以嵌入，所有其他的媒体文件类型都只能以链接的方式插入。默认情况下，如果 .wav 声音文件的大小超过 100 KB，将自动链接到演示文稿，而不采用嵌入的方式。

插入链接的声音文件时，PowerPoint 会创建一个指向该声音文件当前位置的链接。如果之后将该声音文件移动到其他位置，则需要播放该文件时 PowerPoint 会找不到文件。最好在插入声音前，将其复制到演示文稿所在的文件夹中。PowerPoint 会创建一个指向该声音文件的链接；即使将该文件夹移动或复制到另一台计算机上，只要声音文件位于演示文稿文件夹中，PowerPoint 就能找到该文件。

3. 添加和播放影片

影片属于桌面视频文件，其格式包括 AVI 或 MPEG，文件扩展名包括 .avi、.mov、.mpg和.mpeg。

与图片或图形不同，影片文件始终都链接到演示文稿，而不是嵌入到演示文稿中。插入链接的影片文件时，PowerPoint 会创建一个指向影片文件当前位置的链接。如果之后将该影片文件移动到其他位置，则在需要播放时，PowerPoint 将找不到文件。最好在插入影片前将影片复制到演示文稿所在的文件夹中。PowerPoint 会创建一个指向影片文件的链接，只要影片文件位于演示文稿文件夹中，PowerPoint 就能够找到该影片文件。

插入影片时，会添加暂停触发器效果。这种设置之所以称为触发器是因为必须单击幻灯片上的某个区域才能播放影片。在幻灯片放映中，单击影片框可暂停播放影片，再次单击可继续播放。

影片的播放方式如下。

- 单击播放——鼠标单击某个区域即开始播放影片。
- 自动播放——幻灯片运行到某个动作后即开始播放影片。
- 全屏播放影片——在演示过程中播放影片时，可使影片充满整个屏幕，而不是只将影片作为幻灯片的一部分进行播放。
- 跨多张幻灯片播放影片——进入下一张幻灯片时，可以继续播放演示文稿中插入的影片。
- 跨幻灯片连续播放影片——将会在整个演示过程中一直播放影片，即使在演示文稿中添加或删除了幻灯片。但此过程只将整个影片文件播放一次，而不会重复播放影片。

- 在整个演示文稿中连续播放影片——在整个演示文稿放映期间播放某个影片，或者连续播放影片，直到停止播放为止。

4. 自定义动画

在幻灯片文档中，可以添加多种动画，例如，影音文件、Flash 动画等，这些都要求在外部磁盘上存放有这些文件，而为图片或者文本添加“自定义动画”则不是，它只是将系统的已经定义好的各种动画效果添加进来，它们的动画效果不是以独立文件的形式存放在外部磁盘上的，可以利用系统对它们的定义进行各种设置。

5. 设置自定义放映方式

自定义放映有两种：基本的和带超链接的。基本自定义放映是一个独立的演示文稿，或是一个包括原始演示文稿中某些幻灯片的演示文稿。带超链接的自定义放映是导航到一个或多个独立演示文稿的快速方法。

(1) 基本自定义放映：使用基本自定义放映可将单独的演示文稿划分到用户组织中不同的组。

(2) 带超链接的自定义放映：使用带超链接的自定义放映可组织演示文稿中的内容。例如，如果用户为全新的整个组织机构创建了一个主要的自定义放映，那么可以为组织机构中每个部门创建一个自定义放映，并从主要演示文稿中链接到这些放映。

5.2.5 实训指导

1. 实训目的

学习在 PowerPoint 2007 文档中插入声音和影片的基本方法，自定义动画和幻灯片放映方式的基本编辑方法。

2. 实训准备

知识准备：

- 预习 PowerPoint 的相关知识；
- 预习 PowerPoint 中插入声音文件和影片文件的编辑方法；
- 预习在 PowerPoint 中定义动画和放映方式的基本方法。

资料准备：

- Microsoft Office 2007 环境(实训室准备)；
- 案例中所需的文字和原始资料(教师准备)。

3. 实训步骤

- 获得案例实训的原始数据，并建立工作文件夹。
- 新建 PowerPoint 文档，并按要求进行命名。
- 添加指定版式的幻灯片，设置幻灯片的背景图片，必要时可设置幻灯片的母版格式。
- 根据案例样文，在各个幻灯片中插入相应的文字和图片。
- 在文档中插入可播放的放映背景音乐，并设置其播放方式。
- 定义各幻灯片的动画方式。
- 在文档结尾插入影片文件，并指定背景音乐中止后才开始影片的播放。
- 确定整个 PowerPoint 演示文档中各个幻灯片的换片方式。

4. 实训要求

- 实训文档的结果与案例样文的格式基本一致。
- 实训文档如果课内无法完成需在课后继续完成。

5.2.6　课后思考

- 插入到幻灯片中的音乐文件与 PowerPoint 演示文档之间是一种什么关系？是嵌入还是链接？
- 插入到幻灯片中的影片文件与 PowerPoint 演示文档之间是一种什么关系？是嵌入还是链接？
- 自定义动画方案和自定义放映方式有什么不同？

5.3　案例 3——SmartArt 图形

5.3.1　案例介绍

PowerPoint 2007 引入了 SmartArt 图形来为幻灯片内容添加图解，SmartArt 可以设计出精美的图形，它是信息和观点的视觉表示形式。它通过多种不同页面布局，来快速、轻松、有效地传达信息。本案例根据 SmartArt 图形的几种典型图形，设计了 6 个 SmartArt 应用图形，以学习 SmartArt 图形的编辑和应用方法。

5.3.2　知识要点

本案例主要是在 PowerPoint 环境下结合具体信息，编辑与信息相适应的 SmartArt 图形类型。所涉及的知识点如下。

- 列表图——显示无序信息。
- 流程图——在流程或时间线中显示步骤。
- 循环图——显示连续的流程。
- 层次结构图——创建组织结构图、显示决策树。
- 关系图——对连接进行图解。
- 棱锥图——显示与顶部或底部最大一部分之间的比例关系。

5.3.3　案例实施

1. 创建 PowerPoint 文档

步骤 1：新建一个空白的 PowerPoint 文档，并命名为“SmartArt 图形”。还是和案例 2

一样，一次性创建10个幻灯片，其版式除了第一个为“标题幻灯片”外，其他均为“标题和内容”。

步骤2：编辑PowerPoint文档的第1个幻灯片，在第1个文字占位符中，输入“SmartArt图形”，西文为Times New Roman，中文为“华文行楷”，字号为96磅。在第2个文字占位符中输入“——从平凡到精美”，中文为“华文新魏”，字号为44磅。将其背景设置为背景样式中的“样式9”。

2. 创建SmartArt列表图

有关SmartArt列表图的编辑在本案例中涉及两个幻灯片，幻灯片二中是有关列表图的原始数据，而幻灯片三则是与原始数据相关的列表图。下面是有关幻灯片三的编辑方法。

步骤1：将幻灯片二的文本复制到幻灯片三中。选择幻灯片三的主要文本区域，按下“开始”选项卡中“段落”组中的“转换为SmartArt图形”，选择“垂直块列表”。其原始SmartArt图表如图5-26所示。

步骤2：选择列表图左边的“年份”图块，按下“开始”选项卡中“绘图”组中的“快速样式”，选择第6行第2列的“强调效果-强调颜色1”，图块的外观马上发生了变化。根据案例样文，调整其合适的大小和位置。

步骤3：选择列表图右边的文字说明图块，按下“开始”选项卡中“绘图”组中的“形状效果”，选择“阴影”效果，图块的外观马上发生了变化。根据案例样文，调整其合适的大小和位置。

至此，幻灯片三的编辑就完成了，如图5-27所示。

图5-26　样式编辑前的效果

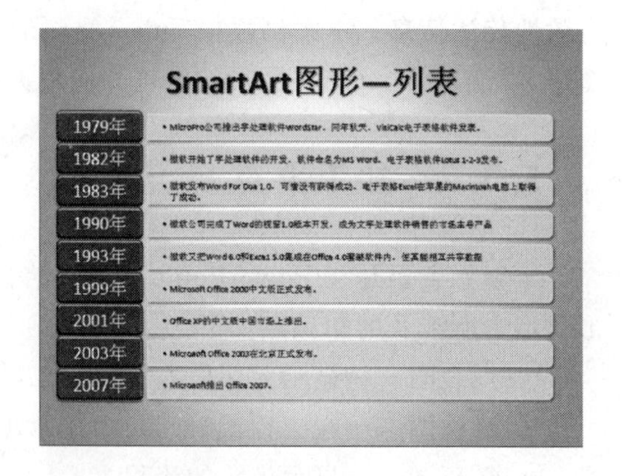

图5-27　样式编辑后的效果

3. 创建SmartArt流程图

有关SmartArt流程图的编辑在本案例中也涉及两个幻灯片，幻灯片四中是有关列表图的原始数据，而幻灯片五则是与原始数据相关的流程图。下面是有关幻灯片五的编辑方法。

步骤1：将幻灯片四的文本复制到幻灯片五中。选择幻灯片五的主要文本区域，按下“开始”选项卡中“段落”组中的“转换为SmartArt图形”，选择“其他SmartArt图形”。打开“选择SmartArt图形”对话框，如图5-28所示。选择“流程”栏中第1行第4列的“交替流”，单击“确定”按钮后的效果如图 5-29 所示。

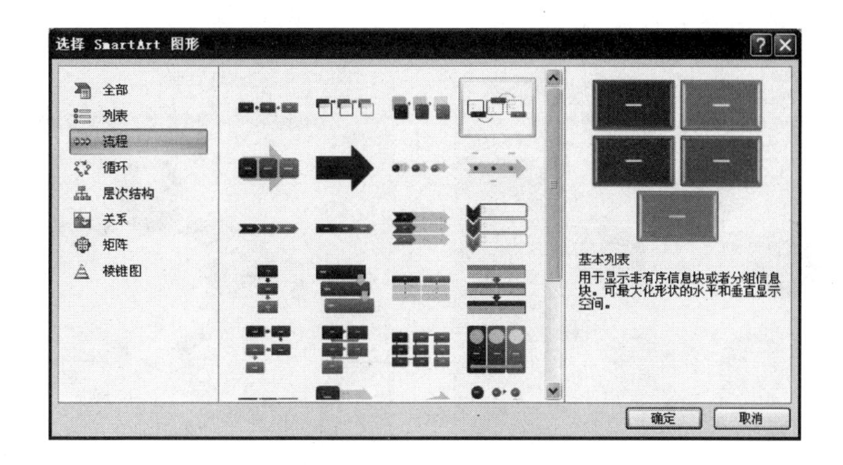

图 5-28 “选择 SmartArt 图形”对话框

步骤 2:选择 SmartArt 图形区域,在“设计”选项卡中选择“SmartArt 样式”的“中等效果”,再选择“更改颜色”中“彩色”的“彩色-强调文字彩色”,即确定了 SmartArt 流程图的样式,如图 5-30 所示。

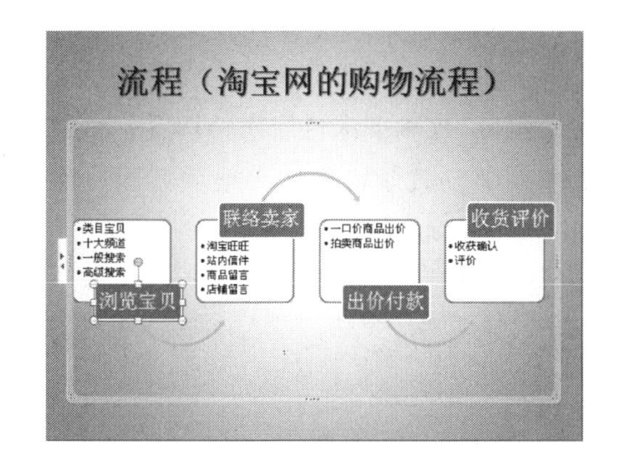

图 5-29 流程图中的“交替流”图形

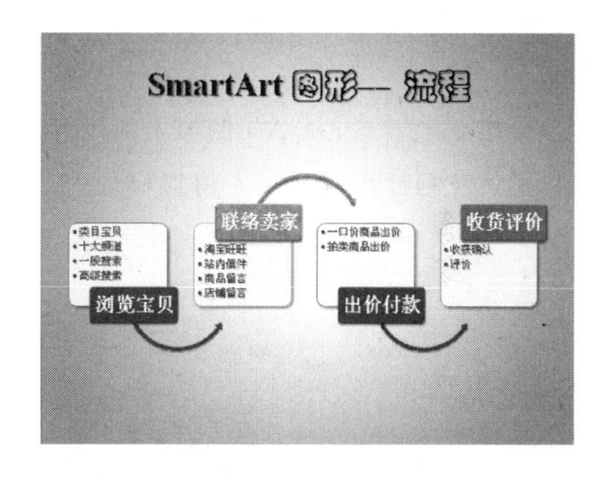

图 5-30 SmartArt 流程图的样式

4. 创建 SmartArt 循环图

步骤 1:单击幻灯片六下方的文本占位符,按下“开始”选项卡中“段落”组中的“转换为 SmartArt 图形”,选择第 2 行第 5 列的“基本循环”,即在幻灯片下方插入一个默认形状的 SmartArt 循环图形。

步骤 2:单击 SmartArt 循环图形左侧的文本输入窗口,分别输入“清洗”、“消毒”、“干燥”、“保洁”和“使用”5 行文本。即可得到 SmartArt 循环图的基本样式,如图 5-31 所示。

步骤 3:选择 SmartArt 图形区域,在“设计”选项卡中,选择“SmartArt 样式”的“三维”中的“优雅”,再选择“更改颜色”中“彩色”的“彩色-强调文字彩色”,即确定了 SmartArt 流程图的样式。

步骤4:在标题栏中输入“循环(餐饮器具的消毒)”等字样。SmartArt循环图的最终样式就完成了,如图5-32所示。

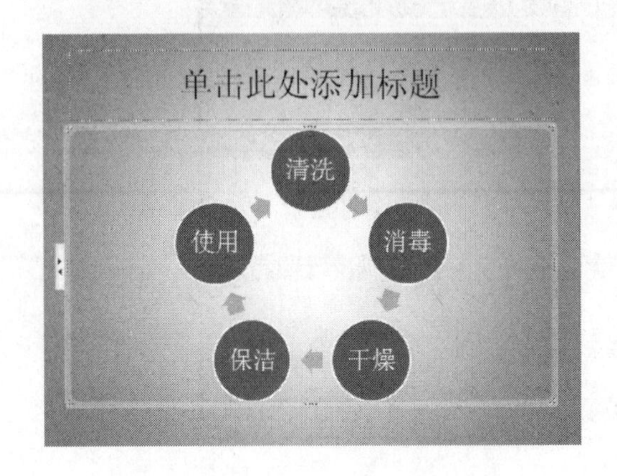

图5-31 SmartArt循环图的基本样式　　图5-32 SmartArt循环图的最终样式

5. 创建SmartArt层次结构图

步骤1:单击幻灯片七下方的文本占位符,按下“开始”选项卡中“段落”组中的“转换为SmartArt图形”,选择“其他SmartArt图形”,打开“选择SmartArt图形”对话框,选择“层次结构”栏中第1行第3列的“标记的层次结构”,单击“确定”按钮后的效果如图5-33所示。

步骤2:选择SmartArt图形中的浅色区域,逐个删除,仅剩下深色层次结构图。在层次结构图的左侧打开文字输入窗口(图5-34),分别输入学院教学机构的一般关系图。单击“确定”按钮后即可得到SmartArt层次结构图的原始图形,如图5-35所示。

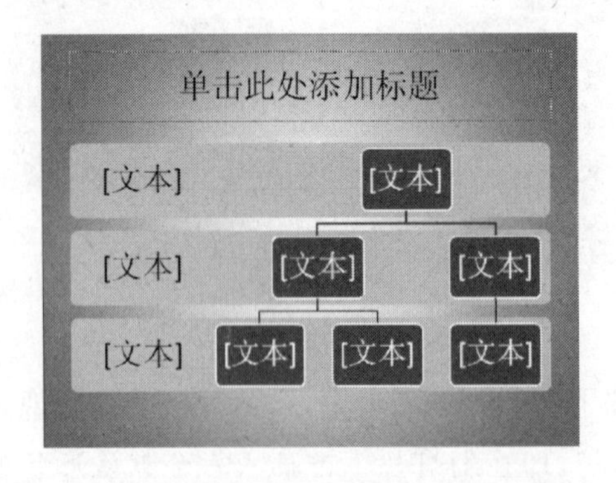

图5-33 确定基本图形样式的层次结构图

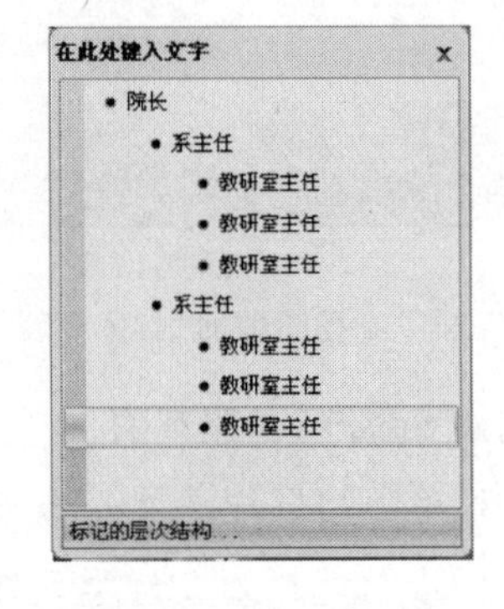

图5-34 输入图形文本的窗口

步骤3:选择SmartArt图形区域,在“设计”选项卡中选择“SmartArt样式”的“强烈效果”,即可获得层次结构图的样式图形。

步骤4:在标题栏中输入“层次结构——学院工作关系图”等字样。SmartArt循环图的最终样式就完成了,如图5-36所示。

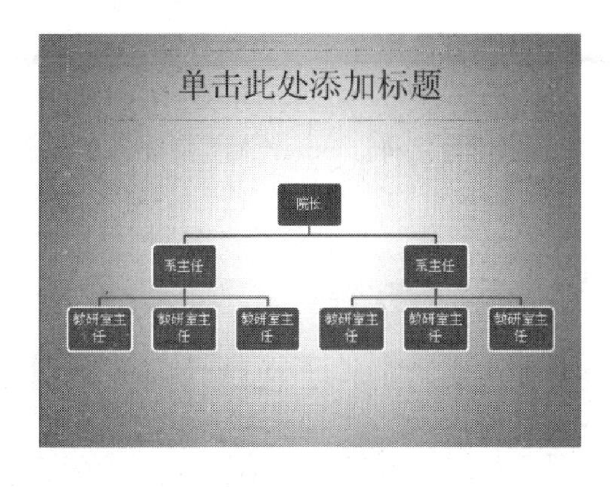

图 5-35 删除部分图形的原始图

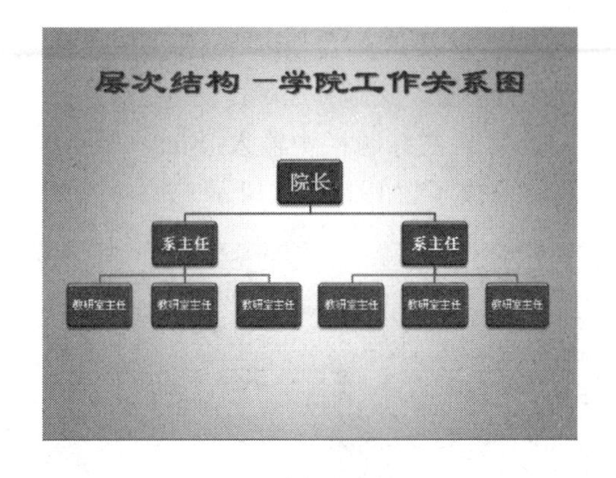

图 5-36 最终完成的层次结构图

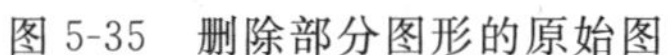

6. 创建 SmartArt 关系图

步骤 1:将幻灯片八的文本复制到幻灯片九中。选择幻灯片九的主要文本区域,按下“开始”选项卡中“段落”组中的“转换为 SmartArt 图形”,选择“其他 SmartArt 图形”。打开“选择 SmartArt 图形”对话框。选择“关系”栏中第 3 行第 2 列的“表层次结构”,单击“确定”按钮后稍作文本的修饰即可得到原始图形,如图 5-37 所示。

步骤 2:选择 SmartArt 图形区域,在“设计”选项卡中选择“SmartArt 样式”的“强烈效果”,即可获得层次结构图的样式图形。

步骤 3:选择 SmartArt 图形中最下面一排图形,选择“绘图”中的“快速样式”,将目前的样式设置为“强烈效果-强调颜色 5”。

步骤 4:在标题栏中输入“外出野营必备用品(层次图)”等字样。SmartArt 循环图的最终样式就完成了,如图 5-38 所示。

图 5-37 稍作文本修饰的原始图形

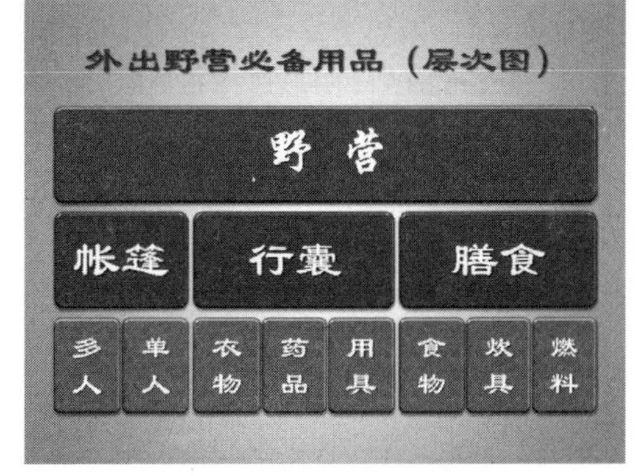

图 5-38 最终完成的层次结构图

7. 创建 SmartArt 棱锥图

步骤 1:单击幻灯片十下方的文本占位符,按下“开始”选项卡中“段落”组中的“转换为 SmartArt 图形”,选择“棱锥型列表”。

步骤 2:在棱锥图的左侧打开文字输入窗口,分别输入公司的一般工作关系图。单击“确定”按钮后即可得到 SmartArt 棱锥图的原始图形,如图 5-39 所示。

步骤 3:选择 SmartArt 图形区域,在“设计”选项卡中选择“SmartArt 样式”的“鸟瞰场景”，再选择“更改颜色”中“彩色”的“彩色氛围-强调文字彩色 5 至 6”，即确定了 SmartArt 流程图的样式。

步骤 4：在标题栏中输入“SmartArt 图形——棱锥图”等字样。SmartArt 棱锥图的最终样式就完成了，如图 5-40 所示。

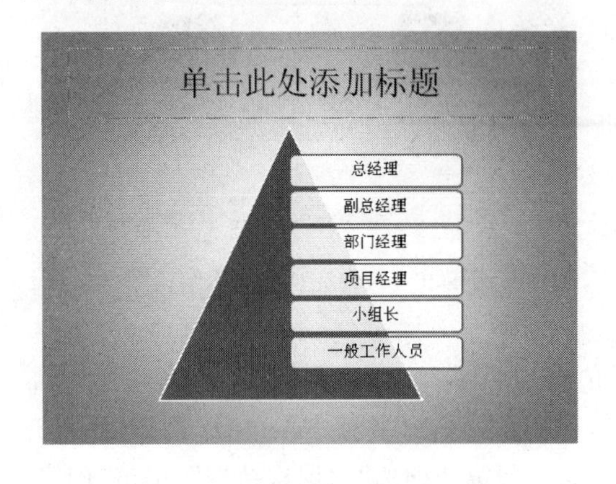

图 5-39　SmartArt 棱锥图的原始图形

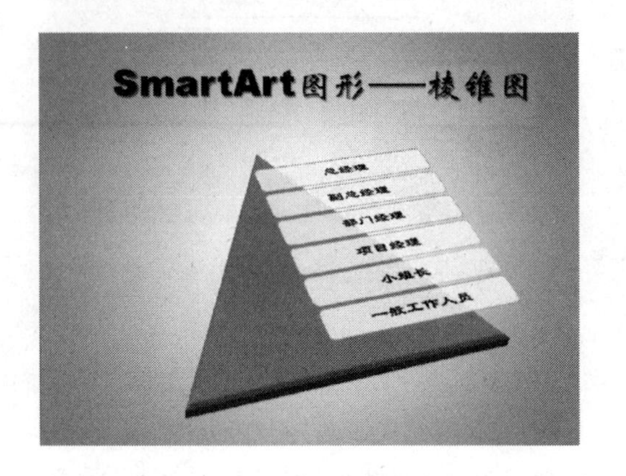

图 5-40　SmartArt 棱锥图的最终图形

5.3.4　技术解析

SmartArt 是 Office 2007 新增的功能组件，它可以在 PowerPoint 2007 中非常轻松地插入组织结构、业务流程等图示，使得数据更为形象化，更为直观。新增的 SmartArt 图形工具具有 80 余套图形模板，利用这些图形模板可以设计出各式各样的专业图形，并且能够快速为幻灯片的特定对象或者所有对象设置多种动画效果，而且能够即时预览。

SmartArt 图形工具在应用时应该注意以下几个问题。

- 为 SmartArt 图形选择布局时，需要思考待传达的信息将以何种特定方式来显示。
- 为了使 SmartArt 图形最有效，还要考虑文字的数量和形状的个数。
- 向 SmartArt 图形添加专业设计的组合效果的一种快速简便的方式是应用 SmartArt 样式。
- 只有通过使用 Office PowerPoint 2007 创建的 SmartArt 图形才可以使用动画。

5.3.5　实训指导

1. 实训目的

学习在 PowerPoint 2007 文档中应用 SmartArt 图形的基本方法。

2. 实训准备

知识准备：

- 预习 PowerPoint 的相关知识；
- 预习 PowerPoint 中插入 SmartArt 图形的编辑方法。

资料准备：

- Microsoft Office 2007 环境（实训室准备）；

- 案例中所需的文字和原始资料(教师准备)。

3. 实训步骤

- 获得案例实训的原始数据,并建立工作文件夹。
- 新建 PowerPoint 文档,并按要求进行命名。
- 添加指定版式的幻灯片,设置幻灯片的背景图片。
- 根据案例样文,在各个幻灯片中插入各类 SmartArt 图形。
- 编辑 SmartArt 图形的样式。
- 特别注意各种 SmartArt 图形的应用效果。

4. 实训要求

- 实训文档的结果与案例样文的格式基本一致。
- 实训文档如果课内无法完成需在课后继续完成。

5.3.6　课后思考

- SmartArt 图形的作用,怎样提高 SmartArt 图形的有效性?
- 不同的 SmartArt 图形的应用场合。
- 如何修饰一个漂亮的 SmartArt 图形?

第6章 Office综合应用

学习目标

OLE(Object Linking and Embedding),即“对象链接与嵌入”,OLE技术在Office System中的应用,主要是为了满足用户在一个文档中加入不同格式数据的需要(如在Word中加入Excel表格等),即解决建立复合文档问题。这也是在一种编辑环境中调用另一种编辑功能的共享技术,在Office各应用软件之间,OLE是常用和有效的技术。

一个Excel文档可以对象的身份嵌入(Embedding)在一个Word文档之中,并作为其中的一部分而存在。不过与Word文档其他部分不同的是,当对这部分进行编辑时,Office将应用OLE技术,将在Word中启动Excel的功能,对该部分的数据进行编辑,甚至可以在设置了对象链接的基础上,实现原始文档与嵌入文档数据上的同步更新。正是因为OLE技术的应用,使得Office能集成各个应用软件的功能,并形成一个可构造复合文档的强大工具。

本章以“中国互联网络发展状况统计报告(节选)”和“职工基本情况与工资管理”两个案例为主线,主要介绍了Office常用的Word、Excel和PowerPoint 3个软件之间的综合应用方法。主要包括Word和Excel的综合应用,以及Excel和PowerPoint的综合应用技巧,从而完成学习Office环境下3个软件之间的文档编辑方法。

实用案例

中国互联网络发展状况统计报告

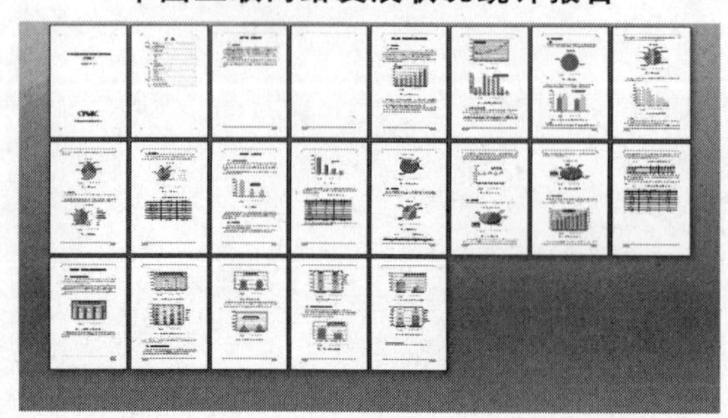

职工信息分析

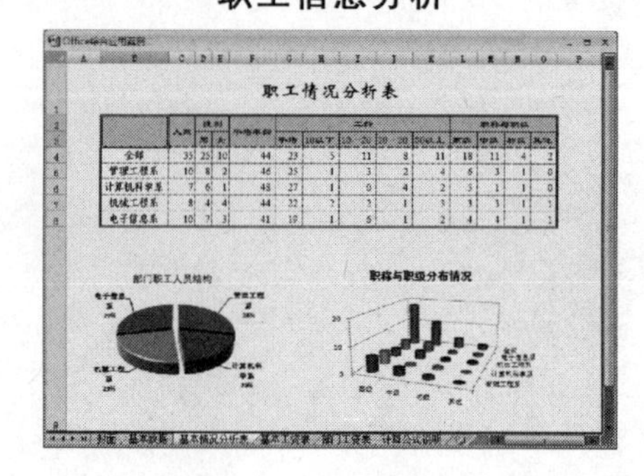

6.1 案例1——中国互联网络发展状况统计报告

6.1.1 案例介绍

Microsoft Office 2007是一系列常用办公软件所构成的组件系统。它的标准版包含了Word 2007、Excel 2007、PowerPoint 2007和Outlook 2007 4个组件，其中，前3个为常用组件。OLE是Object Linking and Embedding的缩写，即"对象链接与嵌入"，是一种把一个文件的一部分嵌入到另一个文件之中，并允许调用基于该部分默认编辑组件的技术。Office中OLE技术的应用，使得在Word、Excel和PowerPoint等不同编辑环境中，可互相嵌入来自其他环境的数据，并可在当前环境下调用另一个组件的编辑环境，以使得被嵌入的数据可以在"原生"的环境下进行编辑。OLE是集成Office大家庭各个应用的功能、构造复合文档的强大技术工具。

本案例的题材取自中国互联网络信息中心(CNNIC)2008年7月发表的《中国互联网络发展状况统计报告》(节选)。该报告表文并茂，图表多样，非常适合Office文档的编辑练习。在本案例中，主要是练习在Word和Excel文件中运用OLE技术，在不同环境的Office文档之间建立密切的数据联系，以实现Office综合应用的目的。

6.1.2 知识要点

本案例主要是实现在Word环境下，通过OLE技术将Excel图表插入至Word文件并实现数据同步变化的目的。所涉及的知识点如下。

- Word长文档的编辑方法。
- Excel图表的编辑方法。
- Word环境下插入Excel对象的编辑方法。

6.1.3 案例实施

本案例的实施分为三步进行，如图6-1所示。

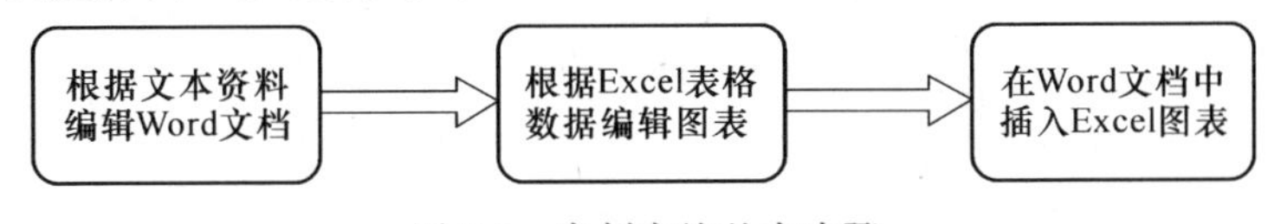

图6-1 案例实施基本步骤

1. Word文档的编辑

本部分主要是利用Word的长文档编辑方法，将没有任何Word格式的纯文本数据快速编辑成为具有指定格式的Word文档。这是一个非常有代表性的长文档编辑范例。

步骤1：新建一个空白的Word文档，将文档命名为"中国互联网络发展状况统计报告"并将本案例的文字素材复制到该文档中。

步骤2：单击功能区中的"页面布局"选项卡，打开"页面设置"对话框，在"文档网格"选项卡中选择"网格"栏中的"指定行和字符网格"；在"字符数"和"行数"栏中分别选择字符数为每行 40 个字和行数为每页 36 行。单击“确定”按钮，完成页面设置，如图 6-2 所示。

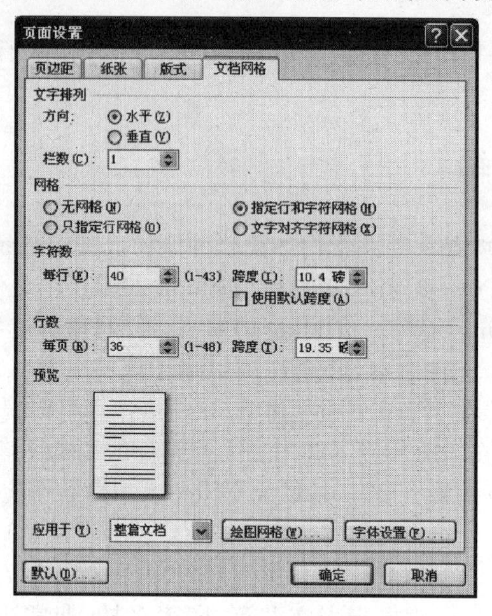

图 6-2 “页面设置”对话框

建议：采用定义“页面设置”来确定字数和行数，实际上是确定了文档主题的单倍行距。这种做法在整体上比采用段落格式来定义行距的方法更有效率，特别是对于文档中包含了图片的情况，通过“页面设置”来定义行距更为合理和有效。

步骤 3：设置全文基本格式。采用组合键 Ctrl＋A，选全部字符，右击“段落”，在“缩进”栏中，选择“特殊格式”中的首行缩进 2 字符，“间距”栏中的段前段后为 0 行和单倍行距，如图 6-3 所示。

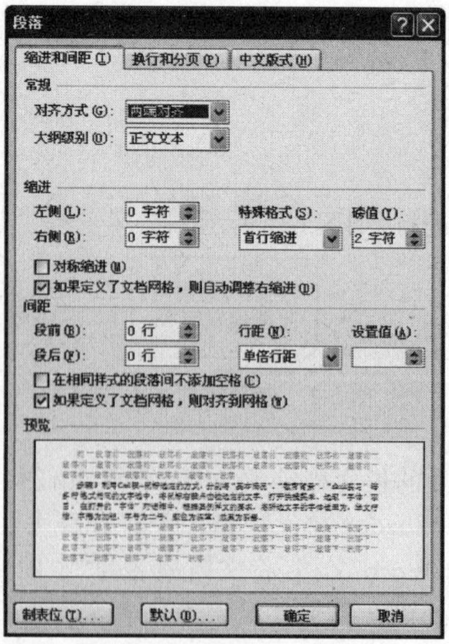

图 6-3 “段落”对话框

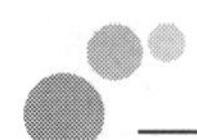
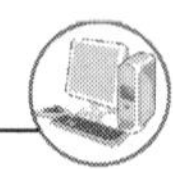

步骤 4：单击功能区中的“开始”选项卡，选择“段落”组中的“多级列表”按钮，打开“列表”菜单。如图 6-4 所示。单击“定义新的多级列表”选项，打开“定义新多级列表”的对话框，如图 6-5 所示。

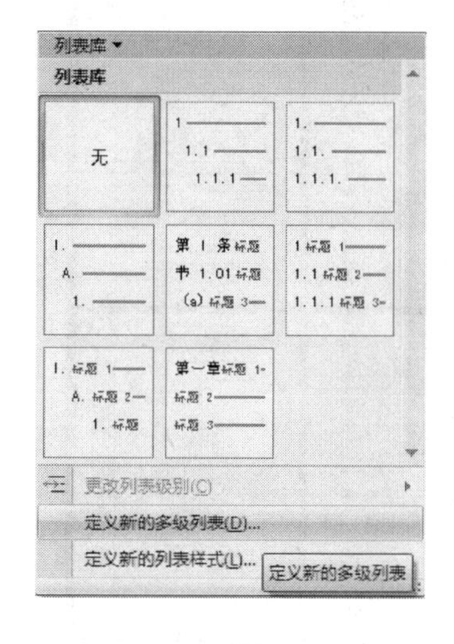

图 6-4　“列表库”菜单

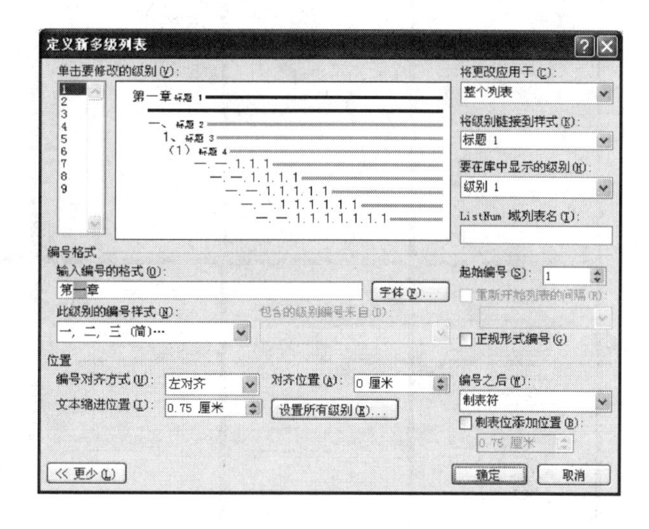

图 6-5　“定义新多级列表”对话框

步骤 5：定义案例文档的多级列表，这是为文档各级标题做样式而进行的准备。本案例各级编号的格式见表 6-1。

表 6-1　本案例所涉及各级编号的格式

级 别	链接样式	编号格式	字 体	段 落	对齐方式	对齐位置	缩进位置
1	标题 1	第一章	宋体、二号、加粗	段前段后各 10 磅	左侧	0 厘米	0.75 厘米
2	标题 2	一、	黑体、四号、加粗	段前段后各 4 磅	左侧	0.75 厘米	1.5 厘米
3	标题 3	1、	宋体、小四、加粗	段前段后各 2 磅	左侧	1.5 厘米	2.25 厘米
4	标题 4	A、	宋体、五号	0 字符	左侧	1.5 厘米	2 厘米
5	正文		宋体、五号	2 字符			

注意：在实际编辑中，对于多级列表的编辑可根据实际需要，先确定表 6-1 中的各级标题与编号之间的关系，其他的格式待编辑样式时根据实际需要再行设定。

步骤 6：确定封面、目录页和分章页面。为了在不同页面中进行不同页眉的编辑，所以要在文档编辑前，将各类页面用分节符进行页面分隔。

在文档第 3 行“中国互联网络信息中心”的后面，插入一个分节符，将封面与章节内容分开。在每一章前插入一个分节符，将各章内容分开，而且确保每一章的第 1 页为奇数页，并在第一章前形成了一个空白的目录页。经过页面分隔后形成了一个按章节内容来划分的新文档，这种分节操作为各章中页眉的不同创造了条件。分隔后的文档如图 6-6 所示。

步骤 7：定义文档样式。采用组合键 Ctrl+Shift+Alt+S，打开“样式”窗口。将光标置于文档一级标题的文本中，单击“样式”窗口中的“标题 1”，将其样式应用于第一级标题。此时，调查报告中第一级标题的格式就已经形成，但这一格式不一定符合先前所指定的格式，所以还有待调整。

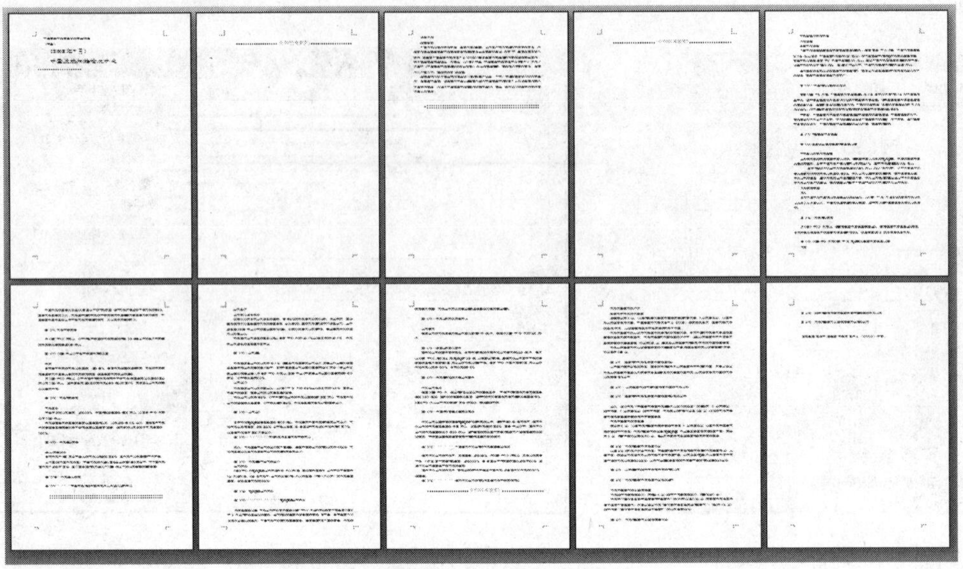

图 6-6　插入分节符后的文档

调整方法是选定第一级标题的所有字符，先后运用字符和段落格式的编辑方式，将标题的字符和段落格式调整至理想状态，右击“样式”窗口中“标题 1”右边的下拉箭头，选择“更新‘标题 1’以匹配所选内容”的选项后，可以看到“样式”窗口中系统定义的样式已经发生了变化，实际上它是根据文档中当前的样式去更新 Word 默认的标题 1 的样式。这种根据用户自定义的样式来调整系统样式的方法是非常有效的。在对“标题 1”样式的调整后，就可将此样式应用于文档中其他的第一级标题。如果对“标题 1”样式需要进行新的调整，只需要按上述方式重新编辑即可。

随后可根据上表中的基本格式，对其他级别的标题一一进行定义，最终可完成整个文档的样式表。在完成了各项样式的定义后，根据文档中各个标题的级别，逐一将对应样式进行应用，以完成整个文档各级标题的格式编辑。

步骤 8：文档封面的编辑。首先确定标题的字符格式。

主标题——字体为黑体、小一号、加粗、阴影；段落格式为居中对齐，左边距为 0，段前 6 行，段后 0.5 行。

节选标题——字体格式同上。段落格式为居中对齐，左边距为 0。

日期标题——字体格式为小二号，字体为 Times New Roman；段落格式为居中对齐，段后 20 行。

信息中心标题——字体为隶书，二号，阴影；段落格式为居中对齐。

至此，除去文档中个别字符需要单独定义格式外，文档的文本格式基本完成。文本编辑完成后的文档如图 6-7 所示。

步骤 9：插入 CNNIC 图标。在封面上插入名为“cnnic.jpg”的图片，将其“文字环绕”模式设置为“紧密型环绕”，并调整为适当大小和放置到适当位置上，如图 6-8 所示。

步骤 10：设置文档页面的页眉和页脚选项。

在本案例中，对各章的页眉页脚将采用不同的内容，所以要按分节符的分隔来分别设置。

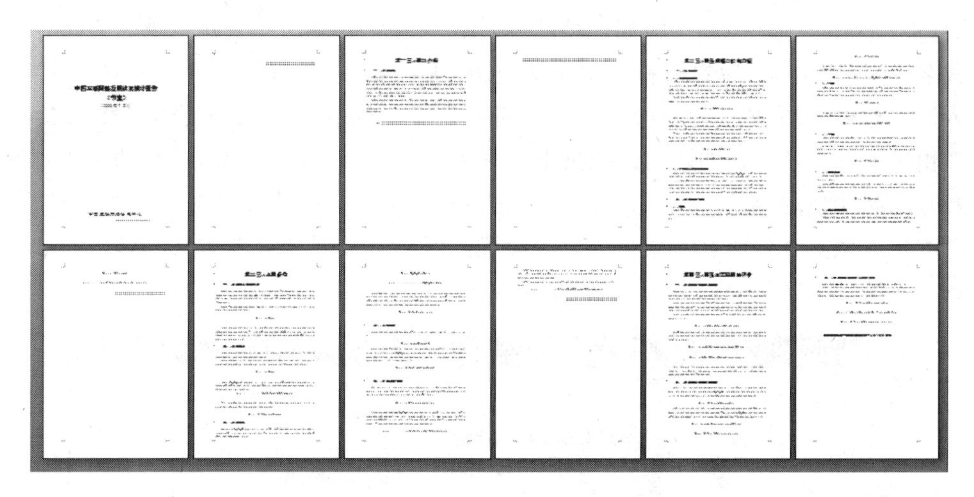

图 6-7　文本编辑完成后的文档

单击功能区中的“页面布局”选项卡，打开“页面设置”对话框，在“版式”选项卡中，将“节”栏中的“节的起始位置”选择为“奇数页”；将“页眉和页脚”栏勾选“奇偶页不同”；在“预览”栏中将“应用于”设置为“整篇文档”，如图 6-9 所示。

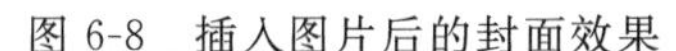

图 6-8　插入图片后的封面效果

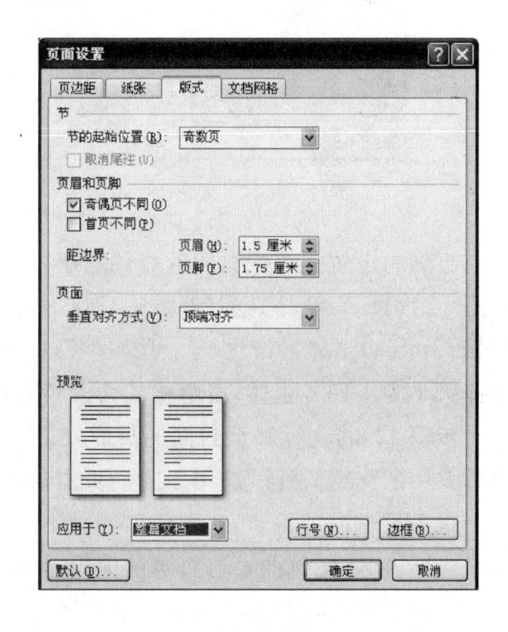

图 6-9　页眉页脚的“页面设置”对话框

步骤 11：设置第一章的页眉和页脚。将光标停留在第一章的首页，单击功能区中的“插入”选项卡，单击“页眉和页脚”组的“页眉”，在内置的页眉栏中选择“空白”，此时，整个文档都将设置了空白的页眉。

选择“页眉和页脚工具”的“设计”选项卡，将“链接到前一条页眉”的按钮释放(使之处于未选定状态)，此时，第一章页眉状态提示中的“与上一节相同”的提示消失，这样就使得本节页眉不同于上一节的页眉。

页眉的设置是将页眉上所有的默认字符删除，选择“设计”选项卡中的“插入组”，单击“文档部件”，选择“(插入)域”，即打开“域”对话框。如图 6-10 所示。选定域名为“StyleRef”和样式名为“标题 1”，先后勾选和不勾选“域选项”栏中的“插入段落编号”，并在两次操作之间输入两个空格，即完成了对章节奇数页页眉的设置。此时，该页的页眉为“第一章　调查介绍”，由于在第一章后面的所有奇数页上都采用了默认的“与上一节相同”的设置，所以所有奇数页都有相似内容的字样，所不同的是编号和标题是与所在章节相匹配的。这样就完成了除文档前两页以外所有奇数页页眉的设置。偶数页页眉的设置方法与奇数页相似，所不同的是页眉的内容是一段直接输入的文字：“Office 2007 综合应用案例”。

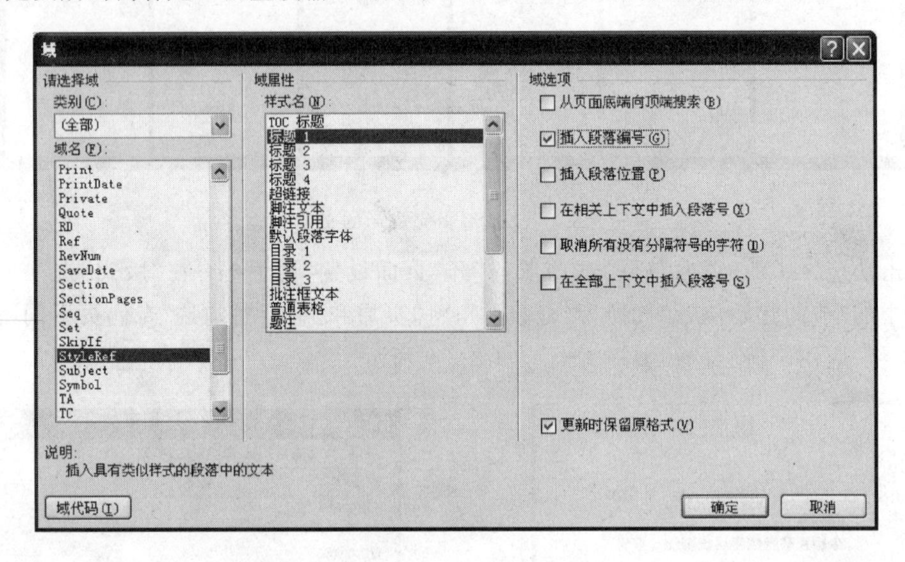

图 6-10　“域”对话框

页脚的设置是根据页面的奇偶数字，在“页眉和页脚”组中选择“页脚”，并分别选择“朴素型(奇数页)”和“朴素型(偶数页)”作为奇偶页的页脚，同时，删除原有文字，直接输入文字“Microsoft Office 2007 综合应用案例”，以形成页脚的文本内容。另外，调整页脚中页码的字体大小为小四号粗体，段落格式为无特殊格式。这样，页脚的设置即告完成。

步骤 12：将光标移至封面的页眉处，使页眉处于编辑状态。删除页眉上的所有文字，并将样式中的“全部清除”应用于封面页眉，以清除页眉处的横线。待完成后，再按此法在目录页上也进行相同的编辑，从而使前两页不存在页眉和页脚。

实际上，本案例的页眉页脚的编辑是基于对页面设置的有关页眉页脚的参数设置，从而也就确定了页眉页脚在奇偶页上的不同，确定了节的起始位置和这一设置对整篇文档的影响。由于每一节可以根据自己需要来调整页眉页脚的内容，所以最后对封面和目录空白页的页眉页脚的清除就不会影响其他页面了。

至此，本案例有关的文本编辑基本完成。

注意：在本案例的编辑过程中，因为选择了按章节分隔，节的起始位置是“奇数页”，所以当某一章的结束位置处于奇数页时，就会出现下一章的第 1 页(奇数页)紧接着上一章最后 1 页(奇数页)排列，而页面的序号将出现一个偶数页的丢失。造成这种现象的原因是相邻两节是以奇数页来相连接的。所以，弥补的方法就是在上一节增加一个尾页，并使其成为偶数页，这样就可以解决偶数页缺失的问题。

2. Excel 图表的编辑

本案例的数据来自反映 2008 年 7 月 CNNIC(中国互联网络信息中心)有关“中国互联网络发展状况统计报告(节选)”(以下简称报告)。在数据文件“互联网调查报告图表与表格.xlsx”中，所有的原始数据分别保存在两个 Excel 表格中，并根据“报告”中的数据描述方式，已经将上述原始数据分别形成了各具风格的 27 张图表和 5 张表格，这些图表和表格将以对象的方式嵌入和链接到已经编辑完成的 Word 文档中，以实现 Office 环境下 Word 和 Excel的综合应用。

创建 Excel 图表的基本方法在教程的第 5 章中已经作了部分介绍，此处仅就几个有特点的图表进行补充性介绍。

(1) 有关“中国网民人数增长情况”(图 1)的编辑方法

这是一个有关柱形图的编辑范例。

步骤 1：创建空白图表。打开 Excel 文档“互联网调查报告图表与表格”，右击“图表原始数据”工作表的标签，在快捷菜单中选择“插入”，打开“插入”对话框(图 6-11)，在“常用”选项卡中选择“图表”，单击“确定”按钮后即创建一个空白的 Excel 图表，将其更名为“图 1”，并移至“表格原始数据”的后面。

步骤 2：创建原始图表。单击“图表原始数据”工作表的标签，选定表中有关“中国网民人数增长情况”的全部数据，即“数据!A3:H4”。单击功能区中的“插入”选项卡，选择“图表”组的“柱形图”(图 6-12)，并最终确定所选数据以“簇状柱形图”为图表类型，来综合反映网民人数的增长情况。一旦选定，将会在“数据”表中生成一个默认格式的 Excel 图表，这是一个待编辑的原始图表，如图 6-13 所示。最终图表效果如图 6-14 所示。

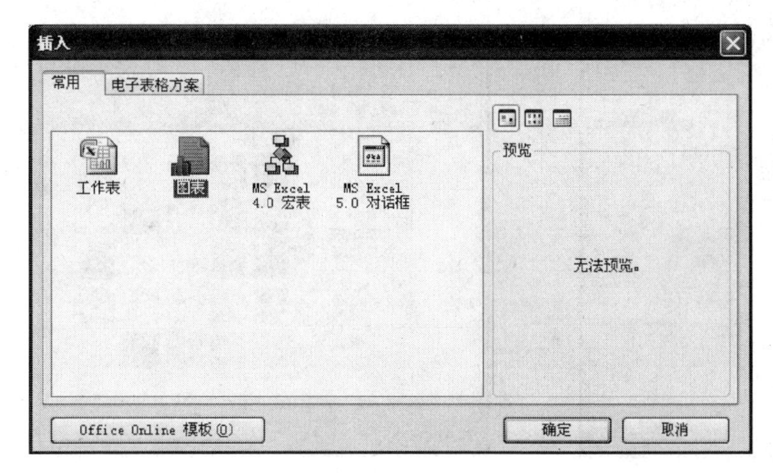

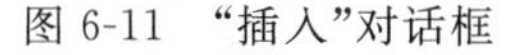
图 6-11　“插入”对话框

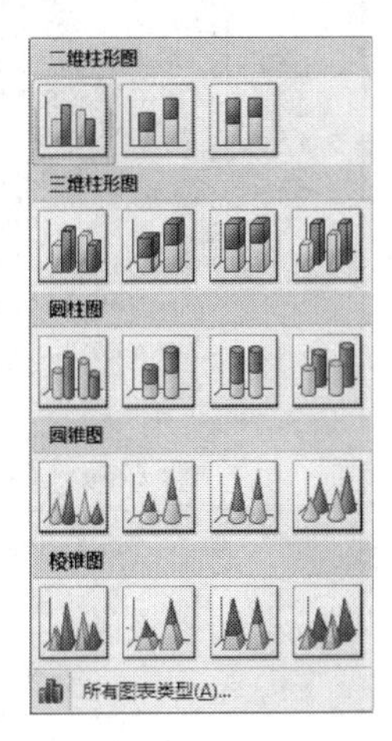

图 6-12　柱形图类型列表

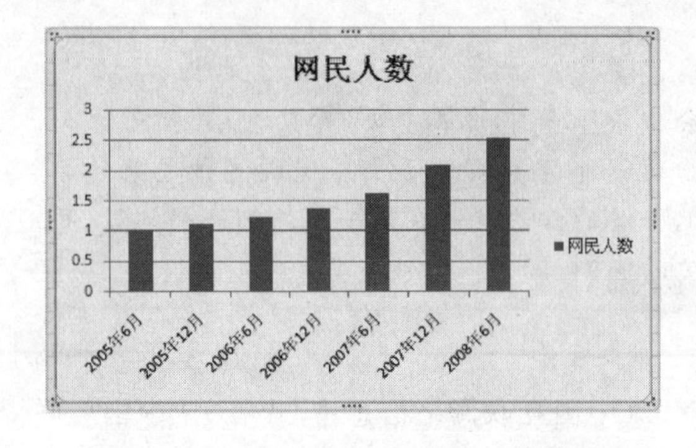

图 6-13　原始图表

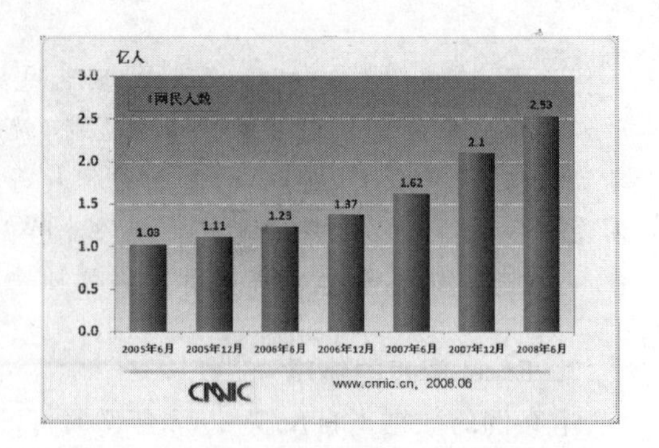

图 6-14　最终图表

步骤 3：设置坐标轴格式。将原始图表剪切并粘贴至“图 1”中，并将图表调整到合适的大小与位置。选中图表顶部的标签，将“网民人数”改为“亿人”，并将其文本格式设置为宋体 20 磅，加粗，并调整到合适位置。右击图表左边的坐标轴区域，选择“设置坐标轴格式”，打开“设置坐标轴格式”对话框，选择“坐标轴选项”，将“最大值”设置为固定值 3.0，“主要刻度单位”设置为 0.5，如图 6-15 所示。关闭对话框后，再将坐标轴区域的文字格式设置为 24 磅粗体。

右击图表区下部的水平坐标轴区域，将其文本格式设置为宋体 16 磅，加粗。将图例标签移至图表合适的位置，并将文字格式设置为宋体 16 磅，加粗，并设置图例格式的边框为实线，颜色为深蓝，文字 2，淡色 40%。

步骤 4：设置数据系列格式。右击数据系列，在快捷菜单中选择“设置数据系列格式”，打开“设置数据系列格式”对话框。在“系列选项”栏中，将“分类间距”设置为 80%；在“填充”栏中，选定“渐变填充”，选择“预设颜色”中的“碧海青天”，并将角度设置为 0°，如图 6-16 所示。

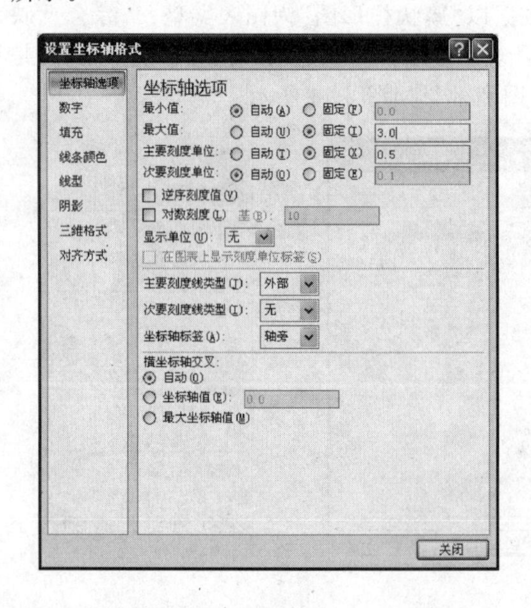

图 6-15　“设置坐标轴格式”对话框

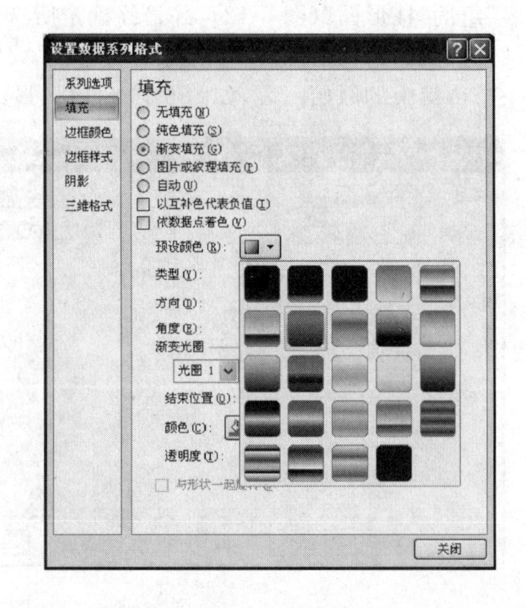

图 6-16　“设置数据系列格式”对话框

步骤5：设置数据标签格式。右击数据系列区域，选择“添加数据标签”。单击数据标签，将其格式设置为宋体20磅，加粗。

步骤6：设置网格线格式。右击图标区的网格线，选择“线条颜色”为实线，白色。选择“线型”为“短划线类型”的“方点”。

步骤7：设置数据区格式。右击“绘图区”，选择“设置绘图区格式”，打开“设置绘图区格式”对话框。在“填充”栏中选定“渐变填充”，选择“预设颜色”中的“雨后初晴”。在“边框颜色”中选定“实线”，颜色和线型为默认值。

步骤8：插入图片。单击功能区中的“插入”选项卡，选择“插图”组的“图片”按钮，插入名为“root.jpg”的图片，并将其置于图表的底部。

将上述各部分调整到合适的位置，即图标编辑完成，如图6-14所示。

(2) 有关“中国互联网普及率”(图2)的编辑方法

这也是一个有关折线图的编辑范例。

步骤1：如前所述，建一个空白的图表，并命名为“图2”。

步骤2：在“数据”表中选择“图2”所对应的数据，即“数据!A8:H9”。单击功能区中的“插入”选项卡，选择“图表”组的“折线图”(图6-17)，并最终确定所选数据以“带数据标记的折线图”为图表类型，来综合反映中国互联网络的普及情况。一旦选定，将会在“数据”表中生成一个默认格式的Excel图表，这是一个待编辑的原始图表，如图6-18所示。

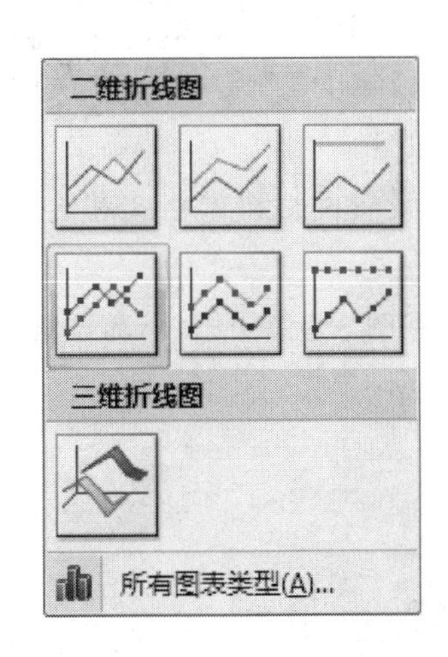

图6-17　折线图类型列表

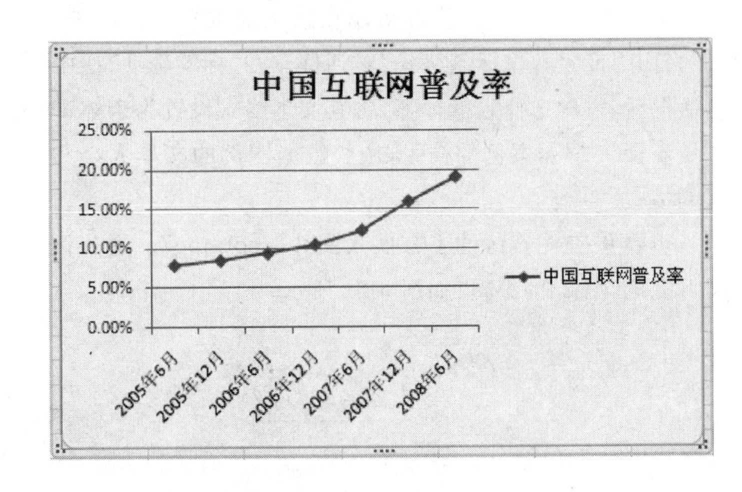

图6-18　待编辑的原始图表

步骤3：将原始图表剪切并粘贴至“图2”中，将右侧图例项移至绘图区中，并将绘图区调整到合适的大小和位置上。

步骤4：设置坐标轴格式。右击图表左边的垂直坐标轴区域，将坐标轴区域的文字格式设置为20磅粗体。右击图表下方的水平坐标轴区域，将坐标轴区域的文字格式设置为16磅粗体。

步骤5：设置数据标签格式。右击数据线上的数据标记图标，选择“设置数据系列格式”，在“数据标记选项”栏中选择数据标记类型为“内置”的方形，大小为9，如图6-19所示。在“数据标记填充”栏中选择“纯色填充”，颜色为“橙色，深色 25%”，如图 6-20 所示。

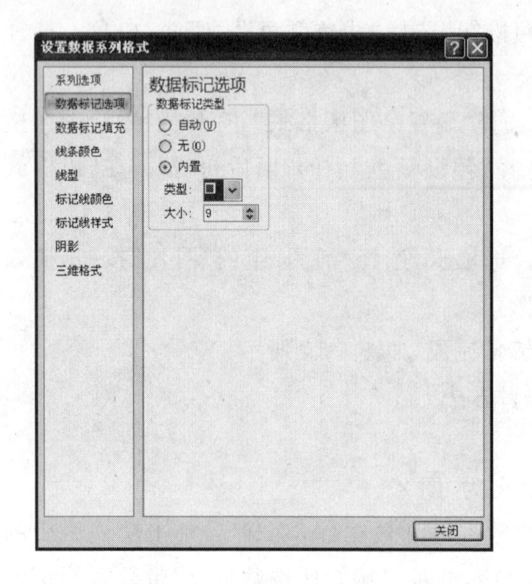

图 6-19　设置数据标记类型

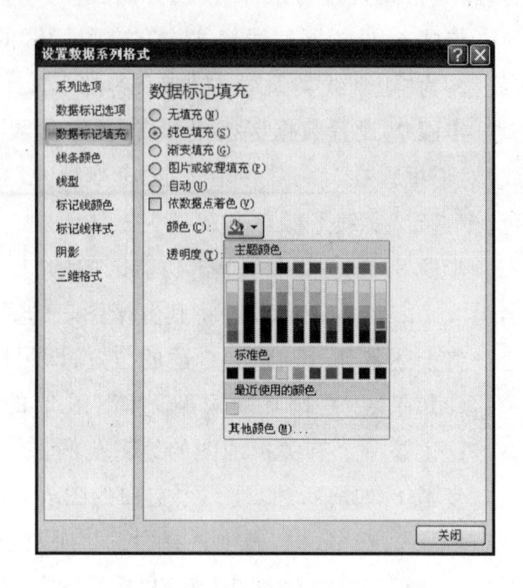

图 6-20　设置数据标记填充

步骤 6：设置数据标签格式。右击图表中曲线的数据标记，选择“添加数据标签”后各个数据标记的相应数据标签将出现在默认的位置上。右击数据标签，选择“设置数据标签格式”，打开“设置数据标签格式”对话框。在“标签选项”栏中选择“标签位置”为“靠上”。关闭对话框后，再次选择数据标签，将其文本格式设置为宋体 16 磅，加粗。

步骤 7：根据案例的样张，调整数据图例的文本大小和位置，设置网格线的格式和绘图区的格式。

步骤 8：在图表区的下方插入图片“root.jpg”。适当调整所有图表元素的大小和位置，即可完成“图 2”的编辑，如图 6-21 所示。

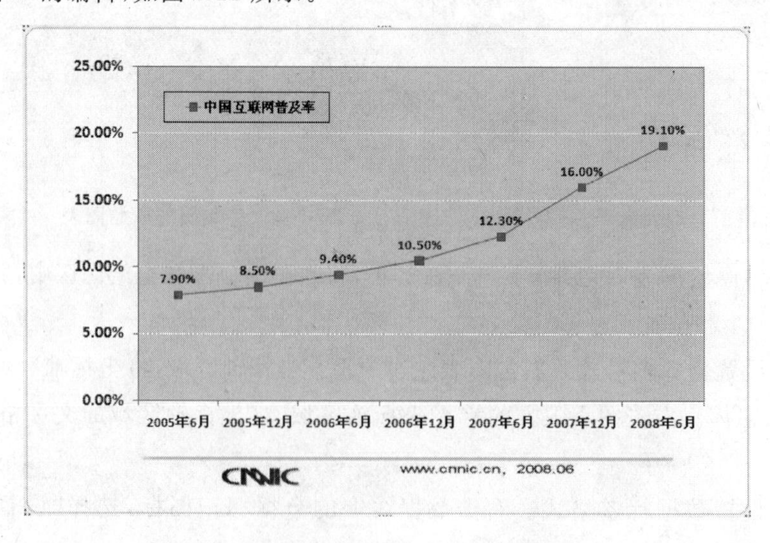

图 6-21　中国互联网普及率图表的最终效果

(3) 有关“2008 年 6 月和 2007 年 12 月份性别互联网普及率比较”(图 5)的编辑方法

这是一个有关柱形图图表的编辑范例。

步骤 1:如前所述,建一个空白的图表,并命名为“图 5”。

步骤 2:在“图表原始数据”表中选择“图 5”所对应的数据,即“数据!A23:C25”。单击功能区中的“插入”选项卡,选择“图表”组的“柱形图”,并最终确定所选数据以“二维柱形图”中的“簇形柱形图”为图表类型,来综合反映按性别调查的互联网普及率比较的基本情况。一旦选定,将会在“数据”表中生成一个默认格式的 Excel 图表,这是一个待编辑的原始图表,如图 6-22 所示。

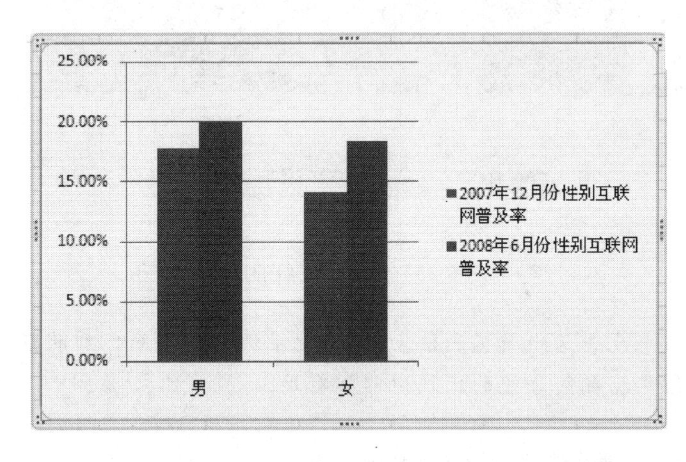

图 6-22　待编辑的原始图表

步骤 3:将原始图表剪切并粘贴至“图 5”中,适当调整图表绘图区的大小和图例的位置。

步骤 4:设置坐标轴格式。分别单击垂直和水平坐标轴区域,将其文本格式均设置为宋体 20 磅,加粗。

步骤 5:设置数据系列格式。右击 2007 年的数据系列区域,打开“设置数据系列格式”对话框,将“填充”栏的颜色设置为“橙色,深色 25%”,将“边框颜色”设置为“深蓝实线”,“阴影”设置为“右下斜偏移”。右击 2007 年的数据系列区域,打开“设置数据系列格式”对话框,将“填充”栏的颜色设置为“图片或纹理填充”,将“纹理”设置为“水滴”,其他同 2007 年的数据系列格式。

步骤 6:设置数据标签格式。分别右击 2007 年和 2008 年的数据系列,选择“添加数据标签”,并将数据标签的字体设置为宋体 18 磅,加粗。字体的颜色分别是“深蓝”和“深红”。

步骤 7:设置图例格式。将图例拖至适当位置,将其文本的格式设置为宋体 18 磅,加粗。

步骤 8:设置绘图区和网格线格式。右击绘图区,打开“设置绘图区格式对话框”,在“填充”栏中选择“纯色填充”,并将颜色设置为“茶色,深色 25%”。右击网格线,将其颜色设置为白色。

步骤 9:在图表区的下方插入图片“root.jpg”。适当调整所有图表元素的大小和位置,即可完成“图 5”的编辑，如图 6-23 所示。

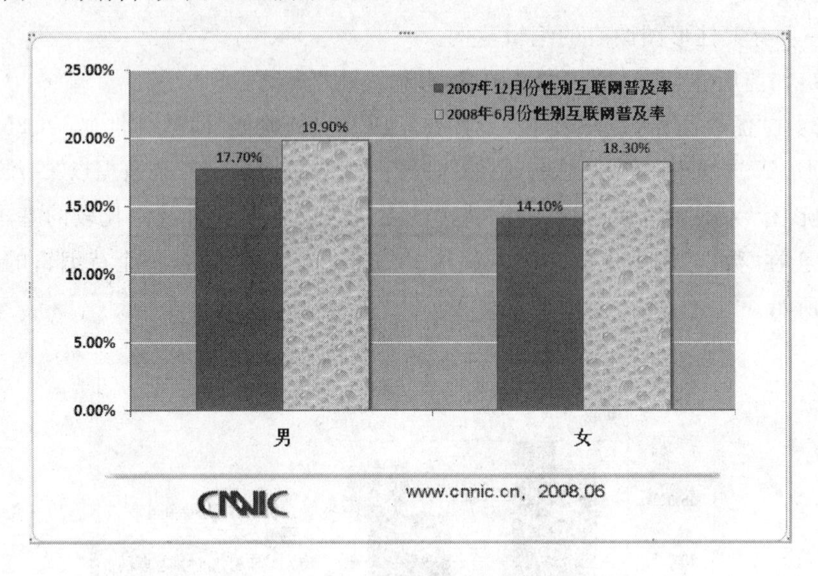

图 6-23　编辑完成后的图表

说明：这是一个包含两组数据的图表，可以就不同时期不同性别的数据的差异性进行同时对比，在多组数据相同分组的比较中非常有用。

(4) 有关“网民年龄结构”(图 6)的编辑方法

这是一个有关饼图图表的编辑范例。

步骤 1：如前所述，建一个空白的图表，并命名为“图 6”。

步骤 2：在“图表原始数据”表中选择“图 6”所对应的数据，即“数据!A28：H29”。单击功能区中的“插入”选项卡，选择“图表”组的“饼图”，并最终确定所选数据以“二维饼图”中的“分离型二维饼图”为图表类型(图 6-24)，来综合反映按年龄结构的互联网用户的基本情况。一旦选定，将会在“数据”表中生成一个默认格式的 Excel 图表，这是一个待编辑的原始图表，如图 6-25 所示。

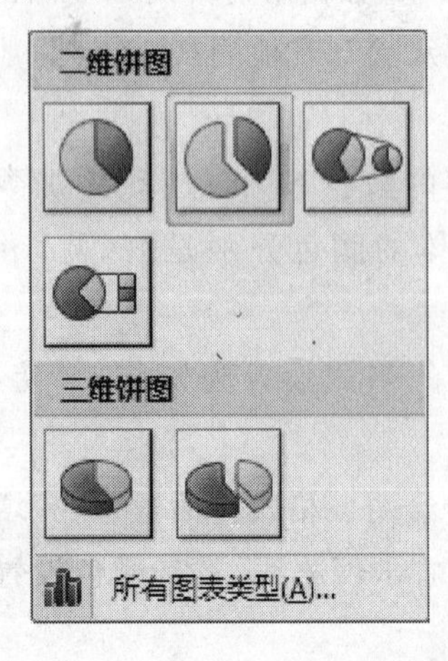

图 6-24　选择的图表类型图

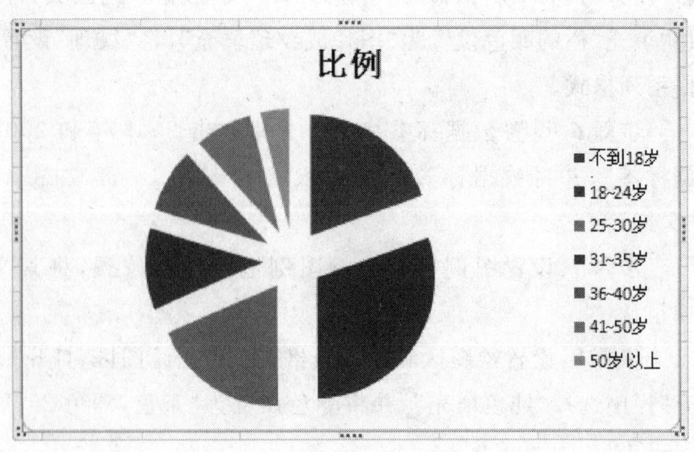

图 6-25　待编辑的原始图表

步骤 3:将图表中的图例删除,并将图表剪切至“图 6”。

步骤 4:设置绘图区格式。单击“图 6”中的绘图区,适当调整绘图区的整体大小与位置。右击数据系列,在快捷菜单中选择“设置数据系列格式”,在“系列选项”栏中,将“第一扇区起始角度”设置为 20%,“饼图分离程度”设置为 5%;在“阴影”栏中选择“预设”的“右下斜偏移”类型;在“三维格式”栏中,选择“棱台”顶端为“圆”类型(图 6-26),“表面效果”的材料为“暖色粗糙”(图 6-27),“照明”为三“点”(图 6-28)。

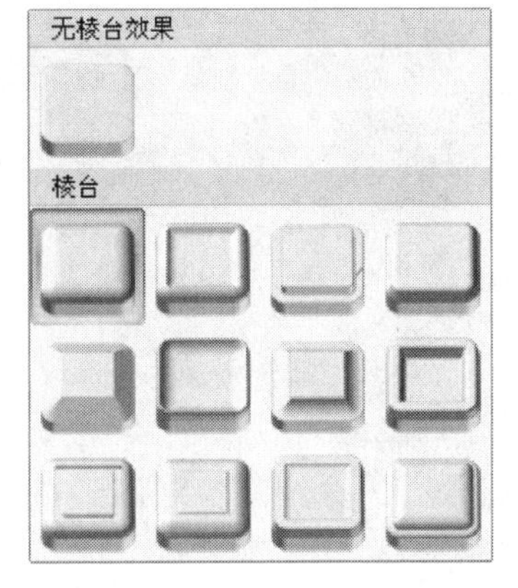

图 6-26　阴影的设置

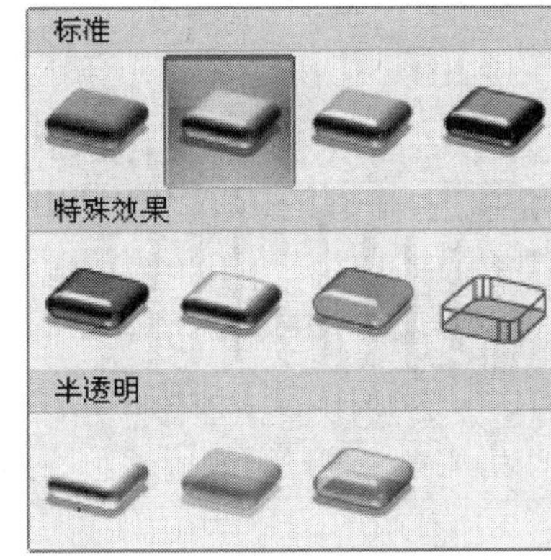

图 6-27　表面材料的设置

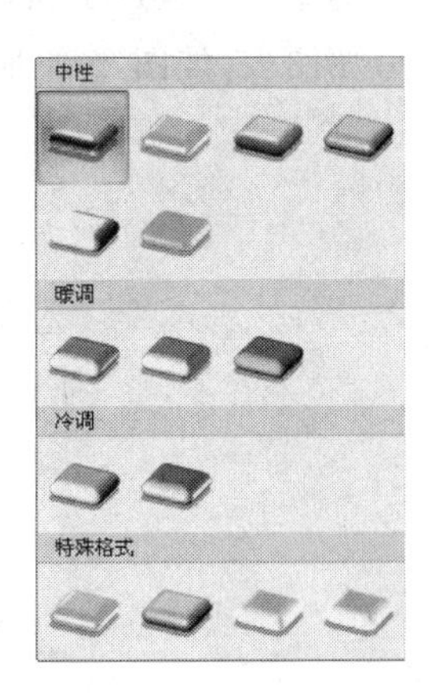

图 6-28　照明的设置

步骤 5:设置数据标签格式。右击绘图区,在快捷菜单中选择“添加数据标签”,右击数据标签,选择“设置数据标签格式”,打开“设置数据标签格式”对话框(图 6-29),在“标签选项”栏中,添加“标签包括”的“类别名称”,“标签位置”设置为“数据标签外”,“分隔符”为“分行符”。将“数据标签”的字体格式设置为宋体 18 磅,加粗。适当调整各个数据标签与数据系列色块的相对位置,显示出数据引导线。

步骤 6:设置图表标题格式。将图表标题的字体设置为宋体 28 磅,加粗,并将其调整至适当位置上。

步骤 7:在图表区的下方插入图片“root.jpg”。适当调整所有图表元素的大小和位置,即可完成“图 5”的编辑,如图 6-30 所示。

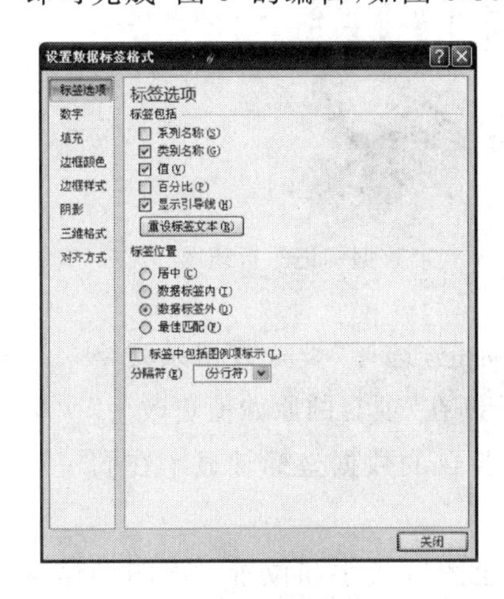

图 6-29　设置数据标签格式

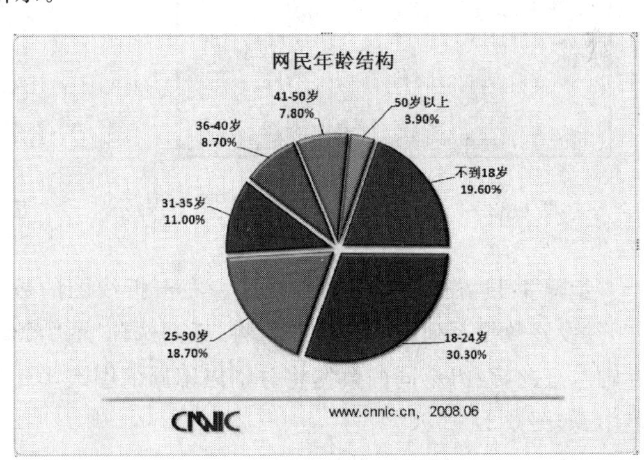

图 6-30　编辑完成后的图表

(5) 有关“中国手机有效卡数增长情况”(图 18)的编辑方法

这是一个有关条形图与折线图图表的编辑范例。

步骤 1:创建一个空白的图表,并命名为“图 18”。

步骤 2:在“图表原始数据”表中选择“图 2”所对应的数据,即“数据!A90:J92”。单击功能区中的“插入”选项卡,选择“图表”组的“条形图”,并最终确定所选数据以“簇状条形图”为图表类型。一旦选定,将会在“数据”表中生成一个默认格式的 Excel 图表,这是一个待编辑的原始图表,如图 6-31 所示。

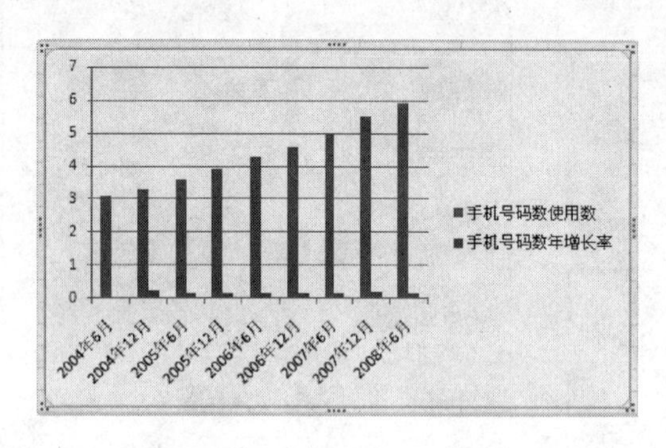

图 6-31　待编辑的原始图表

步骤 3:更改图表类型。本图表中包含两组数据,且要求以不同图表类型来表示,所以需要对其中一组数据的图表类型进行变更。右击颜色为深红色的第 2 组数据(即“手机号码数年增长率”)的数据系列区域,在快捷菜单中选择“更改系列图表类型”,打开“更改图表类型”对话框(图 6-32),选择“待数据标记的折线图”后,第 2 组数据所对应的图表类型则发生了变化,如图 6-33 所示。

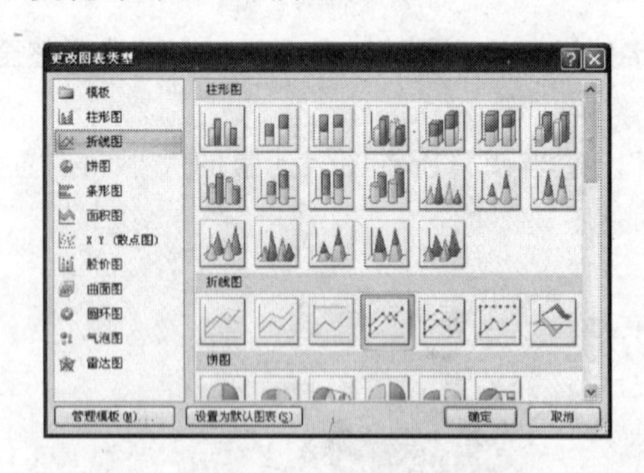

图 6-32　“更改图表类型”对话框

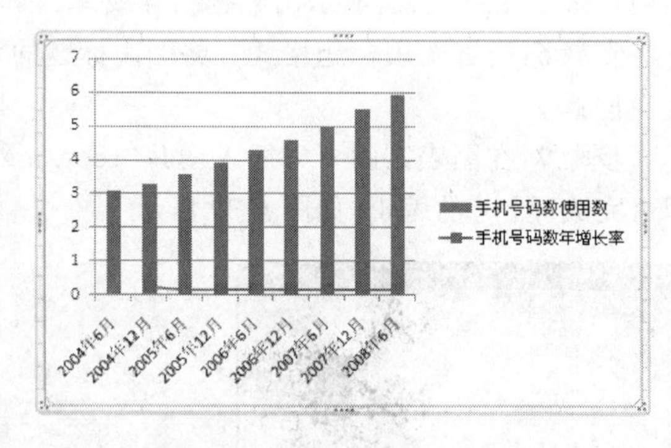

图 6-33　带数据标记的折线图

步骤 4:设置折线图坐标轴格式。右击折线图的数据标记,选择“设置数据系列格式”,打开“设置数据系列格式”对话框,将“系列选项”的“系列绘制在”项目的原始值更改为“次坐标轴”,至此,两组不同的数据将分别以不同的图表类型和各自的数据坐标轴显示在同一图表中,如图 6-34 所示。

步骤 5:将调整坐标轴后的图表剪切至图 18 中,调整绘图区大小和位置。将图例移至图表上部,并将字体格式设置为宋体 16 磅,加粗。

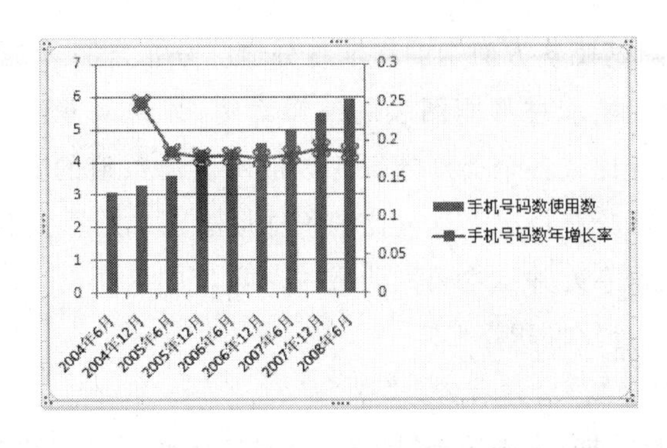

图 6-34　调整坐标轴后的折线图

步骤 6:设置坐标轴格式。右击主坐标轴(左边)区域,选择“设置坐标轴格式”,在“设置坐标轴格式”的对话框中,选择“数字”栏中的“百分比”类别,“小数位数”为 1。在将坐标轴的文本格式设置为宋体 18 磅,加粗。右击次坐标轴(右边)区域,选择“设置坐标轴格式”,在“设置坐标轴格式”的对话框中,选择“数字”栏中的“数字”类别,“小数位数”为 0。在将坐标轴的文本格式设置为宋体 18 磅,加粗。右击水平坐标轴区域,将坐标轴的文本格式设置为宋体 14 磅,加粗。

步骤 7:设置数据系列格式。右击“手机号码数使用数”数据系列,选择“设置数据系列格式”,打开“设置数据系列格式”对话框,将“系列选项”中的“系列重叠”的参数调至 0,“分类间距”为 100%;将“填充”选为“渐变填充”,选择“预设颜色”中的“红木”,“角度”为 0°;边框为 2 磅的蓝色实线。右击“手机号码数年增长率”数据系列,选择“设置数据系列格式”,在“设置数据系列格式”对话框中将线条设置为 2.25 磅的蓝色实线。

步骤 8:设置数据标签格式。右击“手机号码数使用数”数据系列,选择“添加数据标签”,并将数据标签的字体格式设置为宋体 16 磅,加粗。

步骤 9:设置绘图区格式。右击绘图区,打开“设置绘图区格式”对话框,选择“填充”中的“渐变填充”,在“预设颜色”中选取“雨后初晴”。

步骤 10:设置网格线格式。右击绘图区的网格线,选择“设置网格线格式”,即打开“设置主要网格线格式”对话框,选择“线条颜色”为白色实线。

步骤 11:在图表区的下方插入图片“root.jpg”。适当调整所有图表元素的大小和位置,即可完成“图 18”的编辑,如图 6-35 所示。

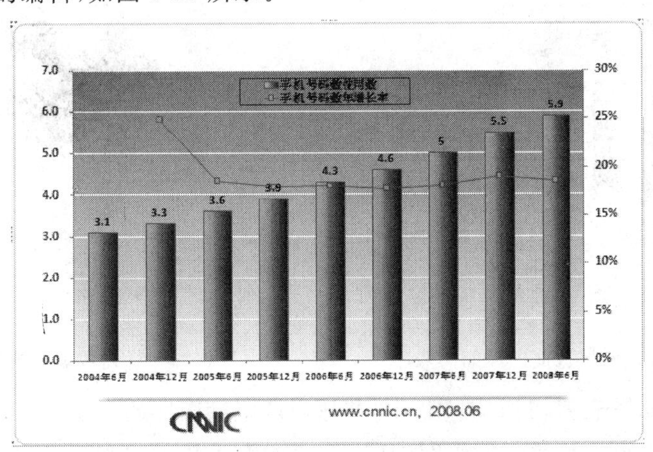

图 6-35　编辑完成后的图表

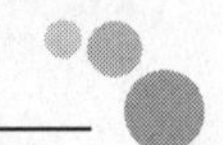

(6) 有关“互联网对网民各方面帮助程度打分情况分布”(图 21)编辑方法

这是一个有关百分比堆积柱形图图表的编辑案例，其编辑方法与条形图有一定差别。百分比堆积柱形图是用于比较各个类别的每一数值所占总数值的百分比大小的一种图表，特别适合反映事物的结构分布情况。百分比堆积柱形图以二维垂直百分比堆积矩形显示数值。当有 3 个或更多数据系列并且希望强调所占总数值的大小时，尤其是总数值对每个类别都相同时，可以使用百分比堆积柱形图。

步骤 1：建一个空白的图表，并命名为“图 21”。

步骤 2：在“图表原始数据”表中选择“图 21”所对应的数据，即“数据！A106：E111”。单击功能区中的“插入”选项卡，选择“图表”组中“二维柱形图”的“百分比堆积柱形图”，在“图表原始数据”表中生成一个默认格式的 Excel 图表，这是一个待编辑的原始图表，如图 6-38 所示。

步骤 3：重新选择数据。由于待编辑的图表与最终图表的数据表现方式不同，所以在格式编辑前需要重新选择数据。右击图表区，选择“选择数据”，在“选择数据源”对话框中(图 6-36)，单击“切换行/列”按钮，即完成数据的行列转换，如图 6-37 所示。单击“确定”按钮后即可得到行列数据切换后的原始图表，如图 6-39 所示。

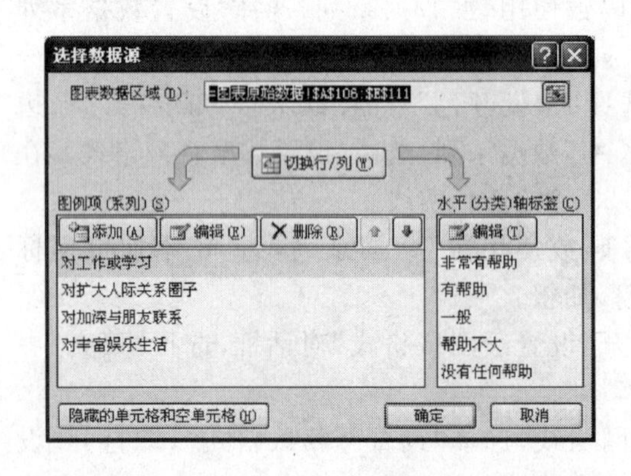

图 6-36　切换前的行列数据

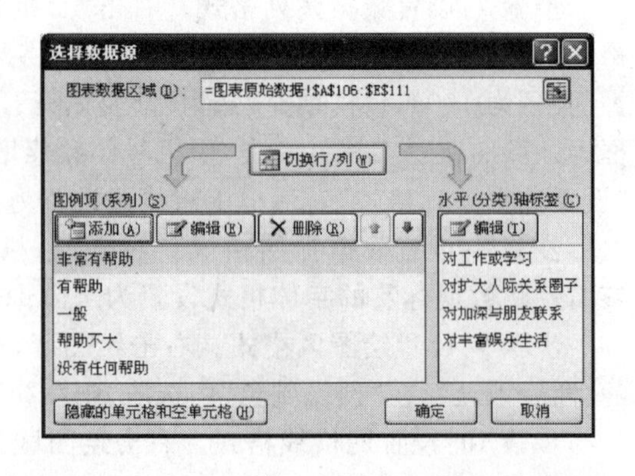

图 6-37　切换后的行列数据

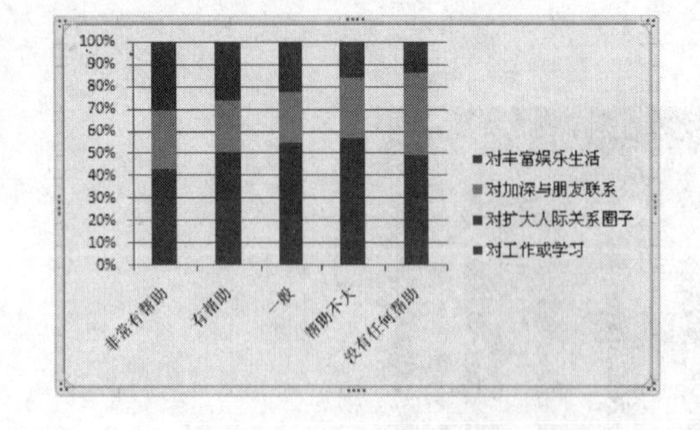

图 6-38　行列数据切换前的原始图表

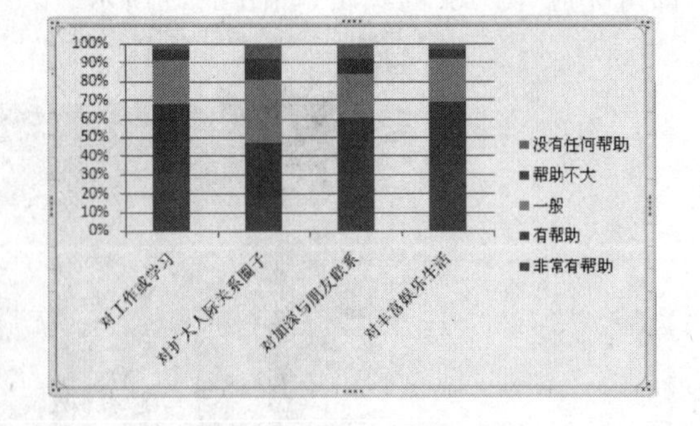

图 6-39　行列数据切换后的原始图表

步骤 4：将原始图表剪切到“图 21”中，并适当调整绘图区的大小和位置。

步骤 5：设置图例的格式。右击图例区，将图例文本格式设置为宋体 16 磅，加粗，并适当调整图例区的大小和位置。

步骤6:设置坐标轴格式。右击垂直坐标轴区域,选择“设置坐标轴格式”,在“设置坐标轴格式”对话框中设置“坐标轴选项”的“最大值”为1.0,“主要刻度单位”为0.2,“数字”为“百分比”,小数位数为2。坐标轴文本格式为宋体18磅,加粗。右击水平坐标轴区域,选择坐标轴文本格式为宋体16磅,加粗。

步骤7:设置数据系列格式。选择“非常有帮助”数据系列,将“系列选项”中的“系列重叠”和“无间距”均设置为100%;在“填充”栏中选择“纯色填充”,并选择“颜色”为茶色,深色为75%;设置“边框颜色”为黑色实线;设置“阴影”为“预设”“外部”的“右下斜偏移”。依次向上选择其他各个数据系列,其他设置同前,只是将填充颜色按上行方向依次以“茶色”的深色逐级降低来进行设置即可。

步骤8:设置绘图区格式。右击绘图区,选择“设置绘图区格式”,将“填充”设置为“茶色,背景2”的“纯色填充”,并将绘图区的边框设置为3磅黑色实线。

步骤9:设置网格线格式。将网格线的格式设置为白色实线。

步骤10:设置数据标签格式。分别采用右击数据系列区域的方式,添加数据标签,并将数据标签的文本设置为宋体14磅,加粗,文本颜色一般选取与数据系列区域对比度较大的颜色来进行设置。

步骤11:在图表区的下方插入图片“root.jpg”。适当调整所有图表元素的大小和位置。

至此,本案例相关的Excel文档中的27张图表的典型范例图已经介绍完毕,其他图表可根据上述编辑方法,举一反三,逐一完成。在确定相应的图表名称后,将各个图表顺序排列,为Word文档的最终调用做好准备。案例中所设计的5张表格因编辑难度较小,所以不在此一一赘述。

3. Excel图表的嵌入与链接

在Word文档与Excel图表的编辑工作完成后,本案例将进入最后一个编辑环节,即在Word文档中嵌入与链接Excel图表,以完成Word与Excel的综合应用。

步骤1:确定Excel和Word文档的工作状态。打开已编辑完毕的Excel文件,将“图1”置于当前工作状态。打开已经编辑的Word文档,将光标置于待插入Excel图表的位置上。

步骤2:在Word文档中插入Excel图表。将Word文档的工作界面置于当前工作任务状态,并将光标置于待插入Excel图表的位置上。单击功能区中的“插入”选项卡,选择“文本”组的“对象”按钮,打开“对象”对话框(图6-40),选择“由文件创建”选项卡,单击“浏览”按钮,找到待插入的Excel文档,并勾选“链接到文件”,单击“确定”按钮后,以对象身份被插入Word文档的Excel图表将出现在Word文档的当前位置上。将插入的Excel表格的大小稍作调整,就完成了“图1”的嵌入和链接操作。

在完成了对象的嵌入和链接后,Word文档中的Excel图表将不是一个简单的图片,双击该对象,即可在Word环境下对其进行直接编辑,其操作和在Excel环境下是一样的。特别是当嵌入时勾选了“链接到文件”选项后,Excel对象与Excel源文件就建立了数据同步关系，只要在该对象上打开右键快捷菜单（图 6-41），选择“更新链接”即可将 Excel 表中的最新数据同步更新到 Word 文档中。

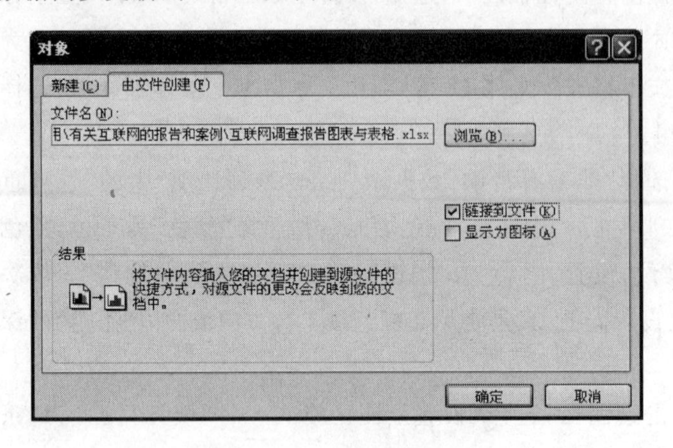

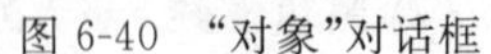

图 6-40 “对象”对话框

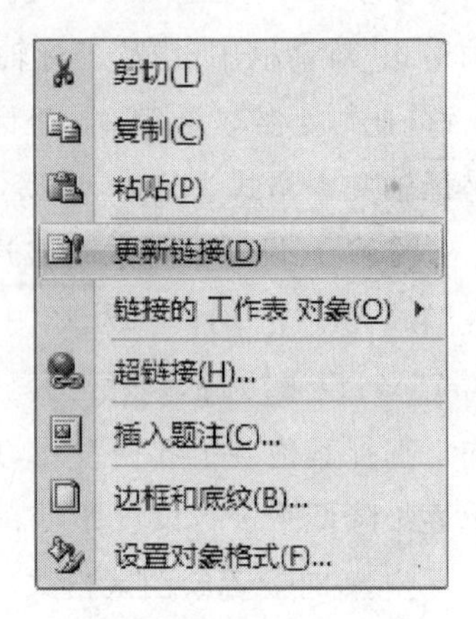

图 6-41 更新链接

提示：在设置 Excel 图表嵌入和链接的编辑过程中，是否勾选“链接到文件”这一项是很重要。因为不同的选择将直接影响 Word 文档中的数据与 Excel 源文件之间数据的同步性。一定要注意它们之间的链接关系。详见 6.1.4 节的“技术解析”。

步骤 3：在 Word 文档中插入 Excel 表格。与插入 Excel 图表一样，在插入表格前，首先要将待插入的 Excel 表格“表 2-1”设置为 Excel 文档的当前工作表状态。返回 Word 文档的工作界面，并将光标置于待插入 Excel 表格的位置上。单击功能区中的“插入”选项卡，选择“文本”组的“对象”按钮，打开“对象”对话框，选择“由文件创建”选项卡，单击“浏览”按钮，找到待插入的 Excel 文档，单击“确定”按钮后，以对象身份被插入 Word 文档的 Excel 表格将出现在 Word 文档的当前位置上。将插入的 Excel 表格的大小稍作调整，就完成了“表 2-1”的嵌入操作。

提示：在设置 Excel 表格嵌入和链接的编辑过程中，与 Excel 图表一样，都是以对象的身份嵌入和链接在 Word 文档中，当然，也存在链接与否的效果区别。所要提醒的是，为了插入后表格美观，最好在 Excel 文档中就完成对表格的修饰，并将多余的行列隐藏起来。方法详见 6.1.4 节的“技术解析”。

鉴于学习上的考虑，本案例仅选择了其中“图 1”、“图 2”和“图 3” 3 个图表实施了链接操作，其他图表和表格仅嵌入在 Word 文档中，虽然可以直接在 Word 环境下能实现 Excel 的编辑功能，但无法和源 Excel 文件进行数据的同步更新。

4. Word 文档中题注的编辑

在图表和表格插入后，即可完成题注的编辑。题注是指出现在图片或表格下方的一段简短描述。采用题注的目的是利用 Word 中域的自动计数功能，为文档中众多图表和表格设置编号。

步骤1:设置图表题注。将光标置于Word文档中的第1个图表的下方。单击功能区中的“引用”选项卡,选择“题注”组中的“插入题注”按钮,打开“题注”的对话框(图6-42)。单击“新建标签”按钮,在“新建标签”对话框中,输入“图2-”的字样,确定后即为案例第2章设置了一个题注标题,并在“题注”处出现了“图2-1”的字样,确定后即在文档第一个图表的下方,出现了题注“图2-1”(图6-43)。采用同样的方法,可以在第2章的其他图表中也插入题注,而所有的图表在插入题注后,其题注的最后数字是自动编号的。

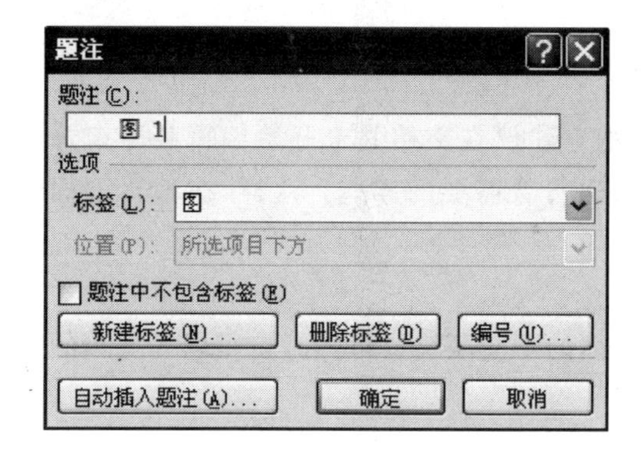

图6-42 题注设置前

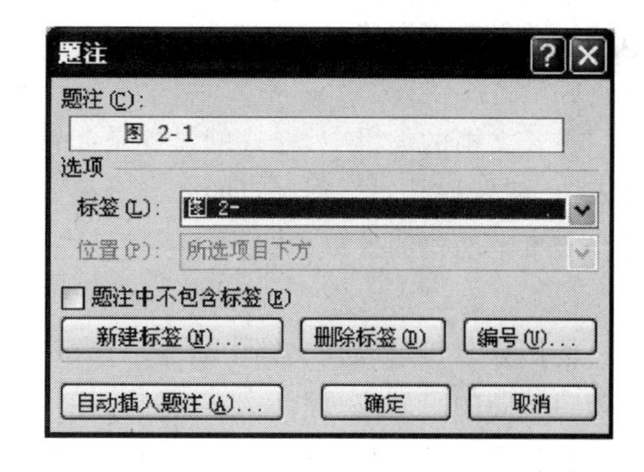

图6-43 题注设置后

步骤2:设置表格题注。设置表格题注的方法和设置图表题注是相同的,只是在设置题注标签时,将文字改为“表2-”即可。在本案例中图表和表格题注标签内容的区别是根据图表和表格所在章节,以及图表和表格本身的区别来分别设置的,其他方法是一致的。

提示:在题注的运用过程中,如果发生在插入题注后图表或表格有增减的变化,只要在变化后,更新一下题注即可。

至此,Excel图表与表格嵌入Word文档的工作就此结束,同时也实现了Word和Excel文档间数据共享的综合应用。

6.1.4 技术解析

1. 长文档编辑技巧

长文档编辑常常是面对十几页、几十页甚至是几百页的文档的编辑,因此编辑的方法是否合理和高效是非常重要的。一般而言,长文档的编辑可考虑采用以下步骤来进行。

(1) 设置页面格式

进行页面设置应该是长文档编辑的第一步。因为在长文档的编辑中,页面的行距,特别是正文部分的行距常常需要进行设置,当然采用设置段落行距的方法也是可以的,但效率较低,而且有时候会造成插入图片时,图片无法正常显示等问题,因此建议在长文档编辑之前,对待输入或编辑的空白文档进行页面设置。设置的项目主要包括以下几个。

- 纸张大小的设置。
- 页边距和纸张方向的设置。
- 文档网格中行数和字符数的设置。

(2) 设置多级列表

多级列表是通过一组不同级别而非单个级别的编号来显示列表项的。可以从库中选择多级列表样式,也可以创建新的多级列表样式。

建议选定某组多级列表并根据需要进行格式的自定义编辑,并将其与 Word 中的标题组合,实际上就是将 Word 中默认的标题样式与编号列表链接,以实现两种格式组合使用的目的,并为文档本身设置了包含多个级别的文档结构。这类文档将可以利用大纲视图和文档结构图来清晰浏览或选定文档结构。

(3) 设置样式

在长文档的编辑中,样式的设置是非常重要的。建议在文档并未开始编辑甚至未开始输入时,就根据文档计划确定的各部分格式,来编辑符合需要的样式。这样,在编辑过程中就会有事半功倍的效果。

(4) 设置章节的分节

使用分节符可以在文档中设置一个或多个页面的不同版式或格式。也可以为文档的某节创建不同的页眉或页脚。

在长文档的编辑中设置分节常用于以下几种情况。

- 文档中有个别页面有改变纸张方向的要求。
- 文档中有个别页面有改变纸张大小的要求。
- 文档中有不同页面配以不同页眉和页脚的要求。

(5) 设置页眉和页脚

在长文档中设置页眉和页脚一般和普通文档不同,主要体现在对奇偶页使用不同的页眉或页脚和为文档的某个部分创建不同的页眉或页脚等方面,此时页眉页脚的个性化设置要与分节设置相配合,也要与页面设置中的版式设置相配合。

2. Office 的对象链接和嵌入技术

对象链接和嵌入(简称 OLE)是 Microsoft 公司的应用于 Office 各办公软件之间,为交换共享数据并相互调用彼此功能的一项很有用的技术。从案例可以看出,链接对象与嵌入对象之间的主要区别是在将 Excel 数据放入 Word 文件后,数据存储位置不同,且数据更新方式也不同。

当作为对象的 Excel 图表仅被嵌入到 Word 文档中时,如果修改源 Excel 文件,Word 文件中的信息不会相应更改。因为嵌入的对象已经成为了 Word 文件的一部分,并且在插入后就不再是源文件的组成部分。因此,当不想让信息反映源文件中的更改时,或者不想让文档收件人考虑对链接信息的更新时,适合使用嵌入。

当作为对象的 Excel 图表被嵌入和链接到 Word 文档中时,如果修改源 Excel 文件,则会更新信息。链接数据存储在源文件中。Word 文件或目标文件只存储源文件的位置,并显示链接数据。如果担心文件的大小,并希望能与源文件保持数据的一致性,则可使用链接对象。默认情况下,链接的对象是自动更新的,这意味着,每次打开 Word 文件或在 Word 文件打开的情况下更改源 Excel 文件的任何时候,Word 都会更新链接的信息。不过,也可以更改单个链接对象的设置,以便不更新链接的对象,或仅在文档读者选择手动更新链接的对象时才对它进行更新。还可阻止 Word 自动更新打开的所有文档中的链接,并将它视为一种安全措施，防止可能来自不受信任源的文件更新文档。

此外，可以永久中断链接对象与其源 Excel 文件之间的连接。当连接中断后，就不能再在 Word 文档中编辑该对象；它将变成 Excel 内容的图片。

3. 如何隐藏行和列

隐藏 Excel 表格中的行和列主要是为了美观。其基本方式是选中待隐藏的最左边一列，使用组合键 Ctrl＋Shift＋→，即选中包含该列在内的右边的所有列，在右键快捷菜单中选“隐藏”即可。对于隐藏行，则方法相同，只是组合键为 Ctrl＋Shift＋↓而已。

6.1.5　实训指导

本案例为一个基于 Word 和 Excel 的综合应用的训练实例，对学习者有一定的难度。

1. 实训目的

学习在 Microsoft Office 2007 环境下，利用对象链接与嵌入技术，在 Word 文档中嵌入和链接 Excel 图表和表格的编辑方法，也进一步练习 Word 环境下长文档的编辑方法。

2. 实训准备

知识准备：

- 预习 Word 长文档的编辑方法；
- 预习 Excel 图表的编辑方法；
- 预习在 Word 中链接和嵌入 Excel 图表的基本方法。

资料准备：

- Microsoft Office 2007 环境(实训室准备)；
- 案例中所需的文字和原始数据表(教师准备)。

3. 实训步骤

- 获得原始数据，并建立工作文件夹。
- 创建 Word 空白文档，完成页面设置，设置多级列表并与各级标题链接，设置文档正文格式和各级标题的基本格式。
- 将文本文件中的字符复制到 Word 文档中，并根据案例样文的格式，将各种样式应用于对应的文本。对于不太符合的样式可进行适当地调整。
- 根据案例样文的格式和要求，编辑 Excel 图表和表格(建议在实训中仅编辑几个有代表性的图表，其他图表和表格直接提供)。
- 依次完成在 Word 文档中嵌入 Excel 图表和表格的操作，要求在对象嵌入时，选取其中 3 个有代表的图表设置为链接，其他的仅为嵌入。
- 在插入图表或表格的同时，完成对应位置的题注的插入。也可以在完成所有 Excel 对象的嵌入后，再依次插入题注。
- 完成封面的编辑。
- 在封面的下一页插入文档目录。
- 根据案例的样式，在不同页面中设置页眉和页脚(如奇偶页不同，封面和目录页无页眉和页脚等)。

4. 实训要求

- 实训文档的结果与案例样文的格式基本一致。
- 实训文档如果课内无法完成需在课后继续完成。

6.1.6 课后思考

- 有效合理的长文档的编辑方法应注意哪些环节？其先后次序应该怎样安排比较合理？
- 链接与嵌入技术在 Office 各软件之间起着什么作用？对象的链接与嵌入有什么区别？

6.2 案例 2——职工信息分析

6.2.1 案例介绍

本案例是一个基于 Excel 计算功能和 PowerPoint 与 Excel 之间进行数据共享的范例。它以一个单位职工的基本情况为数据背景，采用 Excel 本身的强大计算功能，完成了由基本情况计算而得的职工工资数据，并对其进行了结构上的分析。随后，运用 Office 的 OLE 技术，在 PowerPoint 文档中嵌入 Excel 的图表和表格，以实现 Office 数据文件之间的综合应用。

6.2.2 知识要点

本案例的学习主要有两个目的。一是进一步学习 Excel 的计算功能；二是实现在 PowerPoint 环境下，通过 OLE 技术将 Excel 图表和表格插入至 PowerPoint 文件中，以实现数据共享变化的目的。所涉及的知识点如下。

- Excel 的函数计算。
- Excel 的表间统计计算。
- Excel 的图表编辑方法。
- PowerPoint 环境下插入 Excel 对象的编辑方法。

6.2.3 案例实施

本案例的实施同样分为两步进行：

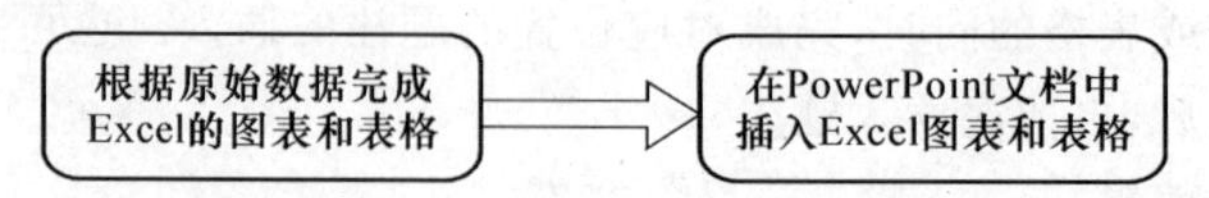

1. Excel 图表和表格的编辑

本部分主要是根据 Excel 原始数据表对职工基本情况进行结构性分析；根据职工工资

的计算方法，在基本数据的基础上，计算并生成职工工资计算表，从而生成相关的图表和表格。

（1）有关“职工情况分析表”的编辑方法

这是一个基于“基本数据”的统计分析表格。

步骤1：创建“职工情况分析表”。将Excel案例文档“职工基本及工资情况原始数据”复制为一个新的Excel文档，并取名为“职工基本及工资情况统计分析数据”。打开文档“职工基本及工资情况统计分析数据”，在“基本数据”表的后面，创建一个Excel工作表，取名为“职工情况分析表”，并根据职工情况分析的要求，设计好空白的“职工情况分析表”的表头各栏目。

步骤2：完成“职工情况分析表”的统计计算。首先在表格的左侧插入一空白列A列，将表格与边框保持一定距离。光标置于“职工情况分析表”的C4单元格，单击“编辑栏”左侧的“插入函数”按钮，打开“插入函数”对话框，选择类别为“统计”中的函数“COUNTA”，如图6-44所示。确定后在“函数参数”对话框中的Value1中输入“=COUNTA(基本数据!B3:B37)”，如图6-45所示。确定后即可得到来自对“基本数据”表中相应单元格的数据的计数统计值35，即全体职工人数值。

图6-44　“插入函数”对话框

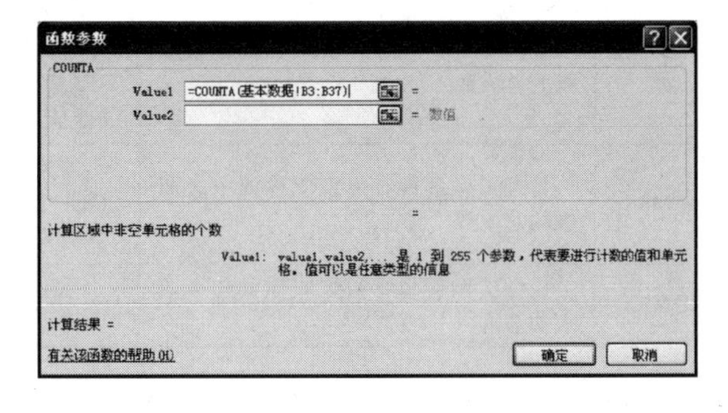

图6-45　“函数参数”对话框

当然也可以单击Value1右侧的选择数据按钮，在“基本数据”表中进行相应数据的选择，但如果对表间数据计算有了一定的了解后，直接在编辑栏中数据公式是最为便捷的方法。依次选择“职工情况分析表”中的单元格C5、C6、C7和C8，分别输入以下计算公式(即“”中的数据。注意括号中的数据不能用中文标点符号)：

C5：“=COUNTIF(基本数据!C3:C37,"管理工程系")”

C6：“=COUNTIF(基本数据!C3:C37,"计算机科学系")”

C7：“=COUNTIF(基本数据!C3:C37,"机械工程系")”

C8：“=COUNTIF(基本数据!C3:C37,"电子信息系")”

当以上公式输入并确定后，即可在“职工情况分析表”中产生职工人数的5个统计数据。

按照上述操作方法，可逐步完成“职工情况分析表”中其他单元格的数据计算。各单元格的具体计算公式见表6-2。

表 6-2　职工情况分析表部分单元格计算公式

单元格	单元格内容	数据计算公式	计算结果
D4	全部男性	=COUNTIF(基本数据!E3:E37,D3)	25
D5	管理工程系男性	=COUNTIF(基本数据!E3:E12,D3)	8
D6	计算机科学系男性	=COUNTIF(基本数据!E13:E19,D3)	6
D7	机械工程系男性	=COUNTIF(基本数据!E20:E27,D3)	4
D8	电子信息系男性	=D4-D5-D6-D7	7
女性人数的计算公式仅与公式的最后一项 D3 有区别，为 E3（实为"女"），其他对应相同			
F4	全部职工平均年龄	=AVERAGE(基本数据!G3:G37)	44
F5	管理工程系平均年龄	=AVERAGE(基本数据!G3:G12)	46
F6	计算机科学系平均年龄	=AVERAGE(基本数据!G13:G19)	48
F7	机械工程系平均年龄	=AVERAGE(基本数据!G20:G27)	44
F8	电子信息系平均年龄	=AVERAGE(基本数据!G28:G37)	41
有关各部门的数据计算可根据所在行的范围来直接指定范围，而不需要指定判断条件。鉴于篇幅的缘故，以下仅给出部分数据的计算公式			
G5	管理工程系平均工龄	=AVERAGE(基本数据!I3:I12)	25
H6	计算机科学系工龄 10 年以下职工人数	=COUNTIF(基本数据!I13:I19,"<10")	1
I7	机械工程系 10～20 年工龄的职工人数	=COUNTIF(基本数据!I20:I27,"<20")-H7	2
J8	电子信息系 20～30 年工龄的职工人数	=COUNTIF(基本数据!I28:I37,"<30")-I8-H8	1
L4	全部职工中具有高级职称或高级职级的总人数	=COUNTIF(基本数据!K3:K37,"正处")+COUNTIF(基本数据!K3:K37,"副处")+COUNTIF(基本数据!L3:L37,"教授")+COUNTIF(基本数据!L3:L37,"副教授")	18
M5	管理工程系具有中级职称或中级职级的总人数	=COUNTIF(基本数据!K3:K12,"正科")+COUNTIF(基本数据!K3:K12,"副科")+COUNTIF(基本数据!L3:L12,"讲师")	3
N7	机械工程系具有初级职称或初级职级的总人数	=COUNTIF(基本数据!K20:K27,"科员")+COUNTIF(基本数据!L20:L27,"助教")	1

至此，"职工情况分析表"的数据计算工作全部结束。此后，可根据个人爱好，将数据表进行格式的编辑和美化，待图表"职称与职级分布情况"完成后，再将多余的行列隐藏起来，"职工情况分析表"的编辑工作即告完毕，如图 6-46 所示。

职工情况分析表

	人数	性别		平均年龄	工龄					职称与职级			
		男	女		平均	10以下	10－20	20－30	30以上	高级	中级	初级	其他
全部	35	25	10	44	23	5	11	8	11	18	11	4	2
管理工程系	10	8	2	46	25	1	3	2	4	6	3	1	0
计算机科学系	7	6	1	48	27	1	0	4	2	5	1	1	0
机械工程系	8	4	4	44	22	2	2	1	3	3	3	1	1
电子信息系	10	7	3	41	19	1	6	1	2	4	4	1	1

图 6-46　完成后的职工情况分析表

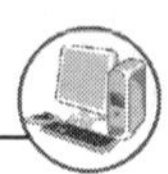

(2) 有关“职称与职级分布情况”图表的编辑方法

步骤1:创建图表“职称与职级分布情况”。创建一个空白的图表,并命名为“职称与职级分布情况”。选择“职工情况分析表”,分别选择数据区域 B4:B8 和 L4:O8。单击功能区中的“插入”选项卡,选择“图表”组的“柱形图”(图 6-47),并确定所选数据以“圆柱图”中的“三维圆柱图”为图表类型,来综合反映职工的职称与职级的分布情况。一旦确定,即在“职工情况分析表”中就创建了一个需要进一步编辑调整的原始图表,如图 6-48 所示。

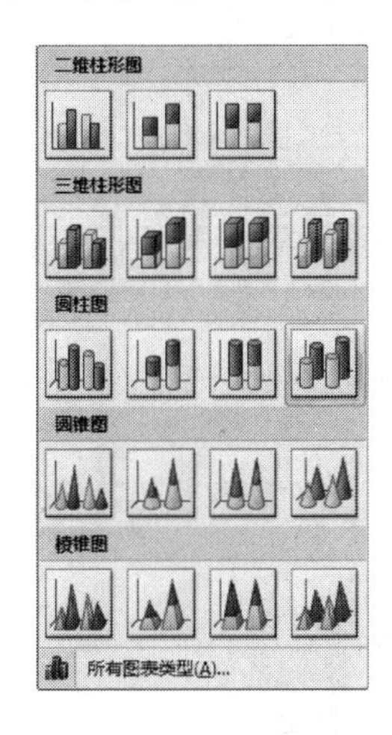

图 6-47　“柱形”图对话框

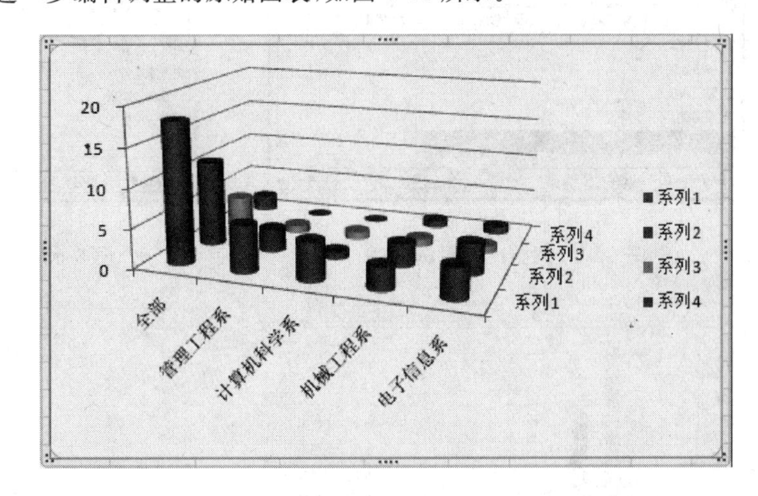

图 6-48　待编辑的原始图表

步骤2:编辑图表“职称与职级分布情况”。右击新创建的图表区,打开“选择数据源”对话框,如图 6-49 所示。单击“切换行/列”按钮,即切换了行列数据,如图 6-50 所示。调整之后的图例顺序如图 6-51 所示。

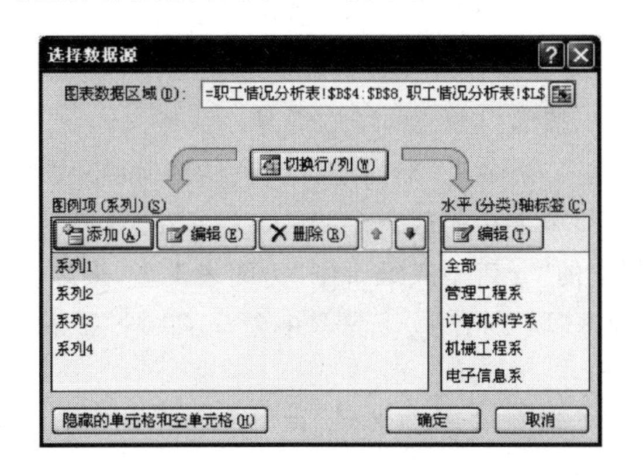

图 6-49　切换行列之前

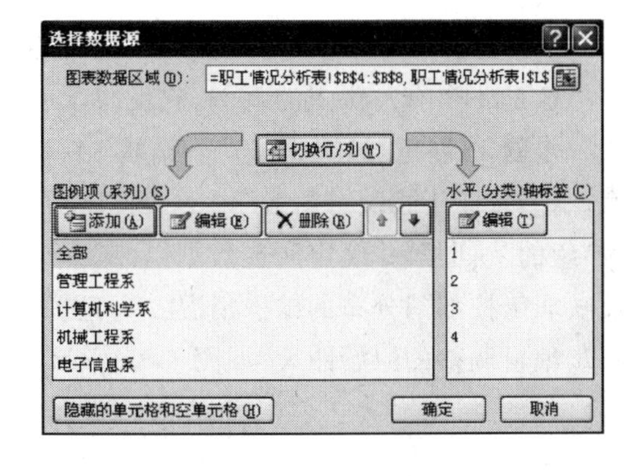

图 6-50　切换行列之后

单击“水平(分类)轴标签”下的“编辑”按钮,即打开了“轴标签”对话框,在“轴标签区域”栏中填写“=职工情况分析表!$L$3:$O$3”(也可以在“职工情况分析表”中选定),单击“确定”按钮后即可使水平轴标签由“1,2,3,4”变更为“高级,中级,初级,其他”(图 6-52),一旦关闭“选择数据源”对话框,新建的图表将发生相应的变化,如图 6-53 所示。

将调整后的图表剪切到新建的“职称与职级分布情况”图表中,删除图表右侧的图例,调整坐标轴的刻度与最大值,修饰柱形图的外观,设置坐标轴标签的文本格式,调整绘图区的大小和位置，增加文本框并写入字符“职称与职级分布情况”等，“职称与职级分布情况”图表即告完成，如图 6-54 所示。

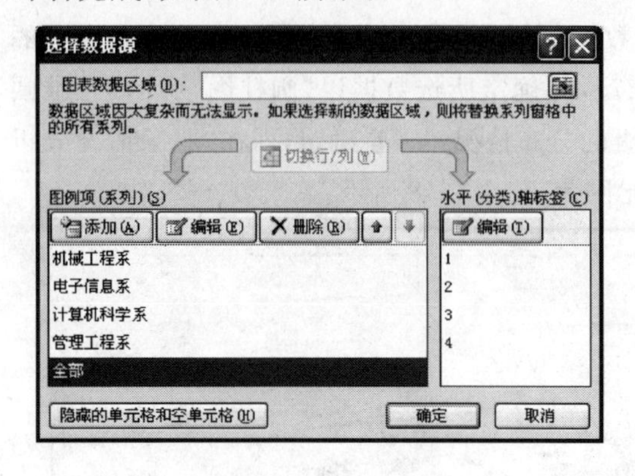

图 6-51　调整后的图例顺序

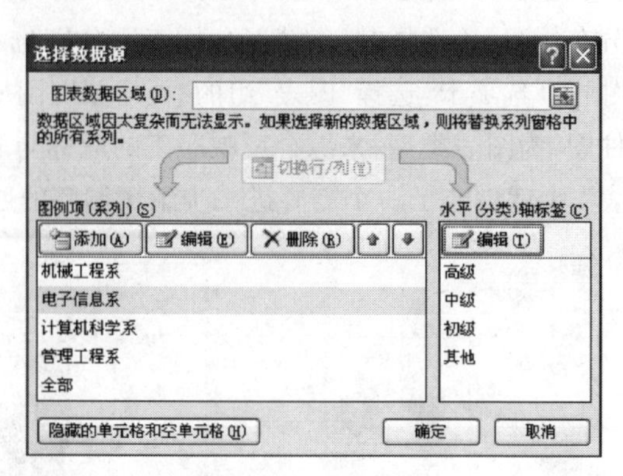

图 6-52　编辑后的水平轴标签

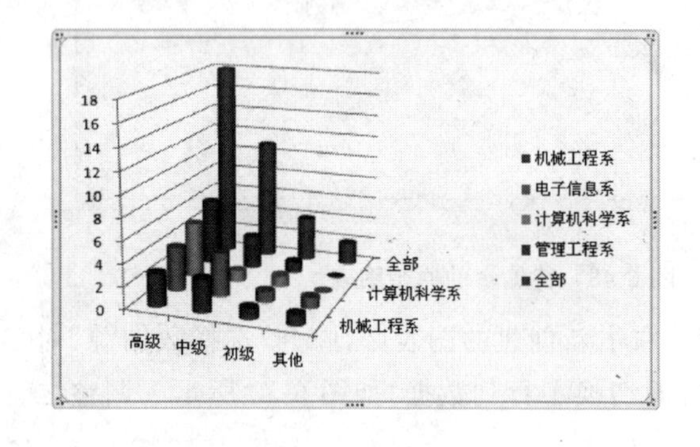

图 6-53　选择数据后的图表

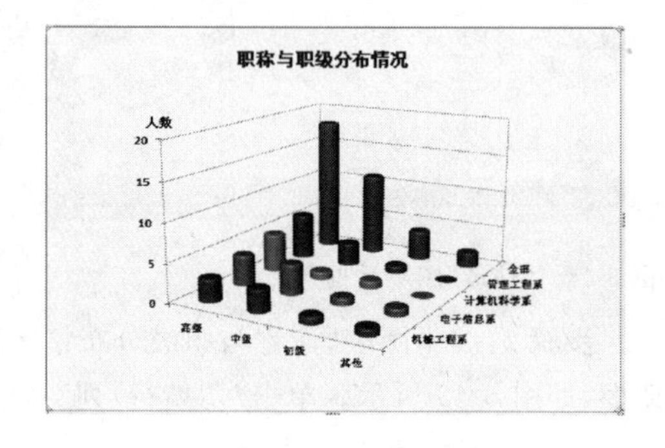

图 6-54　编辑修饰后的图表

（3）有关“部门职工人员结构”图表的编辑方法

这是一个有关饼图的范例，它反映了所列职工按部门分类的结构情况。

步骤 1：创建“部门职工人员结构”图表。新建一个名为“部门职工人员结构”的空白图表。选择“职工情况分析表”中的数据区域 B5：C8，单击功能区中的“插入”选项卡，选择“图表”组的“饼图”，并确定所选数据以“三维饼图”中的“分离型三维饼图”为图表类型，来综合反映职工按部门分布的结构情况。一旦确定，即在“职工情况分析表”中创建了一个需要进一步编辑调整的原始图表，如图 6-55 所示。

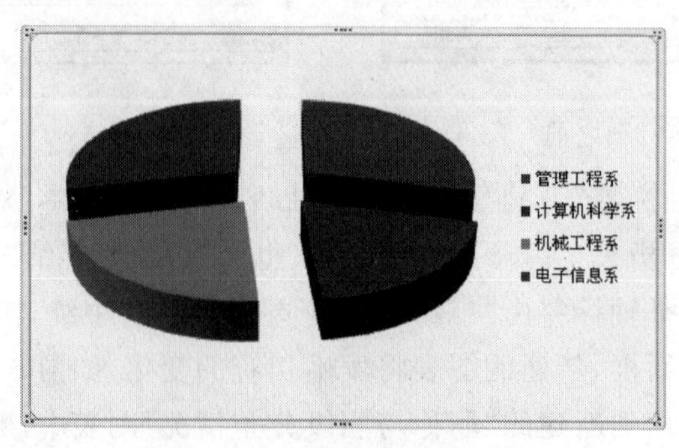

图 6-55　待编辑调整的原始图表

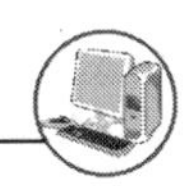

步骤 2:编辑“部门职工人员结构”图表。将待编辑调整的原始图表剪切到空白的“部门职工人员结构”图表中。删除图表区右边的图例项。将“绘图区”调整到合适的大小和位置上,如案例一所述,先后设置其数据系列格式;设置数据标签格式与位置;设置图表区域格式;增加图表的标题标签。完成后即可得到一个美观实用的图表,如图 6-56 所示。

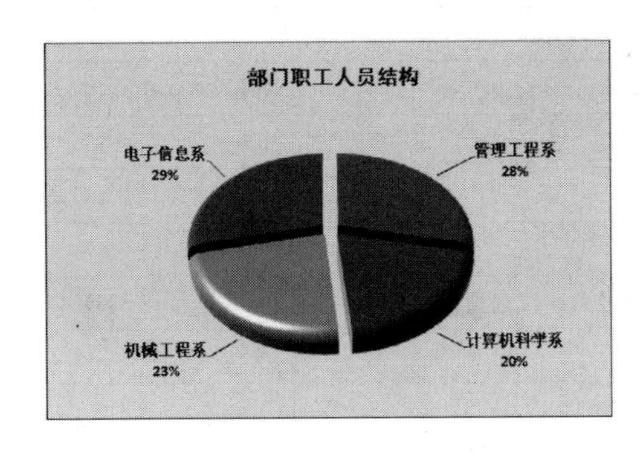

图 6-56　部门职工人员结构图表

(4) 有关“职工工资表”的编辑方法

这是一个典型的充分发挥 Excel 计算功能的范例。它根据一定的计算条件,从职工的基本数据直接计算出个人及其整体的工资数据。该部分的学习有较强的实用性。

步骤 1:创建“职工工资表”。在 Excel 文档中创建一个名为“职工工资表”的数据表,并将“基本数据”表中的数据复制到该表中,删除“年龄”与“工龄”两列数据,并在表格的左侧插入一空白列 A 列,将表格与边框保持一定距离。

步骤 2:计算职工岗位工资。根据表格“计算公式”中列举的有关职工岗位工资的计算方法,“岗位工资”:教授为 1 500 元;副教授、正处级为 1 200 元;讲师、副处级为1 000元;助教、副科级为 800 元;其他为 500 元。

在“职工工资表”中的岗位工资一列的第 1 个数据单元格(即 K3)中,输入根据计算标准所设计的函数计算公式:

=IF(J3="教授",1500,IF(OR(I3="正处",J3="副教授"),1200,IF(OR(I3="副处",J3="讲师"),1000,IF(OR(I3="正科",J3="助教"),800,500))))

运用填充柄,将 K4 到 K37 等各个单元格实施相对引用计算,以完成所有职工的岗位工资的计算。

步骤 3:计算职工工龄工资。根据表格“计算公式”中列举的有关职工工龄工资的计算方法,职工的工龄工资应为“工龄工资:工龄 * 50”。

在“职工工资表”中的岗位工资一列的第 1 个数据单元格(即 L3)中,输入根据计算标准所设计的函数计算公式:

=INT((NOW()-G3)/365) * 50

运用填充柄,将 L4 到 L37 等各个单元格实施相对引用计算,以完成所有职工的工龄工资的计算。

按照上述两个步骤的方法，可以列出其他工资项目的计算方法，见表 6-3。

表 6-3　职工工资表其他项目计算方法列表

计算项目	计算关系	计算公式	起始位置	填充范围
基本工资	岗位工资＋工龄工资	＝K3＋L3	M3	M4:M37
津贴	基本工资 * 30%	＝M3 * 0.3	N3	N4:N37
交通费	每人 80 元	80	O3	O4:O37
洗理费	男 30 元，女 60 元	＝IF(E3="男",30,60)	P3	P4:P37
资料费	岗位工资 * 10%	＝K3 * 0.1	Q3	Q4:Q37
应发合计	基本工资＋津贴＋交通费＋洗理费＋资料费	＝SUM(M3:Q3)	R3	R3:R37
公积金	岗位工资 * 5%	＝K3 * 0.05	S3	S4:S37
税金	个人所得税起征点（应发合计）1 600 元。应纳税所得额为：0～1 000 元，税率：5%；1 000 元以上 10%	＝IF(R3<＝1600,0,IF((R3-1600)<＝1000,(R3－1600) * 0.05,500＋(R3－2600) * 0.1))	T3	T4:T37
保险费	岗位工资 * 4%	＝K3 * 0.04	U3	U4:U37
实发合计	应发合计－公积金－税金－保险费	＝R3－S3－T3－U3	V3	V4:V37

步骤 4：隐藏部分数据列。选择“职工工资表”中 E 列至 J 列，选择右键快捷菜单中的“隐藏”，即完成了对上述 6 列数据的隐藏操作。对“职工工资表”进行一定的修饰后即完成了该表的编辑工作，如图 6-57 所示。

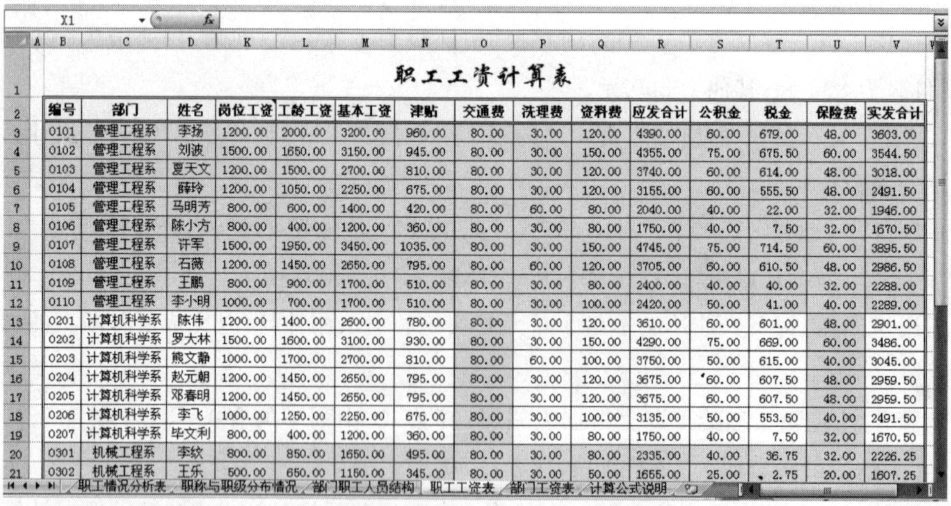

职工工资计算表

编号	部门	姓名	岗位工资	工龄工资	基本工资	津贴	交通费	洗理费	资料费	应发合计	公积金	税金	保险费	实发合计
0101	管理工程系	李扬	1200.00	2000.00	3200.00	960.00	80.00	30.00	120.00	4390.00	60.00	679.00	48.00	3603.00
0102	管理工程系	刘波	1500.00	1650.00	3150.00	945.00	80.00	30.00	150.00	4355.00	75.00	675.50	60.00	3544.50
0103	管理工程系	夏天文	1200.00	1500.00	2700.00	810.00	80.00	30.00	120.00	3740.00	60.00	614.00	48.00	3018.00
0104	管理工程系	薛玲	1200.00	1050.00	2250.00	675.00	80.00	30.00	120.00	3155.00	60.00	555.50	48.00	2491.50
0105	管理工程系	马明芳	800.00	600.00	1400.00	420.00	80.00	60.00	80.00	2040.00	40.00	22.00	32.00	1946.00
0106	管理工程系	陈小方	800.00	400.00	1200.00	360.00	80.00	30.00	80.00	1750.00	40.00	7.50	32.00	1670.50
0107	管理工程系	许军	1500.00	1950.00	3450.00	1035.00	80.00	30.00	150.00	4745.00	75.00	714.50	60.00	3895.50
0108	管理工程系	石薇	1200.00	1450.00	2650.00	795.00	80.00	60.00	120.00	3705.00	60.00	610.50	48.00	2986.50
0109	管理工程系	王鹏	800.00	900.00	1700.00	510.00	80.00	30.00	80.00	2400.00	40.00	40.00	32.00	2288.00
0110	管理工程系	李小明	1000.00	700.00	1700.00	510.00	80.00	30.00	100.00	2420.00	50.00	41.00	40.00	2289.00
0201	计算机科学系	陈伟	1200.00	1400.00	2600.00	780.00	80.00	30.00	120.00	3610.00	60.00	601.00	48.00	2901.00
0202	计算机科学系	罗大林	1500.00	1600.00	3100.00	930.00	80.00	30.00	150.00	4290.00	75.00	669.00	60.00	3486.00
0203	计算机科学系	熊文静	1000.00	1700.00	2700.00	810.00	80.00	60.00	100.00	3750.00	50.00	615.00	40.00	3045.00
0204	计算机科学系	赵元朝	1200.00	1450.00	2650.00	795.00	80.00	30.00	120.00	3675.00	60.00	607.50	48.00	2959.50
0205	计算机科学系	邓春明	1200.00	1450.00	2650.00	795.00	80.00	30.00	120.00	3675.00	60.00	607.50	48.00	2959.50
0206	计算机科学系	李飞	1000.00	1250.00	2250.00	675.00	80.00	30.00	100.00	3135.00	50.00	553.50	40.00	2491.50
0207	计算机科学系	毕文利	800.00	400.00	1200.00	360.00	80.00	30.00	80.00	1750.00	40.00	7.50	32.00	1670.50
0301	机械工程系	李纹	800.00	850.00	1650.00	495.00	80.00	30.00	80.00	2335.00	40.00	36.75	32.00	2226.25
0302	机械工程系	王乐	500.00	650.00	1150.00	345.00	80.00	30.00	50.00	1655.00	25.00	2.75	20.00	1607.25

职工情况分析表　职称与职级分布情况　部门职工人员结构　职工工资表　部门工资表　计算公式说明

图 6-57　完成后的职工工资计算表

(5) 有关“部门工资表”的编辑方法

这是一个基于“职工工资表”的统计计算的范例。该范例将在一个数据表中产生两个统计表格：部门工资统计表(1)和部门工资统计表(2)，前者是分部门完成对工资各个子项目的统计计算；后者是对工资进行一定的统计分析。

步骤 1：创建“部门工资统计表(1)”。新建一个空白 Excel 工作表，并将其命名为“部门工资表”。在该表的上部，建立没有数据的“部门工资统计表(1)”的空表体。

步骤 2：完成“部门工资统计表(1)”。在“管理工程系”所属行与“基本工资”所属列的交叉点上(即 C3 单元格)，输入计算公式：

=SUMIF(职工工资表！$C$3：$C$37,"管理工程系",职工工资表!M$3:M$37)

在“计算机科学系”所属行与“基本工资”所属列的交叉点上(即 C4 单元格)，输入计算公式：

=SUMIF(职工工资表！$C$3：$C$37,"计算机科学系",职工工资表!M$3:M$37)

在“机械工程系”所属行与“基本工资”所属列的交叉点上(即 C5 单元格)，输入计算公式：

=SUMIF(职工工资表！$C$3：$C$37,"机械工程系",职工工资表!M$3:M$37)

在“电子信息系”所属行与“基本工资”所属列的交叉点上(即 C6 单元格)，输入计算公式：

=SUMIF(职工工资表！$C$3：$C$37,"电子信息系",职工工资表!M$3:M$37)

一旦上述单元格的数据计算完成，可选中 C3：C6，采用填充的方法向右拖放，即可完成“部门工资统计表(1)”，如图 6-58 所示。

部门工资统计表(1)

部门	基本工资	津贴	交通费	洗理费	资料费	应发合计	公积金	税金	保险费	实发合计
管理工程系	23400.00	7020.00	800.00	360.00	1120.00	32700.00	560.00	3959.50	448.00	27732.50
计算机科学系	17150.00	5145.00	560.00	240.00	790.00	23885.00	395.00	3661.00	316.00	19513.00
机械工程系	16100.00	4830.00	640.00	360.00	750.00	22680.00	375.00	2638.50	300.00	19366.50
电子信息系	18800.00	5640.00	800.00	390.00	940.00	26570.00	470.00	3029.00	376.00	22695.00

图 6-58 计算完成后的部门工资统计表(1)

提示：此表在进行统计计算中，采用了条件求和的方法。所要特别提醒的是，由于计算公式中行和列分别采用了绝对引用和混合引用的不同方法，使得数据填充操作只能在一个方向上运用。

步骤 3：在“部门工资表”的下部，建立没有数据的“部门工资统计表(2)”的空表体。

步骤 4：完成“部门工资统计表(2)”。在单元格 C11 处，输入计算公式：

=MAX(职工工资表!V3：V12)

在单元格 D11 处，输入计算公式：

=MIN(职工工资表!V3：V12)

在单元格 E11 处，输入计算公式：

=AVERAGE(职工工资表!V3：V12)

在单元格 F11 处，输入计算公式：

=L3/SUM(L3：L6)

由此先后完成了按职工“实发工资”计算的“管理工程系”相关的最高工资、最低工资、平均工资和该部门实发工资合计占全部职工实发工资的比重。

对于其他部门相应数据的计算，其计算函数是相同的，只是在计算范围上有所区别，见表6-4。

表6-4　部门工资表其他部门的计算范围

部　门	计算范围	部　门	计算范围
管理工程系	职工工资表!V3:V12	机械工程系	职工工资表!V20:V27
计算机科学系	职工工资表!V13:V19	电子信息系	职工工资表!V28:V37

待整个表格的计算公式编辑完毕后，一张与“职工工资表”数据同步变化的“部门工资表”的数据计算项目就编辑完毕。在数据表中填写“要求”说明，去掉网格线，数据表即告完成。

步骤5：先后插入两张Excel数据表。在一张中添加一个带圆角的矩形，输入以下文字，并以“封面”命名。

“这是一个Excel实用案例，它以某单位部分职工的基本情况为背景资料，从人员的基本结构和工资构成等方面，进行了较为详细的分析和计算。案例运用了Excel中的函数计算、表间计算和图表显示等技术，综合反映了所列职工的基本情况和工资情况。案例的技术性和综合性较强，有一定的实用价值。”

在另一张表中，填写好各个工资项目的计算依据，并命名为“计算公式说明”。按案例顺序调整好各图表之间的相对位置。

至此，案例二组成部分的Excel文档“职工基本及工资情况统计分析数据”编辑完毕。

2. PowerPoint的创建与编辑

本案例是采用PowerPoint的演示能力，来综合反映上述Excel中有关职工基本信息和工资分析的总体情况。该部分的编辑任务较小，难度也不高，只是运用了OLE技术，在PowerPoint文档中嵌入了Excel的图表和表格。

步骤1：创建PowerPoint文档。在工作文件夹中，创建一个空白的PowerPoint文档，并命名“职工工资统计分析”。

步骤2：设置设计主题。单击功能区中的“设计”选项卡，选择“主题”组的“暗香扑面”，并在PowerPoint文档的母版中将标题和正文的样式设置好。

步骤3：设计封面文本格式。输入封面主标题“Office 2007综合应用案例二”，并将文本格式设置为48磅、行楷、加粗、阴影，并使其居中。输入副标题“职工工资统计分析”，将其文本格式设置为微软雅黑、40磅、加粗、阴影，并使其居中，如图6-59所示。

步骤4：设计说明页格式。输入说明页的标题“Office 2007综合应用案例说明”，同时输入说明页的主体文本：

“这是PowerPoint与Excel之间采用OLE技术实现数据共享的一个学习案例。

案例的Excel部分是根据某单位职工的基本情况表，结合工资计算方法，完整计算出该单位的职工工资，并据此进行了一定的统计分析。这部分在突出Excel计算功能方面，较有学习价值。

在 PowerPoint 文档中以对象的方式插入 Excel 图表或表格，其方法与案例一相近。”如图 6-60 所示。

图 6-59 幻灯片封面

Office 2007 综合应用案例说明

- 这是PowerPoint与Excel之间采用OLE技术实现数据共享的一个学习案例。
- 案例的Excel部分是根据某单位职工的基本情况表，结合工资计算方法，完整计算出该单位的职工工资，并据此进行了一定的统计分析。这部分在突出Excel计算功能方面，较有学习价值。
- 在PowerPoint文档中以对象的方式插入Excel图表或表格，其方法与案例一相近。

图 6-60 案例说明页

步骤 5：编辑“职工基本情况统计分析表”页。打开 Excel 文档“职工基本及工资情况统计分析数据”，将“职工情况分析表”设置为当前工作表。打开新建一个空白幻灯片，在标题栏中输入“职工基本情况统计分析表”。单击功能区中的“插入”选项卡，选择“文本”组的“对象”，打开“插入对象”对话框，选择“由文件创建”，单击“浏览”，在指定文件夹中选取 Excel 文档“职工基本及工资情况统计分析数据”，将其嵌入到 PowerPoint 文档中。

双击被嵌入的 Excel 表区域，将其工作状态置于 Excel 的编辑状态，隐藏含有表格标题的第一行后确定并返回到 PowerPoint 的编辑状态，根据幻灯片调整其大小和位置。在“职工情况分析表”的下方插入一个文本框，输入“说明：本表所有根据来自‘基本数据’表，对职工队伍的人数、性别、年龄和职称（职级）进行了统计分析，以直观反映出该单位职工队伍的基本结构。”等字样，将字体设置为 18 磅楷体，加粗，颜色为深色 25%的茶色。“说明”二字为黑体加粗，且颜色为黑色，如图 6-61 所示。

职工基本情况统计分析表

	人数	性别		平均年龄	工龄					职称与职级			
		男	女		平均	10以下	10－20	20－30	30以上	高级	中级	初级	其他
全部	35	25	10	44	23	5	11	8	11	18	11	4	2
管理工程系	10	8	2	46	25	1	3	2	4	6	3	1	0
计算机科学系	7	6	1	48	27	1	0	4	2	5	1	1	0
机械工程系	8	4	4	44	22	2	2	1	3	3	3	1	1
电子信息系	10	7	3	41	19	1	6	1	2	4	4	1	1

说明：本表所有根据来自“基本数据”表，对职工队伍的人数、性别、年龄和职称（职级）进行了统计分析，以直观反映出该单位职工队伍的基本结构。

图 6-61 基本情况统计分析表

步骤 6：编辑“职称与职级分布情况柱形图”页。将 Excel 文档“职工基本及工资情况统计分析数据”的“职称与职级分布情况”表设置为当前工作表。打开新建一个空白幻灯片，在标题栏中输入“职称与职级分布情况柱形图”。如步骤 5 所述，采用插入对象的方法，将 Excel 文档“职工基本及工资情况统计分析数据”的当前工作表嵌入到 PowerPoint 文档中，并根据幻灯片调整其大小和位置。在“职工情况分析表”的右边插入一个文本

框，输入“说明：这是一个根据‘基本情况分析表’的部分数据产生的一个职工职称与职级分布情况分析表。它采用三维圆柱图的图表类型，构造了一个直观反映整个单位各个系部及全部职工在职称与职级方面的结构分布情况图表。”等字样，将字体设置为 18 磅楷体，加粗，颜色为深色 25%的蓝灰色。“说明”二字为黑体加粗，且颜色为黑色，如图 6-62 所示。

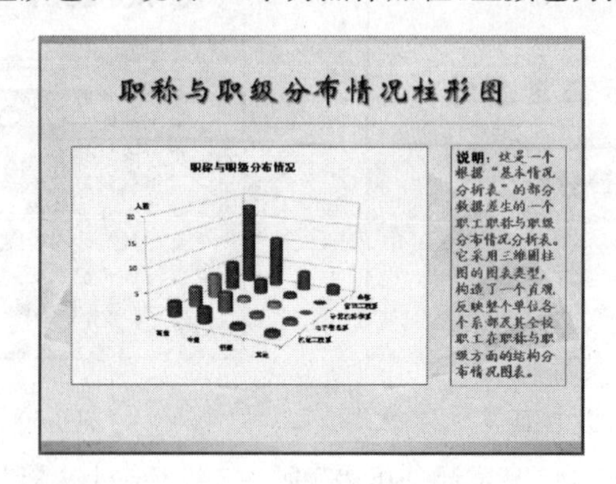

图 6-62　职称与职级分布情况柱形图

步骤 7：编辑“部门职工人员结构”页。如步骤 6 所述，以插入对象的方法，将 Excel 文档中的“部门职工人员结构”图表插入至 PowerPoint 的新幻灯片中。

双击被嵌入的 Excel 图表区域，将其工作状态置于 Excel 的编辑状态，删除图表区中的标题标签后确定并返回到 PowerPoint 的编辑状态，将调整大小和位置，并在幻灯片标题区输入“部门职工人数分布情况”的字样，如图 6-63 所示。

步骤 8：编辑“职工工资统计表格”页。该页编辑方法如步骤 5 所述，此处不再赘述，如图 6-64 所示。

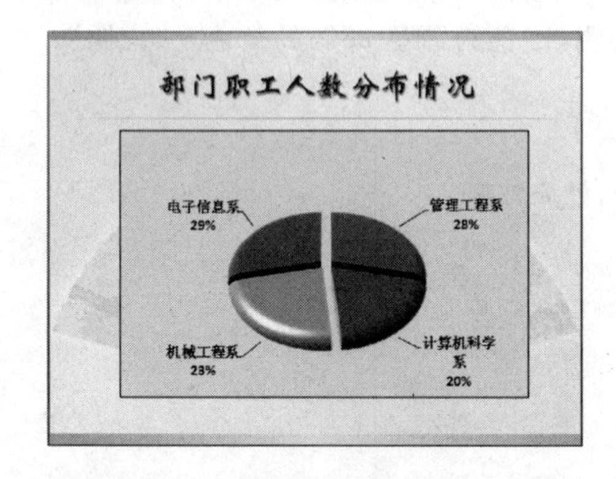

图 6-63　部门职工人数分布情况

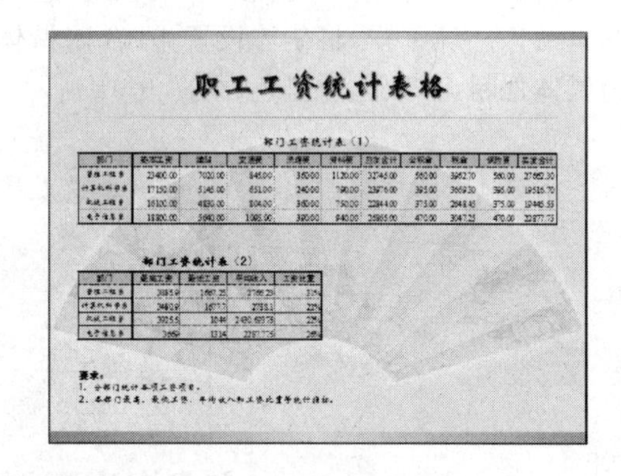

图 6-64　职工工资统计表格

步骤 9：编辑尾页。将幻灯片标题区的文本框中输入“演示完毕，再见！”的字样，移至幻灯片的中心位置即可。

至此，“Office 综合应用案例二”即告完成。

说明：“Office 综合应用案例二”在难度上主要是完成对基于职工基本数据表的一系列数据计算，因为所有的工资数据都是由基本数据派生而成的，所以，当某一职工的基本数据发生变更时，由此而计算的数据将随之发生变化。这也是 Excel 非常有价值的地方。

6.2.4　技术解析

1. 有关 Excel 的函数计算

函数的运用是 Excel 的重要计算手段，也是本案例的主要学习重点之一。

(1) 函数的运用

在本案例的数据计算中，共使用了以下 10 个函数。

① AVERAGE——返回其参数的平均值。

② COUNTIF——计算区域内非空单元格的数量。

③ COUNTA——计算参数列表中值的个数。

④ IF——指定要执行的逻辑检测。

⑤ INT——将数字向下舍入到最接近的整数。

⑥ NOW——返回当前日期和时间的序列号。

⑦ SUM——求参数的和。

⑧ SUMIF——按给定条件对若干单元格求和。

⑨ MAX——返回参数列表中的最大值。

⑩ MIN——返回参数列表中的最小值。

其中逻辑函数 IF 的使用使得案例可以由职工的基本数据“职称”和“年龄”计算出职工工资数据项目，而一旦基本数据发生变更，由此而计算出的工资数据将随之变化，这种依据函数所建立的数据项以及数据表之间的关联关系，充分体现了 Excel 作为电子表格的优良的计算性。

另外，统计函数 COUNTIF 和数学函数 SUMIF 的应用，使得对数据的计算有了在计算区域和项目上的选择性，在计算功能上对函数 COUNT 和 SUM 函数都是一个很好的扩展。

(2) 引用的应用

单元格引用对工作表上的单元格或单元格区域进行引用，并告知 Excel 在何处查找公式中所使用的值或数据的位置。单元格引用又分绝对引用、相对引用和混合引用 3 种不同类型。

本案例根据具体的计算要求和引用数据的相对位置，分别运用了上述 3 种单元格的引用类型。在实际工作中，3 种引用类型的选用基本上都是为了方便实施运用填充柄来填充数据，以提高工作效率。

2. Excel 图表的编辑

本案例的 Excel 图表“职称与职级分布情况”在编写中，出现了原始图表不太符合要求的情况(图 6-48)，这就要求根据具体需求来进行数据的重新选择。

“职称与职级分布情况”图表数据的重新选择主要完成了以下编辑。

(1) 切换行列数据

这一操作将变更图表水平面上两个不同坐标轴的数据系列，以达到将职称或职级数据系列作为水平(分类)轴的目的。

(2) 编辑水平(分类)轴的标签

切换行列数据后的水平(分类)轴的标签依然处于原始状态,所以对标签逐一进行内容上的编辑,即可达到预期要求。

(3) 调整竖(系列)坐标轴的标签顺序

为了在外观上有梯度层次的变化,可对竖(系列)坐标轴方向上的数据按大小进行排序。在“职称与职级分布情况”图表中,就是在调整了行列数据后,对竖(系列)坐标轴的标签(即图例项)的顺序进行了调整,以实现按高级职称或职级的人数对各个部门进行先后顺序的排列的目的。

3. PowerPoint 环境下 Excel 的嵌入与编辑

在 PowerPoint 环境下,也可以实现与 Excel 的数据嵌入与链接。其编辑方法与案例一相同。本案例中没有设置嵌入对象的链接,但对 Excel 图表中的部分数据和图表格式进行了一定的修饰性编辑,而且这些编辑是直接在 PowerPoint 环境下进行的,编辑后的图表格式与 Excel 源文件中的原始图表有一定的差异。这说明,OLE 技术不仅是实现数据的关联,而且还可实现编辑环境的关联。

6.2.5 实训指导

与案例一相比,案例二的难度要小些。

1. 实训目的

学习在 Microsoft Office 2007 环境下,利用对象链接与嵌入技术,在 PowerPoint 文档中嵌入和链接 Excel 图表和表格的编辑方法。

2. 实训准备

知识准备:

- 预习 Excel 函数的相关知识;
- 预习 Excel 图表的编辑方法;
- 预习在 PowerPoint 中嵌入 Excel 图表的基本方法。

资料准备:

- Microsoft Office 2007 环境(实训室准备);
- 案例中所需的文字和原始数据表(教师准备)。

3. 实训步骤

- 获得原始数据,并建立工作文件夹。
- 复制 Excel 原始数据表,创建 Excel 文档“职工基本及工资情况统计分析数据”。
- 根据 Excel 文档中的“基本数据”,创建“职工情况分析表”。
- 根据“职工情况分析表”,创建图表“职称与职级分布情况”和“部门职工人员结构”。
- 根据“计算公式说明”所列举的计算关系,创建“职工工资表”。
- 根据“职工工资表”,创建“部门工资表”。
- 完成 Excel 文档的封面编辑。

- 创建 PowerPoint 文档，选取设计主题和版式，调整母版格式。
- 分别在第 3、4、5 和 6 页上，以插入对象的方式，嵌入 Excel 图表和表格。调整图表和表格中的部分格式，即完成 PowerPoint 文档的编辑。

4. 实训要求

- 实训文档的结果与案例样文的格式基本一致。
- 实训文档如果课内无法完成需在课后继续完成。

6.2.6 课后思考

- 如何灵活地利用 Excel 图表的数据，来实现预期的图表效果？
- 链接与嵌入技术在 Office 各文档之间仅提供关联数据的作用吗？

第7章 Internet基本应用

学习目标

本章以“WWW 应用”、“使用邮件”两个案例为主线，主要介绍了 Internet 的基本应用方法，主要是 Internet 及其服务、浏览器简介、网站类型、下载方式及 E-mail 服务等与 Internet 相关的应用，从而完成学习 Internet 环境下各类基本应用的一般方法。

实用案例

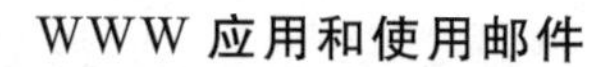

WWW 应用和使用邮件

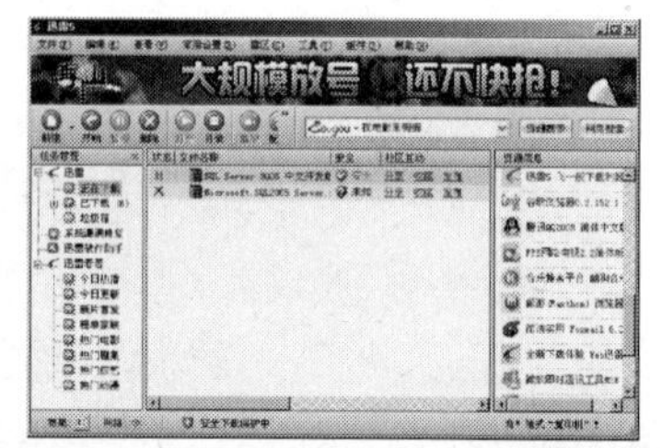

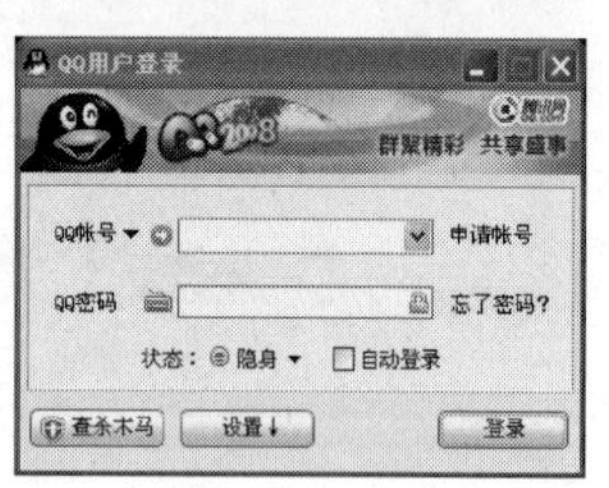

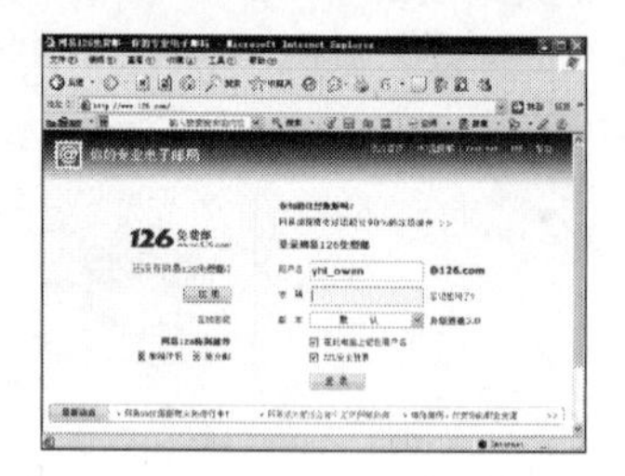

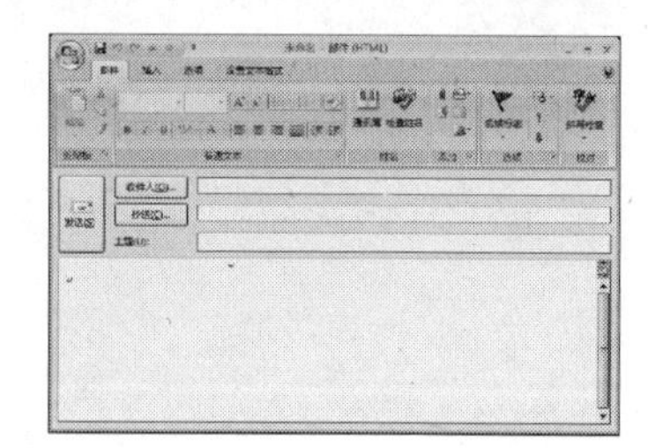

7.1 案例1——WWW 应用

7.1.1 案例介绍

随着张萍工作的逐渐展开,需要掌握的知识也渐渐增加,如 Internet 的基本应用等。这时,总经理因公出差,在与对方的洽谈过程中需要公司这边及时收集一些资料,经整理汇总后传送过去,以便在与对方的谈判过程中掌握更多的有利信息,为保持和总经理的及时通信联系,张萍在收到任务后便开始了解 WWW 的应用及邮件的使用等相关知识。

本案例是以当前 WWW 的基本应用为前提,使用者为获取更多的网上资源,通过使用 Internet 快速进行搜索、完成各种资源的有效下载并进行网络实时在线通信等各类 Internet 服务,从而完成 WWW 应用。

7.1.2 知识要点

本案例涉及 WWW 应用的主要知识点如下。

- 浏览器——主要包括 IE、Maxthon 浏览器、Firefox 浏览器等。
- 网站分类——主要包括门户网站、搜索引擎网站等。
- 下载方式——主要包括直接下载、软件工具下载等。
- QQ——包括 QQ 下载、安装、使用等。

7.1.3 案例实施

1. Internet 及其服务

Internet,也称"国际互联网"。是当今世界上最大的信息网络,它是将不同地区或国家且不同规模、不同技术标准的网络互相连接而形成的全球性的计算机互联网络。

Internet 实际上是一个应用平台,人们可以通过它得到多方面的服务。

(1) WWW 服务

WWW(World Wide Web),也称为万维网。它是 Internet 上提供给人们方便获取信息的一项应用最为广泛的服务。WWW 是一种服务,同时它也是一种技术,是一种基于 HTML技术而发展起来的信息传播技术。20 世纪中期,科学家在为了方便地交换信息,开发了一种超文本标记语言(Hyper Text Markup Language,HTML),用它编辑的文件中可包含文字、图像、声音甚至影像等多种信息,而且还包含有可以指向其他字段或者文档的链接,即允许从当前阅读位置直接切换到链接所指向的文字或文档。到了 20 世纪 90 年代,WWW 的技术有了突破性的进展,它解决了远程信息服务中的文字显示、数据连接以及图像传递的问题,使得 WWW 成为 Internet 上最为流行的信息传播方式。

(2) 电子邮件(即 E-mail)

E-mail 是通过计算机网络书写、发送或接收的电子信件,是 Internet 服务中最受欢迎的项目之一。实际上，电子邮件系统与传统邮件系统非常相似。但网络电子邮件不但速度快捷，而且信件的内容可包含文字、图片甚至音像等多种形式的信息，其信息量远大于传统邮件。由于电子邮件的使用简易、投递迅速、收费低廉、易于保存、全球畅通无阻，使得电子邮件被广泛地应用。

(3) 在线通信

在线通信即利用 Internet 进行网上交际。Internet 实际上是一个虚拟的社会空间，用户可以在网上与他人聊天、交朋友，也可以多人共同进行网络游戏，网上交际已经完全突破传统的交朋友方式。

(4) 电子商务

电子商务是通过网络进行贸易的一种商业活动。用户可以在网上购物，商家可以在网上进行商品销售、拍卖、货币支付等日常经济事务。

(5) 网络电话

网络电话也称 IP 电话，它是一种新型的电话通信方式。它采用分组交换通信技术和语音压缩技术在 Internet 上实时进行语音通信，使其通信信道的利用率大为提高，通信营运成本降低很多。IP 电话既可以提供语音通信，还可以支持带有视频服务的通信方式；IP 电话可以提供 PC to PC、PC to Phone 和 Phone to Phone 等多种通话方式，甚至可以免费使用，为用户提供了极大的方便。

(6) 网上事务处理

Internet 的出现将改变传统的办公模式，用户可以足不出户，通过网络在家里上班；可以在出差的时候，通过 Internet 与单位的计算机进行数据交换；而事务处理中的工作伙伴也可以通过 Internet 随时交换信息。

2. 享受 Internet 服务

(1) 连接网络

为了完成总经理交办的任务，必须将办公室的计算机上网。张萍所在的公司使用ADSL拨号上网方式。服务商完成 Internet 的网络连接工作之后，张萍就可以使用计算机连接网络了，其具体操作如下。

步骤 1：打开服务商提供的调制解调器，然后双击桌面中的连接网络快捷方式图标“宽带连接”，打开“连接-宽带连接”对话框。

步骤 2：在对话框的“用户名”文本框中输入用户名，在“密码”文本框中输入密码，单击“连接”按钮，如图 7-1 所示。

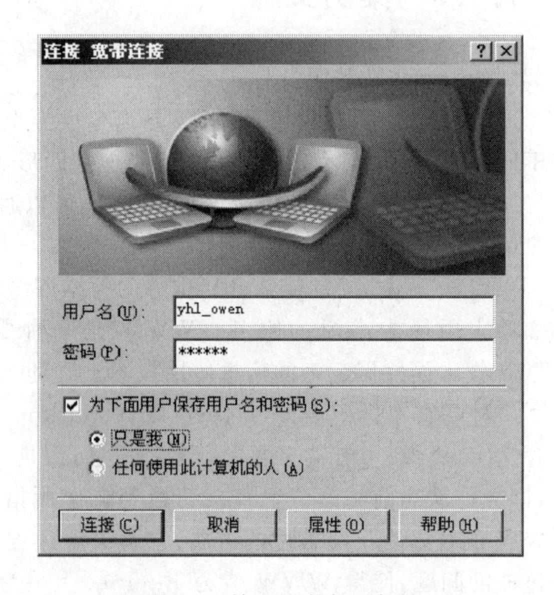

图 7-1　输入用户名和密码

步骤 3：计算机自动打开提示对话框，提示正在连接网络，当连接成功后，在任务栏中将出现一个网络状态图标表示连接成功，并打开一个提示对话框，显示出当前网络的速度，如图 7-2 所示。

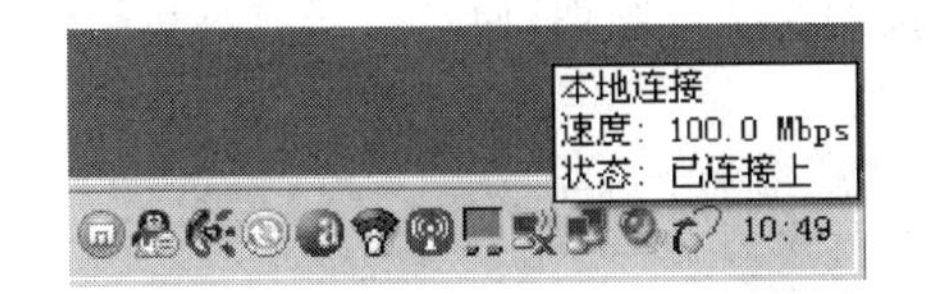

图 7-2　连接成功

提示：连接上网络后，如果调制解调器处于正常接入状态，指示灯将显示为绿色，且不断闪烁，表示正在接收或输出数据。

步骤 4：浏览网页之后，右击任务栏中的网络状态图标，在弹出的快捷菜单中选择"断开"命令可以断开网络连接，同时该图标从任务栏中自动消失。

(2) 浏览网页

Internet 中的内容包罗万象，各领域的信息都有一席之地。这些信息都以网页的形式存在于网络上，通过网页浏览器浏览网页可以找到所需的任何信息。

Windows 操作系统自带的 IE(Internet Explorer)是最常使用的网页浏览器。双击桌面上的 IE 图标或单击快速启动栏的 IE 图标都可以打开它。

步骤 1：通过地址栏浏览。

确定网页的域名或 IP 地址以后，可直接在 IE 的地址栏中输入该网址。这里输入"百度"的网址 http://www.baidu.com，单击"转到"按钮，或按 Enter 键，在打开的窗口中便可浏览到该网页的内容，如图 7-3 所示。

图 7-3　浏览网页

注意：网页域名是对 IP 地址的文字化描述，按地理域或组织域分层进行倒序排列，各层之间用圆点"."隔开，如 http://www.baidu.com，其中"baidu"表示网站的名称，"com"表示这个网站属于商业机构。IP 地址是计算机在 Internet 上的地址，由 4 个十进制字段组成，中间用圆点"."隔开，如 192.168.1.1，在计算机之间要通过这个地址进行搜索和连接。

步骤 2：利用网页中的超链接浏览。

单击网页中具有超链接的文字或图像，便可打开或跳转到链接指向的网页，即打开目标链接网页。

> **提示**：鼠标放在某处变为手形标志，则说明该处是超链接，可以单击它进入超链接的目标网页。
>
> **提示**：在一个网页中可以有多个超链接，也可以没有一个超链接，具体数目没有规定。

步骤 3：使用工具栏浏览。

IE 窗口中的工具栏列出了用户在浏览网页时最常用的工具按钮，通过单击这些按钮可以快速对网页进行相关的浏览操作，如图 7-4 所示。

图 7-4　IE 窗口中的工具栏

其中主要按钮的作用如下所述。

- “后退”按钮：单击该按钮返回到上次查看过的网页。
- “前进”按钮：单击该按钮可查看在单击“后退”按钮前查看的网页。
- “停止”按钮：单击该按钮可以停止打开当前的网页。
- “刷新”按钮：单击该按钮浏览器将重新打开当前网页，一般用于查看更新频率比较快的网页。
- “主页”按钮：单击该按钮，可打开在浏览器中预先设置的起始主页。

> **提示**：主页，也被称为首页，即每次进入 Internet 之后打开的第 1 个网页，在 IE 中一般默认为 Microsoft 公司的网页或者是空白网页。

步骤 4：脱机浏览。

对于上网费用有限的用户来说，花费大量时间在线操作是一种奢侈的行为，为节省上网费用，可使用 IE 的脱机浏览功能浏览网页。其方法是连接到网络中获得网页页面信息后，选择“文件”中的“脱机工作”命令断开网络连接，再进行浏览。

(3) 搜索信息

Internet 中的信息数量大、种类多，用户如果靠自己逐一打开网页查找信息，既浪费时间又效率低下，使用网页中的搜索功能可以让操作变得轻而易举。

利用关键字搜索是比较常用的方式。当用户能用字、词和句描述需要搜索的信息时，就可以使用此方法在 Internet 上进行搜索。关键字搜索的途径很多，下面对主要的几种方法进行介绍。

- 在许多门户网站中提供了搜索服务，如“网易”(http://www.163.com)、“新浪”(http://www.sina.com.cn)和“搜狐”(http://www.sohu.com)等，其中搜狗(http://www.sogou.com)是搜狐门下的搜索站点，如图 7-5 所示。
- 进入专业的搜索网站，如“百度”(http://www.baidu.com)和“谷歌”(http://www.google.com)等，在搜索文本框中输入需要搜索的关键字，按 Enter 键即可列出所有与关键词相关的网页，如图 7-6 所示。

图 7-5 搜狗搜索网站

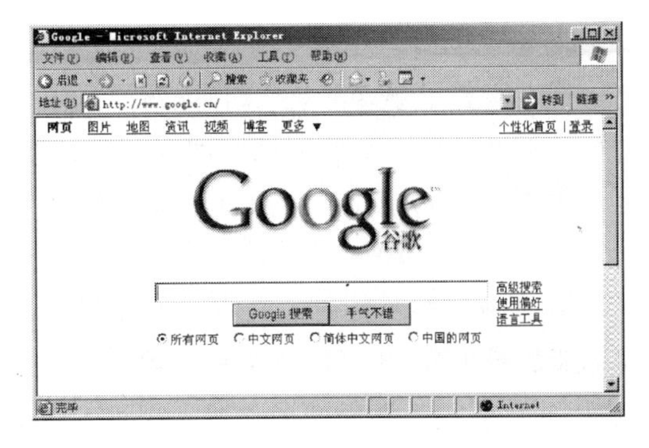
图 7-6 Google 搜索网站

3. 浏览器简介

什么是浏览器呢？浏览器(Browser)实际上是一个软件程序，用于与WWW(World Wide Web)建立连接，并与之进行通信。它可以在WWW系统中根据链接确定信息资源的位置，并将用户感兴趣的信息资源取回来，对HTML文件进行解释，然后将文字图像或者将多媒体信息还原出来。

图 7-7 IE 浏览器

通过互联网上网浏览网页内容离不开浏览器，现在大多数用户使用的是Microsoft公司提供的IE(Internet Explorer)，当然还有其他一些浏览器如Netscape Navigator、Mosaic、Opera，以及近年发展迅猛的Firefox浏览器等，国内厂商开发的浏览器有腾讯TT浏览器、遨游浏览器(Maxthon Browser)等。如图7-7、图7-8、图7-9所示。

图 7-8 Maxthon 浏览器

图 7-9 Firefox 浏览器

浏览器是阅读WWW上的信息资源的重要的客户端软件，比较著名的有Microsoft Internet Explorer和Netscape Navigator浏览器。它们功能强大，界面友好，是广大网民在Internet上冲浪的好工具。

IE是Microsoft公司推出的免费浏览器。1999年3月，IE 5.0正式发布。除了已经知道的开发者预览功能外，这个版本提供了更多CSS2功能和更多新的CSS属性的支持，这个变化是这一版本中的一个亮点。Windows 98 SE和Windows 2000操作系统中都捆绑了IE 5.0。2001年10月，IE 6.0正式版发布。关于CSS有了更多的变化，而且一些小错误被修正。IE 6.0的诞生就和Windows XP在一起的。2006年10月19日，Microsoft公司IE 7.0正式发布(简体中文版IE 7.0发布于2006年12月1日)。

IE最大的好处在于，浏览器直接绑定在Microsoft公司的Windows操作系统中，当用户计算机安装了Windows操作系统之后，无须专门下载安装浏览器即可利用IE实现网页浏览。不过其他版本的浏览器因为有各自的特点而获得部分用户的欢迎。

IE是一种可视化图形界面的浏览软件。其主要作用是接受用户的请求，到相应的网站获取网页并显示出来。

IE还可以显示传统的文本文件和超文本文件，可以播放CD、VCD和MP3等格式的多媒体播放器组件，还可以直接接收网上的电台广播、欣赏音乐和电影。IE安装和使用都很简单，是目前最为常用的浏览器。超过80%的用户使用IE。

当然，Mozilla公司的火狐浏览器(Firefox)在近几年也发展很快，在美国，IE市场份额占79.78%，Firefox浏览器占15.82%；Safari浏览器占3.28%；Opera浏览器占0.81%。Firefox浏览器在加拿大和英国的使用量与美国差不多，不过在澳大利亚Firefox用户达到24.23%，在德国，Firefox的市场份额高达39.02%，意大利也不少。Firefor浏览器已经成为市场份额位居第二的浏览器，由于Firefor浏览器集成了Google工具条，并且内置了多个主流搜索引擎，具有更多的实用功能。

4. 网站类型

网站一般分为政府网站、企业网站、商业网站、教育科研机构网站、个人网站、其他非营利机构网站以及其他类型等。但一般来讲，按照网站的内容可分为门户型网站和专业型网站两种。

(1) 门户型网站

门户型网站就是提供搜索引擎或全文检索以便于网络用户查找和登录其他网站的一种网站类型。著名的搜索引擎网站雅虎(www.yahoo.com)是世界第一门户网站。而以中文检索闻名的新浪网(www.sina.com.cn)在中国的互联网业界内具有领头地位。

网络用户不可能去记忆无穷多的网站，也不可能有专门的资料去记录每天产生了多少个新的网站，用户记住的只会是几个常见的大型门户网站，通常是像雅虎之类的大型网站。所以门户网站便成了一般用户在上网时选择浏览的第一个网站。

当然，这些门户网站除了提供搜索引擎或全文检索之外，也具有其他的服务和综合信息，如新闻、电子商务、聊天室、BBS(电子公告板系统)和电子邮件等。例如，雅虎公司便在网络上开展了网上拍卖等业务。这是门户网站利用其自身优势提供的服务，同时这些门户网站因具有较高的访问量，可以比较容易得到较多的广告。

除了具有专业搜索引擎的门户网站之外，拥有特定的行业的搜索引擎和全文检索系统也会受到用户的欢迎，如一些专业领域内的资源站点和专业资料搜索引擎。

(2) 专业型网站

专业型网站提供各种专业内容和专业服务。专业型网站可分为利用网络进行商务活动，如订货、销售和网上金融活动的电子商务网站；介绍企业产品和服务以及政府部门职能和信息宣传的企业和政府网站；提供新闻或影视媒体信息的新闻媒体网站；公益性宣传网站；学校和科研机构网站；论坛性网站；个人网站；提供免费服务和免费资源的网站；行业信息网站等。

电子商务网站。主要依靠 Internet 来完成商业活动的各个环节，而且它们的业务范围决定了它们必须依靠 Internet 作为商业活动的平台。常见的电子商务网站有网上广告公司、营销公司、咨询公司、网上书店等建立在 Internet 上的企业。如网上售书的亚马逊公司。

企业网站。对于各种企业来说可以在全世界范围内宣传自己的公司，发布时效性强的信息，方便、快捷地与各地客户或代理商 24 小时保持联络，以及增加业务量、开拓国际市场。许多公司和站点都在 Internet 上设立了站点，例如 IBM、Microsoft、Intel、思科等，这些公司网站不但给公司和企业，而且给广大客户带来了巨大的便利。在这些公司的站点上可以查询到该公司最近一段时间来的产品发布情况、技术文档和相关的软件包等。经销商还可以通过这些站点获悉订货情况、价格信息等。

提供免费服务和免费资源的网站。通过提供免费服务和免费资源来吸引用户增加访问量。用户可以通过这类网站在网上获取许多的免费资料，如在网上享用一些免费的电子报刊，只要用户订阅，这些报刊会通过电子邮件免费发送给用户；还可以欣赏到很多 MP3 音乐，阅读到许多娱乐新闻，得到免费的软件、书籍、图片等。

政府网站。作为一种政府传媒，由各级政府的各个部门主办，就政府各个职能部门或某一方面的情况或信息向公众介绍、宣传或作出说明。网上的政府信息具有规模大、信息量大、权威性强等特点。至今我国已有数十个部委和 1 000 多个地方政府上网。

新闻媒体网站。提供新闻信息，尤其是可以利用网络优势提供实时更新的新闻，越来越成为网民喜爱光顾的站点。完善的新闻播发系统可以为网站吸引一批忠实的用户。

学校和科研机构网站。提供一定的技术服务和咨询及学术和科研资源共享。这种网站不以营利为目的，往往是其内部局域网的外延，提供图书馆信息、最新学术动态、科研技术探讨等以便于资源共享。如美国和我国的教育网。中国教育网的网址为 www.edu.cn。通过它可以访问我国各个高校的主页和图书馆。

论坛性网站。通常称为 BBS 系统，是网站的用户之间以及网站的经营者和用户之间进行交流最常用的系统。个人网站，就是有一个或一部分人因兴趣爱好等原因而建立的网站。一些网络爱好者在网络上提供音乐、书籍、图片等资源，例如，被多来米网站收购的黄金书屋。

在中国，企业网站数的比例最大，占整个网站总体的 70.9%，其次为商业网站，占 8.2%，第三是个人网站，占 6.5%，随后依次为教育科研机构网站占 5.1%，其他非营利机构网站占 5.0%，政府网站占 3.2%，其他类型占 1.1%。

5. 下载方式

Internet 上的资料非常丰富，可以将其下载，然后保存到本地计算机中以备以后使用。下载网络中的资源可以通过两种方法实现操作：一是使用浏览器直接下载；二是利用工具软件下载。

(1) 直接下载

使用浏览器可直接保存各种图片、网页、电影和音乐等，不需要借助工具软件，操作方便且简单。

保存文本：在浏览器窗口中拖动鼠标选定需要的文本，右击鼠标，在弹出的快捷菜单中选择“复制”命令，打开 Word、记事本和写字板等文件编辑软件在文档中右击鼠标，在弹出的快捷菜单中选择“粘贴”命令，最后将文档保存即可。

保存网页：使用浏览器窗口打开网页后，选择“文件”的“另存为”命令，打开“保存网页”对话框，在本地计算机中选择保存的位置即可进行保存。

提示：保存网页以后，在不在线的情况下，在 IE 中选择“文件”的“打开”命令，通过“打开”对话框打开网页。

直接下载图片：在网页中的图片上右击鼠标，在弹出的快捷菜单中选择“图片另存为”命令，打开“另存为”对话框，进行保存设置后单击“保存”按钮即可完成。

通过下载链接下载网站中提供的资源：许多网站都为其中的资源提供了下载超链接，单击该超链接可直接下载，其具体操作如下。

步骤 1：用鼠标左键单击超链接。

步骤 2：此时本地计算机自动与网页建立连接，打开如图 7-10 所示的“另存为”对话框，选择保存路径，单击“保存”按钮，计算机自动开始下载资源，并打开“文件下载”对话框，如图 7-11 所示。

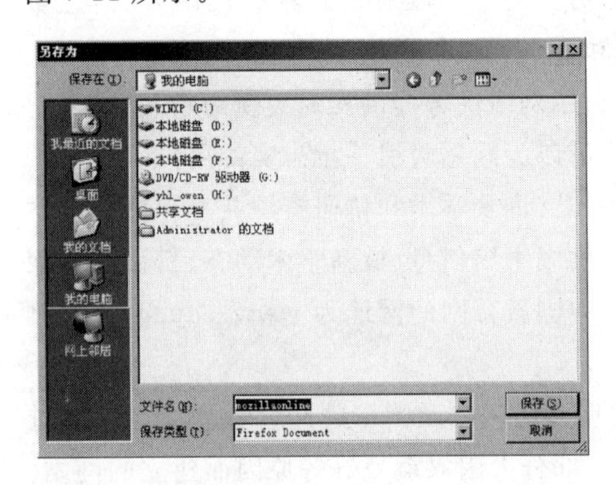

图 7-10 “另存为”对话框

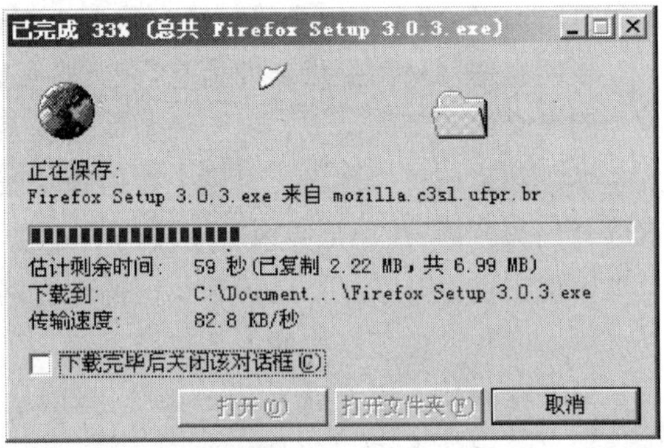

已完成 33% (总共 Firefox Setup 3.0.3.exe)
正在保存:
Firefox Setup 3.0.3.exe 来自 mozilla.c3sl.ufpr.br
估计剩余时间: 59 秒(已复制 2.22 MB，共 6.99 MB)
下载到: C:\Document...\Firefox Setup 3.0.3.exe
传输速度: 82.8 KB/秒
下载完毕后关闭该对话框(C)
打开(O) 打开文件夹(F) 取消

图 7-11 正在下载文件

(2) 使用工具软件下载

直接下载虽然方便，但在下载过程中一旦出现网络中断等故障，已经下载的信息也将丢失，为了避免发生这种情况，可以选择使用工具软件进行下载，这样不但提高了下载速度，还支持断点续传功能。目前最优秀的下载软件有迅雷、网际快车和网络蚂蚁等，它们的操作方法大体相同。

张萍就是通过搜索引擎，查询到公司需要的信息，并通过适当的下载工具将数据下载到本地(张萍的计算机)，并进行必要的整理。

下面以使用迅雷软件下载资源为例，了解使用软件保存文件的方法，其具体操作如下。

步骤 1：在需下载的资源上右击鼠标，在弹出的快捷菜单中选择 “使用迅雷下载”命令，打开“建立新的下载任务”对话框。

步骤 2：单击“浏览”按钮，在打开的对话框中选择文件保存的位置；在“另存名称”文本框中输入文件名(一般保持默认设置不变),然后单击“确定”按钮,如图 7-12 所示。

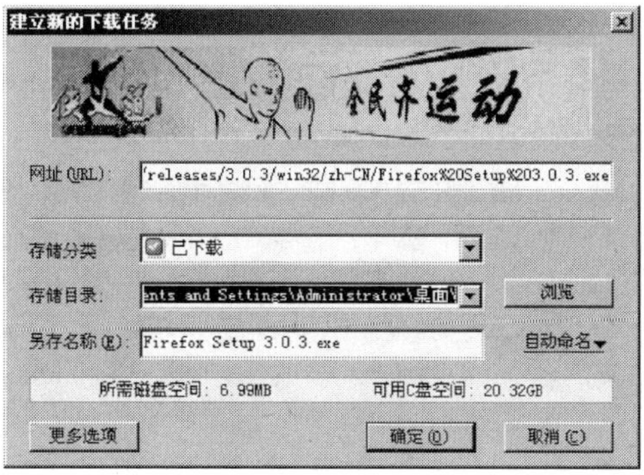

图 7-12　“建立新的下载任务”对话框

步骤 3:计算机将自动下载所需的资源,并且在显示器中显示出一个表示下载进度的图标,双击它可以打开迅雷的操作界面,如图 7-13 所示,在这里可以看到下载文件的名称、大小等信息。

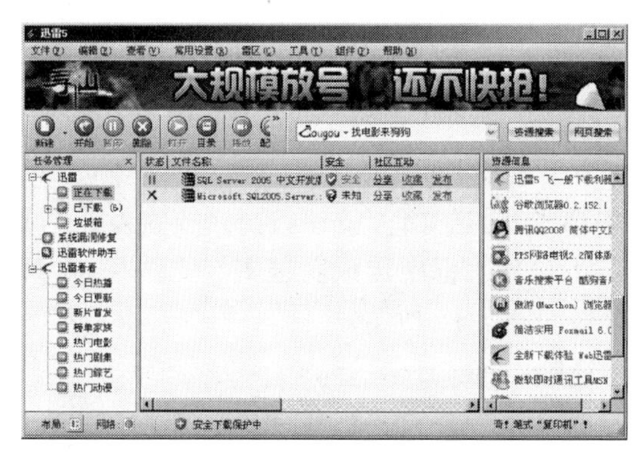

图 7-13　“迅雷”操作界面

步骤 4:完成文件下载后,迅雷将发出提示的声音,同时下载进度图标变为普通状,在该图标上右击鼠标,在弹出的快捷菜单中选择“退出”命令退出迅雷软件。

6. 在线通信

在线通信是利用 Internet 直接在线网上联系的一种通信方式,也是现代人通过互联网络进行交际的重要途径。

为了将整理完成的资料迅速传递给远在外地的总经理,张萍将通过在我国使用最广泛的在线通信工具——腾讯 QQ,把资料直接传送给总经理。

(1) 与 QQ 好友聊天

添加好友后就可以进行网上聊天了,其具体操作如下。

步骤 1:在 QQ 工作界面中双击 QQ 好友的头像,或在对方的头像上右击鼠标,在弹出的快捷菜单中选择“发送即时信息”命令。

步骤 2:在打开窗口下部的文本框中输入要发送给对方的消息(其上部的文本框用于显示双方的交谈内容),单击“发送”箭头旁的“消息模式”按钮可切换聊天窗口的模式;单击“发送”按钮或按 Ctrl+Enter 组合键,可将信息发送给对方。

步骤 3:当好友收到信息后以同样的方法回复信息,同时会看到对方的头像不停闪动,此时双击该头像，在打开的窗口中即会显示对方所回复的信息。

步骤 4：单击窗口中的表情按钮，在打开的列表框中可选择需要的表情图标，如图 7-14 所示。这样可以使聊天的内容不局限于文本信息，更加生动有趣。

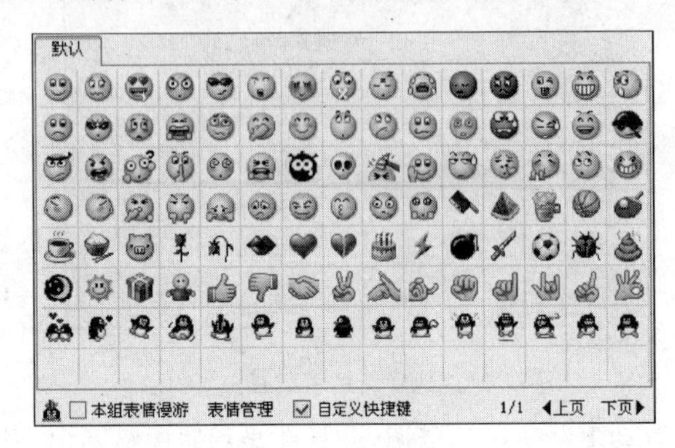

图 7-14　表情列表框

提示：还可以在打开的表情图标中增加表情，选择“表情管理”可添加更多的表情。

步骤 5：重复步骤 2～4 操作，即可在网上与 QQ 好友尽情地聊天了。

(2) 使用 QQ 传送文件

通过 QQ 还可以与好友互发文件，其具体操作如下。

步骤 1：在聊天窗口中单击“传送文件”按钮，选择“直接发送”，打开“打开”对话框。

步骤 2：在“查找范围”下拉列表框中选择发送文件的路径，在其下的列表框中选择一个文件，然后单击“打开”按钮，如图 7-15 所示。

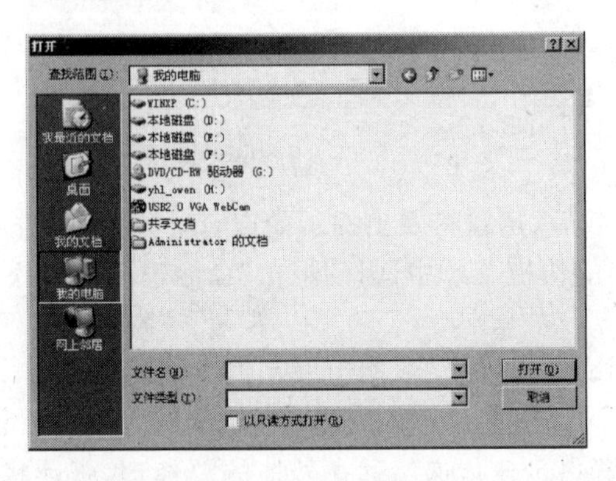

图 7-15　“打开”对话框

步骤 3：QQ 将在对方的聊天窗口中询问对方是否接收、另存为还是拒绝该文件，单击“接收”超链接表示将保存好友发送的文件，单击“另存为”超链接表示可以在打开的“另存为”对话框中选择文件的保存位置并保存文件，单击“拒绝”超链接表示不接收文件。

7.1.4　技术解析

1. 连接 Internet 的方法

将计算机连接 Internet 的方法有多种，其中较普遍的为专线上网和拨号上网。

（1）专线上网

专线上网即若干台计算机通过一条专用线连接到 Internet，专线的账户拥有一个固定的 IP 地址。对于拥有局域网或业务量较大的公司、机关和学校等单位，可以使用专线上网，要通过此方式上网，需要到 Internet 服务提供商（ISP）处申请一个账户，并设置一个密码，用于使用一条专线，上网时，登录到 Internet 服务提供商提供的服务器，输入账户和密码后，通过服务器的验证，即可使连接到专线中的所有计算机连接 Internet。

（2）拨号上网

拨号上网是一种成本较低的上网方式，计算机用户通过电话线和调制解调器即可实现上网的功能，拨号上网是利用固定电话网拨入 Internet，和专线上网的区别在于拨号上网只是临时占用电话线路，人们仍然会使用这个线路拨打和接听电话，拨号上网的优点是连接方便，缺点是上网的带宽有限、速度较慢，适用于业务量较少、上网时间短的计算机。

2. 腾讯 QQ 功能简介

利用 QQ 的即时通信平台，能以各种终端设备通过互联网、移动与固定通信网络进行实时交流，它不仅可以传输文本、图像、音/视频及电子邮件，还可获得各种提高网上社区体验的互联网及移动增值服务，包括移动游戏、交友、娱乐信息下载等各种娱乐资讯服务。

（1）登录 QQ

利用 QQ 账号登录到 QQ 服务器就可以进行网上聊天，其具体操作如下。

提示：安装好 QQ 应用程序后，在其登录窗口中单击“申请账号”按钮，根据向导即可申请 QQ 号码。

步骤 1：双击桌面上的 QQ 快捷方式图标，在打开的 QQ 用户登录对话框中的“QQ 号码”下拉列表框中输入 QQ 号码，并在下面的“QQ 密码”文本框中输入正确的密码，然后单击“登录”按钮，登录 QQ，如图 7-16 所示。

提示：输入的密码即申请 QQ 号码时设置的密码。

步骤 2：打开如图 7-17 所示的“请选择您的使用环境”对话框，选择一种模式后单击“下一步”按钮，打开正在登录的对话框，稍后便可进入 QQ 的工作界面，如图 7-18 所示。

图 7-16　输入 QQ 号码及密码

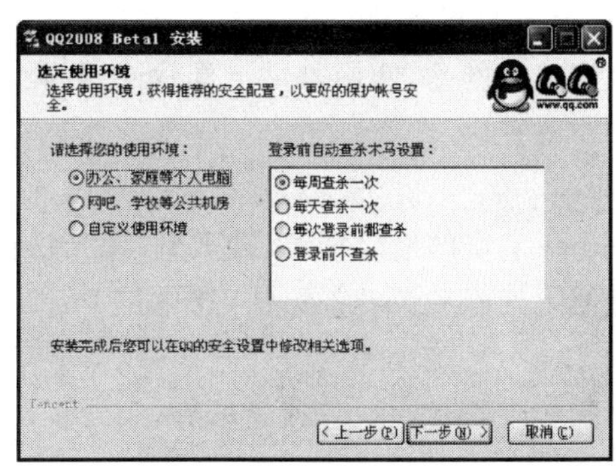

图 7-17　选择登录模式

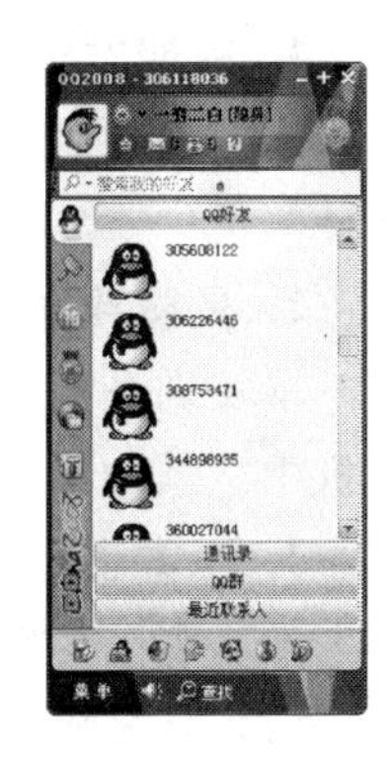

图 7-18　QQ工作界面

（2）添加 QQ 好友

由于是第一次登录 QQ，因此在成功登录后，需要添加好友后才能进行网上聊天，其具体操作如下。

> **提示**：对于新申请的 QQ 号码，在第一次登录 QQ 时并没有好友，即没有聊天的对象，因此还不能进行网上聊天。

步骤 1：在 QQ 工作界面中单击“查找”按钮，打开“QQ 2008 查找/添加好友”对话框的“基本查找”选项卡，选中“精确查找”单选按钮，并在下方的“对方账号”文本框中输入需要添加为好友的 QQ 账号，如图 7-19 所示。

> **提示**：如果选中“看谁在线上”单选按钮，可以查找所有在线的 QQ 用户。

步骤 2：单击“查找”按钮，打开如图 7-20 所示的对话框，其中显示了查找到的结果。

步骤 3：选择该 QQ 号码，单击“加为好友”按钮，打开填写验证信息的对话框，在其中的文本框中输入验证消息，如图 7-21 所示。

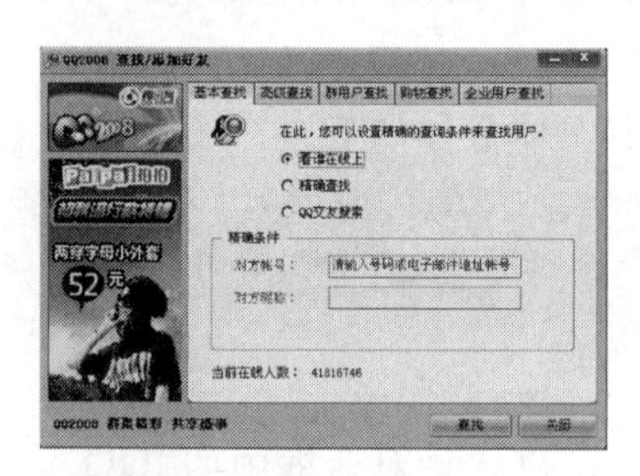

图 7-19 “查找/添加好友”窗口

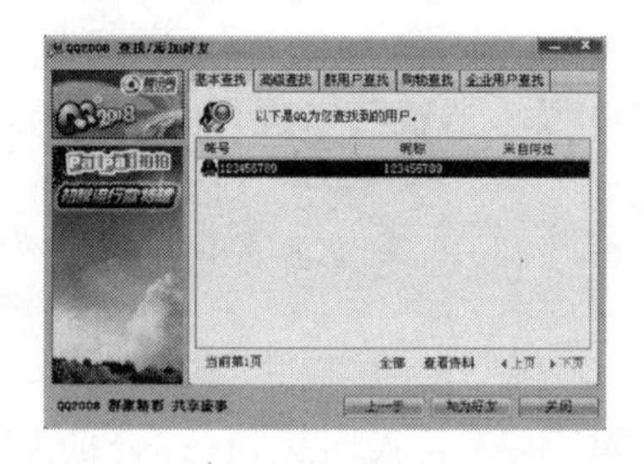

图 7-20 查找结果

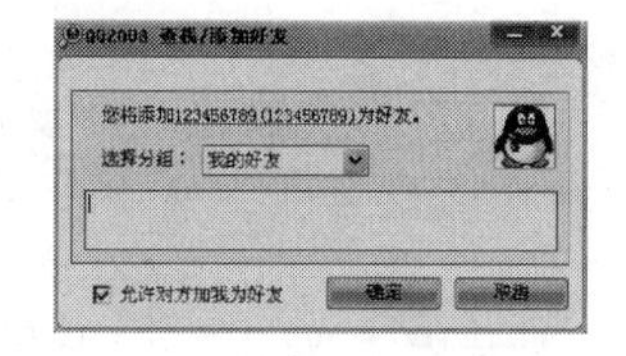

图 7-21 输入验证信息

步骤 4：输入完成后单击“确定”按钮，等待对方验证。通过验证后，便可在 QQ 工作界面的“我的好友”栏中看到该 QQ 好友的头像，表示已成功添加该好友。

7.1.5 实训指导

1. 前期准备

本实训将利用百度搜索网站、使用迅雷工具软件、下载方法及如何将搜索到的内容保存到计算机中。

2. 具体要求

本实训利用 Internet 丰富的信息资源，搜索到“紫光拼音输入法”软件，并下载到本地计算机中。其中主要练习了搜索和下载的方法，这也是 Internet 中最常用的两种操作。

3. 基本步骤

本实训分为两个操作步骤：第一步，搜索软件；第二步，下载软件。

（1）搜索软件

下面启动 IE，打开搜索引擎的网页，在其中输入关键字，然后查找目标网页，其具体操作如下。

步骤 1:连接网络以后,在桌面上双击 IE 程序的图标,打开 IE。

步骤 2:在地址栏中输入百度网站的网址 http://www.baidu.com,然后按 Enter 键或者地址栏右侧的"转到"按钮。

步骤 3:打开百度网站后,在"百度一下"文本框中输入"紫光拼音输入法",然后单击"百度一下"按钮。

步骤 4:搜索网站将自动根据关键字搜索信息并将搜索结果显示在窗口中,如图 7-22 所示,将鼠标光标移动到其中符合要求的网页的超链接上,然后单击鼠标。

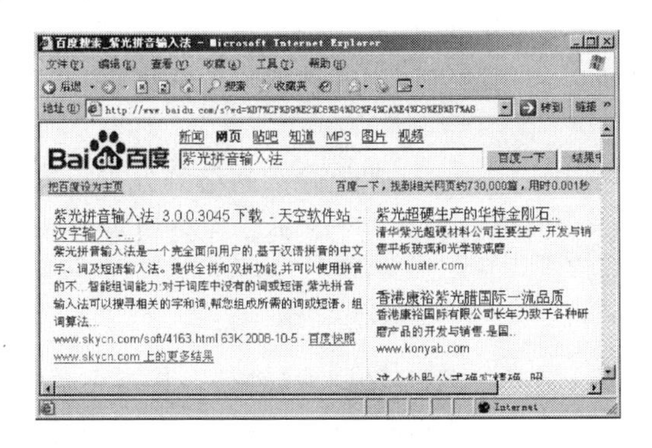

图 7-22　搜索结果

步骤 5:打开网页后,用鼠标拖动滚动条在其中进一步查看有关下载的超链接,这里是"下载地址"超链接,如图 7-23 所示。

图 7-23　单击超链接

(2) 下载软件

下面开始下载软件,其具体操作如下。

步骤 1:在打开的网页中的"下载"超链接上右击鼠标,在弹出的快捷菜单中选择"使用迅雷下载"命令,将打开"建立新的下载任务"对话框。

步骤 2:在对话框中的"存储目录"下拉列表框后单击"浏览"按钮,在打开对话框中选择文件保存位置。保持"另存名称"文本框中默认名称不变,然后单击"确定"按钮。

步骤 3:计算机将自动下载所需的资源,并且在桌面中显示出一个表示下载进度的图标,完成下载后,迅雷将发出提示的声音,同时下载进度图标变为普通状,右击该图标,在弹出的快捷菜单中选择"退出"命令,将退出迅雷软件。

4. 实训小结

现在，在很多提供资源下载服务的网站会提示出只支持某种下载软件，所以在选择工具软件时应先查看该网站所支持的下载工具，然后有的放矢地进行操作，这对提高下载速度有很大帮助。

7.1.6 课后思考

随着计算机通信技术的飞速发展，计算机网络在人们工作和学习中的作用越来越大，在办公工作的过程中，人们可以利用网络访问其他同事的计算机、共享公司内部资源以及相互发送信息等。

按照计算机网络覆盖范围的大小、地理位置和网络的分布距离等因素，可将网络分为局域网(LAN)、城域网(MAN)和广域网(WAN)3类。在公司等地域比较小的单位内部，通常使用的是局域网。

1. 认识局域网

局域网(Local Area Network，LAN)又称为局域网，其特点是实用性强、维护简单、组网方便、传输效率高，一般在1～10千米的范围内。为了方便办公，现在许多公司、学校等单位通常将办公使用的所有计算机连接起来形成局域网。

2. 访问局域网

用户可以通过“网上邻居”访问局域网中的其他计算机，其具体操作如下：

(1) 选择“开始”的“网上邻居”命令，或双击桌面上的“网上邻居”快捷图标，打开“网上邻居”窗口。

(2) 在打开的“网上邻居”窗口中双击需要访问的计算机或共享文件夹，在打开的窗口中便可查看到其中共享的资源。

同学们可以思考如何通过学院的局域网，利用“网上邻居”查阅学院各种各样的资源，如各类实用软件、教学资料及相关文档等。

7.2 案例2——使用邮件

7.2.1 案例介绍

要知道，张萍通过QQ将收集整理的资料传送给总经理，是有前提的，即总经理也必须在线，但总经理出差在外，有很多公务要处理，不可能时时刻刻守在计算机前，这时通过QQ传送资料这条路可能就不行了。而处于信息时代的今天，快速、准确地传递和交流信息变得非常重要，目前在Internet中传递信息，使用最普遍的就是电子邮件，它可以解决对方不在线而仍能够接收到信息这个问题。

本案例将介绍在网易中如何申请一个126的电子邮箱，如何利用126的电子邮箱收发电子邮件，并将使用到阅读电子邮件、回复电子邮件等知识；还可以利用Outlook、Foxmail等工具收发电子邮件、阅读电子邮件、回复电子邮件等。

7.2.2　知识要点

本案例涉及使用邮件的主要知识点如下。

- E-mail 服务——主要包括邮件地址的含义、电子邮箱的申请、电子邮件的收发件等。
- 直接登录邮件服务器——主要包括 126 邮箱、163 邮箱等。
- 邮件收发工具——主要有 Outlook 工具、Foxmail 工具等。

7.2.3　案例实施

1. 直接登录邮件服务器方式

(1) 电子邮箱的申请

Internet 上有许多提供电子邮箱的网站，用户可直接到这类网站上去申请。电子邮箱一般分为免费邮箱和收费邮箱两种，普通用户没有必要申请收费邮箱，只需在提供免费邮箱相关服务的网站上申请免费邮箱即可。

提示：收费邮箱的功能比免费邮箱的功能更强，适用于公司企业或业务较多的个人。

张萍在网上经过搜索后发现网易邮箱是目前使用量较大的免费电子邮箱，决定申请一个，于是开始其申请的具体操作。

步骤 1：启动 IE，在其地址栏中输入网易 126 免费邮箱网址 http://www.126.com/，然后按 Enter 键打开其主页，单击页面上方的“注册”按钮，如图 7-24 所示。

步骤 2：在打开的页面中的“用户名”文本框中为自己的邮箱命名，然后单击下方的“下一步”按钮，如图 7-25 所示。

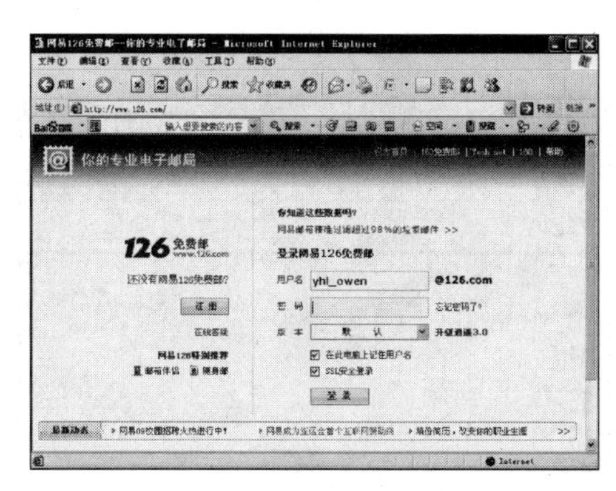

图 7-24　126 免费邮箱主页

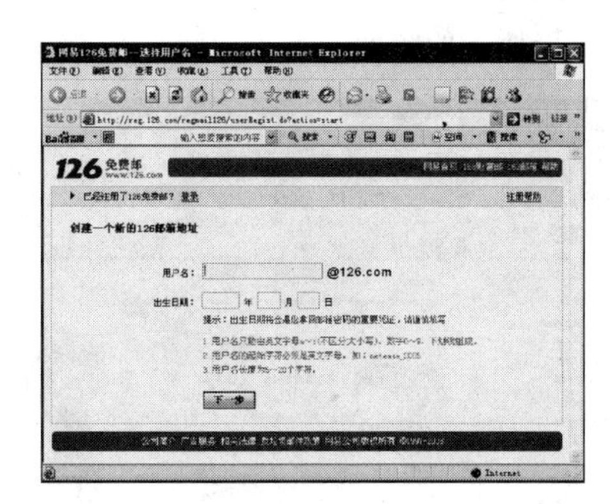

图 7-25　为邮箱命名

注意：若此时填写的邮箱名称与他人重复，系统将在下一个打开的页面中提示重新为邮箱命名。

步骤 3:在打开页面的文本框中填写相应的信息,如密码、验证码等,完成后单击最下方的“我接受下面的条款,并创建账号”按钮,如图 7-26 所示。

步骤 4:填写信息无误后,将打开申请成功的页面,表示电子邮箱已经申请成功,并在页面中显示出该邮箱地址,如图 7-27 所示。

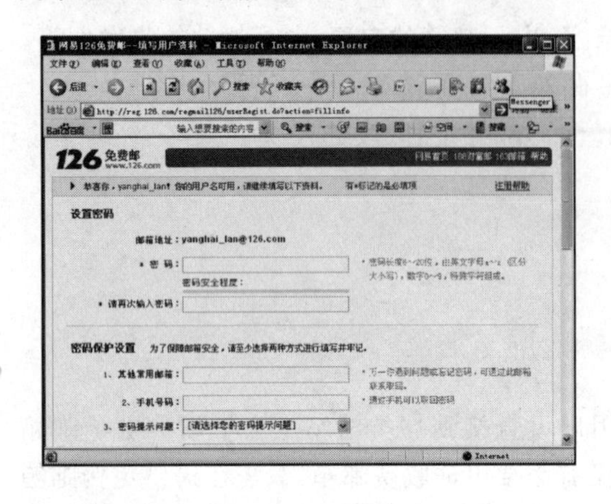

图 7-26　填写信息

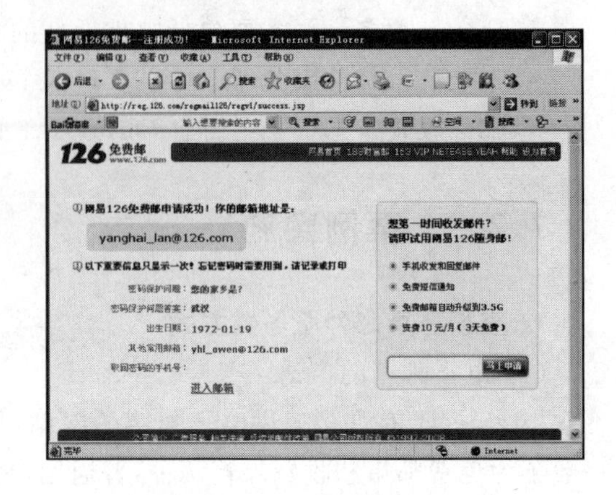

图 7-27　申请成功

至此,张萍就拥有了一个属于个人的免费电子邮箱。为了验证电子邮箱的收发功能,她开始使用刚申请成功的网易免费邮箱进行收发邮件的操作。

(2) 在网上收取电子邮件

步骤 1:在 IE 中输入邮箱所在网站(如网易 126 免费邮)的网址,打开网易 126 免费邮网的主页。

步骤 2:在页面上方的文本框中输入正确的邮箱地址和密码,单击“登录”按钮登录邮箱,打开如图 7-28 所示的网页。

步骤 3:在网页中可以看到邮箱已收到了一封未读邮件,单击“收件箱”按钮,打开如图 7-29 所示的网页。

图 7-28　登录邮箱

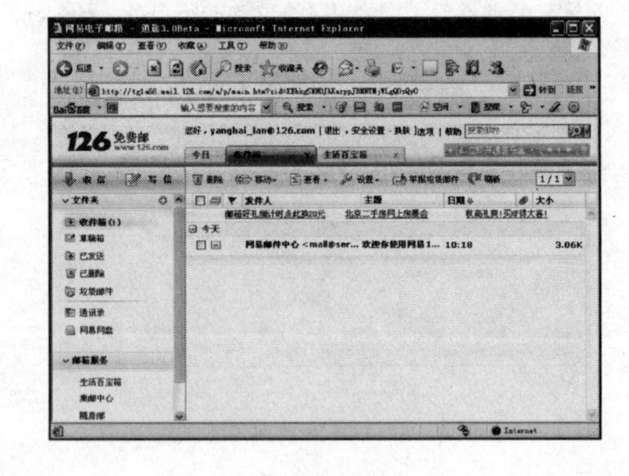

图 7-29　进入收件箱

步骤 4:单击“主题”栏中的相应邮件标签可打开相应的邮件进行阅读。

步骤 5:在“发件人”栏中显示了发送邮件的邮箱地址,在“日期”栏中显示了发送的日期,在"主题"栏中显示了该邮件的主题，在正文的文本框中显示了邮件的内容，如图 7-30 所示。

提示：在查看邮件内容时，通过单击该网页上方的各个按钮，可对邮件进行相关的操作，如回复和删除邮件操作等。

(3) 在网上发送电子邮件

在通过浏览器发送邮件的具体操作如下。

步骤 1：登录邮箱后，单击网页左侧的"写信"按钮，可在打开的网页中撰写邮件内容。

步骤 2：在该网页中的"收件人"栏右侧的文本框中输入接收电子邮件方的邮箱地址，在"主题"栏右侧的文本框中输入所写邮件的主题，在"正文"文本框中输入邮件的内容，如图 7-31 所示。

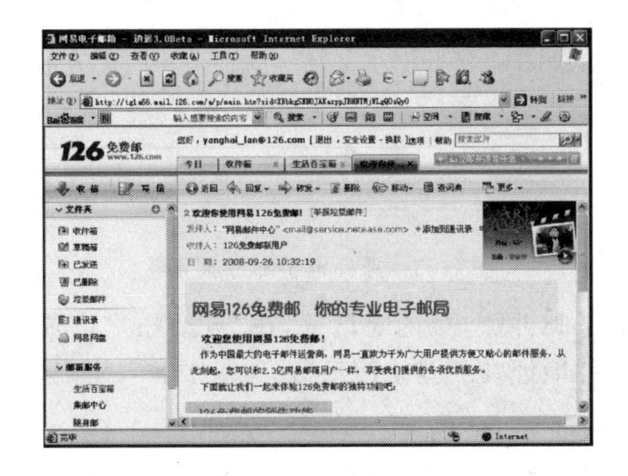

图 7-30 查看邮件内容

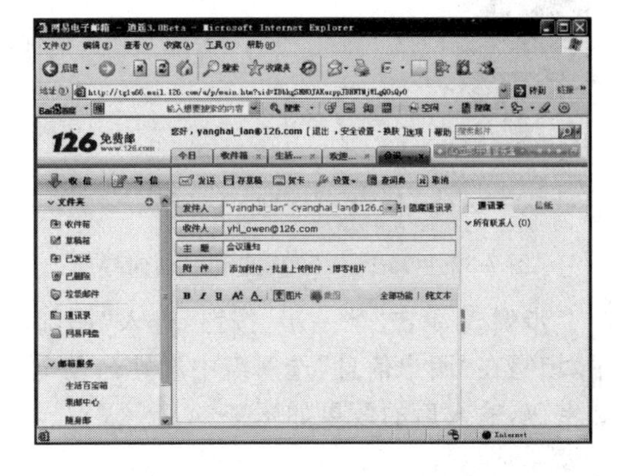

图 7-31 输入收件人地址和邮件内容

步骤 3：单击"发送"按钮，即可将撰写好的邮件发送到收件人的邮箱中，然后将在打开的网页中提示邮件已成功发送，单击顶部的"退出"超链接退出当前页面。

提示：在"抄送"文本框中输入相应的邮件地址，可同时将该邮件公开地发送给其他用户。

2. 采用邮件收发软件方式

在收发邮件的多种方法中，除了上面张萍用到的在线收发方式外，还有可以离线进行邮件收发的其他方法。因为通过 IE 在线撰写邮件会受到网络状态的影响，如果出现意外掉线等问题，将退出电子邮箱，不但必须重新登录，还要在邮箱中再次撰写邮件正文，而使用 Outlook 2007、Foxmail 则不必打开邮箱就可以管理邮件，并且在撰写邮件的过程中不会受到网络状态的影响，即使出现意外掉线等问题，也不必进行重复操作。

(1) 设置 Outlook 2007 邮件账户

步骤 1：第一次启动 Outlook 2007 应用程序时，会自动打开一个对话框，该对话框可以带领用户创建一个邮件账户，如果这次取消了该向导，则可以在启动 Outlook 2007 应用程序后，选择"工具"的"账户设置"命令，也可以打开此向导来创建电子邮件账户，如图 7-32 所示。下面以 POP3 为例，创建一个新的账户。

提示：在创建电子邮件账户时，可以创建一个全新的账户，也可以更改现有的电子邮件账户，选中“添加新电子邮件账户”单选按钮，将创建一个全新的账户；如果选中“查看或更改现有电子邮件账户”单选按钮，则可以更改现有的电子邮件账户。

步骤 2：这里以 POP3 为例创建一个新的电子邮件账户，选中“工具”中“账户设置”，在“电子邮件”的选项卡中单击“新建”工具按钮，单击“下一步”按钮，进入“添加新电子邮件账户”的“电子邮件服务”对话框，在该对话框中，选中 POP3 单选按钮，如图 7-33 所示。

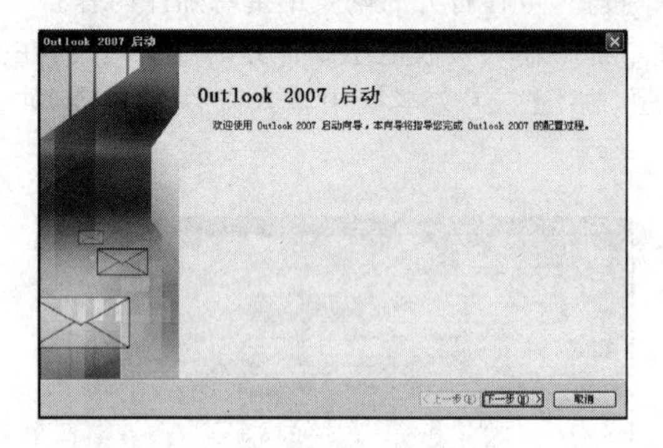

图 7-32　Outlook 2007 启动界面向导

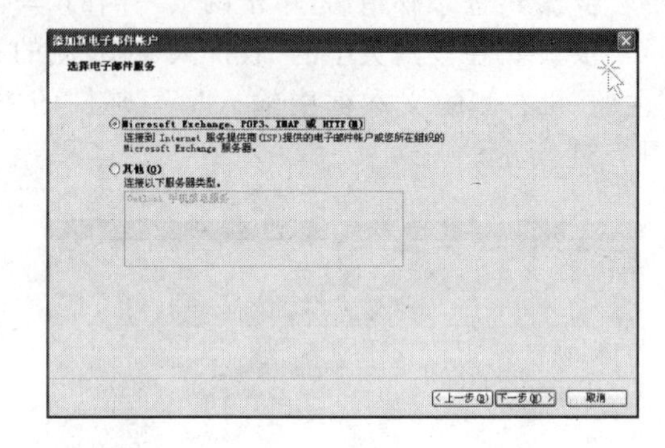

图 7-33　选择电子邮件服务器

步骤 3：单击“下一步”按钮，进入“添加新电子邮件账户”的对话框，在“自动账户设置”中，填写在“用户信息”选项组中的姓名及电子邮件地址；在“登录信息”选项组中输入用户名和密码，输入后的效果如图 7-34 所示。

提示：如需要设置更详细的账户信息，可选中“手动配置服务器设置或其他服务器类型”进行配置。

如果想让 Outlook 保存密码，可以选中“记住密码”复选框，这样可以不必在每次收发邮件之前重新输入密码。不过，如果用户使用的是公用计算机设备，从安全角度考虑，还是应该每次手动输入密码。

步骤 4：单击“下一步”按钮，开始“联机搜索您的服务器设置”，以便进一步进行账户的配置，如图 7-35 所示。

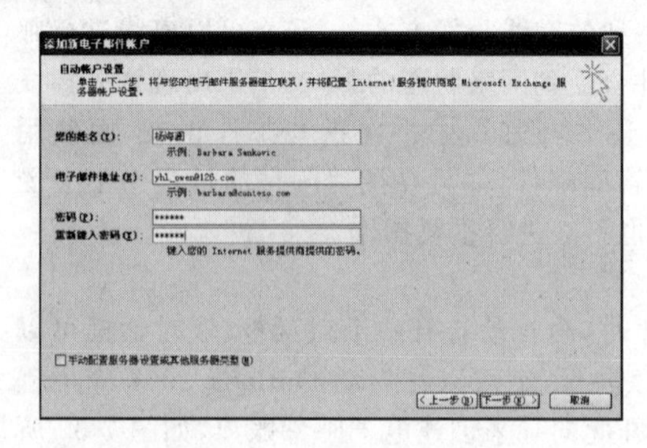

图 7-34　账户设置

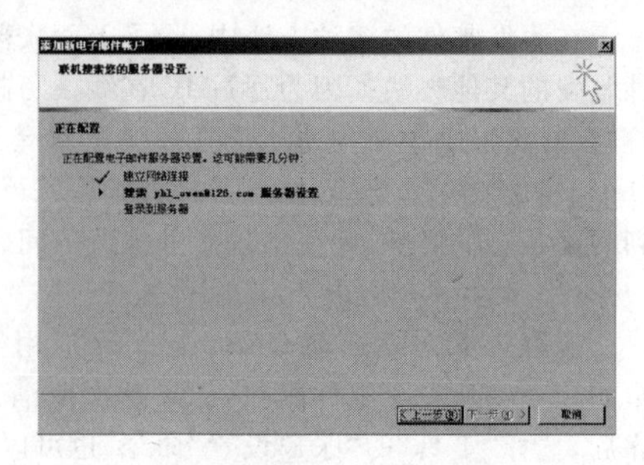

图 7-35　搜索邮件服务器

步骤 5:设置完成后,单击“确定”按钮,保存设置并关闭该对话框,打开“添加新电子邮件账户”的“Internet 电子邮件设置”对话框。单击“测试账户设置”按钮,Outlook 2007 就开始测试账户,如图 7-36、图 7-37 所示。

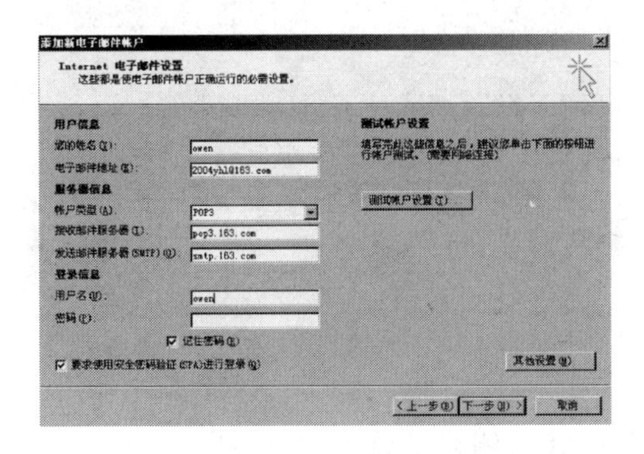

图 7-36　测试账户设置

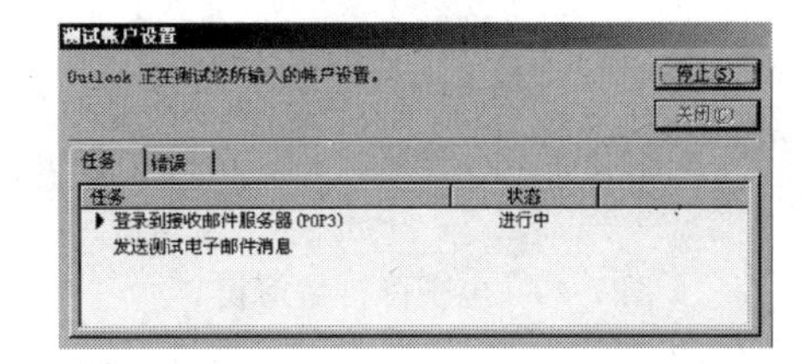

图 7-37　账户设置测试进度

步骤 6:测试完成后,单击“下一步”按钮,打开“电子邮件账户”的“祝贺您”对话框,提示用户已经完成配置过程。单击“完成”按钮,结束对邮件账号的设置操作。

(2) 采用 Outlook 2007 软件收发邮件

步骤 1:发送电子邮件。单击 Outlook 2007 工具栏中的“新建”按钮、选择“邮件”的命令,或按 Ctrl+N 组合键,都可以打开电子邮件的编写窗口,在“收件人”后面的文本框中,输入收件人的邮箱地址,也可以单击“收件人”按钮,如图 7-38 所示。

步骤 2:单击“收件人”按钮后,将打开“选择姓名:联系人”对话框,在联系人列表中,选择一个要发送的名称,如图 7-39 所示。

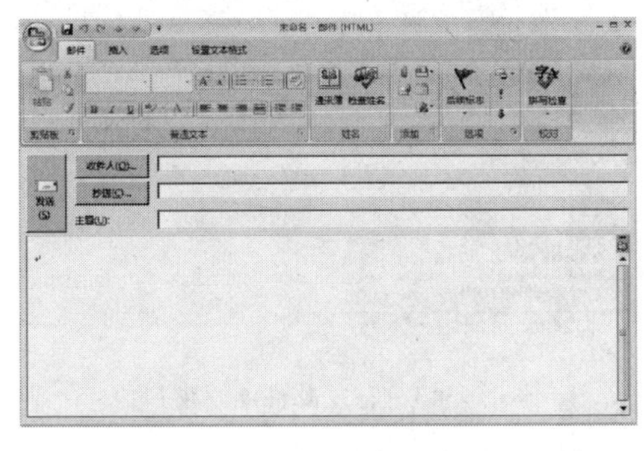

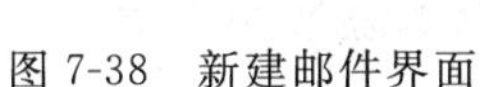
图 7-38　新建邮件界面

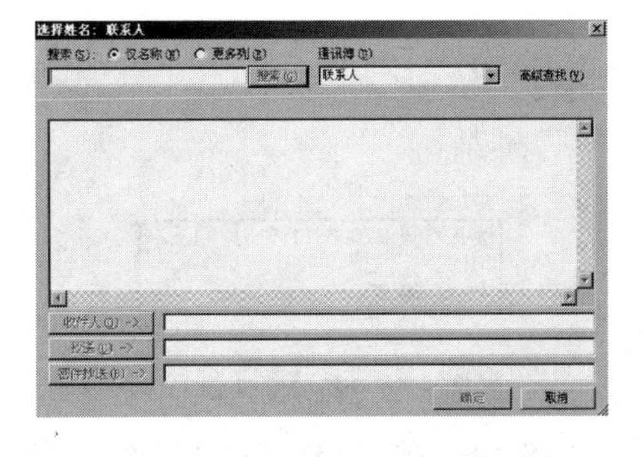

图 7-39　联系人对话框

步骤 3:单击“确定”按钮后,即可将选择的邮件地址添加到电子邮件编写窗口中的收件人地址栏中,如图 7-40 所示。

步骤 4:输入“主题”和相关的邮件内容,然后单击“发送”按钮,即可将邮件发送出去。在 Outlook 2007 右下角,单击“详细信息”会出现一个“Outlook 发送/接收进度”对话框,显示发送的进度,如图 7-41 所示。

步骤 5:接收电子邮件。选择“工具”的“发送和接收”的“全部发送和接收”命令,或按 F9 键,将打开“Outlook 发送/接收进度”对话框,提示任务的进度情况。

步骤6：查阅邮件，单击“收件箱”选项，即在收件箱中，显示出收件箱中的邮件列表。

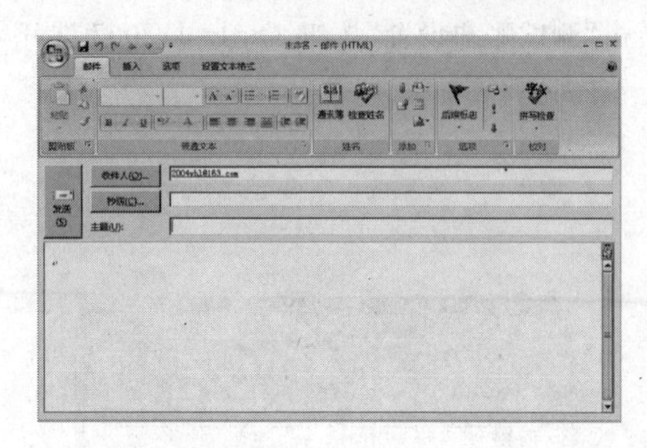

图7-40　电子邮件编写窗口

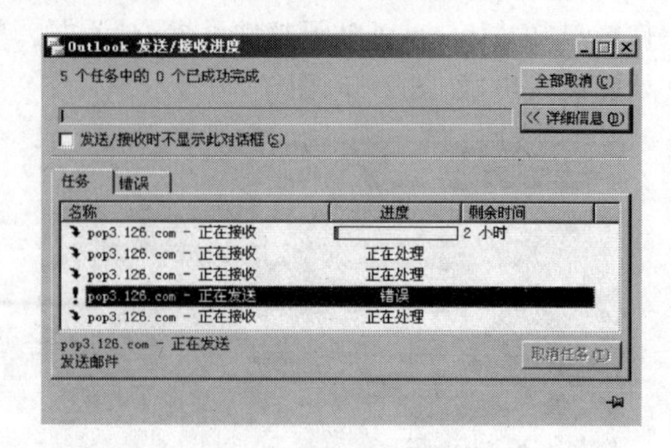

图7-41　“Outlook发送/接收进度”对话框

步骤7：单击“收件箱”列表中的某个邮件，就会在右侧显示出邮件的内容，如果将光标放在某封邮件的标题上，稍等片刻，便会出现一个提示信息，显示邮件的操作时间、主题和大小等信息，如图7-42所示。

步骤8：如果在邮件标题上双击，则会打开一个新的窗口，用来阅读邮件的内容。

步骤9：阅读邮件后，可能会对一些邮件进行答复或转发等操作，这时，只需要在回复的邮件标题上右击，从弹出的快捷菜单中选择“答复”命令，或在已经打开的电子邮件工具栏上单击“答复”工具按钮，如图7-43所示。

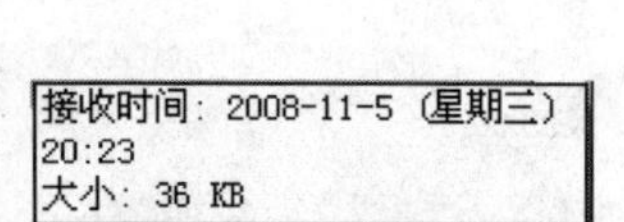

图7-42　显示邮件信息

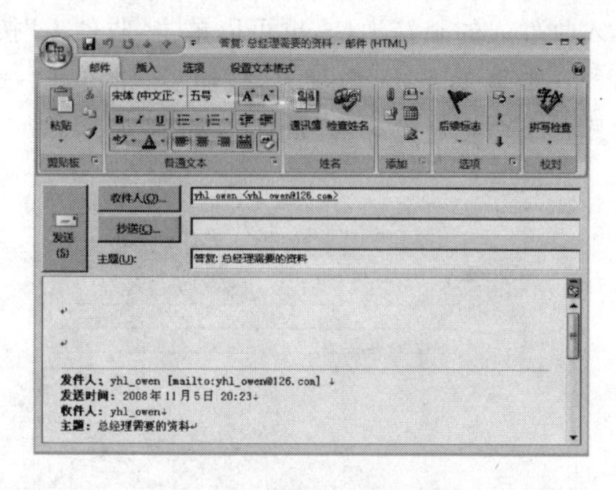

图7-43　答复邮件编写窗口

步骤10：选择“答复”命令后，将打开邮件编写窗口，系统默认为用户填入E-mail地址信息，用户只需输入答复主题、内容或添加附件，然后单击“发送”按钮即可回复信息。

> **提示**：如果想将对方发来的邮件转发给其他的人，可以在右键快捷菜单中选择“转发”命令，或在电子邮件工具栏上单击“转发”工具按钮，输入收件人的邮件地址，单击“发送”按钮即可。

(3) Outlook 2007其他邮件功能

步骤1：移动邮件。如果想将邮件分类，放在不同的目录上，可以直接拖动邮件到不同的文件夹下,也可以选中邮件,然后右击鼠标,在弹出的快捷菜单中选择"移至文件夹"命令。

步骤2:选择"移至文件夹"命令后,将打开"移动项目"对话框,在"将选定项目移动至文件夹"下面的列表中,选择一个文件夹,然后单击"确定"按钮即可移动邮件。

提示:如果想新创建一个文件夹,可以在"移动项目"对话框中,单击"新建"按钮,在打开的"新建文件夹"对话框中,输入文件夹的名称,单击"确定"按钮,即可创建一个新的文件夹。

步骤3:保存邮件文本。如果想将邮件保存,可以选择"文件"的"另存为"命令,将选择的邮件以文本形式进行保存。如果不想保留邮件,选择邮件后,按 Delete 键,或是在电子邮件工具栏上单击"删除"工具按钮即可将邮件删除。

(4) 采用 Foxmail 软件收发邮件

步骤1:启动 Foxmail,选择发送邮件的账户,单击工具栏中的"撰写"按钮,打开"写邮件"窗口。

步骤2:在"收件人"文本框中输入收件人的邮箱地址"yhl_owen@126. com",在"主题"文本框中输入"总经理需要的资料",在下方的文本编辑区中输入邮件内容。

步骤3:完成后,单击工具栏上的"附件"按钮,在打开的对话框中选择"200894154029758. ppt",然后单击"打开"按钮,在邮件底部出现了该图片的图标,如图 7-44 所示。

步骤4:单击工具栏中的"发送"按钮,发送邮件并打开如图 7-45 所示的对话框,发送完成后该对话框自动关闭。

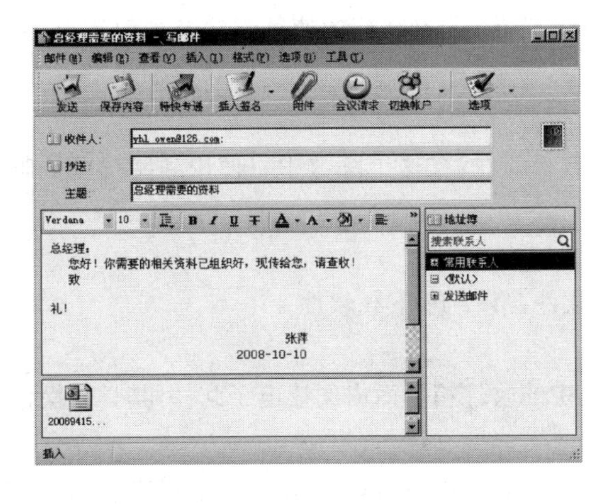

图 7-44 建立新邮件

图 7-45 发送邮件进度对话框

7.2.4 技术解析

1. 电子邮件概述

电子邮件(又称"E-mail")是一种通过网络实现异地间快速、方便、可靠地传递和接收信息的现代化通信手段,可以帮助用户在网络中传递信息、联络朋友。

2. 电子邮件的特点

与普通邮件相比,电子邮件具有以下几方面的特点。

- 价钱更便宜:电子邮件的价钱比普通邮件要便宜许多,且传送的距离越远,相比之下就便宜得越多。
- 速度更快捷:只需几秒时间即可完成电子邮件的发送和接收,非常快捷。
- 内容更丰富:电子邮件不仅可以像普通邮件一样传送文本,还可以传送声音和视频等多种类型的文件。
- 使用更方便:收发电子邮件都是通过计算机完成的,并且接收邮件无时间和地域限制,操作起来也比手工更加方便。
- 投递更准确:电子邮件投递的准确性极高,因为它将按照全球唯一的邮箱地址进行发送,确保准确无误。

3. 邮箱地址的含义

电子邮箱是电子邮件的载体,它的作用和普通邮件相似。

电子邮箱的地址格式为:user@mail. server. com,其中 user 是收件人的账号;@符号用于连接地址前后两部分;mail. server. com 是收件人的电子邮件服务器名,可以是域名或十进制数字表示的 IP 地址,如 yhl_owen@126. com 就是一个电子邮箱地址。

7.2.5 实训指导

1. 前期准备

本实训将利用 163 网站,使用已经申请好的邮箱,学习邮箱的使用方法及如何收取、阅读及发送邮件等。

2. 具体要求

本实训是通过 163 网站的电子邮箱收发电子邮件,在这个练习中将使用到阅读电子邮件、回复电子邮件等知识。

3. 基本步骤

本案例分为两个操作步骤:第一步,搜索软件;第二步,下载软件。

(1) 阅读电子邮件

下面进入 163 网站的电子邮箱,然后在其中的收件箱页面内阅读电子邮件,其具体操作如下:

步骤 1:使用 IE 打开电子邮箱所在网页 http://mail. 163. com,在网页中相应的文本框中输入注册时填写的用户名和密码,然后单击“登录”按钮,进入邮箱。

步骤 2:在打开网页中单击“收件箱”超链接进入邮箱的收件箱页面。

步骤 3:在收件箱页面中单击邮件的主题,可以打开新的页面阅读邮件。

(2) 回复电子邮件

在电子邮箱的回复页面中输入自己的意见,然后回复给发件人,其具体操作如下。

步骤 1:在菜单栏中单击“回复”按钮,在打开的回复邮件页面中可以看到收件人地址已经在“收件人”文本框中显示出来，保持默认设置不变，然后在网页中直接修改邮件主题。

步骤2：在邮件正文中输入要回复的内容，完成后单击该页面上方的“发送”按钮，即可回复该邮件。

4. 实训小结

需要注意的是虽然执行了阅读和回复电子邮件的操作，但这封电子邮件并没有被保存在本地计算机中，用户可以采取直接下载网页中文本的方式进行保存。

7.2.6 课后思考

前面介绍了E-mail服务的基本功能，如电子邮箱的申请、收发电子邮件及回复电子邮件等基本功能，用户还可能更深层次地利用E-mail的其他功能，请同学们课后思考如何更好地使用E-mail服务，如日历的应用、日历的提醒、假日和时间的设置、约会的制作；另外还可以制作签名文件。在给朋友发送邮件时，每封信都可以带一个自己的个性签名等。

第8章 全国计算机信息高新技术考试

8.1 全国计算机信息高新技术考试简介

8.1.1 考试性质

全国计算机信息高新技术考试是根据劳动部发[1996]19号《关于开展计算机信息高新技术培训考核工作的通知》文件，由劳动和社会保障部职业技能鉴定中心统一组织的计算机及信息技术领域新职业国家考试。

劳动部劳培司字[1997]63号文件明确指出，参加培训并考试合格者由劳动部职业技能鉴定中心统一核发《全国计算机信息高新技术考试合格证书》。“该证书作为反映计算机操作技能水平的基础性职业资格证书，在要求计算机操作能力并实行岗位准入控制的相应职业作为上岗证；在其他就业和职业评聘领域作为计算机相应操作能力的证明。通过计算机信息高新技术考试，获得操作员、高级操作员资格者，分别视同于中华人民共和国中级、高级技术等级，其使用及待遇参照国家相应规定执行；获得操作师、高级操作师资格者，参加技师、高级技师技术职务评聘时分别作为其专业技能的依据”。劳社鉴发[2004]18号文中，又进一步明确“全国计算机信息高新技术考试作为国家职业鉴定工作和职业资格证书制度的有机组成部分”。

计算机信息高新技术考试面向各类院校学生和社会劳动者，重点测评应试者掌握计算机各类实际应用技能的水平。

8.1.2 考试特点

1. 实用的考试内容

全国计算机信息高新技术考试内容主要是计算机信息应用技术。考试采用了一种新型的国际通用的专项职业技能鉴定方式。根据计算机信息技术在不同应用领域的特征，划分模块和平台，各模块按等级、按模块分别独立进行考试。个人可根据实际需要选取考试模块，可根据职业和工作的需要选取若干相应模块进行组合而形成综合能力。

2. 统一的考试规范

全国计算机信息高新技术考试特别强调规范性，全国统一管理，保证考试的权威性和一致性。劳动和社会保障部职业技能鉴定中心根据“统一标准、统一命题、统一考务管理、统一考评员资格、统一培训考核机构条件标准、统一颁发证书”的原则进行质量管理，每一个考核模块都制定了相应的鉴定标准和考试大纲以及专门的培训教材，各地区的培训和考试都执行国家统一的标准和考试大纲，并使用统一教材，以避免“因人而异”的随意性，使证书获得者的水平具有等价性。

3. 鲜明的高新特色

随着计算机技术快速发展和实际应用的需要，不断跟踪最新应用技术，更新内容，建立了动态的职业鉴定标准体系，并由专家委员会根据技术发展及时修订和调整。

4. 公开的考试题库

考试的设计和组织实施坚持公开、公平、公正原则，公开考核标准、考试大纲、考试题库和评分标准；每个应试者逐一随机抽题，各个应试者在一场考试中题目各不相同，但具有等值性，从而保证了整个考试的公正性和权威性。

5. 灵活的考试时间

采用随培随考的方法，不搞全国统一时间。为适应应试者需要，应试者可根据自身需要随时参加培训和考试，培训机构可根据社会需求随时组织培训。

6. 明确的考核目的

全国计算机信息高新技术考试密切结合计算机技术迅速发展的实际情况，根据软硬件发展的特点来设计考试内容和考核标准及方法，侧重专门软件的应用，以软件为对象，以标准作业为载体，重在考核计算机软件的操作能力。

考试以实际操作为主，考试方法是在计算机上使用相应的程序完成具体的作业任务，重在考核计算机软件的操作能力。采用模块化的培训考试设计，根据不同领域中的计算机应用情况，以职业功能分析法为依据建立若干个实用软件的独立模块，应试者可根据自己工作岗位的需要选择相应模块，有效地解决了计算机专业不同应用领域的特殊性问题；考试合格证书上显示应试者的相关信息，用人单位能清楚了解应试者掌握计算机应用的实际技术水平。

8.1.3　考试等级

计算机信息高新技术考试的等级划分为操作员和高级操作员等，对应职业资格的中级和高级等。

1. 操作员

独立、熟练地在规定平台使用相应软件，完成“技能标准”确定的一般性日常工作，水平要求相当于中级工人技术等级。

2. 高级操作员

独立、熟练地在规定平台使用相应软件，完成“技能标准”确定的比较复杂的综合性工作，水平要求相当于高级工人技术等级。

8.1.4　合格证书（操作员级，国家职业资格四级）

全国计算机信息高新技术考试合格证书如图 8-1 所示。

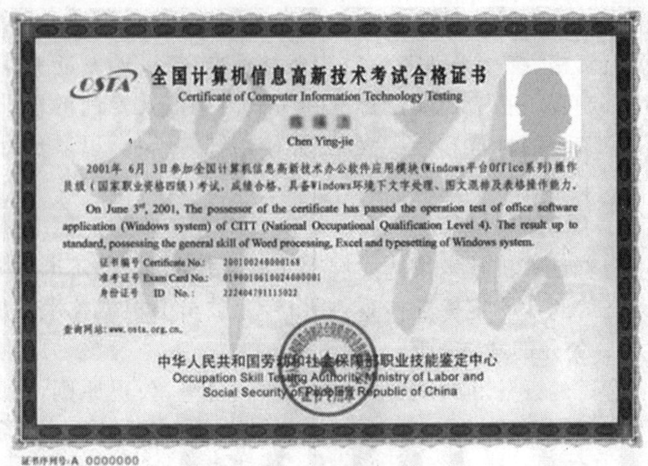

图 8-1　全国计算机信息高新技术考试合格证书

8.1.5　考试模块

全国计算机信息高新技术考试内容主要是计算机信息应用技术。考试采用了一种新型的国际通用的专项职业技能鉴定方式。根据计算机信息技术在不同应用领域的特征，划分模块和平台，各模块按不同模块、不同等级分别进行考试。个人可根据实际需要选取考试模块，可根据职业和工作的需要选取若干相应模块进行组合而形成综合能力。

目前划分了 15 个模块，45 个系列，67 个平台。其中与本课程相关的是“办公软件应用”模块，对应的平台是 Windows 和 MS Office，考试等级为操作员级。

8.1.6　考试大纲

办公软件应用模块（Windows 和 Office）操作员级考试大纲如下。

第一单元　系统操作应用（10 分）

1. Windows 操作系统的基本应用：进入 Windows 和资源管理器，建立文件夹，复制文件，重命名文件；

2. Windows 操作系统的简单设置：设置字体和输入法。

第二单元　文字录入与编辑（12 分）

1. 建立文档：在字表处理程序中，新建文档，并以指定的文件名保存至要求的文件夹中；

2. 录入文档：录入汉字、字母、标点符号和特殊符号，并具有较高的准确率和一定的速度；

3. 复制粘贴：复制现有文档内容，并粘贴至指定的文档和位置；

4. 查找替换：查找现有文档的指定内容，并替换为不同的内容或格式。

第三单元　格式设置与编排(12 分)

1. 设置文档文字、字符格式：设置字体、字号、字形；

2. 设置文档行、段格式：设置对齐方式、段落缩进、行距和段落间距；

3. 拼写检查：利用拼写检查工具，检查并更正英文文档的错误单词；

4. 设置项目符号或编号：为文档段落设置指定内容和格式的项目符号或编号。

第四单元　表格操作(10 分)

1. 创建表格并自动套用格式：在文档中插入指定行列的表格并使用自动套用格式功能设置表格；

2. 表格行和列的操作：在表格中交换行和列，插入或删除行和列，设置行高和列宽；

3. 表格的单元格修改：合并或拆分单元格；

4. 设置表格格式：设置表格中内容的字体、字号、对齐方式等；

5. 设置表格的边框线：设置表格中边框线的线型、线条粗细和表格内的斜线。

第五单元　版面的设置与编排(12 分)

1. 设置页面：设置文档的纸张大小、方向，页边距；

2. 设置艺术字：设置艺术字的式样、形状、格式、阴影和三维效果；

3. 设置文档的版面格式：为文档中指定的行或段落分栏，添加边框和底纹；

4. 插入图片：按指定的位置、大小和环绕方式等，插入图片；

5. 插入注释：为文档中指定的文字添加脚注、尾注；

6. 设置页眉页码：为文档添加页眉(页脚)，插入页码。

第六单元　工作簿操作(19 分)

1. 工作表的行、列操作：插入、删除、移动行或列，设置行高和列宽，移动单元格区域；

2. 设置单元格格式：设置单元格或单元格区域的字体、字号、字形、字体颜色，底纹和边框线，对齐方式，数字格式；

3. 为工作表插入批注：为指定单元格添加批注；

4. 多工作表操作：将现有工作表复制到指定工作中，重命名工作表；

5. 工作表的打印设置：设置打印区域、打印标题；

6. 建立公式：利用建立公式程序建立指定的公式；

7. 建立图表：使用指定的数据建立指定类型的图表，并对图表进行必要的设置。

第七单元　电子表格中的数据处理(15 分)

1. 公式、函数的应用：应用公式或函数计算数据的总和、均值、最大值、最小值或指定的运算内容；

2. 数据的管理：对指定的数据排序、筛选、合并计算、分类汇总；

3. 数据分析：为指定的数据建立数据透视表。

第八单元　MS Word 和 MS Excel 的进阶应用(10 分)

1. 选择性粘贴:在字表处理程序中嵌入电子表格程序中的工作表对象;

2. 文本与表格间的相互转换:在字表处理程序中按要求将表格转换为文本,或将文本转换为表格;

3. 录制新宏:在字表处理程序或电子表格程序中,录制指定的宏;

4. 邮件合并:创建主控文档,获取并引用数据源,合并数据和文档。

8.1.7　考试方式

全国计算机信息高新技术考试采用模块化的考试方式。根据计算机应用特点分类,形成大的应用模块,每个大模块内,又根据相关软件的特点,分成小的系列,再从小系列中取出考核点,形成考核单元进行考试。使用全国统一题库,目前的题库为每个模块 8 个单元,每个单元含 20 道题。考试站在确定考试时间后,提前向考试服务中心提交考试申请,由考试服务中心下发应试者选题单,考试时从每个单元的 20 道题中,随机抽取 1 道题组成 1 套有 8 道题的考卷来组织考试。

全部采取上机实际测试操作技能的方式进行,考试时间为 120 分钟。

劳动和社会保障部职业技能鉴定中心在全国计算机信息高新技术考试中,引进全美测评软件系统(北京)有限公司(简称"ATA")的先进考试技术,开展智能化考试。

8.1.8　考试系统

ATA 公司,即全美测评软件系统公司,是世界领先的考试服务专家,中国最大的专业化考试与测评服务公司。

ATA 拥有自主知识产权的世界领先的动态模拟试题技术 DST,DST 是专门为考试和 IT 教学而设计的模拟技术,它能够模拟软件的界面以及可视组件和组件对应的操作,从而创造出和真实系统完全相同的操作环境,完美地实现了界面仿真、智能响应、逻辑规则、人机互动等功能,使计算机考试的试题表现水平达到了一个全新的高度。

ATA 拥有标准化的电子制题工具——ATAML。通过 ATAML 可以轻松制作单选多选题、判断题、拖拽题、填空题、连线题及充分利用图像、视频等多媒体手段的视听题、论述题、作文题和案例分析题。

ATA 可根据客户需求,提供基于考试环境的模拟练习服务,ATA 通过在线、光盘等方式模拟出真实考试的环境和考试界面,使应试者在考前体验如何登录、了解考前必读,实际体验考试环境和操作方法。

自 2000 年起,劳动部高新技术考试开始推广并采用 DST 考试技术和智能化考试平台,计算机化考试不仅提高了考试的组织效率,也使得考试更加方便、快捷、安全。到 2008 年,劳动部高新技术考试规模已突破 100 万人次。

全国计算机信息高新技术考试正是在劳动部和信息产业部的领导下，借助于ATA公司先进的考试系统，来实现无纸化自动判分的国家IT考试的。

8.1.9　相关网站

与全国计算机信息高新技术考试相关的网站如下。

1. 全国计算机信息高新技术考试网站：http://www.citt.org.cn/。
2. 全国计算机信息高新技术考试工作网：http://citt.osta.org.cn/。
3. ATA考试服务专家网站：http://www.ata.net.cn/。
4. 国家职业资格工作网：http://www.osta.org.cn/。

8.2　办公软件应用模块考试实务

8.2.1　考试环境简介（介绍模拟练习环境）

高新技术考试采用的是全美测评软件系统公司（ATA公司）的考试软件（以下简称ATA考试系统），该软件考试提供了一个模拟环境，其考试环境如同日常操作环境一样，应试者可根据常规的操作方法来完成考题中列出的考试要求。

1. 登录考试系统

启动ATA考试系统，即可打开考试登录界面，在正确输入准考证号码后，选择"登录"，在确定个人考试信息无误后，选择"开始"即可进入考试系统。如图8-2所示。

图8-2　ATA考试系统登录界面(demo)

2. 考试界面

界面1：这是第一单元的考试界面，它是以Windows桌面为背景，在其右下角为考试信息窗口，应试者可根据窗口中的考题信息提示来进行考试。如图8-3考试界面1所示。

界面2：这是除第一单元外的其他单元的考试信息界面。界面中提供了考试要求的信息，考试时间信息、考试题号信息、应试者信息和考试机位信息等。应试者在对其信息有了基本了解后，单击"开始答题"，即可开始进入本单元的考试。如图8-3考试界面2所示。

界面3：该界面是与界面2考题相应的操作样张。样张向应试者提供了指定题目的考

试最终结果，以便于应试者根据样张列出的效果完成答题操作。如图 8-3 考试界面 3 所示。

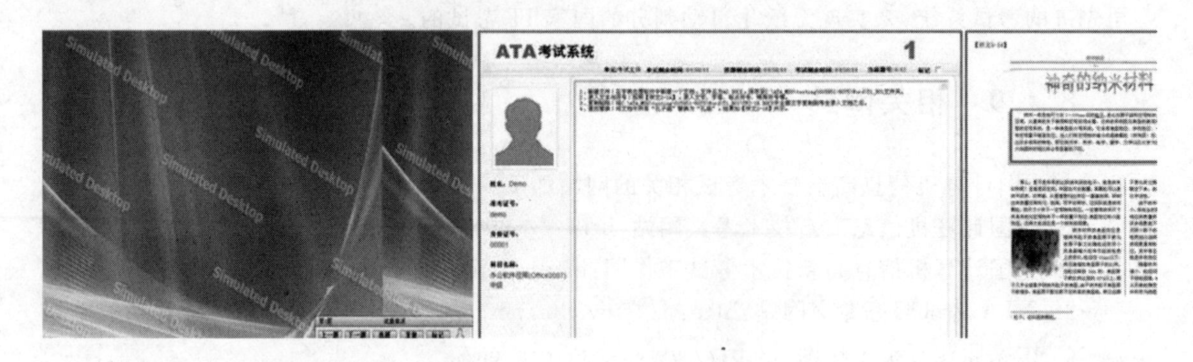

图 8-3　考试界面 1、界面 2 和界面 3

界面 4：这是应试者的答题界面，右下角的窗口是考题信息和考试状态转换的工作窗口。如图 8-4 考试界面 4 所示。

界面 5：这是考试的选题窗口，该窗口除了提供除了提供选题外，还包含了各考题的答题状态。如图 8-4 考试界面 5 所示。

界面 6：这是考试得分界面。当应试者完成答题并提交试卷后，系统则即刻判分，并在改界面中详细列出所有答题的得分情况。需要说明的是，提交考卷后的即时判分是模拟练习系统中提供的功能，实际考试的判分是在应试者提交试卷后，由考试工作点将考卷打包通过 Internet 远程上传至 ATA 公司实施判分，并在较短期内公布考试结果。如图 8-4 考试界面 6 所示。

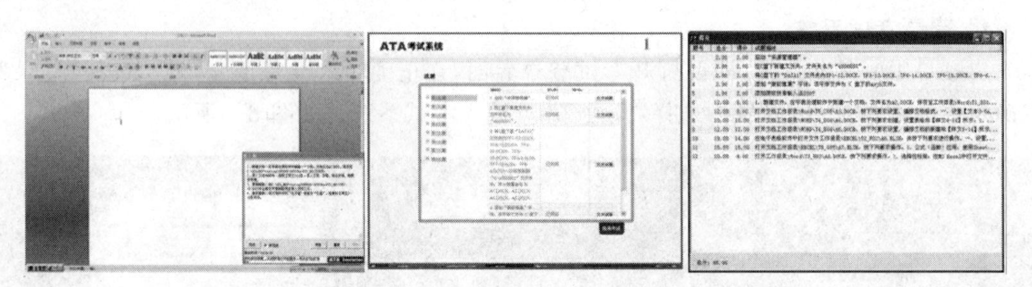

图 8-4　考试界面 4、界面 5 和界面 6

8.2.2　第一单元考试分析

1. 单元考核内容介绍

ATA 考试第一单元是围绕有关 Windows 基本操作而进行的，主要内容如下。

启动资源管理器、新建文件夹、复制文件、文件重命名、添加字体和添加输入法等基本操作。其中，添加字体和添加输入法是日常学习和工作中不太常用的操作，也是平时极少训练的操作，所以，应在考前加强针对性训练。

2. 实际操作要点解析

(1) 文件重命名

在 Windows 环境下的文件，其文件名是由“主名”+“.”+“扩展名”三部分组成。在默

认情况下，文件名仅显示“主名”部分，其他两部分均不显示。

当文件重命名时，一定要注意对文件扩展名的命名，如果没有特殊要求，就不要修改扩展名。如果在原文件名的扩展名没有显示出来情况下对文件进行重命名，主名修改完后加了个点号和扩展名，这样，系统会把我们输入的内容全部都做主名来看待，从而与要求不一致，在原文件名的扩展名显示出来的情况下，文件重命名只修改点号左边的“主名”即可。

(2) 添加字体

字体用于在屏幕上和在打印时显示文本的一项技术。在 Windows 中，默认安装的字体有 Arial、、Times New Roman、Symbol、Wingdings，以及宋体、楷体等，这些字体都是以字体文件的形式安装在系统盘的 Windows/Fonts 目录下，当 Word 等文本编辑软件需要调用某一字体时，系统就会调用该目录下相应字体文件，因此，能在 Word 中看到文本字体的变化主要是因为有相应字体文件的技术支持，如果缺乏对应文件，被编辑的文本是无法显示相应效果的。为了在编辑的 Word 文档中让文本显示一种较为特殊的字体，就必须在 Windows 中添加相应的字体文件。这一操作就是添加字体操作。

添加字体的前提是获得指定的字体文件。获得字体文件的方法主要是通过 Internet 下载，并将其保存在本机中。然后按下列步骤向计算机添加新字体。

- 在“控制面板”中打开“字体”；
- 在“文件”菜单上，单击“安装新字体”；
- 在“驱动器”中，单击字体文件所在的驱动器；
- 在“文件夹”中，双击包含所要添加字体的文件夹；
- 在“字体列表”中，单击所要添加的字体，然后单击“确定”按钮；
- 要添加所有列出的字体，请单击“全选”，然后单击“确定”按钮，如图 8-5 所示。

打开 Windows 目录的字体文件目录 Fonts，就能看到刚添加进去的微软雅黑字体文件，如图 8-6 所示。

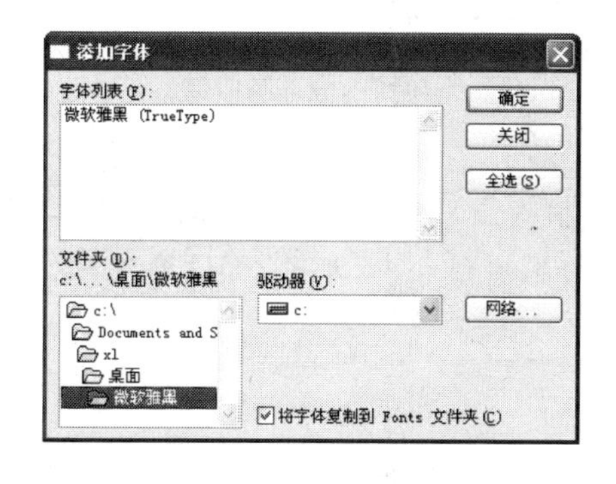

图 8-5　添加字体对话框

图 8-6　字体文件目录

(3) 添加输入法

Windows 环境下的输入法是通过输入法编辑器(IME)来实现使用标准的 101 键键盘

输入不同语言的数千个不同字符的。IME 由将键击转换为语音和表意字符的引擎和通常用于表意字的字典组成。当用户输入键击时，IME 引擎将尝试确定应转换键击的哪个（或哪些）字符。

和 Windows 中的字体一样，Windows 在默认情况下仅安装了少数几种输入法，当用户需要安装自己习惯的新的输入法时，就要进行添加输入法的操作。

添加输入法的基本操作方法如下。

- 在“控制面板”中打开“区域和语言选项”，如图 8-7 所示；
- 在“语言”选项卡的“文字服务和输入语言”中，单击“详细信息”按钮；
- 在“已安装的服务”下，单击“添加”按钮；
- 在“输入语言”列表中，单击要添加的键盘布局或输入法编辑器（IME）的语言，如图 8-8 所示；
- 如果有多个选项，则选中“键盘布局/输入法”复选框，然后从列表中单击“服务”；
- 如果“键盘布局/输入法”是唯一可用的文字服务，则单击该列表中的选项。

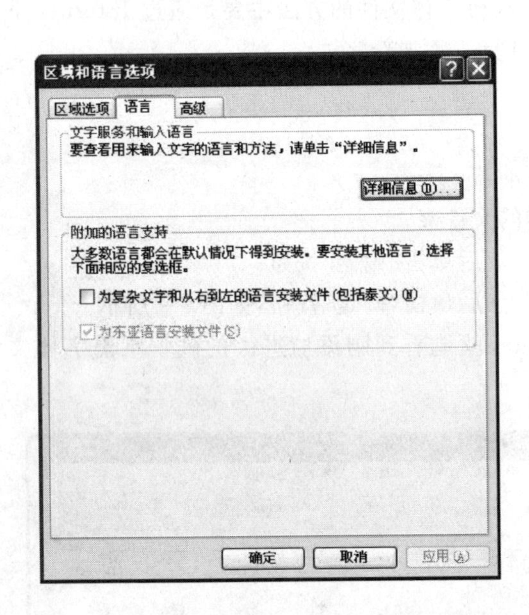

图 8-7　区域和语言选项对话框

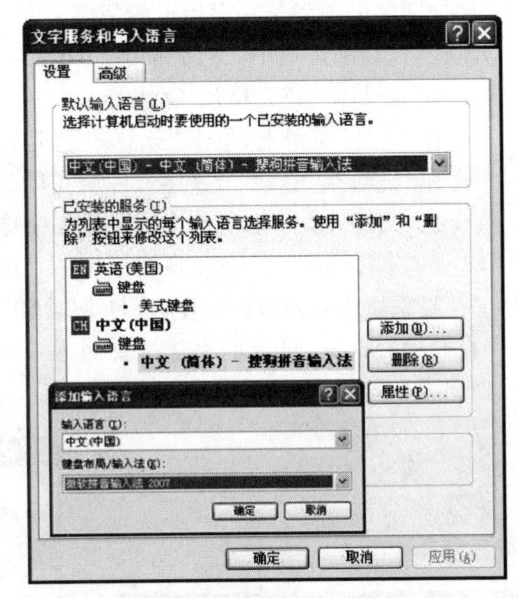

图 8-8　添加输入语言对话框

提示：添加输入法必须在已经安装了该输入法的相关应用程序的前提下才能进行。一种输入法一旦安装了，即可显示在“已安装的服务”的选项列表中，此时，可通过“添加”的方式来实现添加输入法的目的。

8.2.3　第二单元考试分析

1. 单元考核内容介绍

第二单元的考试主要是对 Word 文档及其文本内容的最基本操作，其主要内容如下。

建立 Word 新文档，并以指定的文件名保存至要求的文件夹中；录入汉字、字母、标点符号和特殊符号，并具有准确率和速度的要求；复制现有文档中文本内容，并粘贴至指定的文档和位置；查找现有文档的指定内容，并替换为不同的内容或格式。

2. 实际操作要点解析

(1) 新建 Word 文档，并保存文档

建立文档的方法有多种，在日常工作中是可以灵活应用的。但是，在高新技术考试中，则要求先打开 Word 环境，然后再在 Word 环境中建立文档，但应试者常常根据自己的习惯在桌面上单击鼠标右键来建立 Word 文档，这与要求不一致。

在 Word 环境打开后，已经默认建立一个空白的 Word 文档，此时只需直接按题目规定，例如将文件名称命名为“A2”，并保存在指定的文件夹中的操作，注意在输入文件名时，只输入文件的主名“A2”，而扩展名“docx”不需要输入，只要在“保存类型”中选择“word 文档”，就可以确定扩展名是“docx”。

注意：在 ATA 考试中，由于系统采用了特殊技术，所以对 Word 文档的创建、修改、保存和重命名都应采用符合考试系统要求的操作方法来进行，如果执意按个人习惯来进行操作，虽然在正常环境下这一方法是正确的，但因为不符合考试系统的操作要求，系统常常会因为无法判断操作的正确性而影响运行状况，轻者无法实现操作，严重者导致死机，因此，在考前做模拟训练时，务必注意考试系统可接受的操作习惯，以便在考试中不会因操作习惯不同而影响考试效果。

(2) 文本的录入操作

文本的录入主要是考核操作者键盘的录入水平，对录入的准确和速度都有一定的要求。符号的录入常常是应试者费时的操作，其原因是应试者对 Word 环境下符号的构成与调用方法不熟悉。在文本中录入符号是利用“插入”选项组中的“符号”组来完成的，一般在考试中出现的生僻的符号，多数是图形符号，这些符号主要集中在“符号”对话框中字体列表最下端最后三种字体(即 Wingdings、Wingdings 2 和 Wingdings 3)中，如果应试者在考前对这三种字体进行了适当的训练，就不会有问题了。

(3) 文本的复制与粘贴操作

复制现有文档内容，并粘贴至指定的文档和位置。这类操作虽简单，但因为这一操作是在两个文档之间进行，所以对原文件和目标文件应该区分清楚，另外，对粘贴文本后的目标文件进行保存或更名保存等类似操作一定要注意其准确性，否则，简单的操作也可能造成错误的结果。

8.2.4 第三单元考试分析

1. 单元考核内容介绍

第三单元的考试基本上是围绕文本字符和段落的编辑来进行的。主要包括以下内容。

设置文本文字、字符格式：设置字体、字号、字形；设置文本段落的对齐方式、段落缩进、行距和段落间距；利用拼写检查工具，检查并更正英文文档的错误单词和为段落设置指定内

容和格式的项目符号或编号。

2. 实际操作要点解析

（1）如何打开指定文档

从第三单元开始，后面的每一单元都是由系统提供相应的原始材料，应试者只需要在原材料上进行操作，并对照相应的样文即可完成考试。应试者总希望从“我的电脑”开始找到相应的原始材料文件，但是由于ATA考试是模拟环境，且桌面上并未设置“我的电脑”的快捷方式图标，所以，正确的打开的方法是，单击任务栏上的Word程序图标，就可以打开Word环境，再单击最左上角的Office按钮，选“打开”，此时一般默认已经找到了该文件。如果默认状态没有找到该文件，可按系统要求提供的路径找到该文件，再打开。

（2）如何检查更正英文单词错误

Word中提供了检查与更正英文单词拼写错误的功能。在常规情况下，Word一旦发现某一个单词拼写有误，它将会提出相应的修改意见，即拼写修改的建议，应试者可根据实际情况来做更正操作。但要注意的是如果应试者本身对单词的正确拼写心中无底，甚至是Word本身也无法提供一个正确的拼写方式，如模拟题中的“Hutong”一词，这是中文“胡同”的谐音，因为在英语中没有这一词汇，所以Word会报错，但又不能提供合理的拼写建议，应试者碰到此类问题，最好的方法是查看样张，并完全根据样张所列举的正确的拼写结果来操作，这样就没有问题了。

（3）定义新项目符号的设置

考试中经常碰到需要应试者为段落定义新项目符号的操作，而指定的项目符号又是一些不常见的文本符号，对于这类题目的操作，其关键在于如何快速找到相应的符号。其实这一操作与第二单元中符号输入的操作是相似的，部分带有图形样子的文本符号，都是在“符号”对话框中选择Wingdings、Wingdings 2或者Wingdings 3类的字体即可找到。

8.2.5 第四单元考试分析

1. 单元考核内容介绍

本单元主要是考核Word环境下表格的编辑能力，其操作包括以下内容。

在文档中插入指定行列的表格并使用自动套用格式功能设置表格；在表格中交换行和列，插入或删除行和列，设置行高和列宽；合并或拆分单元格；设置表格中内容的字体、字号、对齐方式等；设置表格中边框线的线型、线条粗细和表格内的斜线。

2. 实际操作要点解析

（1）套用表格样式

表格样式是指在系统内已经设计好的表格式样，用户可根据需要可以直接套用它，这种修饰表格的方法快捷方便。如果需要将两种样式组合成新的式样，可以先套用一种样式，然后再把另一个作为样式基准对已经套用的样式进行修改即可。

（2）表格中的行或列交换

表格中有关行或列的交换，主要是利用剪切和粘贴操作来完成。将需要交换的一行（或列）进行剪切操作，此时，剪切的内容被暂时存放在剪贴板（即内存）中，剩下只要将光标选中在需要粘贴的位置实施粘贴操作即可，在粘贴时，可以选择“粘贴行”或者“粘贴列”。

8.2.6　第五单元考试分析

1. 单元考核内容介绍

第五单元的考题涉及多个知识点，其主要内容如下。

设置文档的纸张大小、方向，页边距；设置艺术字的式样、形状、格式、阴影和三维效果；为文档中指定的行或段落分栏，添加边框和底纹；按指定的位置、大小和环绕方式插入图片；为文档中指定的文字添加脚注、尾注；为文档添加页眉(页脚)，插入页码。

2. 实际操作要点解析

(1) 插入图片

在插入图片时，正确的方法是，先将光标停留在需要插入图片的位置，单击“插入”选项卡，选“图片”，然后找到相应的图片文件，单击“插入”即可，易犯的错误是，不点“插入”选项卡，而单击 office 中的“打开”，企图打开该图片，由于是在 word 环境中，默认是找不到该类型文件的，即使通过选择“文件类型”的“所有文件”看到了该图片文件名称，单击“打开”也不是一种正确的插入图片的方法。

(2) 图片和艺术字的环绕方式

所谓环绕方式，就是指该对象(图片或者艺术字)与相邻文字的关系。如四周型是指相邻的文字围绕在该对象的四周；浮于文字上方是指文字与该对象形成了上下两层，上面的一层是该对象而下面的一层则是文字等。

(3) 分栏

在分栏中，有一个易犯的错误，就是当需要对文件的最后一段(或者包括最后一段)分栏时，选择时容易把最后的回车符也选中，这样会出现操作完成了，但看到的分栏效果却是只在一边，而不是预料的两栏效果，正确的方法是在选择时不要把最后回车符也选中，或者在最后再按回车键增加一个空白行，留着空白行不选择。

(4) 边框与底纹

对边框与底纹的操作本身是简单的，但少数应试者经常会出现与题目样张不同的操作结果。例如：对段落实施边框与底纹的操作后看到的结果却是对文本实施了边框和底纹的效果。如图 8-9 所示，第一段是对段落实施的边框与底纹的效果，而第二段则是对文本实施的效果。避免这种操作结果的方法是在进行边框与底纹的操作前，操作对象应选中段落而不是选中文本。如果是仅对一段文本进行操作，只需要将光标停在段落中的任何位置即为选中了该段落；如果有几个段落需要同时实施相同的边框与底纹的操作，则应全选这些段落，特别要注意包括段落尾部的段落标记应该一并选中。

可以使用底纹向文档添加图形设计元素。如果选择某个主题颜色来为文档的某些部分添加底纹，则在您为文档选择不同主题时底纹颜色也将随之更改。

可以使用底纹向文档添加图形设计元素。如果选择某个主题颜色来为文档的某些部分添加底纹，则在您为文档选择不同主题时底纹颜色也将随之更改。

图 8-9　边框与底纹操作中段落格式与文本格式的差异

8.2.7 第六单元考试分析

1. 单元考核内容介绍

本单元是 Excel 基本知识点的考核，其主要内容如下。

插入、删除、移动行或列，设置行高和列宽，移动单元格区域；设置单元格或单元格区域的字体、字号、字形、字体颜色，底纹和边框线，对齐方式，数字格式；为指定单元格添加批注；将现有工作表复制到指定工作表中，重命名工作表；设置打印区域、打印标题；利用建立公式程序建立指定的公式；使用指定的数据建立指定类型的图表，并对图表进行必要的设置。

2. 实际操作要点解析

(1) 确定打印标题

确定打印标题就是在每个打印页上将某些行或列重复用作标题来进行设置。

首先要选择要打印的工作表，然后在“页面布局”选项卡上的“页面设置”组中，单击“打印标题”，如图 8-10 所示。在“工作表”选项卡上的“打印标题”下，并在“顶端标题行”框中，键入对包含列标签的行的引用，或在“左端标题列”框中，键入对包含行标签的列的引用。

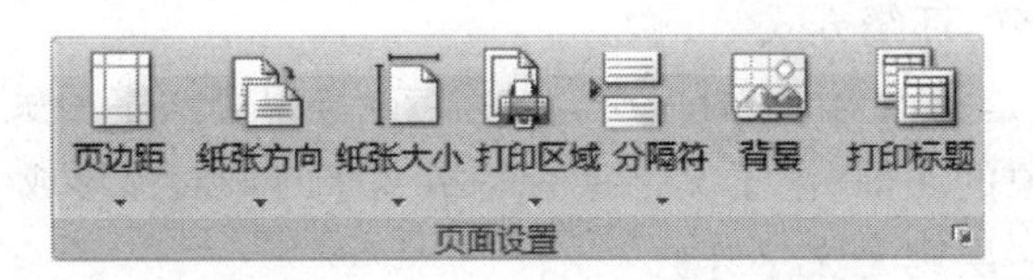

图 8-10 打印标题的操作界面

(2) 图表设计

图表用于以图形形式显示数值数据系列，使用户更容易理解大量数据以及不同数据系列之间的关系。

图表设计考试中应注意以下几个问题。

- 确定图表类型：在考试中则应根据题目要求选择图表类型。
- 确定待显示的图表元素：图表的基本元素有图标区、绘图区、数据系列、图例、坐标轴、坐标轴标题和数据标签等。
- 确定数据系列与图表元素的关系：这往往是应试者容易出错的地方。比如：数据系列与横纵坐标轴的对应关系，可以使得图表显示出完全不同的状态。
- 坐标轴的设计：坐标轴的设计基本上包含显示或隐藏坐标轴；调整轴刻度线和标签；更改标签或刻度线之间的分类数；更改标签的对齐方式和方向；更改分类标签的文本和更改标签中文本和数字的格式等。

8.2.8 第七单元考试分析

1. 单元考核内容介绍

本单元主要是 Excel 的数据计算与管理考核，其主要内容如下。

应用公式或函数计算数据的总和、均值、最大值、最小值或指定的运算内容；对指定的数据排序、筛选、合并计算、分类汇总；为指定的数据建立数据透视表。

2. 实际操作要点解析

(1) 合并计算

合并计算，是指把属于同一类型的数据归并到一起，进行相应的计算(如:求和或者平均值等)。

合并计算有两种常用方式:按位置和按分类进行合并计算。

按位置进行合并计算:这是一种单纯根据数据的相对位置来进行合并计算的方式，即按同样的顺序排列所有工作表中的数据并将它们放在同一位置中。多个表中相同位置的数据进行相应的计算。

按分类进行合并计算:这是一种按数据的分类特性来进行合并计算的方式，即在不同的工作表中使用相同的行标签和列标签，并根据行列标签的内容归类计算，从而生成合并计算表。此种方式在考试中常见。

当数据表中存在行标签和列标签时，一般采用按分类进行合并计算的方式，否则，只能按位置进行合并计算。

实施合并计算，首先必须为合并计算表定义一个目标区域，用来显示计算结果的信息。其次，需要选择要合并计算的数据源，即指定待合并数据的引用位置，此数据源可以来自单个工作表、多个工作表中。

合并计算容易出现错误的一般是按分类进行合并计算的操作。常见的问题是对行标签和列标签(即首行和最左列的标签)的选择不当所致。

正确选择行(列)标签的方法如下。

- 当仅需要根据列标题进行分类合并计算时，则选取“首行”。
- 当仅需要根据行标题进行分类合并计算时，则选取“最左列”。
- 如果需要同时根据列标题和行标题进行分类合并计算时，则同时选取“首行”和“最左列”。

(2) 分类汇总

分类汇总，是指根据某一个字段的值进行汇总，把该字段值相同的若干相关数据进行相应的汇总(求和、求平均值等)。

分类汇总和合并计算的区别在于，参与合并计算的数据可以来自不同的表格，也可以是不同的工作表，而参与分类汇总的数据只能是同一个表格。如果数据只是一张表格，用两种方法都可以得出相应的数据。

分类汇总操作需要明确以下几点。

- 确定分类字段，并实施排序。其中，排序是关键。排序的目的是将需要汇总的数据集中放置。在分类汇总中易犯的错误就是忘记了对分类字段的排序。
- 确定汇总字段。汇总并不意味着仅仅是求和，而是若干类计算的统称。汇总字段可以是一个，也可以是多个，但只有数值类字段可以进行多种类型的汇总计算，而文本类则仅能进行计数计算。
- 确定汇总方式。汇总方式主要是根据汇总目的和汇总字段的类型来确定的，主要有求和、平均值和记数等。

(3) 数据透视表

数据透视表是一种对大量数据快速汇总和建立交叉列表的交互式表格，数据透视表能帮助用户分析、组织数据。利用它可以很快地从不同角度对数据进行分类汇总，为了将其中的一些内在规律显现出来，可将工作表重新组合并添加算法。之所以称为数据透视表，是因为可以动态地改变它们的版面布置，以便按照不同方式分析数据，也可以重新安排行号、列标和页字段。每一次改变版面布置时，数据透视表会立即按照新的布置重新计算数据。

数据透视表的操作关键要注意以下几点。

• 数据透视表的所在位置。考题中往往会列出数据透视表的创建位置，如果不留意，比较容易造成透视表的位置与要求不符的错误。

• 数据源的正确选择。在选择数据源时，不要把数据表的标题选择进来，但应包括字段名，否则 Excel 总是将所选数据的第 1 行作为字段名来处理。

• 正确配置不同区域的字段。数据透视表一般分 4 个区域：报表筛选（用于根据选定项来筛选整个报表，即筛选后的数据透视表将仅显示与该项数据相适应的数据报表）、行标签（用于将字段显示为报表侧面的行）、列标签（用于将字段显示为报表侧面的列）和值（用于显示汇总数值数据）。正确区分并将相应字段拖至相应区域是构建数据透视表的关键。

• 正确配置“值”区域的计算要求，即选择在“值”区域中相应字段的计算方式。

8.2.9 第八单元考试分析

1. 单元考核内容介绍

本单元是一个技术性较强的操作单元，其考试内容包括：在字表处理程序中嵌入电子表格程序中的工作表对象；在字表处理程序中按要求将表格转换为文本，或将文本转换为表格；在字表处理程序或电子表格程序中，录制指定的宏；根据现有数据，完成邮件合并功能的操作。

2. 实际操作要点解析

（1）选择性粘贴

所谓选择性粘贴，是指把放在粘贴板中的内容，以其他格式（例如工作表对象）粘贴数据或者粘贴指向 Excel 中的源数据的链接。而不是把所有的（格式和内容等）都粘贴过来。在做选择性粘贴时，最常见是误把选择性粘贴当做粘贴来处理，这样就与要求不符。

（2）录制宏

能自动执行某些操作的命令的集合称为“宏”，宏是一系列命令和指令的组合，可以作为单个命令执行来自动完成某项任务。创建并执行一个宏，就可以替代人工进行一系列费时而重复的操作。

对“宏”的操作主要是录制“宏”和执行“宏”。

录制“宏”是 Office 提供的一种可跟踪和记录用户操作并以此创建应用程序脚本的功能。一旦启动“录制宏”，用户所执行的操作将被记录下来，直到执行“停止录制”为止。“宏”一旦建立，就有一个宏名与之匹配，也有一段 VBA（Visual Basic for Application）程序与之匹配。执行“宏”，就相当于执行了与宏名匹配的 VBA 程序，也就是重现了被记录的那段操作。

怎么“录制宏”和“执行宏”，下面以在 Word 中录制宏为例。

在“视图”选项卡中，单击“宏”，选择“录制宏”，会出现录制宏对话框，如图 8-11 所示。

在对话框中“宏名”下的文本框中输入 “A6”，单击“键盘”，弹出指定组合键对话框，在“请按新组合键”下的文本框中，输入“Ctrl＋Shift＋A”或直接在键盘上同时按下 Ctrl、Shift、A 三个键，（这里假设用了这组组合键），单击“指定”，则“Ctrl＋Shift＋A” 移动到“当前组合键”中，如图 8-12 所示。

图 8-11　录制宏对话框

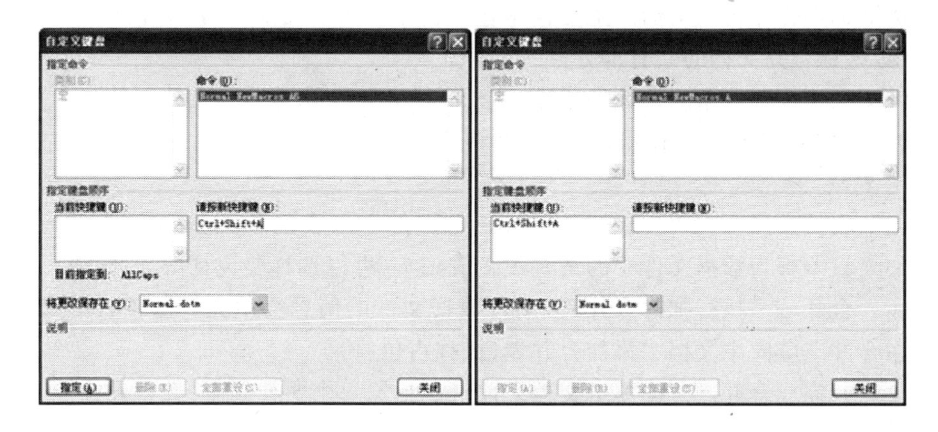

图 8-12　指定组合键

在该对话框中，单击“关闭”。此时会出现一个像录音磁带样的小图标，这表示正在录制宏，从此时开始，所有操作都被录制到宏中，直到单击“停止录制”为止。

例如：执行操作，设置字体为“华文琥珀”，字号为“一号”，颜色为“红色”，加下划线，然后停止录制宏。这样一个宏名叫“A6”的宏就已经录制成功，它包含了与上述的 4 个操作，其对应的组合键为“Ctrl＋Shift＋A”。当执行该宏时，它所包含的 4 个操作就会一起被执行。如果选中文字“录制宏和执行宏”，按下“Ctrl＋Shift＋A”组合键，则文字“录制宏和执行宏”会按宏中包含的 4 个格式进行操作，如图 8-13 所示。

有关<u>**录制宏和执行宏**</u>的演示。

图 8-13　执行宏的结果

如果是在 Excel 中录制宏，方法基本与在 Word 是一样。

提示：1. 组合键中的大写字母 A 不要按下大小字母锁定键“CapsLock”去定义。
2. 只有在录制宏开始到停止录制为止之间所发生的操作，才是包含在宏中的所有操作。
3. 当所有的要求的命令在操作完成后，不要忘记停止录制宏的操作。

(3) 邮件合并

邮件合并是 Word 的一项高级功能，是办公自动化人员应该掌握的基本技术之一，它可以根据现有数据源一次合并出格式相同而内容不同的邮件或文档来。

应试者在进行邮件合并操作前，应首先清楚以下问题。

- 邮件合并的主文档是什么？（信函、信封、标签或普通 Word 文档）
- 需要合并的数据源（数据列表）是否存在？如果存在，在哪里？是什么类型的文件？
- 主文档中需要插入哪些作为合并域的数据？插入的位置？其格式是否有要求？
- 完成并合并后需要打印所有文档还是部分文档？

邮件合并的操作步骤如下。

- 选择邮件合并的主文档。主文档中包含的文本和图形会用于合并文档的所有文档中，这是合并文档的共有部分。
- 将文档连接到数据源。数据源是一个文件，它包含要合并到文档的信息。考试中的数据源多是 Excel 工作簿。注意：在多表情况下，应注意正确选择包含合并数据的工作表。
- 调整收件人列表。Word 为数据文件中的每一项（或记录）生成主文档的一个副本。如果只希望为数据文件中的某些项生成副本，可以选择要包括的项（记录）。
- 插入合并域。执行邮件合并时，来自数据文件的信息会填充到邮件合并域中，所以在合并前应向主文档中添加合并域（或称占位符）。
- 预览并完成合并。打印整组文档之前可以预览每个文档副本，并根据需要选择生成最终文档的项数（记录）。

在 Word 环境下的邮件合并操作实际上是比较容易的，只要将主文档、数据源和合并后的文档之间的关系以及操作步骤搞清楚，就可以正确完成。

计算机信息高新技术考试是一项需要熟练与仔细才能顺利完成的考试，因此，考前的模拟练习是很重要的，它可以帮助应试者很好地熟悉考试环境，了解操作方法，清楚自己的操作水平。八大单元的考题完成后应注意及时检查，最后一定不要忘记单击“完成”，从而提交答卷。需要提醒的是 ATA 考试系统是一个模拟系统，它与真实环境还是存在一定的差距，应试者在操作时应尽量控制操作速度，减少误操作，以免造成系统死锁。

附录A 计算机概述

A.1 计算机的发展阶段

计算机俗称电脑。它是一种能够根据程序指令和要求，自动进行高速的数值运算和逻辑运算，同时具有存储、记忆功能的电子集成设备。它无须人工干预，就能高效、快速地对各种信息进行存储和处理。

1946 年 2 月，世界上第一台通用电子数字计算机 ENIAC（也称"埃尼阿克"）在美国宾西法尼亚宣告研制成功。ENIAC 共使用了 18 000 个电子管、1 500 个继电器以及其他器件，总体积约 90 m^3，重达 30 t，占地 170 m^2，需要用一间 30 多米长的大房间才能存放。这台耗电量为 140 kW 的计算机，运算速度为每秒 5 000 次加法，或者 400 次乘法，比机械式的继电器计算机快 1 000 倍。

自 ENIAC 诞生以来，经过半个多世纪的历程，计算机技术取得了突飞猛进的发展。

计算机的发展历程

	年代	电子元件	特点
第一代	1946—1957 年	电子管	耗电量大、寿命短、可靠性差、成本高、速度慢，一般为每秒几千次～几万次 内存储器采用水银延迟电路。存储容量小、读写速度慢 外存储器主要使用穿孔纸带、卡片、磁带和磁鼓等，使用不便 只能使用机器语言，没有系统软件，操作机器困难
第二代	1958—1964 年	晶体管	采用晶体管作为逻辑元件。体积变小、重量减轻，可靠性有所提高，运算速度提高到每秒几十万次 采用磁心作为内存储器的元件。外存储器使用磁盘和磁带 出现系统软件（监控程序），提出了操作系统的概念，开始使用汇编语言和高级语言（如 FORTRAN 和 ALGOL 等）
第三代	1965—1969 年	中小规模集成电路	采用集成电路作为逻辑元件。计算机的体积更小、重量更轻、耗电量更省、寿命更长，运算速度有了较大提高 半导体存储器取代了原来的磁心存储器，存储能力和存取速度有了较大的提高。外存储器以磁盘和磁带为主 系统软件有了很大发展，出现了分时操作系统，多用户可共享计算机软、硬件资源。软件有了较大发展，提出了结构化程序设计思想，出现了结构化程序设计语言 开始向系列化、通用化和标准化的方向发展

续表

	年　代	电子元件	特　点
第四代	1970年至今	大规模集成电路	普遍采用大规模集成电路作为逻辑元件。计算机的体积大幅度变小、重量大幅度变轻、成本大幅度下降，而运算速度得以大幅度提高，并出现了微型机 作为内存的半导体存储器集成度越来越高，容量越来越大；外存储器广泛使用软盘、硬盘光盘和闪存盘等多种存储介质 各种使用方便的外部设备相继出现。输入设备广泛使用光字符阅读器、扫描仪和数码相机等，输出设备广泛使用喷墨打印机、激光打印机和绘图仪等，使得字符和图形输出更加清晰逼真。彩色显示器分辨率达到1 024×768或更高 软件产业发达，系统软件、实用软件和应用软件层出不穷，数据库管理系统进一步发展 多媒体技术崛起，计算机集文字、图形、图像、声音和视频等信息处理于一身，在信息处理领域掀起一场革命 计算机技术与通信技术相结合，各种计算机网络（局域网、广域网和Internet）已把世界紧密地联系在一起
第五代	1981年起	超大规模集成电路	把信息采集、存储、处理、通信同人工智能结合在一起的智能计算机系统。它能进行数值计算或处理一般的信息，主要能面向知识处理，具有形式化推理、联想、学习和解释的能力，能够帮助人们进行判断、决策、开拓未知领域和获得新的知识。人一机之间可以直接通过自然语言（声音、文字）或图形图像交换信息

A.2　计算机的分类

计算机按其功能可分为专用计算机和通用计算机。专用计算机功能单一、适应性差，但是在特定用途下最经济、最快速、最有效。通用计算机功能齐全、适应面广，但其效率、速度和经济性相对较差。计算机还可以依据其处理数据的形态和本身的性能进行分类。一般地，根据运算速度、存储容量、指令系统的规模和机器价格等指标，对计算机作如下分类。

1. 巨型机

巨型机规模大、运算速度快、存储容量大、数据处理能力强且价格昂贵，主要用于国防尖端技术、空间技术、天气预报、石油勘探等方面。巨型机研制开发能力是衡量一个国家综合实力的标志。我国自行研制的命名为“银河”、“曙光”和“神威”系列计算机都属于巨型机，字长达64位以上、运算速度已达1亿次/秒～10万亿次/秒。

2. 大中型机

大中型机在规模上不及巨型机，但具有极强的综合处理能力和极广的性能覆盖面，一般用于大型企事业单位的数据库系统或作为大型计算机网络中的主机。这类机型的典型代表是美国IBM公司生产的IBM 4300系列机和IBM 9000系列机。

3. 小型机

小型机规模小、成本较低、维护容易且用途广泛，既可用于科学计算机，又可用于过程控制、数据采集和分析处理，特别适用于中小型企事业单位。DEC公司生产的VAX系列机是小型机的代表。

4. 微型机

20世纪70年代后期，微型机异军突起，引起了计算机的一场革命。特别在近10年内微型机技术发展迅猛，平均每 2～3 个月就有新产品出现，1～2 年产品就更新换代一次。平均每 2 年芯片的集成度可提高 1 倍、性能提高 1 倍、价格降低 1/2。微型机广泛应用于办公自动化、数据库管理和多媒体应用等领域。

5. 工作站

工作站是指易于连网的高档微型机，它较之一般微型机其运算速度更快、存储容量更大，通常配有大屏幕显示器，特别适合于图像处理和计算机辅助设计。

A.3　微型计算机的发展阶段

微型计算机，简称微机。微机的重要特点就是将中央处理器(CPU)制作在一块集成电路芯片上，这种芯片称之为微处理器(MPU)。微处理器的出现开辟了计算机的新纪元。由不同规模的集成电路构成的微处理器，就形成了微机不同的发展阶段。

总部位于美国加州圣克拉拉的 Intel 公司是全球最大的 CPU 生产制造商。从其生产的第一个用于微机的 CPU—— Intel 4004 开始，已经走过了 37 年的历史。可以说，Intel 生产的 CPU 的发展历史，就是微机的发展历史。

Intel 的发展历史

型号	时间	集成度(晶体管个数)	处理器位数	制造工艺
Intel 4004	1971 年	2 300	4	10 μm
Intel 8008	1972 年	3 500	8	10 μm
Intel 8080	1974 年	6 000	8	6 μm
Intel 8085	1976 年	6 500	8	3 μm
Intel 8086	1978 年	2.9 万	8	3 μm
Intel 8088	1979 年	2.9 万	**	3 μm
Intel 80286	1982 年	13.4 万	16	3 μm
Intel 80386	1985 年	27.5 万	32	1.5 μm
Intel 80486	1988 年	125 万	32	1 μm
Pentium	1993 年	310 万	32×2	350 nm
Pentium MMX	1993 年	450 万	32×2	350 nm
Pentium Pro	1995 年	550 万	32×2	350 nm
Pentium Ⅱ	1997 年	750 万	32×2	250 nm
Pentium Ⅲ	1999 年	950 万	32×2	180 nm
Pentium 4	2000 年	5 500 万	64	130 nm
Pentium 4E	2004 年	1 亿	64	90 nm
Penryn 双核心	2007 年	4.1 亿×2	64	45 nm

注：** 内部 16 位，外部 8 位。

附录B 微型计算机系统的组成

计算机系统包括硬件系统和软件系统,硬件系统是看得见、摸得着的实体部分;软件系统是为了更好地利用计算机而编写的程序及文档。它们的区分犹如把一个人分成躯体和思想一样,躯体是硬件,思想则是软件。

B.1 微型计算机系统的基本组成

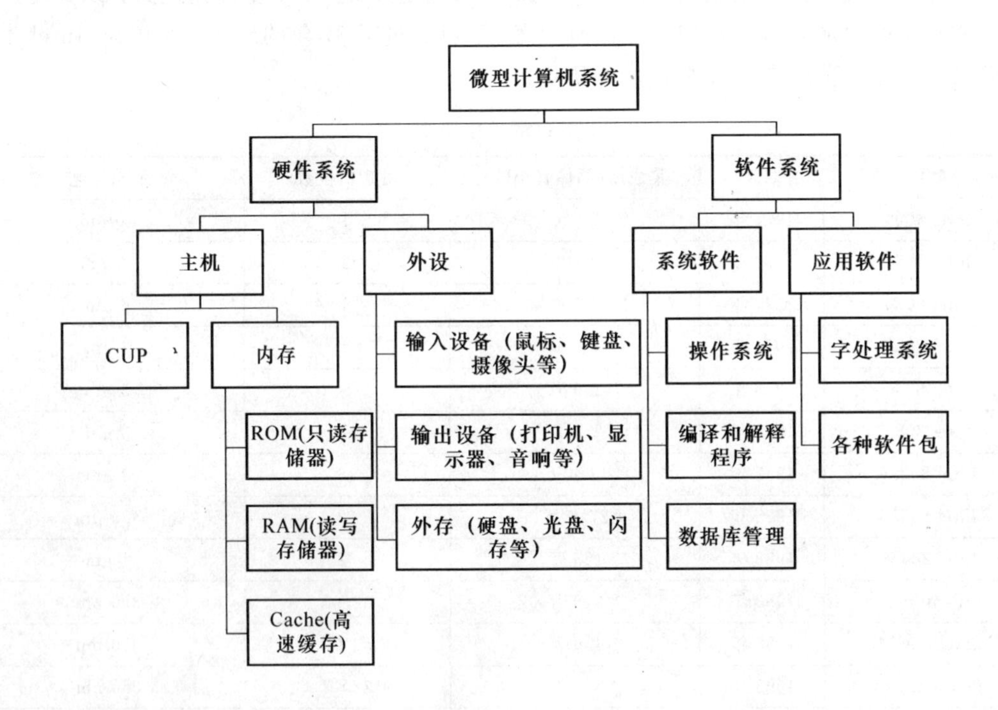

B.2 微型计算机的硬件系统

B.2.1 微型计算机的硬件设备

1. 中央处理器

计算机中央处理器简称 CPU,它是计算机硬件系统的核心,是计算机的心脏,CPU 品质的高低直接决定了计算机系统的档次。

2. 主板

主板，也称主机板，它是安装在机箱内的微机的最基本也是最重要的部件之一。主板一般为矩形电路板，上面安装了组成计算机的主要电路系统，一般有 BIOS 芯片、I/O 控制芯片、键盘和面板控制开关接口、指示灯插接件、扩充插槽、主板及插卡的直流电源供电接插件等元件。主板的另一特点，是采用了开放式结构。主板上大都有 6～8 个扩展插槽，供 PC 外围设备的控制卡(适配器)插接。通过更换这些插卡，可以对微机的相应子系统进行局部升级，使厂家和用户在配置机型方面有更大的灵活性。

3. 存储器

存储器的主要功能是存放程序和数据。使用时，可以从存储器中取出信息来查看、运行程序，称其为存储器的读操作；也可以把信息写入存储器、修改原有信息、删除原有信息，称其为存储器的写操作。存储器通常分为内存储器和外存储器。

(1) 内部存储器(内存)

只读存储器 ROM 的特点：存储的信息只能读(取出)不能写(存入或修改)，其信息是在制作该存储器时就被写入；断电后信息不会丢失。用途：一般用于存放固定不变的、控制计算机的系统程序和数据。如主板上的 BIOS 芯片。

随机存储器 RAM 的特点：既可读，也可写；断电后信息丢失。用途：临时存放程序和数据，如微机的内存。

高速缓冲存储器(Cache)：指在 CPU 与内存之间设置的一级或两级高速小容量存储器，固化在主板上。在计算机工作时，系统先将数据由外存读入 RAM 中，再由 RAM 读入 Cache 中，然后 CPU 直接从 Cache 中取数据进行操作。

(2) 外部存储器(外存)

外部存储器一般用来存储需要长期保存的各种程序和数据。它不能被 CPU 直接访问，必须先调入内存才能被 CPU 利用。外存与内存相比，外存存储容量比较大，但速度比较慢。

常见的外部存储器有：硬盘、光盘、闪存盘(即 U 盘)等。软盘因容量小且易损，已经基本上被弃用。

4. 输入/输出设备

输入设备：负责把用户的信息(程序和数据)输入到微机中。

输出设备：负责将微机中的信息(程序和数据)传送到外部媒介供用户查看和保存。

常见的输入设备有：键盘、鼠标、摄像头、扫描仪、光笔等。

常见的输出设备有：显示器、打印机、绘图仪、影像输出系统、语音输出系统、磁记录设备等。

5. 总线和接口

(1) 总线

计算机中传输信息的公共通路称为总线(BUS)。一次能够在总线上同时传输信息的二进制位数被称为总线宽度。CPU 是由若干基本部件组成的，这些部件之间的总线被称为内部总线；而连接系统各部件间的总线称为外部总线，也称为系统总线。按照总线上传输信息的不同，总线可以分为数据总线(DB)、地址总线(AB)和控制总线(CB)3种。

(2) 接口

不同的外围设备与主机相连都必须根据不同的电气、机械标准，采用不同的接口来实现。主机与外围设备之间信息通过两种接口传输。一种是串行接口，如鼠标；另一种是并行接口，如打印机。串行接口按机器字的二进制位，逐位传输信息，传送速度较慢，但准确率高；并行接口一次可以同时传送若干个二进制位的信息，传送速度比串行接口快，但器材投入较多。现在的微机上都配备了串行接口与并行接口。

B.2.2 微型计算机的主要技术指标

1. 字长

字长是指一台计算机所能处理的二进制代码的位数。微型计算机的字长直接影响到它的精度、功能和速度。字长越长，能表示的数值范围就越大，计算出的结果的有效位数也就越多；字长越长，能表示的信息就越多，机器的功能就更强。目前常用的是32位字长的微型计算机。

2. 运算速度

运算速度是指计算机每秒钟所能执行的指令条数，一般用MIPS(Million of Instructions Per Second，即每秒百万条指令)为单位。由于不同类型的指令执行时间长短不同，因而运算速度的计算方法也不同。

3. 主频

主频是指计算机CPU的时钟频率，它在很大程度上决定了计算机的运算速度。一般时钟频率越高，运算速度就越快。主频的单位一般是MHz(兆赫)或GHz(吉赫)。

4. 存储器容量

存储器容量是指存储器中能够存储信息的总字节数，一般以MB或GB为单位。内存容量反映了内存储器存储数据的能力。目前微型机的内存容量有512 MB、1 GB、2 GB、4 GB等。而硬盘等外部存储器的容量就很大，目前一般在160 GB以上。

B.3 计算机软件系统

B.3.1 计算机软件系统的概述

1. 计算机软件概念

计算机软件是计算机程序和对该程序的功能、结构、设计思想以及使用方法等整套文字资料的说明(即文档)。

2. 软件系统的分类

通常分为系统软件和应用软件两大类。

B.3.2 系统软件

1. 操作系统

操作系统(Operating System,OS)是管理和指挥计算机运行的一种大型软件系统,是直接运行在计算机硬件之上的软件。操作系统是控制和管理计算机系统的一组程序的集合,是应用软件运行的基础。用户通过操作系统定义的各种命令来使用计算机。

目前使用的操作系统主要有如下两种。

单用户多操作系统,也称桌面操作系统,同一时间只能让一个用户工作,但同时可以执行多项任务,如打印、编辑和听音乐等。这种操作系统多用于微型计算机上,如 Windows XP。

网络操作系统是管理连接在计算机网络上的多台计算机的操作系统,如 Windows Server 2003。

2. 计算机语言

程序设计语言是指用于编写计算机程序的计算机语言。计算机语言分为机器语言、汇编语言和高级语言 3 种。

机器语言(Machine Language)是用二进制代码指令(由 0 和 1 组成的计算机可识别的代码)来表示各种操作的计算机语言。用机器语言编写的程序称为机器语言程序。

机器语言的优点是它不需要翻译,可以为计算机直接理解并执行,执行速度快,效率高;其缺点是这种语言不直观,难于记忆,编写程序烦琐而且机器语言随机器而异,通用性差。汇编语言是一种用符号指令来表示各种操作的计算机语言。

机器语言和汇编语言均是面向机器(依赖于具体的机器)的语言,统称为低级语言。

高级语言是一种接近于自然语言和数学语言的程序设计语言,它是一种独立于具体的计算机而面向过程的计算机语言,如早期的 BASIC、FORTRAN、C 等,现在的 C++、C# 等。用高级语言编写的程序可以移植到各种类型的计算机上运行。

高级语言的优点是其命令接近人的习惯,它比汇编语言程序更直观,更容易编写、修改、阅读,使用更方便。

3. 语言处理系统

用汇编语言和高级语言编写的程序(称为源程序),计算机并不认识,更不能直接执行,而必须由语言处理系统将它翻译成计算机可以理解的机器语言程序(即目标程序),然后再让计算机执行目标程序。语言处理系统一般可分为 3 类:汇编程序、解释程序和编译程序。

汇编程序是把用汇编语言写的源程序翻译成等价的机器语言程序。汇编语言是为特定的计算机和计算机系统设计的面向机器的语言。其加工对象是用汇编语言编写的源程序。

解释程序是把用交互会话式语言编写的源程序翻译成机器语言程序。解释程序的主要工作是:每当遇到源程序的一条语句,就将它翻译成机器语言并逐句逐行执行,非常适用于人机会话。

编译程序是把高级语言编写的源程序翻译成目标程序的程序。其中,目标程序可以是机器指令的程序,也可以是汇编语言程序。如果是前者,则源程序的执行需要执行两步,先编译后运行；如果是后者，则源程序的执行就需要执行3步，先编译，再汇编，最后运行。

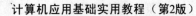

编译程序与解释程序相比，解释程序不产生目标程序，直接得到运行结果，而编译程序则产生目标程序。一般解释程序运行时间长，但占用内存少，编译则正好相反，大多数高级语言都是采用编译的方法执行。

B.3.3 应用软件

软件系统中的应用软件根据使用的目的不同，可分为办公软件、工具软件、防病毒软件等。

(1) 办公软件：Microsoft Office、金山 WPS Office。

(2) 工具软件：压缩软件 WinRAR、下载软件 FlashGet、图片浏览软件 ACDSee。

(3) 防病毒软件：瑞星、金山、江民和卡巴斯基防病毒软件等。

附录 C
Office编辑技巧

C.1 Word 基本编辑技巧

C.1.1 如何快速找到上次修改的位置

在打开上次修改过的文档时,按组合键 Shift+F5,即可使光标迅速跳到上次结束修改工作的位置,这样很快就可以开始继续工作了。

C.1.2 如何选取文本

文本的选取可以有多种方法。

1. 用鼠标选取

在要选定文字的开始位置,按住鼠标左键移动到要选定文字的结束位置松开;或者按住 Shift 键,在要选定文字的结束位置单击,就选中了这些文字。这种方法对连续的字、句、行、段的选取都适用。

2. 行的选取

把鼠标移动到行的左边,鼠标就变成了一个斜向右上方的箭头,单击鼠标左键,就可以选中这一行了。或者把光标定位在要选定文字的行首(尾)位置,先按住 Shift 键再按 End 键(Home 键),这样就可以选中光标所在位置到行尾(首)的文字。

3. 句的选取

选取一句:按住 Ctrl 键,单击文档中的一个地方,鼠标单击处的整个句子就被选取。

选取多句:按住 Ctrl 键,在第一个要选取句子的任意位置按下鼠标左键,松开 Ctrl 键,拖动鼠标到最后一个句子的任意位置松开鼠标左键,这样就可以选取多句了。或者按住 Ctrl 键,在第一个要选中句子的任意位置单击鼠标左键,松开 Ctrl 键,再按下 Shift 键,单击最后一个句子的任意位置。

4. 段的选取

选中一段:在要选取段的段首位置双击鼠标左键,即可选中整段。

选中多段:在左边的选定区双击选中第一段,然后按住 Shift 键,在最后一段中任意位置单击鼠标左键,即可选中多个段落。

5. 矩形选取

矩形选取的方式如下。

(1) 按住 Alt 键，在要选取的开始位置按下鼠标左键，拖动鼠标左键即可选取一个矩形的区域。

(2) 将光标置于要选择文本块的左上角，按组合键 Ctrl＋Shift＋F8，这时光标会变得比原先的细一些，然后就可以拖动鼠标进行选择了（也可以使用键盘上的方向键进行选择），按 Esc 键可以取消选择。

6. 全文选取

使用快捷键 Ctrl＋A 可以选中全文；或者先将光标定位到文档的开始位置，再按组合键 Shift＋Ctrl＋End 选取全文；按住 Ctrl 键在左边的选定区中单击，同样可以选取全文。

C.1.3 如何快速改变 Word 文档的行距

改变 Word 文档行距的方法，除了在“段落”对话框中进行设置外，还有没有更加快速的方法呢？

在 Word 中，除了在“段落”对话框中进行设置外，还可以通过键盘上的组合键进行快速设置。选中需要设置行距的文本段落，分别按下列组合键设置行距。

(1) 按组合键 Ctrl＋1，即可将段落设置成单倍行距。

(2) 按组合键 Ctrl＋2，即可将段落设置成双倍行距。

(3) 按组合键 Ctrl＋5，即可将段落设置成 1.5 倍行距。

C.1.4 如何将字体的尺寸无限放大

如果要在 Word 2003 中将字体的字号调整到大于“初号”或“72 磅”，则可以执行如下操作方法。

(1) 在 Word 中选中要放大的文字后，直接在字号中输入字号的数值（1～1 638 之间）。

(2) 可以按组合键 Ctrl＋]，这样所选字体就会逐渐增大；按组合键 Ctrl＋[，所选字体就会逐渐缩小。

(3) 如果想快速放大或缩小字体，可以按组合键 Ctrl＋Shift＋〉或 Ctrl＋Shift＋〈，这样所选字体就会快速增大或缩小。

C.1.5 如何控制每页的行数和字数

控制行数和字数的方法如下。

在选项卡“文件”的“页面设置”中，打开“页面设置”对话框，单击“文档网格”标签，打开“文档网格”选项卡，在“网格”选项区域中，选中“指定行和字符网格”单选按钮，此时即可在“字符”和“行”选项区域中指定每行的字数和每页的行数。

C.1.6 筛选出文档中的英文字符

要筛选出 Word 文档中的英文字符，并改变其大小，可以执行如下操作步骤。

在 Word 文档中，使用组合键 Ctrl＋F 打开“查找和替换”对话框，单击“查找”选项卡，在“查找内容”文本框中输入“^$”（注意，不包括双引号，必须是英文半角），并单击“更多”按钮，在“搜索选项”中选择“全部”，选择“在以下项中查找”下的“主文档”，即可将文档中的所有英文字符选中（建议取消“区分全/半角”）。

C.1.7　如何修改拼写错误

默认文档中的红色波浪线可能是拼写错误造成的，绿色波浪线可能是语法错误造成的。如何进行修改？方法如下。

1. 利用“拼写和语法”

将鼠标放置在有红色波浪线的地方，然后在“审阅”选项卡中执行“校对”中的“拼写和语法”命令，打开“拼写和语法”对话框，在“建议”列表中选择正确单词后，单击“更改”按钮，系统将自动切换到下一个出现错误的地方，继续进行更改。当全部更改完毕后，单击“确定”按钮即可。

如果某个单词在词典中没有，但却是正确的，那么可以单击“忽略一次”或“全部忽略”。

2. 利用 F7 功能键

将鼠标放在有红色波浪线的地方，单击 F7 键，打开“拼写和语法”对话框，其他如上述。

“红色波浪线”和“绿色波浪线”的区别在于：“红色波浪线”代表拼写错误；“绿色波浪线”代表语法错误。

C.1.8　如何去除页眉中的横线

在设置 Word 文档的页眉时，会自动加上一条水平线。如果不想显示这条水平线，可以采用以下两种方法去掉横线。

(1) 自定义的段落边框，利用自定义的段落边框的方式可以将页眉中的横线去除。

(2) 改变其样式，在“样式”下拉列表中将页眉样式删除。

C.1.9　如何使封面、目录和正文有不同的页码格式

在使用 Word 编辑长文档时，经常会遇到页码编排的问题，如果这个文档包含封面、目录和正文时，只要在封面、目录和正文之间插入分节符，利用不同节之间格式的差异性插入页码即可。

C.2　Word 文件的格式与版式

C.2.1　如何在文档中插入一条分隔线

在制作文档的过程中，有时需要在文档中插入一条分隔线。一般情况下，手工绘制分隔

线有时很难把握线条的长度，用户可以使用以下几种方法，分别输入不同的分隔线。

（1）双直线

连续输入 3 个或 3 个以上的“＝”，然后按 Enter 键，这样就可以自动得到一条双直线。

（2）波浪线

连续输入 3 个或 3 个以上的“～”，然后按 Enter 键，即可得到一条波浪线。

（3）虚线

连续输入 3 个或 3 个以上的“*”，然后按 Enter 键，即可得到一条虚线。

（4）细直线

连续输入 3 个或 3 个以上的“－”，然后按 Enter 键，即可得到一条细直线。

（5）实心线

连续输入 3 个或 3 个以上的“#”，然后按 Enter 键，即可得到一条实心线。

C.2.2　如何快速阅读长文档

在阅读长文档时，只需要在“视图”选项页中选择“文档结构图”命令，即可在文档的结构图中选择不同的内容，就可以快速跳转到不同的页面进行文档浏览。

C.3　Word 表格编辑

C.3.1　如何删除整个表格

要删除表格可以按组合键 Shift＋Delete，使用该方法还可以删除整行或整列。

C.3.2　如何快速将表格一分为二

将光标定位到分开后为第 2 个表格的首行上，然后按下 Ctrl＋ Shift＋ Enter 组合键，这样 Word 会在表格的中间自动插入一空行，从而将表格一分为二。

C.3.3　如何让表格的表头在下一页中自动出现

当文档中的表格跨页显示时，如何使表格的标题自动出现在下一页呢？在 Word 中经常会遇到表格在一页中放不下的情况，此时就希望在下一页中重新出现表格的表头。其实，只要选中表格的表头，在“表格工具”选项卡的“数据”组中选取“重复标题行”，就可以实现表格跨页时表头自动出现了。

C.3.4 如何去除表格后面的那张空白页

在 Word 中，如果一个文档的最后一页是表格，并且这个表格占满了一整页，就会在后面产生一个空白页。虽然该页只含有一个段落标记，但是没有办法删除。在打印时，该页照样会使打印机走一页纸，因而造成不必要的浪费。解决这个问题的办法其实很简单，只要将光标置于最后一段，只要将行间距设置为“固定值”、“1 磅”即可。

C.4 Word 图文混排

C.4.1 如何单独保存 Word 文档中的图片

在 Word 文档中将图片全部保存为单独的图片格式文件，可以采用“文件”中的“另存为”命令，打开“另存为”、“网页”格式的方式来完成。在网页元素的文件夹中就可以得到文档中所有图片的单独文件了。

C.4.2 如何改变 Word 的页面颜色

Word 的默认页面颜色一直都是白色，可以根据个人喜好来更改其页面颜色。

在“页面布局”选项卡中选择“页面背景”组中的“页面颜色”，选择一种颜色，其文档的页面颜色和相应的配套文字颜色就确定了。当然可以通过调整文字颜色来达到更好的效果。

C.5 Excel 数据输入技巧

C.5.1 如何在工作表中快速跳转单元格

在 Excel 工作表中，可以使用如下的快捷键快速跳转单元格。

(1) 组合键 Ctrl+Home：快速跳转到工作表的第 1 个单元格。

(2) 组合键 Ctrl+End：快速跳转到工作表的最后一个单元格。

(3) 组合键 Shift+Ctrl+Home：快速选中工作表中第 1 行的所有单元格内容。

(4) 组合键 Shift+Ctrl+End：快速选中工作表中最后一行的所有单元格内容。

C.5.2 如何正确显示百分数

在单元格中输入一个百分数(假如 66%)，按下 Enter 键后显示的却是 0.66。怎样才能正确显示百分数呢？出现这种情况的原因是因为所输入单元格的数据被强制定义成“数值”类型了，因此，只要将它更改为“常规”或“百分数”类型即可。

C.5.3 如何在单元格中输入10位以上的数字

有时需要在单元格中输入15位或者18位的身份证号码，但是在Excel中输入超过11位数字时，会自动转为“科学计数”的方式，比如身份证号为：130110196011236×××，输入后就变成了1.301E+17。如何解决这个问题呢？比较简单快速的方法就是在单元格中输入号码时，先输入“'”号，即“'130110196011236×××”，这样单元格会默认该单元为“文本”方式，完整显示出18位身份证号码来。

如果已经输入了大量的号码，并已经全部以科学计数显示，就可以选中已经输入号码的单元格，右击鼠标打开“单元格格式”对话框，在“数字”选项卡中的“分类”列表中选择“自定义”，在“类型”文本框中输入“0”，单击“确定”按钮即可。

C.5.4 如何自动填充数值

想输入1 000～1 100的编号，可以利用鼠标左键填充，即在“起始值”的“控点”上按住鼠标左键，然后按住Ctrl键往下拖曳即可。

C.5.5 如何输入分数

在Excel中输入分数时，它总是要变成日期，要怎样才可以正确输入分数呢？最简单的方法就是在分数前多加一个“0”。如要得到“3/5”，那就要先输入一个“0”，然后按一下空格键再输入3/5，按Enter键即可变成“3/5”。

若输入的分数不作计算用的话，可以直接在分数前先输入一个“'”符号，然后紧接着输入“3/5”即可。这样输入的分数靠左对齐，表示它是“文字”而不是“数值”。

C.5.6 如何输入以“0”为开头的数据

要在单元格中输入以“0”为开头的数据，解决这个问题的方法有两种，一种是得到的结果为“数值”(可以计算)，另一种是得到的结果为“文字”(无法计算)。

1. 结果是数值的情况

选中要输入数值的单元格，打开“单元格格式”对话框，选择“数字”选项卡，在“分类”列表中选择“自定义”的“类型”文本框中输入n个“0”，这样就可以在单元格中输入以“0”开头的数值型数据，数据的位数为$n-1$。

2. 结果是文字的情况

若要输入文字的话，可以直接在输入数字之前先输入一个“'”符号，然后再输入数字即可。这样输入的数字靠左对齐，表示它是“文字”而不是“数值”。

C.5.7 如何在连续单元格中自动输入等比数据序列

要在连续单元格中自动输入等比数据序列，可以利用 Excel 的“填充”功能实现。

在第一个单元格中输入该序列的起始值，右键选择并拖动该单元格的填充柄，选中要填充的所有单元格，并在右键快捷菜单中选择“序列”命令，打开“序列”对话框。在“类型”选项区域中选中“等比序列”单选按钮，再在“步长值”文本框中输入等比序列的比值，单击“确定”按钮，系统即可自动将序列按照要求进行填充。

C.6 Excel 工作表及单元格的美化

C.6.1 如何在多个工作簿之间快速切换

要在多个 Excel 工作簿之间切换，可以执行以下方法。

(1) 按组合键 Ctrl+Tab，可以在打开的工作簿之间切换。

(2) 按组合键 Ctrl+PageDown，可以切换到工作簿的下一个工作表。

(3) 按组合键 Ctrl+PageUp，可以切换到工作簿的上一个工作表。

C.6.2 如何在 Excel 中获得最适合的列宽

在 Excel 单元格中输入数据时，经常会遇到单元格列宽不够的情况，如何调整才是最快的方法呢？

快速调整列宽的方法有以下几种。

(1) 如果需要调整某一列的列宽以获得最适合的宽度，可以用鼠标双击该列列标的右侧边界。

(2) 如果需要将多列调整到最适合的宽度，可以同时选中多列，然后鼠标双击任一列的右侧边界部分，这样所有选中列的宽度就会自动适应内容了。

C.6.3 如何快速修改工作表的名称

要快速修改工作表的名称，只需双击“工作表标签”，此时，“工作表标签”会自动反白显示，此时，只要输入适当的名称即可。

C.6.4 如何快速去掉工作表中的网格线

在 Excel 工作表中，去除网格线的方法是：选择“自定义快速访问工具栏”中的“其他命令”，在“高级”栏中，选择“此工作表的显示选项”，在选择制定表后，将“显示网格线”的勾选去掉即可。

C.6.5 如何合并单元格

选中待合并的单元格，使用“开始”选项卡中“对齐方式”中的“合并后居中”命令按钮即可完成合并单元格的操作。

也可以在选中待合并的单元格后，单击右键快捷菜单中的“设置单元格格式”，打开“设置单元格格式”对话框，选择“对齐”选项卡，在“文本控制”中勾选“合并单元格”，单击“确定”按钮后即可完成合并单元格的操作。

C.6.6 如何利用颜色给工作表分类

当有很多工作表时，工作表标签就很重要，因为它可以帮助辨别不同的工作表，特别是不同功能类型的工作表。

(1) 按住 Ctrl 键或 Shift 键选择相关的工作表的标签。

(2) 在选定的工作表标签上单击鼠标右键，在弹出的快捷菜单中执行“工作表标签颜色”命令，在“工作表标签颜色”选项区域中选择适当的颜色后即可。

这样就可以根据颜色就可以方便地查找一组具有相同类型的工作表。

C.6.7 如何锁定工作表的标题栏

锁定工作表标题栏的目的是为了在编辑工作表其他单元格时能一直看到工作表标题栏的内容。

其操作办法是：选择“视图”选项卡中“窗口”命令组的“冻结窗格”命令，即可在“冻结首行”或“冻结首列”中进行选择。

C.6.8 如何快速隐藏行或列

要实现行或列的隐藏，除了利用“隐藏”命令外，还有更为快捷的方法。

要快速隐藏行或列，可以使用以下几种方法实现。

1. 利用组合键

这种方法适用于隐藏的行或列比较少的情况下。先用鼠标选中要隐藏的行或列，然后选择如下操作。

(1) 如果要隐藏行，可以按组合键 Ctrl＋9。

(2) 如果要隐藏列，可以按组合键 Ctrl＋0。

(3) 如果要取消隐藏行，可以按组合键 Ctrl＋Shift＋9。

(4) 如果要取消隐藏列，可以按组合键 Ctrl＋Shift＋0。

2. 创建组

适用于要隐藏的行或列比较多的情况。具体的操作步骤如下。

(1) 选中要隐藏的行或列(可以是多列)，然后按组合键 Shift＋Alt＋→，打开“创建组”

对话框。由于要隐藏的是多列，因此在“创建组”选项区域中选中“列”单选按钮。单击“确定”按钮，此时，在工作表的行序号的上面将出现一条黑线，它将刚才选择的列连接起来，同时在末端会有一个“－”符号。单击该符号，则所选的列就会组成一个组，从而达到隐藏的效果，同时“－”号会变成“＋”号。如果要恢复隐藏，只要再单击该“＋”号即可。

(2) 如果要取消分组模式，只需按组合键 Shift＋Alt＋←，然后在打开的“取消组合”对话框中选中“列”单选按钮，再单击“确定”按钮即可。

隐藏行的方法与隐藏列的方法完全相同，这里不再赘述。

C.6.9 如何在 Excel 中实现文本换行

在 Excel 输入文字的过程中，不像其他常用的编辑器那样会自动换行。怎样才能实现文本换行呢？

(1) 使用命令来实现自动换行。用鼠标选定某一单元格，打开“设置单元格格式”对话框中的“对齐”选项卡。在“文本控制”选项区域中选中“自动换行”复选框，然后单击“确定”按钮即可。

(2) 使用组合键即时换行。如果在单元格中需要换行，可将光标置于待换行的指定位置，按组合键 Alt＋Enter 即可。但这种换行不是自动换行，而是在文本的指定位置上硬性换行。

C.6.10 如何将数据进行行列转置

在 Excel 中输入数据时，往往完成后才发现需要将行和列互换一下才会更好，此时，可对刚输入的数据进行行列转置。

选取并复制要行列转置的数据，在指定单元格执行“选择性粘贴”，在“选择性粘贴”对话框中勾选“转置”即可。

C.6.11 如何将若干个数值变成负数

在任意一个空白单元格中输入“－1”，然后执行常规的“复制”命令。选择若干个需要变成负数的数值(单元格)，使用“选择性粘贴”，并在“选择性粘贴”对话框的“运算”选项区域中选中“乘”单选按钮，单击“确定”按钮，这样所选单元格中的所有数值都变成负数了。

C.6.12 如何计算两个日期之差

利用函数 DATEDIF 即可完成这一操作。

DATEDIF 函数的作用是：返回任意两个日期之间相差的时间，并能以年、月或天数的形式表示。

函数格式为：

DATEDIF(start_date，end_date，unit)

其参数为：

- “start_date”：为一个日期，它代表时间段内的第一个日期或起始日期；
- “end_date”：为一个日期，它代表时间段内的最后一个日期或结束日期；
- “unit”：为所需信息的返回类型。其中：

“Y”：时间段中的整年数；

“M”：时间段中的整月数；

“D”：时间段中的天数；

“MD”：start_date 与 end_date 日期中天数的差，忽略日期中的月和年；

“YM”：start_date 与 end_date 日期中月数的差，忽略日期中的日和年；

“YD”：start_date 与 end_date 日期中天数的差，忽略日期中的年。

例如，比较许东和他的儿子出生日期之差。

在 A1 单元格中输入计算开始许东的出生日期(1963-12-2)，在 B1 单元格中输入他儿子的出生日期(1991-2-3)。

在 C1 单元格中输入“=DATEDIF(A1,B1,"Y")”，即可计算出两个日期之差的整年数为 27；在 C2 单元格中输入“=DATEDIF(A1,B1,"M")”，即可计算出两个日期之差的整月数为 326；在 C3 单元格中输入“=DATEDIF(A1,B1,"D")”，即可计算出两个日期之差的天数为 9 925。

C.6.13 如何快速计算一个人的年龄

在统计单位职工工龄的时候，总是要计算职工的准确年龄，因为“DATEDIF()”函数可以计算两天之间的年、月或日数，所以，这个函数使得计算一个人的年龄变得非常容易了。如果在 A1 单元格中输入了职工的出生年月，那么在 B1 单元中输入“=DATEDIF(A1,TODAY(),"y")”，然后按 Enter 键，这个人的年龄(以年表示)将被显示在 B1 单元格中。

附录D

Office快捷键

D.1 Microsoft Office 基础

显示和使用窗口

要执行的操作	快捷键	要执行的操作	快捷键
关闭活动窗口	Ctrl+W或Ctrl+F4	将屏幕上的画面复制到剪贴板	Print Screen
当有多个窗口打开时，切换到下一个窗口	Ctrl+F6	将所选窗口中的画面复制到剪贴板	Alt+Print Screen
将所选的窗口最大化或还原其大小	Ctrl+F10		

使用对话框

要执行的操作	快捷键	要执行的操作	快捷键
移动到下一个选项或选项组	Tab	关闭所选的下拉列表；取消命令并关闭对话框	Esc
切换到对话框中的下一个选项卡	Ctrl+Tab	运行选定的命令	Enter

使用对话框中的编辑框

要执行的操作	快捷键	要执行的操作	快捷键
移动至条目的起始位置	Home	选取从插入点到条目的起始位置部分	Shift+Home
移动至条目的末尾位置	End	选择从插入点到条目末尾之间的内容	Shift+End
向左或向右移动一个字符	向左键或向右键		

撤销和恢复操作

要执行的操作	快捷键	要执行的操作	快捷键
取消操作	Esc	恢复或重复操作	Ctrl+Y
撤销上一步操作	Ctrl+Z		

D. 2　Microsoft Office Word 快速参考

Word 中的常规任务

要执行的操作	快　捷　键	要执行的操作	快　捷　键
使字符变为粗体	Ctrl+B	剪切所选文本或对象	Ctrl+X
使字符变为斜体	Ctrl+I	粘贴文本或对象	Ctrl+V
为字符添加下画线	Ctrl+U	选择性粘贴	Ctrl+Alt+V
将字号减小 1 磅	Ctrl+[	仅粘贴格式	Ctrl+Shift+V
将字号增大 1 磅	Ctrl+]	撤销上一步操作	Ctrl+Z
复制所选文本或对象	Ctrl+C	重复上一步操作	Ctrl+Y

创建、查看和保存文档

要执行的操作	快　捷　键	要执行的操作	快　捷　键
创建与当前或最近使用过的文档类型相同的新文档	Ctrl+N	拆分文档窗口	Alt+Ctrl+S
打开文档	Ctrl+O	撤销拆分文档窗口	Alt+Shift+C
关闭文档	Ctrl+W	保存文档	Ctrl+S

查找、替换和浏览文本

要执行的操作	快　捷　键	要执行的操作	快　捷　键
查找内容、格式和特殊项	Ctrl+F	在最后 4 个已编辑过的位置之间进行切换	Alt+Ctrl+Z
重复查找(在关闭“查找和替换”窗口之后)	Alt+Ctrl+Y	移至上一编辑位置	Ctrl+Page Up
替换文字、特定格式和特殊项	Ctrl+H	移至下一编辑位置	Ctrl+Page Down
定位至页、书签、脚注、表格、注释、图形或其他位置	Ctrl+G		

切换至其他视图

要执行的操作	快　捷　键	要执行的操作	快　捷　键
切换到普通视图	Alt+Ctrl+P	切换到草稿视图	Alt+Ctrl+N
切换到大纲视图	Alt+Ctrl+O		

打印和预览文档

要执行的操作	快　捷　键	要执行的操作	快　捷　键
打印文档	Ctrl+P	在缩小显示比例时移至预览首页	Ctrl+Home
切换至或退出打印预览	Alt+Ctrl+I	在缩小显示比例时移至最后一张预览页	Ctrl+End
在缩小显示比例时逐页翻阅预览页	Page Up 或 Page Down		

审阅文档

要执行的操作	快　捷　键	要执行的操作	快　捷　键
插入批注	Alt+Ctrl+M	如果"审阅窗格"打开，则将其关闭	Alt+Shift+C
打开或关闭修订	Ctrl+Shift+E		

引用、脚注和尾注

要执行的操作	快　捷　键	要执行的操作	快　捷　键
标记目录项	Alt+Shift+O	插入脚注	Alt+Ctrl+F
标记引文目录项(引文)	Alt+Shift+I	插入尾注	Alt+Ctrl+D
插入索引项	Alt+Ctrl+X		

删除文字和图形

要执行的操作	快　捷　键	要执行的操作	快　捷　键
删除左侧的一个字符	BackSpace	将所选文字剪切到"Office 剪贴板"	Ctrl+X
删除左侧的一个单词	Ctrl+BackSpace	撤销上一步操作	Ctrl+Z
删除右侧的一个字符	Delete	剪切至"图文场"	Ctrl+F3
删除右侧的一个单词	Ctrl+Delete		

复制和移动文字及图形

要执行的操作	快　捷　键	要执行的操作	快　捷　键
打开"Office 剪贴板"	按组合键 Alt+H 移至"开始"选项卡，然后依次按下 F 和 O	选中构建基块(例如，SmartArt 图形)时，显示与其相关联的快捷菜单	Shift+F10
将所选文本或图形复制到"Office 剪贴板"	Ctrl+C	剪切至"图文场"	Ctrl+F3
将所选文本或图形剪切到"Office 剪贴板"	Ctrl+X	粘贴"图文场"的内容	Ctrl+Shift+F3
将最新的添加项粘贴到"Office 剪贴板"	Ctrl+V	复制文档中上一节所使用的页眉或页脚	Alt+Shift+R
选中文本或对象时，打开"新建构建基块"对话框	Alt+F3		

在文档中移动

要执行的操作	快　捷　键	要执行的操作	快　捷　键
上移一段	Ctrl+↑	移至窗口结尾	Alt+Ctrl+Page Down
下移一段	Ctrl+↓	上移一屏(滚动)	Page Up
左移一个单元格(在表格中)	Shift+Tab	下移一屏(滚动)	Page Down
右移一个单元格(在表格中)	Tab	移至文档结尾	Ctrl+End
移至行尾	End	移至文档开头	Ctrl+Home
移至行首	Home	移至前一处修订	Shift+F5
移至窗口顶端	Alt+Ctrl+Page Up	打开一个文档后，转到该文档上一次关闭时执行操作的位置	Shift+F5

复制格式

要执行的操作	快　捷　键	要执行的操作	快　捷　键
从文本复制格式	Ctrl+Shift+C	将已复制格式应用于文本	Ctrl+Shift+V

应用字符格式

要执行的操作	快　捷　键	要执行的操作	快　捷　键
打开“字体”对话框更改字符格式	Ctrl+D	应用倾斜格式	Ctrl+I
应用加粗格式	Ctrl+B	将所有字母设成小写	Ctrl+Shift+K
应用下画线格式	Ctrl+U	应用下标格式(自动间距)	Ctrl+=(等号)
只给单词加下画线，不给空格加下画线	Ctrl+Shift+W	应用上标格式(自动间距)	Ctrl+Shift++(加号)
给文字添加双下画线	Ctrl+Shift+D	删除手动设置的字符格式	Ctrl+空格键

设置行距

要执行的操作	快　捷　键	要执行的操作	快　捷　键
单倍行距	Ctrl+1	1.5 倍行距	Ctrl+5
双倍行距	Ctrl+2	在段前添加或删除一行间距	Ctrl+0

设置段落对齐方式

要执行的操作	快　捷　键	要执行的操作	快　捷　键
在段落居中和左对齐之间切换	Ctrl+E	取消左侧段落缩进	Ctrl+Shift+M
在段落两端对齐和左对齐之间切换	Ctrl+J	创建悬挂缩进	Ctrl+T
在段落右对齐和左对齐之间切换	Ctrl+R	减小悬挂缩进量	Ctrl+Shift+T
左对齐	Ctrl+L	删除段落格式	Ctrl+Q
左侧段落缩进	Ctrl+M		

应用段落样式

要执行的操作	快　捷　键	要执行的操作	快　捷　键
打开“应用样式”任务窗格	Ctrl+Shift+S	应用“标题 1”样式	Alt+Ctrl+1
打开“样式”任务窗格	Alt+Ctrl+Shift+S	应用“标题 2”样式	Alt+Ctrl+2
启动“自动套用格式”	Alt+Ctrl+K	应用“标题 3”样式	Alt+Ctrl+3
应用“正文”样式	Ctrl+Shift+N		

邮件合并和域

要执行的操作	快　捷　键	要执行的操作	快　捷　键
预览邮件合并	Alt+Shift+K	编辑邮件合并数据文档	Alt+Shift+E
合并文档	Alt+Shift+N	插入合并域	Alt+Shift+F
打印已合并的文档	Alt+Shift+M		

功能键

要执行的操作	快　捷　键	要执行的操作	快　捷　键
得到“帮助”或访问 Microsoft Office 的联机帮助	F1	扩展所选内容	F8
移动文字或图形	F2	更新选定的域	F9
重复上一步操作	F4	显示快捷键提示	F10
选择“开始”选项卡上的“定位”命令	F5	前往下一个域	F11
前往下一个窗格或框架	F6	选择“另存为”命令	F12
选择“审阅”选项卡上的“拼写”命令	F7		

Shift+功能键

要执行的操作	快　捷　键	要执行的操作	快　捷　键
启动上下文相关“帮助”或展现格式	Shift+F1	选择“同义词库”命令(“审阅”选项卡中的“校对”组)	Shift+F7
复制文本	Shift+F2	缩小所选内容	Shift+F8
更改字母大小写	Shift+F3	在域代码及其结果之间进行切换	Shift+F9
重复“查找”或“定位”操作	Shift+F4	显示快捷菜单	Shift+F10
移至最后一处更改	Shift+F5	定位至前一个域	Shift+F11
转至上一个窗格或框架(按 F6 键 后)	Shift+F6	选择“保存”命令	Shift+F12

Ctrl+功能键

要执行的操作	快　捷　键	要执行的操作	快　捷　键
选择“打印预览”命令	Ctrl+F2	插入空域	Ctrl+F9
剪切至“图文场”	Ctrl+F3	将文档窗口最大化	Ctrl+F10
关闭窗口	Ctrl+F4	锁定域	Ctrl+F11
前往下一个窗口	Ctrl+F6	选择“打开”命令	Ctrl+F12

Ctrl+Shift+功能键

要执行的操作	快　捷　键	要执行的操作	快　捷　键
插入“图文场”的内容	Ctrl+Shift+F3	扩展所选内容或块	Ctrl+Shift+F8,然后按箭头键
编辑书签	Ctrl+Shift+F5	取消域的链接	Ctrl+Shift+F9
前往上一个窗口	Ctrl+Shift+F6	解除对域的锁定	Ctrl+Shift+F11
更新 Office Word 2007 源文档中链接的信息	Ctrl+Shift+F7	选择“打印”命令	Ctrl+Shift+F12

Alt+功能键

要执行的操作	快　捷　键	要执行的操作	快　捷　键
前往下一个域	Alt+F1	查找下一个拼写错误或语法错误	Alt+F7
创建新的“构建基块”	Alt+F3	运行宏	Alt+F8
退出 Office Word 2007	Alt+F4	在所有的域代码及其结果间进行切换	Alt+F9
还原程序窗口大小	Alt+F5	将程序窗口最大化	Alt+F10
从打开的对话框切换回文档(适用于支持该行为的对话框,如“查找和替换”)	Alt+F6	显示 Microsoft Visual Basic 代码	Alt+F11

Alt＋Shift＋功能键

要执行的操作	快 捷 键	要执行的操作	快 捷 键
定位至前一个域	Alt＋Shift＋F1	从显示域结果的域中运行 GotoButton 或 MacroButton	Alt＋Shift＋F9
选择“保存”命令	Alt＋Shift＋F2	显示智能标记的菜单或消息	Alt＋Shift＋F10
显示“信息检索”任务窗格	Alt＋Shift＋F7		

Ctrl＋Alt＋功能键

要执行的操作	快 捷 键	要执行的操作	快 捷 键
显示 Microsoft 系统信息	Ctrl＋Alt＋F1	选择“打开”命令	Ctrl＋Alt＋F2

D.3 Excel 快捷键和功能键

Ctrl 组合快捷键

按 键	说 明
Ctrl＋Shift＋(	取消隐藏选定范围内所有隐藏的行
Ctrl＋Shift＋)	取消隐藏选定范围内所有隐藏的列
Ctrl＋Shift＋&	将外框应用于选定单元格
Ctrl＋Shift_	从选定单元格删除外框
Ctrl＋Shift＋～	应用“常规”数字格式
Ctrl＋Shift＋$	应用带有两位小数的“货币”格式(负数放在括号中)
Ctrl＋Shift＋%	应用不带小数位的“百分比”格式
Ctrl＋Shift＋^	应用带有两位小数的“指数”格式
Ctrl＋Shift＋#	应用带有日、月和年的“日期”格式
Ctrl＋Shift＋@	应用带有小时和分钟以及 AM 或 PM 的“时间”格式
Ctrl＋Shift＋!	应用带有两位小数、千位分隔符和减号（－）(用于负值)的“数值”格式
Ctrl＋Shift＋*	选择环绕活动单元格的当前区域(由空白行和空白列围起的数据区域) 在数据透视表中，它将选择整个数据透视表
Ctrl＋Shift＋:	输入当前时间
Ctrl＋Shift＋"	将值从活动单元格上方的单元格复制到单元格或编辑栏中
Ctrl＋Shift＋加号(＋)	显示用于插入空白单元格的“插入”对话框
Ctrl＋减号（－）	显示用于删除选定单元格的“删除”对话框
Ctrl＋;	输入当前日期
Ctrl＋`	在工作表中切换显示单元格值和公式
Ctrl＋'	将公式从活动单元格上方的单元格复制到单元格或编辑栏中

续表

按　　键	说　　明
Ctrl+1	显示“单元格格式”对话框
Ctrl+2	应用或取消加粗格式设置
Ctrl+3	应用或取消倾斜格式设置
Ctrl+4	应用或取消下画线
Ctrl+5	应用或取消删除线
Ctrl+6	在隐藏对象、显示对象和显示对象占位符之间切换
Ctrl+8	显示或隐藏大纲符号
Ctrl+9	隐藏选定的行
Ctrl+0	隐藏选定的列
Ctrl+A	选择整个工作表
	如果工作表包含数据，则按 Ctrl+A 将选择当前区域，再次按 Ctrl+A 将选择当前区域及其汇总行，第三次按 Ctrl+A 将选择整个工作表 当插入点位于公式中某个函数名称的右边时，则会显示“函数参数”对话框 当插入点位于公式中某个函数名称的右边时，按 Ctrl+Shift+A 将会插入参数名称和括号
Ctrl+B	应用或取消加粗格式设置
Ctrl+C	复制选定的单元格 如果连续按两次 Ctrl+C，则会显示剪贴板
Ctrl+D	使用“向下填充”命令将选定范围内最顶层单元格的内容和格式复制到下面的单元格中
Ctrl+F	显示“查找和替换”对话框，其中的“查找”选项卡处于选中状态 按 Shift+F5 也会显示此选项卡，而按 Shift+F4 则会重复上一次“查找”操作 按 Ctrl+Shift+F 将打开“设置单元格格式”对话框，其中的“字体”选项卡处于选中状态
Ctrl+G	显示“定位”对话框 按 F5 也会显示此对话框
Ctrl+H	显示“查找和替换”对话框，其中的“替换”选项卡处于选中状态
Ctrl+I	应用或取消倾斜格式设置
Ctrl+K	为新的超链接显示“插入超链接”对话框，或为选定的现有超链接显示“编辑超链接”对话框
Ctrl+N	创建一个新的空白工作簿
Ctrl+O	显示“打开”对话框以打开或查找文件 按 Ctrl+Shift+O 可选择所有包含批注的单元格
Ctrl+P	显示“打印”对话框 按 Ctrl+Shift+P 将打开“设置单元格格式”对话框，其中的“字体”选项卡处于选中状态
Ctrl+R	使用“向右填充”命令将选定范围最左边单元格的内容和格式复制到右边的单元格中
Ctrl+S	使用其当前文件名、位置和文件格式保存活动文件
Ctrl+T	显示“创建表”对话框
Ctrl+U	应用或取消下画线 按 Ctrl+Shift+U 将在展开和折叠编辑栏之间切换

续表

按　键	说　明
Ctrl＋V	在插入点处插入剪贴板的内容，并替换任何所选内容。只有在剪切或复制了对象、文本或单元格内容之后，才能使用此快捷键
Ctrl＋W	关闭选定的工作簿窗口
Ctrl＋X	剪切选定的单元格
Ctrl＋Y	重复上一个命令或操作(如有可能)
Ctrl＋Z	使用“撤销”命令来撤销上一个命令或删除最后输入的内容 显示了自动更正智能标记时，按 Ctrl＋Shift＋Z 可使用“撤销”或“重复”命令撤销或恢复上一次自动更正操作

功能键

按　键	说　明
F1	显示“Microsoft Office Excel 帮助”任务窗格 按 Ctrl＋F1 将显示或隐藏功能区 按 Alt＋F1 可创建当前范围中数据的图表 按 Alt＋Shift＋F1 可插入新的工作表
F2	编辑活动单元格并将插入点放在单元格内容的结尾。如果禁止在单元格中进行编辑，它也会将插入点移到编辑栏中 按 Shift＋F2 可添加或编辑单元格批注 按 Ctrl＋F2 将显示“打印预览”窗口
F3	显示“粘贴名称”对话框 按 Shift＋F3 将显示“插入函数”对话框
F4	重复上一个命令或操作(如有可能) 按 Ctrl＋F4 可关闭选定的工作簿窗口
F5	显示“定位”对话框 按 Ctrl＋F5 可恢复选定工作簿窗口的窗口大小
F6	在工作表、功能区、任务窗格和缩放控件之间切换。在已拆分(通过依次单击“视图”菜单、“管理此窗口”、“冻结窗格”、“拆分窗口”命令来进行拆分)的工作表中，在窗格和功能区区域之间切换时，按 F6 键可包括已拆分的窗格 按 Shift＋F6 可以在工作表、缩放控件、任务窗格和功能区之间切换 如果打开了多个工作簿窗口，则按 Ctrl＋F6 可切换到下一个工作簿窗口
F7	显示“拼写检查”对话框，以检查活动工作表或选定范围中的拼写 如果工作簿窗口未最大化，则按 Ctrl＋F7 可对该窗口执行“移动”命令。使用箭头键移动窗口，并在完成时按 Enter 键，或按 Esc 键取消
F8	打开或关闭扩展模式。在扩展模式中，“扩展选定区域”将出现在状态行中，并且按箭头键可扩展选定范围 通过按 Shift＋F8，可以使用箭头键将非邻近单元格或区域添加到单元格的选定范围中 当工作簿未最大化时，按 Ctrl＋F8 可执行“大小”命令(在工作簿窗口的“控制”菜单上) 按 Alt＋F8 可显示用于创建、运行、编辑或删除宏的“宏”对话框

续表

按　键	说　明
F9	计算所有打开的工作簿中的所有工作表 按 Shift+F9 可计算活动工作表 按 Ctrl+Alt+F9 可计算所有打开的工作簿中的所有工作表,不管它们自上次计算以来是否已更改 如果按 Ctrl+Alt+Shift+F9,则会重新检查相关公式,然后计算所有打开的工作簿中的所有单元格,其中包括未标记为需要计算的单元格 按 Ctrl+F9 可将工作簿窗口最小化为图标
F10	打开或关闭键提示 按 Shift+F10 可显示选定项目的快捷菜单 按 Alt+Shift+F10 可显示智能标记的菜单或消息。如果存在多个智能标记,按该组合键可切换到下一个智能标记并显示其菜单或消息 按 Ctrl+F10 可最大化或还原选定的工作簿窗口
F11	创建当前范围内数据的图表 按 Shift+F11 可插入一个新工作表 按 Alt+F11 将打开 Microsoft Visual Basic 编辑器,可以在其中通过使用 Visual Basic for Applications(VBA)来创建宏
F12	显示"另存为"对话框

其他有用的快捷键

按　键	说　明
箭头键	在工作表中上移、下移、左移或右移一个单元格 按 Ctrl+箭头键可移动到工作表中当前数据区的边缘 按 Shift+箭头键可将单元格的选定范围扩大一个单元格 按 Ctrl+Shift+箭头键可将单元格的选定范围扩展到活动单元格所在列或行中的最后一个非空单元格,或者如果下一个单元格为空,则将选定范围扩展到下一个非空单元格 当功能区处于选中状态时,按向左键或向右键可选择左边或右边的选项卡。当子菜单处于打开或选中状态时,按这些箭头键可在主菜单和子菜单之间切换。当功能区选项卡处于选中状态时,按这些键可导航选项卡按钮 当菜单或子菜单处于打开状态时,按向下键或向上键可选择下一个或上一个命令。当功能区选项卡处于选中状态时,按这些键可向上或向下导航选项卡组 在对话框中,按箭头键可在打开的下拉列表中的各个选项之间移动,或在一组选项的各个选项之间移动 按向下键或 Alt+向下键可打开选定的下拉列表
Backspace	在编辑栏中删除左边的一个字符 也可清除活动单元格的内容 在单元格编辑模式下,按该键将会删除插入点左边的字符
Delete	从选定单元格中删除单元格内容(数据和公式),而不会影响单元格格式或批注 在单元格编辑模式下,按该键将会删除插入点右边的字符

续表

按　键	说　明
End	当 Scroll Lock 处于开启状态时，移动到窗口右下角的单元格 当菜单或子菜单处于可见状态时，也可选择菜单上的最后一个命令 按 Ctrl＋End 可移动到工作表上的最后一个单元格，即所使用的最下面一行与所使用的最右边一列的交汇单元格。如果光标位于编辑栏中，按 Ctrl＋End 会将光标移到文本的末尾 按 Ctrl＋Shift＋End 可将单元格选定区域扩展到工作表上所使用的最后一个单元格（位于右下角）。如果光标位于编辑栏中，则按 Ctrl＋Shift＋End 可选择编辑栏中从光标所在位置到末尾处的所有文本，这不会影响编辑栏的高度
Enter	从单元格或编辑栏中完成单元格输入，并（默认）选择下面的单元格 在数据表单中，按该键可移动到下一条记录中的第一个字段 打开选定的菜单（按 F10 键激活菜单栏），或执行选定命令的操作 在对话框中，按该键可执行对话框中默认命令按钮（带有突出轮廓的按钮，通常为“确定”按钮）的操作 按 Alt＋Enter 可在同一单元格中另起一个新行 按 Ctrl＋Enter 可使用当前条目填充选定的单元格区域 按 Shift＋Enter 可完成单元格输入并选择上面的单元格
Esc	取消单元格或编辑栏中的输入 关闭打开的菜单或子菜单、对话框或消息窗口 在应用全屏模式时，按该键还可关闭此模式，返回到普通屏幕模式，再次显示功能区和状态栏
Home	移到工作表中某一行的开头 当 Scroll Lock 处于开启状态时，移到窗口左上角的单元格 当菜单或子菜单处于可见状态时，选择菜单上的第一个命令 按 Ctrl＋Home 可移到工作表的开头 按 Ctrl＋Shift＋Home 可将单元格的选定范围扩展到工作表的开头
Page Down	在工作表中下移一个屏幕 按 Alt＋Page Down 可在工作表中向右移动一个屏幕 按 Ctrl＋Page Down 可移到工作簿中的下一个工作表 按 Ctrl＋Shift＋Page Down 可选择工作簿中的当前和下一个工作表
Page Up	在工作表中上移一个屏幕 按 Alt＋Page Up 可在工作表中向左移动一个屏幕 按 Ctrl＋Page Up 可移到工作簿中的上一个工作表 按 Ctrl＋Shift＋Page Up 可选择工作簿中的当前和上一个工作表
空格键	在对话框中，执行选定按钮的操作，或者选中或清除复选框 按 Ctrl＋空格键可选择工作表中的整列 按 Shift＋空格键可选择工作表中的整行 按 Ctrl＋Shift＋空格键可选择整个工作表 * 如果工作表中包含数据，则按 Ctrl＋Shift＋空格键将选择当前区域，再按一次 Ctrl＋Shift＋空格键将选择当前区域及其汇总行，第 3 次按 Ctrl＋Shift＋空格键将选择整个工作表 * 当某个对象处于选定状态时，按 Ctrl＋Shift＋空格键可选择工作表上的所有对象 按 Alt＋空格键将显示 Microsoft Office Excel 窗口的“控制”菜单

续 表

按 键	说 明
Tab	在工作表中向右移动一个单元格 在受保护的工作表中，可在未锁定的单元格之间移动 在对话框中，移到下一个选项或选项组 按 Shift＋Tab 可移到前一个单元格（在工作表中）或前一个选项（在对话框中） 在对话框中，按 Ctrl＋Tab 可切换到下一个选项卡 在对话框中，按 Ctrl＋Shift＋Tab 可切换到前一个选项卡

D.4 PowerPoint 中的常规任务

在窗格间移动

要执行此操作	快 捷 键
在普通视图中的窗格间顺时针移动	F6
在普通视图中的窗格间逆时针移动	Shift＋F6
在普通视图中的“大纲和幻灯片”窗格中的“幻灯片”选项卡与“大纲”选项卡之间进行切换	Ctrl＋Shift＋Tab

使用大纲

要执行此操作	快 捷 键	要执行此操作	快 捷 键
提升段落级别	Alt＋Shift＋向左键	显示 1 级标题	Alt＋Shift＋1
降低段落级别	Alt＋Shift＋向右键	展开标题下的文本	Alt＋Shift＋加号
向上移动所选的段落	Alt＋Shift＋向上键	折叠标题下的文本	Alt＋Shift＋减号
向下移动所选的段落	Alt＋Shift＋向下键		

显示或隐藏网格或参考线

要执行此操作	快 捷 键	要执行此操作	快 捷 键
显示或隐藏网格	Shift＋F9	显示或隐藏参考线	Alt＋F9

选择文本和对象

要执行此操作	快 捷 键	要执行此操作	快 捷 键
向右选择一个字符	Shift＋向右键	选择对象（已选定对象内部的文本）	Esc
向左选择一个字符	Shift＋向左键	选择对象（已选定一个对象）	Tab 或者 Shift＋Tab 直到选择所需对象
选择到词尾	Ctrl＋Shift＋向右键	选择对象内的文本（已选定一个对象）	Enter
选择到词首	Ctrl＋Shift＋向左键	选择所有对象	Ctrl＋A（在“幻灯片”选项卡上）
向上选择一行	Shift＋向上键	选择所有幻灯片	Ctrl＋A（在“幻灯片浏览”视图中）
向下选择一行	Shift＋向下键	选择所有文本	Ctrl＋A（在“大纲”选项卡上）

删除和复制文本和对象

要执行此操作	快　捷　键	要执行此操作	快　捷　键
向左删除一个字符	Backspace	粘贴剪切或复制的对象	Ctrl＋V
向左删除一个字词	Ctrl＋Backspace	撤销上一个操作	Ctrl＋Z
向右删除一个字符	Delete	恢复上一个操作	Ctrl＋Y
向右删除一个字词	Ctrl＋Delete	只复制格式	Ctrl＋Shift＋C
剪切所选的对象	Ctrl＋X	只粘贴格式	Ctrl＋Shift＋V
复制所选的对象	Ctrl＋C	选择性粘贴	Ctrl＋Alt＋V

在文本内移动

要执行此操作	快　捷　键
向左移动一个字符	向左键
向右移动一个字符	向右键
向上移动一行	向上键
向下移动一行	向下键
向左移动一个字词	Ctrl＋向左键
向右移动一个字词	Ctrl＋向右键
移至行尾	End
移至行首	Home
向上移动一个段落	Ctrl＋向上键
向下移动一个段落	Ctrl＋向下键
移至文本框的末尾	Ctrl＋End
移至文本框的开头	Ctrl＋Home
移到下一标题或正文文本占位符。如果这是幻灯片上的最后一个占位符，则将插入一个与原始幻灯片版式相同的新幻灯片	Ctrl＋Enter
移动以便重复上一个“查找”操作	Shift＋F4

在表格中移动和使用表格

要执行此操作	快　捷　键	要执行此操作	快　捷　键
移至下一个单元格	Tab	在单元格中插入一个制表符	Ctrl＋Tab
移至前一个单元格	Shift＋Tab	开始一个新段落	Enter
移至下一行	向下键	在表格的底部添加一个新行	在最后一行的末尾按 Tab
移至前一行	向上键		

更改字体或字号

要执行此操作	快　捷　键	要执行此操作	快　捷　键
打开“字体”对话框更改字体	Ctrl＋Shift＋F	增大字号	Ctrl＋Shift＋＞
打开“字体”对话框更改字号	Ctrl＋Shift＋P	减小字号	Ctrl＋Shift＋＜

应用字符格式

要执行此操作	快　捷　键	要执行此操作	快　捷　键
打开“字体”对话框更改字符格式	Ctrl+T	应用下标格式(自动间距)	Ctrl+=(等号)
更改句子的字母大小写	Shift+F3	应用上标格式(自动间距)	Ctrl+Shift++(加号)
应用加粗格式	Ctrl+B	删除手动字符格式,如下标和上标	Ctrl+空格键
应用下画线	Ctrl+U	插入超链接	Ctrl+K
应用倾斜格式	Ctrl+I		

复制文本格式

要执行此操作	快　捷　键	要执行此操作	快　捷　键
复制格式	Ctrl+Shift+C	粘贴格式	Ctrl+Shift+V

对齐段落

要执行此操作	快　捷　键	要执行此操作	快　捷　键
将段落居中	Ctrl+E	将段落左对齐	Ctrl+L
将段落两端对齐	Ctrl+J	将段落右对齐	Ctrl+R

运行演示文稿

要执行此操作	快　捷　键
从头开始运行演示文稿	F5
执行下一个动画或前进到下一张幻灯片	N、Enter、Page Down、向右键、向下键或空格键
执行上一个动画或返回到上一张幻灯片	P、Page Up、向左键、向上键或空格键
转至第“编号”张幻灯片	“编号”+Enter
显示空白的黑色幻灯片,或者从空白的黑色幻灯片返回到演示文稿	B 或句号
显示空白的白色幻灯片,或者从空白的白色幻灯片返回到演示文稿	W 或逗号
停止或重新启动自动演示文稿	S
结束演示文稿	Esc 或连字符
擦除屏幕上的注释	E
转到下一张隐藏的幻灯片	H
排练时设置新的排练时间	T
排练时使用原排练时间	O
排练时通过鼠标单击前进	M
返回到第一张幻灯片	1+Enter
重新显示隐藏的指针或将指针变成绘图笔	Ctrl+P
重新显示隐藏的指针或将指针变成箭头	Ctrl+A
立即隐藏指针和导航按钮	Ctrl+H

续表

要执行此操作	快捷键
在15秒内隐藏指针和导航按钮	Ctrl+U
显示快捷菜单	Shift+F10
转到幻灯片上的第一个或下一个超链接	Tab
转到幻灯片上的最后一个或上一个超链接	Shift+Tab
对所选的超链接执行“鼠标单击”操作	Enter(当选中一个超链接时)

浏览 Web 演示文稿

要执行此操作	快捷键
在Web演示文稿中的超链接、地址栏和链接栏之间进行正向切换	Tab
在Web演示文稿中的超链接、地址栏和链接栏之间进行反向切换	Shift+Tab
对所选的超链接执行“鼠标单击”操作	Enter
转到下一张幻灯片	空格键
转到上一张幻灯片	Backspace

使用“选定幻灯片”窗格功能

要执行此操作	快捷键
启动“选定幻灯片”窗格	依次按 Alt、C、D、S 和 P
在不同窗格中循环移动焦点	F6
显示上下文菜单	Shift+F10
将焦点移到单个项目或组	向上键或向下键
将焦点从组中的某个项目移至其父组	向左键
将焦点从某个组移至该组中的第一个项目	向右键
展开获得焦点的组及其所有子组	*(仅适用于数字键盘)
展开获得焦点的组	+(仅适用于数字键盘)
折叠获得焦点的组	-(仅适用于数字键盘)
将焦点移至某个项目并选择该项目	Shift+向上键或 Shift+向下键
选择获得焦点的项目	空格键或 Enter
取消选择获得焦点的项目	Shift+空格键或 Shift+Enter
向前移动所选的项目	Ctrl+Shift+F
向后移动所选的项目	Ctrl+Shift+B
显示或隐藏获得焦点的项目	Ctrl+Shift+S
重命名获得焦点的项目	F2
在“选定幻灯片”窗格中的树视图和“全部显示”以及“全部隐藏”按钮之间切换键盘焦点	Tab 或 Shift+Tab
折叠所有组	Alt+Shift+1
展开所有组	Alt+Shift+9

参考文献

[1] 郭江平,胡新和.计算机应用基础教程.2版.武汉:华中师范大学出版社,2006.

[2] 熊林,龚伏廷.计算机应用基础实训指导.2版.武汉:华中师范大学出版社,2006.

[3] 许晞.计算机应用基础.北京:高等教育出版社,2007.

[4] 杰诚文化.Word商务文档范例应用.北京:中国青年出版社,2008.

[5] 郝艳芬.Microsoft Office2003专家门诊.南京:南京大学电子音像出版社,2005.